实用 Android 系统测量软件开发技术

武安状　主编

黄河水利出版社

·郑州·

内 容 提 要

Android 是美国 Google 公司开发的基于 Linux 平台的、开源的智能手机操作系统,作者以 Android SDK + Eclipse IDE + Windows7 旗舰版为平台,总结了安卓开发经验与技术。全书共 10 章,系统地介绍了 Android 基础知识、测绘基础知识、Java 语言基础、Android 环境搭建、Android 开发基础、Android 高级软件开发技术、SQLite 嵌入式数据库操作技术、安卓水准记录操作指南、安卓水准记录源码详解、Android 开发经验与技巧汇编。

本书语言简洁,深入浅出,图文并茂,逻辑性强,并附有大量的核心技术源代码可供参考,适合测绘专业技术人员、软件开发人员及在校师生参考。

图书在版编目(CIP)数据

实用 Android 系统测量软件开发技术/武安状主编.
郑州:黄河水利出版社,2014.5
ISBN 978 - 7 - 5509 - 0774 - 4

Ⅰ. ①实… Ⅱ. ①武… Ⅲ. ①移动终端 - 应用程序 - 程序设计 Ⅳ. ①TN929.53

中国版本图书馆 CIP 数据核字(2014)第 070871 号

组稿编辑:王志宽 电话:0371 - 66024331 E-mail:wangzhikuan83@126.com

出 版 社:黄河水利出版社
地址:河南省郑州市顺河路黄委会综合楼 14 层 邮政编码:450003
发行单位:黄河水利出版社
发行部电话:0371 - 66026940、66020550、66028024、66022620(传真)
E-mail:hhslcbs@126.com
承印单位:河南地质彩色印刷厂
开本:787 mm × 1 092 mm 1/16
印张:32
字数:739 千字 印数:1—1 500
版次:2014 年 5 月第 1 版 印次:2014 年 5 月第 1 次印刷
定价:96.00 元

《实用 Android 系统测量软件开发技术》
编 委 会

主　　编：武安状

副 主 编：赵永兰　　袁景山　　张爱娟

编写人员：张建新　　李文香　　魏 　磊

　　　　　　贾复生　　武　岩

前　言

Android(安卓)是美国 Google(谷歌)公司开发的基于 Linux 平台的、开源的智能手机操作系统。Android 以 Java 为编程语言,支持多硬件平台、全开放智能手机平台,拥有自己的运行时和虚拟机,具有优秀的内存管理能力,与硬件交互非常方便,包括摄像头、GPS 等,支持无界面的后台服务类应用程序。由于源代码开放,Android 可以被移植到不同的硬件平台上。目前,安卓开发人员超过 10 万人,陆续推出超过 40 万个活跃的应用程序,大多数应用程序为免费。

由于工作的需要,经过长期的思考与研究,武安状教授通过自学,并查阅大量的资料,逐步掌握了基于安卓系统的软件开发技术,并以 Android SDK + Eclipse IDE + Windows7 旗舰版为开发平台,历时两年多时间,开发出了一套安卓版水准记录程序和一套安卓版坐标转换软件,其功能强大,操作方便,深受众多测绘用户的喜爱和推崇。

本书是作者长期从事开发工作之经验与技术的结晶。全书共 10 章,系统地介绍了 Android 基础知识、测绘基础知识、Java 语言基础、Android 环境搭建、Android 开发基础、Android 高级软件开发技术、SQLite 嵌入式数据库操作技术、安卓水准记录操作指南、安卓水准记录源码详解、Android 开发经验与技巧汇编。

本书是《空间数据处理系统理论与方法》和《实用 ObjectARX2008 测量软件开发技术》的姊妹篇,从入门到精通,一步步带您走进编程的世界。本书充分体现了作者扎实稳固的理论基础知识,刻苦钻研的学习精神,无私奉献的高尚品格,认真负责的工作态度,一丝不苟的工作作风,百折不挠的顽强毅力,勇于探索的奋斗目标。

参加本书编写的主要人员有河南省地质矿产勘查开发局测绘地理信息院的武安状、赵永兰、袁景山、张爱娟、张建新、李文香、魏磊、贾复生、武岩。其中,武安状负责编写第 6 章及第 9 章,赵永兰负责编写第 5 章,袁景山负责编写第 10 章,张爱娟负责编写第 1 章,张建新负责编写第 2 章,李文香负责编写第 3 章,魏磊负责编写第 4 章,贾复生负责编写第 7 章,武岩负责编写第 8 章及本书资料整理与软件测试工作。武安状担任本书主编并负责全书统稿。

在编写本书时,作者参考了大量的文献,收集了很多相关资料,包括网上下载的相关资料,引用的主要文献资料列在书后参考文献中,在此向相关文献资料的作者表示衷心的感谢。

本书语言简洁,深入浅出,图文并茂,逻辑性强,并附有大量的核心技术源代码可供参考,适合测绘专业技术人员、软件开发人员及在校师生参考。

因时间有限,本书内容肯定有不足之处,欢迎各位读者及专家批评指正,以便下次再版时更正。

武安状联系方式:15038083078,邮箱:wuanzhuang@126.com,QQ:378565069,QQ群:150053870。

编 者

2014 年 2 月 8 日于郑州

目　录

第 1 章　Android 基础知识

1.1　Android 简介

1.1.1　Android 简要介绍

　　Android(安卓)是美国 Google(谷歌)公司开发的基于 Linux 平台的、开源的智能手机操作系统。Android 包括操作系统、中间件和应用程序。由于源代码开放,Android 可以被移植到不同的硬件平台上。OHA(Open Handset Alliance,开放手机联盟)是 Google 与 34 家公司联合为 Android 移动平台系统的发展而组建的一个组织。目前安卓平板电脑非常流行,携带方便,功能齐全,操作也相对简单,深受用户的喜爱。如图 1-1 所示为安装在平板电脑上的应用软件。

图 1-1　安卓版 GPS 导航

1.1.2　Android 发展历史

　　2003 年 10 月,Andy Rubin(安迪·鲁宾)等人创建 Android 公司,并组建 Android 团队。

　　2005 年 8 月 17 日,谷歌公司收购了成立仅 22 个月的高科技企业 Android 及其团队。安迪·鲁宾成为谷歌公司工程部副总裁,继续负责 Android 项目。

　　2007 年 11 月 5 日,谷歌公司正式向外界展示了名为 Android 的操作系统,并且在这天谷歌宣布建立一个全球性的联盟组织,该组织由 34 家手机制造商、软件开发商、电信运营商以及芯片制造商共同组成,并与 84 家硬件制造商、软件开发商及电信运营商组成开放手持设备联盟来共同研发改良 Android 系统。这一联盟将支持谷歌发布的手机操作系统以及应用软件,谷歌公司以 Apache 免费开源许可证的授权方式,发布了 Android 的源代码。

2008 年,在 Google I/O 大会上,谷歌提出了 Android HAL 架构图,在同年 8 月 18 日,Android 获得了美国联邦通信委员会(FCC)的批准。

2008 年 9 月,谷歌正式发布了 Android 1.0 系统,这也是 Android 系统最早的版本。

2009 年 4 月,谷歌正式推出了 Android 1.5 系统,从 Android 1.5 版本开始,谷歌开始将 Android 的版本以甜品的名字命名,Android 1.5 被命名为 Cupcake(纸杯蛋糕)。该系统与 Android 1.0 相比有了很大的改进。

2009 年 9 月,谷歌发布了 Android 1.6 的正式版,并且推出了搭载 Android 1.6 正式版的手机 HTC Hero(G3)。凭借着出色的外观设计以及全新的 Android 1.6 操作系统,HTC Hero(G3)成为当时全球最受欢迎的手机。Android 1.6 也有一个有趣的甜品名称,它被称为 Donut(甜甜圈)。

2010 年 2 月,Linux 内核开发者 Greg Kroah - Hartman 将 Android 的驱动程序从 Linux 内核"状态树"(staging tree)上除去。从此,Android 与 Linux 开发主流将分道扬镳。同年 5 月,谷歌正式发布了 Android 2.2 操作系统。谷歌将 Android 2.2 操作系统命名为 Froyo(冻酸奶)。

2010 年 10 月,谷歌宣布 Android 系统达到了第一个里程碑,即电子市场上获得官方数字认证的 Android 应用数量已经达到了 10 万,Android 系统的应用增长非常迅速。

2010 年 12 月,谷歌正式发布了 Android 2.3 操作系统 Gingerbread(姜饼)。

2011 年 1 月,谷歌称每日的 Android 设备新用户数量达到了 30 万,到 2011 年 7 月,这个数字增长到 55 万,而 Android 系统设备的用户总数达到了 1.35 亿,Android 系统已经成为智能手机领域占有量最大的系统。

2011 年 8 月 2 日,Android 手机已占据全球智能手机市场 48% 的份额,并在亚太地区市场占据统治地位,终结了 Symbian(塞班系统)的霸主地位,跃居全球第一位。

2011 年 9 月,Android 系统的应用数量已经达到了 48 万,而在智能手机市场,Android 系统的占有率已经达到了 43%,继续排在移动操作系统首位。谷歌将会发布全新的 Android 4.0 操作系统,这款系统被谷歌命名为 Ice Cream Sandwich(冰激凌三明治)。

2012 年 1 月 6 日,谷歌 Android Market 已有 10 万名开发者推出超过 40 万个活跃的应用程序,大多数应用程序为免费。Android Market 应用程序商店目录,在新年首周周末突破 40 万基准,距离突破 30 万应用仅 4 个月。在 2011 年早些时候,Android Market 从 20 万增加到 30 万应用也花了 4 个月。

1.1.3　Android 技术特点

作为一个手机平台,Android 在技术上的优势主要有以下几点:

(1)全开放智能手机平台,拥有自己的运行时和虚拟机,具有优秀的内存管理能力。

(2)多硬件平台的支持,与硬件交互非常方便,包括摄像头、GPS 等,都可以简单操作。

(3)使用众多的标准化技术,提供丰富的界面控件供开发者使用,允许可视化开发,并保证 Android 平台下的应用程序界面一致,支持无界面的后台服务类应用程序。

(4)核心技术完整统一,提供轻量级的进程间通信机制,支持高效、快速的数据存取方式。

(5)完善的 SDK 和文档。

(6)完善的辅助开发工具。

Android 的开发者可以在完备的开发环境中进行开发,Android 的官方网站也提供了丰富的文档及资料。这样有利于 Android 系统的开发和运行在一个良好的环境中。

1.1.4 Android 开发语言

Android 是一种基于 Linux2.6 内核的综合操作环境。Android 以 Java 为编程语言,在 Android 中也用到了 Java 核心类库的大量的类,使接口到功能都有层出不穷的变化。Android 开发可以在 Microsoft Windows、Mac OS X 或 Linux 上进行。

Android 是 Google 提供的移动、无线、计算机和通信平台。开发 Android 应用程序的最简捷的方式是下载 Android SDK 和 Eclipse IDE。通过使用 Android Eclipse 插件,可以在强大的 Eclipse 环境中构建 Android 应用程序。

另外,除 Java 外,还有许多语言支持 Android 的开发,比较为人熟知的有 Scala 等。

1.2 Android 系统架构

1.2.1 Android 系统内核

Android 是运行于 Linux kernel 之上,而并不是 GNU/Linux。因为一般在 GNU/Linux 里支持的功能,Android 大都没有支持,包括 Cairo、X11、Alsa、FFmpeg、GTK、Pango 及 Glibc 等都被移除掉了。Android 又以 Bionic 取代 Glibc,以 Skia 取代 Cairo,再以 Opencore 取代 FFmpeg 等。Android 为了达到商业应用,必须移除被 GNU GPL 授权证所约束的部分,例如 Android 将驱动程序移到 Userspace,使得 Linux driver 与 Linux kernel 彻底分开。Bionic/Libc/Kernel 并非标准的 Kernel header files。Android 的 Kernel header 是利用工具由 Linux kernel header 所产生的,这样做是为了保留常数、数据结构与宏。

Android 的 Linux kernel 控制包括安全(Security)、存储器管理(Memory Management)、程序管理(Process Management)、网络堆栈(Network Stack)、驱动程序模型(Driver Model)等。下载 Android 源码(源代码)之前,先要安装其构建工具 Repo 来初始化源码。Repo 是 Android 用来辅助 Git 工作的一个工具。

1.2.2 Android 架构概述

1.应用程序

Android 会同一系列核心应用程序包一起发布,该应用程序包包括 E-mail 客户端,SMS 短消息程序、日历、地图、浏览器、联系人管理程序等。所有的应用程序都是使用 Java 语言编写的。

2.应用程序框架

开发人员可以访问核心应用程序所使用的 API 框架。该应用程序的架构设计简化了组件的重用,任何一个应用程序都可以发布它的功能块,并且任何其他的应用程序都可以使用其所发布的功能块(不过要遵循框架的安全性限制)。同样,该应用程序重用机制也使用户可以方便地替换程序组件。

3.程序库

Android 包含一些 C/C + + 库,这些库能被 Android 系统中不同的组件使用。它们通过 Android 应用程序框架为开发者提供服务。

4. Android 运行库

Android 包括了一个核心库,该核心库提供了 Java 编程语言核心库的大多数功能。

5. Linux 内核

Android 的核心系统服务依赖于 Linux 2.6 内核,如安全性、内存管理、进程管理、网络协议栈和驱动模型。Linux 内核也同时作为硬件栈和软件栈之间的抽象层。

Android 的系统架构和其操作系统一样,采用了分层的架构,如图 1-2 所示。

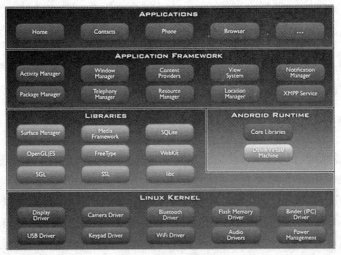

图 1-2　Android 架构

从架构图看,Android 分为四个层次,从高层到低层,分别是应用程序层、应用程序框架层、系统运行库层和 Linux 内核层。

Android 的第 1 层次由 C 语言实现,第 2 层次由 C/C + + 实现,第 3、4 层次主要由 Java 代码实现。第 1 层次和第 2 层次之间,从 Linux 操作系统的角度来看,是内核空间与用户空间的分界线,第 1 层次运行于内核空间,第 2、3、4 层次运行于用户空间。第 2 层次和第 3 层次之间,是本地代码层和 Java 代码层的接口。第 3 层次和第 4 层次之间,是 Android的系统 API 的接口,对于 Android 应用程序的开发,第 3 层次以下的内容是不可见的,仅考虑系统 API 即可。

Android 系统需要支持 Java 代码的运行,这部分内容是 Android 的运行环境(Runtime),由虚拟机和 Java 基本类组成。对于 Android 应用程序的开发,主要关注第 3 层次和第 4 层次之间的接口。

1.2.3 Android 安全机制

  Android 本身是一个权限分立的操作系统。在这类操作系统中,每个应用都以唯一的一个系统识别身份运行(Linux 用户 ID 与群组 ID)。系统的各部分也分别使用各自独立的识别方式。Linux 就是这样将应用与应用、应用与系统隔离开。系统更多的安全功能通过权限机制提供。权限可以限制某个特定进程的特定操作,也可以限制每个 URI 权限对特定数据段的访问。

  Android 安全架构的核心设计思想是,在默认设置下,所有应用都没有权限对其他应用、系统或用户进行较大影响的操作。这其中包括读写用户隐私数据(联系人或电子邮件),读写其他应用文件,访问网络或阻止设备待机等。

  安装应用时,在检查程序签名提及的权限,且经过用户确认后,软件包安装器会给予应用权限。从用户角度来看,一款 Android 应用通常会要求如下的权限:拨打电话、发送短信或彩信、修改/删除 SD 卡上的内容、读取联系人的信息、读取日程信息、写入日程数据、读取电话状态或识别码、获取精确的(基于 GPS)地理位置或模糊的(基于网络获取)地理位置、创建蓝牙连接、对互联网的完全访问、查看网络状态、查看 WiFi 状态、避免手机待机、修改系统全局设置、读取同步设定、开机自启动、重启其他应用、终止运行中的应用、设定偏好应用、振动控制、拍摄图片等。

1.2.4 Android 开发结构

  Android 应用程序开发是 Android 开发中最上面的一个层次,它们构建在 Android 系统提供的 API 之上。Android 应用程序的基础是 Android 提供的各个 Java 类,这些类组成了 Android 系统级的 API。Android 应用程序的开发结构如图 1-3 所示。

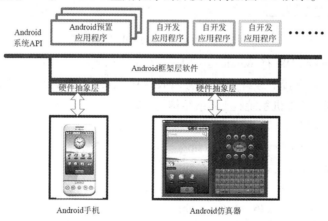

图 1-3 Android 应用程序的开发结构

  Android 应用程序可以基于两种环境来开发:Android SDK 和 Android 源代码。Android 系统本身内置了一部分标准应用(也包括内容提供者),在仿真器(包括 SDK 环境和源代码环境)中已经包含这些内置的程序。用户自行开发的应用程序和 Android 内置的应用层程序包位于同一个层次,都是基于 Android 框架层的 API 来构建的,它们的区别仅仅在于它们是否被包含在默认的 Android 系统中。

1.3 Android 开发工具

1.3.1 SDK 的结构

Android 的 SDK 开发环境使用预编译的内核和文件系统,屏蔽了 Android 软件架构第 3 层次及以下的内容,开发者可以基于 Android 的系统 API 配合进行应用程序层次的开发。在 SDK 的开发环境中,还可以使用 Eclipse 等作为 IDE 开发环境。

1. Android SDK 在 IDE 环境中使用的组织结构

Android 系统的 IDE 开发环境如图 1-4 所示。

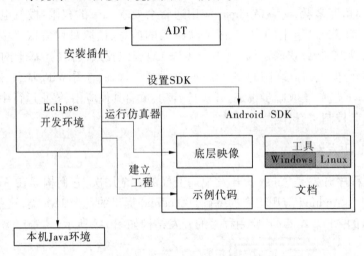

图 1-4　Android 系统的 IDE 开发环境

Android 提供的 SDK 有 Windows 和 Linux(其区别主要是 SDK 中工具不同),在 Android 的网站上可以直接下载各个版本的 SDK。Android 的 SDK 命名规则为:

android‐sdk‐{主机系统}_{体系结构}_{版本}

例如,Android 提供 SDK 的几个文件包如下所示:

android‐sdk‐windows‐1.5_r2.zip

android‐sdk‐linux_x86‐1.5_r2.zip

android‐sdk‐windows‐1.6_r1.zip

android‐sdk‐linux_x86‐1.6_r1.zip

2. SDK 的目录结构

add‐ons:附加的包;

docs:HTML 格式的离线文档;

platforms:SDK 核心内容;

tools:工具。

在 platforms 中包含的各个 Android SDK 版本的目录中,包含系统映像、工具、示例代码等内容。

data/:包含默认的字体、资源等内容;

images/:包含默认的 Android 磁盘映像,包括系统映像(Android system image)、默认的用户数据映像(userdata image)、默认的内存盘映像(ramdisk image)等,这些映像是仿真器运行时需要使用的;

samples/:包含一系列的应用程序,可以在 Android 的开发环境中,根据它们建立工程,编译并在仿真器上运行;

skins/:包含几个仿真器的皮肤,每个皮肤对应一种屏幕尺寸;

templates/:包含几个用 SDK 开发工具的模板;

tools/:特定平台的工具;

android. jar:Android 库文件的 Java 程序包,在编译本平台的 Android 应用程序的时候被使用。

3. Android 的发布版本

不同版本的 API 对应着不同的 API 级别,Android 已经发布,并且属于正式支持的各个版本的 SDK 如表1-1 所示。

表1-1　Android 的发布版本与级别对应关系

Android 的发布版本	API 级别	Android 的发布版本	API 级别
Android 1. 0	1	Android 1. 1	2
Android 1. 5	3	Android 1. 6	4
Android 2. 0	5	Android 2. 0. 1	6
Android 2. 1	7	Android 2. 2	8
Android 2. 3. 1 ~ 2. 3. 2	9	Android 2. 3. 3 ~ 2. 3. 7	10
Android 3. 0	11	Android 3. 1	12
Android 3. 2	13	Android 4. 0. 1 ~ 4. 0. 2	14
Android 4. 0. 3	15		

Android 的 SDK 需要配合 ADT 使用,ADT(Android Development Tools)是 Eclipse 集成环境的一个插件。通过扩展 Eclipse 集成环境功能,生成和调试 Android 应用程序既容易又快速。

1.3.2　SDK 开发环境

Android 的 SDK Windows 版本需要以下内容:

(1)JDK 1. 5 或者 JDK 1. 6;

(2)Eclipse 集成开发环境;

(3)ADT 插件;

（4）Android SDK。

其中，ADT 和 Android SDK 可以到 Android 的网站去下载，或者在线安装亦可。

1.3.3　ADT 的功能

（1）可以从 Eclipse IDE 内部访问其他的 Android 开发工具。例如，ADT 可以直接从 Eclipse 访问 DDMS 工具的很多功能——屏幕截图、管理端口转发（port-forwarding）、设置断点、观察线程和进程信息。

（2）提供了一个新的项目向导（New Project Wizard），帮助用户快速生成和建立起新 Android应用程序所需的最基本文件。

（3）使构建 Android 应用程序的过程变得自动化，简单易行。

（4）提供了一个 Android 代码编辑器，可以帮助你为 Android manifest 和资源文件编写有效的 XML。

1.3.4　仿真调试环境

在 Google 的 Android 系统中，形成了移植开发和上层应用程序开发两个不同的开发方面。手机厂商从事移植开发工作，上层应用程序开发可以由任何单位和个人完成，开发的过程可以基于真实的硬件系统，还可以基于仿真器环境。仿真调试环境有利于加快开发进度，不用真机也可以调试，为开发人员提供了极大的方便，随着版本的升级，仿真环境也在跟着升级，如图 1-5 ~ 图 1-7 所示。

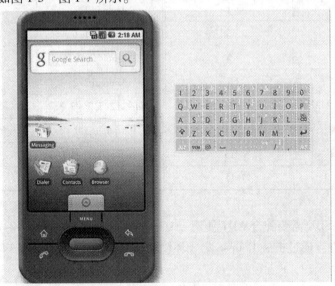

图 1-5　Android 1.5 的仿真器环境

1.3.5　辅助开发工具

Android 提供了一系列工具来辅助系统开发，这些工具主要包括：

（1）AAPT（Android Asset Packaging Tool）：用于建立 zip 兼容的包（zip、jar、apk），也可

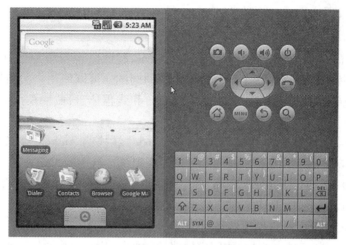

图 1-6　Android 2.1 的仿真器环境

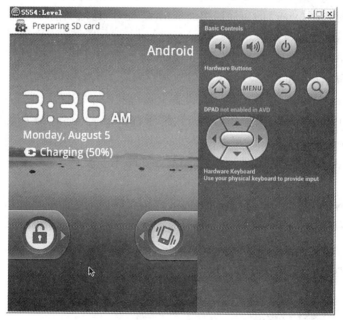

图 1-7　Android 4.2.2 的仿真器环境

用于将资源编译到二进制的 assets。

（2）ADB（Android Debug Bridge，Android 调试桥）：使用 adb 工具可以在模拟器或设备上安装应用程序的 apk 文件，并从命令行访问模拟器或设备，也可以用它把 Android 模拟器或设备上的应用程序代码和一个标准的调试器连接在一起。

（3）Android 工具：Android 工具是一个脚本，用于创建和管理 Android Virtual Devices（AVD）。

（4）AIDL 工具（Android Interface Description Language，Android 接口描述语言工具）：AIDL 工具可以生成进程间接口的代码，诸如 Service 可能使用的接口。

（5）AVD（Android Virtual Devices，Android 虚拟设备）：用于配置模拟器，模拟出类似的设备效果。

（6）DDMS（Dalvik Debug Monitor Service，Dalvik 调试监视器服务）：这个工具集成了Dalvik，能够在模拟器或者设备上管理进程并协助调试。可以使用它关闭进程，选择某个特定的进程来调试，产生跟踪数据，观察堆（heap）和线程信息，截取模拟器或设备的屏幕画面，此外还有更多的功能。

（7）DX：DX 工具用于将 class 字节码（bytecode）转换为 Android 字节码（保存在 dex 文件中），这个字节码文件是给 Android 的 Java 虚拟机运行用的。

（8）Draw 9 - patch：Draw 9 - patch 工具允许使用所见即所得（WYSIWYG）的编辑器轻松地创建 NinePatch 图形。

（9）Emulator（模拟器）：模拟器是一个运行于主机上的程序，可以使用模拟器来模拟一个实际的 Android 系统的运行，使用模拟器非常便于调试和测试应用程序。

（10）Hierarchy Viewer（层级观察器）：层级观察器工具允许调试和优化用户界面。它用可视的方法把视图（view）的布局层次展现出来，此外，还给当前界面提供了一个具有像素栅格（grid）的放大镜观察器。

（11）Mksdcard：帮助创建磁盘映像（disk image），可以在模拟器环境下使用磁盘映像来模拟外部存储卡（例如 SD 卡）。

（12）Monkey：Monkey 是在模拟器或设备上运行的一个小程序，它能够产生随机的用户事件流，例如：点击（click）、触摸（touch）、挥手（gestures），还包括一系列系统级事件。可以使用 Monkey 给正在开发的程序做随机的但可重复的压力测试。

（13）Sqlite3：Sqlite3 工具能够方便地访问 SQLite 数据文件，这是一个 Sqlite 标准命令行工具。

（14）Traceview：这个工具可以将 Android 应用程序产生的跟踪日志（trace log）转换为图形化的分析视图。

1.4　Android 发展前景

1.4.1　Android 发展趋势

Android 在我国的前景十分广阔，Android 社区十分红火，这些社区为 Android 在我国的普及做了很好的推广作用。国内许多厂商和运营商也纷纷加入了 Android 阵营，包括中国移动、中国联通、中兴通讯、华为通讯、联想等大企业。同时，不仅仅局限于手机，国内厂家也陆续推出了采用 Android 系统的 MID 产品，比较著名的包括由 Rockchip 和蓝魔公司推出的同时具备高清播放和智能系统的音悦汇 W7 和 2010 年推出的原道 N5。我们可以预见 Android 将会被广泛应用在国产智能上网设备上，进一步扩大 Andorid 系统的应用范围。此外，由于国内政策的限制，Android 的部分功能（如 Android Market）在国内无法正常使用，常用的解决方法是使用 VPN 服务来访问。

据 Gartner 预计，到 2016 年底，将有 23 亿部计算机、平板电脑和智能手机使用 Android,而 Windows 设备数量为 22.8 亿部。相比之下,Windows 设备数量将达到 15 亿部,而 Android 设备数量为 6.08 亿部。

Android 操作系统 2008 年才上市,随后迅速成为主导性的智能手机平台,市场份额达到了 2/3。与此同时,在快速发展的平板电脑市场,Android 份额也位居第二。虽然 Android 是一款免费软件,但它却推动了谷歌核心的搜索业务增长。

1.4.2 Android 软件市场

安卓市场(HiMarket)是我国最早最大的安卓软件和游戏下载平台,是网游网龙公司旗下的知名产品,为用户提供良好的手机软件服务。自 2009 年 9 月 29 日面世以来,该产品致力于为广大安卓爱好者提供最全面、最快捷的软件、游戏下载服务。经过创新研发、精心耕耘,安卓市场上拥有最为丰富的应用种类,平均每日应用下载量高达几千万次,已发展为我国最大的拥有手机客户端、平板客户端、网页端和 PC 客户端(内置于 91 手机助手中)全方位下载渠道的应用市场。安卓市场网站如图 1-8 所示。

图 1-8　安卓市场网站

除此之外,还有众多的安卓开发论坛,供用户相互交流经验,共同提高编程技术水平,为广大测绘单位提供技术服务,以开发出更多、更实用的安卓版测量软件。

1.4.3 Android 测量软件

自从安卓成功进入我国市场以来,受到测量专业人员的关注,有不少的软件编程人员开始编写安卓版测量软件,为生产服务。从网上查找的资料来看,相对比较成熟的安卓版测量软件有:

(1)安卓版水准记录和坐标转换软件(见图 1-9),已成功应用于生产;

(2)安卓版公路测量放样软件(见图 1-10);

(3)安卓版道路速测软件(见图 1-11);

(4)安卓版轻松工程测量系统软件(见图 1-12)。

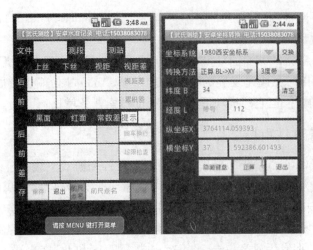

图 1-9　安卓版水准记录和坐标转换软件

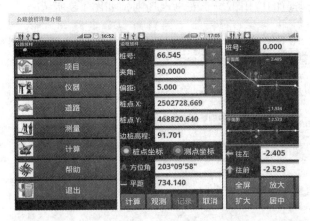

图 1-10　安卓版公路测量放样软件

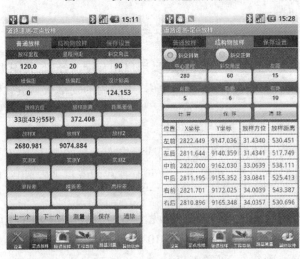

图 1-11　安卓版道路速测软件

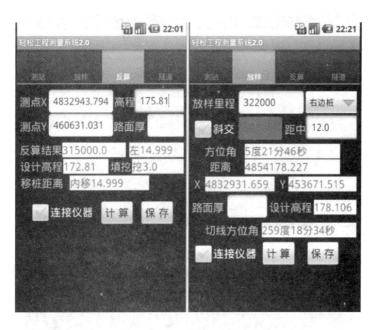

图 1-12　安卓版轻松工程测量系统软件

1.4.4　Android 平板电脑

各行业的专业人员都在加快开发本专业的应用软件,而能引起大家兴趣的游戏软件的开发更是如火如荼、蒸蒸日上。目前,已开发出众多大家熟悉的各类软件,如下所示:

(1)安卓版 GPS 车辆导航软件(见图 1-13);

图 1-13　安卓版 GPS 车辆导航软件

(2)安卓版偷菜游戏软件(见图 1-14);

(3)安卓版 Google 地图(见图 1-15)。

图 1-14　安卓版偷菜游戏软件

图 1-15　安卓版 Google 地图

第 2 章　测绘基础知识

2.1　常用测量基准系统

2.1.1　常用坐标系统

1.1954 北京坐标系

1954 北京坐标系(Beijing Geodetic Coordinate System 1954)是我国目前广泛采用的大地测量坐标系,属于参心坐标系统。1954 北京坐标系源自于苏联采用过的 1942 普尔科沃坐标系。该坐标系采用的参考椭球是克拉索夫斯基椭球,该椭球的参数为:长半轴6 378 245 m,短半轴 6 356 863 m,扁率 1/298.3。我国地形图上的平面坐标位置都是以这个数据为基准推算的。我国很多测绘成果都是基于 1954 北京坐标系得来的。该坐标系从 1954 年开始启用,是国家统一的国家大地坐标系,鉴于当时的实际情况,将我国一等锁与苏联远东一等锁相连接,然后以连接处呼玛、吉拉宁、东宁基线网扩大边端点的苏联1942 普尔科沃坐标系的坐标为起算数据,平差我国东北及东部区一等锁,这样传算过来的坐标系就定名为 1954 北京坐标系。

主要缺点:①克拉索夫斯基椭球参数与现代精确测定的椭球参数之间的差异较大,不包含表示地球物理特性的参数。②椭球定向不明确,参考椭球面与我国大地水准面呈西高东低的系统性倾斜,东部高程异常最大值达 67 m。③该系统的大地点坐标是通过局部分区平差得到的,未进行全国统一平差,区与区之间同点位不同坐标,最大差值达到 1~2 m,一等锁坐标从东北传递,因此西北和西南精度较低,存在明显的坐标积累误差。

2.1980 西安坐标系

1980 西安坐标系(Xi'an Geodetic Coordinate System 1980)是由国家测绘局在 1978~1982 年期间进行国家天文大地网整体平差时建立的坐标系统。它采用国际大地测量学协会(IAG)1975 年推荐的新椭球参数。该椭球的参数为:长半轴 6 378 140 m,短半轴6 356 755 m,扁率 1/298.257。1980 西安坐标系属于参心坐标系统,大地原点在陕西省泾阳县永乐镇,在西安以北 60 km,简称西安原点。与 1954 北京坐标系相比,1980 西安坐标系有以下 5 个优点:①采用多点定位原理建立,理论严密,定义明确。大地原点位于我国中部。②椭球参数为现代精确测定的地球总椭球参数,有利于实际应用和开展理论研究。③椭球面与我国大地水准面吻合较好,全国范围内的平均差值为 10 m,大部分地区差值在 15 m 以内。④椭球短半轴指向明确,为 1968.0 JYD 地极原点方向。⑤全国天文大地网经过了整体平差,点位精度高,误差分布均匀。

3.2000 国家大地坐标系

2000 国家大地坐标系(China Geodetic Coordinate System 2000)属于地心坐标系统。其

定义包括坐标系的原点、3 个坐标轴的指向、尺度以及地球椭球的 4 个基本参数的定义。2000 国家大地坐标系的原点为包括海洋和大气的整个地球的质量中心。2000 国家大地坐标系的 Z 轴由原点指向历元 2000.0 的地球参考极的方向,该历元的指向由国际时间局给定的历元为 1984.0 的初始指向推算,定向的时间演化保证相对于地壳不产生残余的全球旋转;X 轴由原点指向格林尼治参考子午线与地球赤道面(历元 2000.0)的交点;Y 轴与 Z 轴、X 轴构成右手正交坐标系。2000 国家大地坐标系采用广义相对论意义下的尺度。2000 国家大地坐标系采用的地球椭球参数的数值为:长半轴 $a = 6\ 378\ 137\ \text{m}$,扁率 $f = 1/298.257\ 222\ 101$,地心引力常数 $GM = 3.986\ 004\ 418 \times 10^{14}\ \text{m}^3/\text{s}^2$,自转角速度 $\omega = 7.292\ 115 \times 10^{-5}\ \text{rad/s}$。

4. WGS - 84 坐标系

WGS - 84 坐标系的全称是 World Geodical System - 84,它是一个地心地固坐标系统。WGS - 84 坐标系由美国国防部制图局建立,于 1987 年取代了当时 GPS 所采用的坐标系统——WGS - 72 坐标系而成为 GPS 所使用的坐标系统。坐标原点为地球质心,其地心空间直角坐标系的 Z 轴指向国际时间局(BIH)1984.0 定义的协议地极(CTP)方向,X 轴指向 BIH1984.0 的协议子午面和 CTP 赤道的交点,Y 轴与 Z 轴、X 轴垂直构成右手坐标系。该坐标系称为 1984 世界大地坐标系。这是一个国际协议地球参考系统(ITRS),是目前国际上统一采用的大地坐标系。WGS - 84 坐标系,长半轴 6 378 137.000 m,短半轴 6 356 752.314 m,扁率 1/298.257 223 563。WGS - 84 椭球如图 2-1 所示。

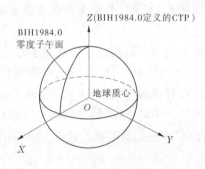

图 2-1　WGS - 84 椭球

2.1.2　常用高程系统

1.1956 黄海高程系

1956 黄海高程系是根据我国青岛验潮站 1950 ～ 1956 年的黄海验潮资料,求出该站验潮井里横按铜丝的高度为 3.61 m,所以就确定这个铜丝以下 3.61 m 处为黄海平均海水面。从这个平均海水面起,于 1956 年推算出青岛水准原点的高程为 72.289 m。我国其他地方测量的高程,都是根据这一原点按水准方法推算的。

2.1985 国家高程基准

我国于 1956 年规定以黄海(青岛)的多年平均海平面作为统一基面,为我国第一个国家高程系统,从而结束了过去高程系统繁杂的局面。但由于计算这个基面所依据的青岛验潮站的资料系列(1950～1956 年)较短等原因,我国测绘主管部门决定重新计算黄海平均海水面,以青岛验潮站 1952～1979 年的潮汐观测资料为计算依据,并用精密水准测量方法测定位于青岛观象山的中华人民共和国水准原点,得出 1985 国家高程基准和 1956 黄海高程的关系为:1985 国家高程基准 = 1956 黄海高程 − 0.029 m。1985 国家高程基准已于 1987 年 5 月开始启用,1956 黄海高程系同时废止。

2.2　常用坐标系统转换模型

2.2.1　平面四参数转换

在实际工作中,经常要将两个不同坐标系之间的数据进行转换,以达到实现数据共享的目的。目前,坐标转换的方法有很多,用途不一样,要求也不一样。一般转换一个测区的坐标,如果范围不是很大,用相似变换就能解决问题。收集一定数量的重合点,至少 2 个点,才能求出转换参数,超过 2 个点时,可计算残差,如果点数超过一定数量,比如 5 个时,就要采用测量平差,求出最合理转换参数,实现坐标转换。具体公式如下:

$$\begin{bmatrix} x_2 \\ y_2 \end{bmatrix} = \begin{bmatrix} x_0 \\ y_0 \end{bmatrix} + (1 + m) \begin{bmatrix} \cos\alpha & -\sin\alpha \\ \sin\alpha & \cos\alpha \end{bmatrix} \begin{bmatrix} x_1 \\ y_1 \end{bmatrix}$$

其中,x_0, y_0 为平移参数;α 为旋转参数;m 为尺度参数;x_1, y_1 为原坐标系下的平面直角坐标;x_2, y_2 为新坐标系下的平面直角坐标。

坐标轴平移与旋转如图 2-2 所示。

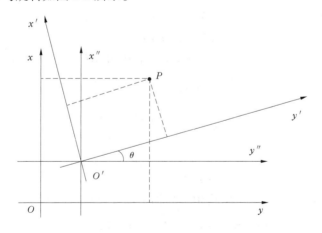

图 2-2　坐标轴平移与旋转

2.2.2　布尔莎坐标转换

如果测区面积比较大,为了能更准确地求出两个坐标系之间的转换关系,推荐使用布尔莎模型转换,即俗称的七参数转换。可以带高程一起转换,前提是两个坐标系之间定位基本相同,不能有太大的旋转角,像地方坐标系和国家坐标系之间转换就不适用七参数转换,只能用相似变换来转换。布尔莎模型只适用于 1954 北京坐标系、1980 西安坐标系、2000 国家大地坐标系和 WGS-84 坐标系之间的相互转换。具体原理如下：

当两个空间直角坐标系的坐标换算既有旋转又有平移时，则存在 3 个平移参数和 3 个旋转参数，再顾及两个坐标系尺度不尽一致，从而还有 1 个尺度变化参数，共计有 7 个参数。相应的坐标变换公式为

$$\begin{bmatrix} x_2 \\ y_2 \\ z_2 \end{bmatrix} = (1+m) \begin{bmatrix} x_1 \\ y_1 \\ z_1 \end{bmatrix} + \begin{bmatrix} 0 & \varepsilon_z & -\varepsilon_y \\ -\varepsilon_z & 0 & \varepsilon_x \\ \varepsilon_y & -\varepsilon_x & 0 \end{bmatrix} \begin{bmatrix} x_1 \\ y_1 \\ z_1 \end{bmatrix} + \begin{bmatrix} \Delta x_0 \\ \Delta y_0 \\ \Delta z_0 \end{bmatrix}$$

上式为两个不同空间直角坐标之间的转换模型（布尔莎模型），其中含有 7 个转换参数。为了求得 7 个转换参数，至少需要 3 个公共点，当多于 3 个公共点时，可按最小二乘法求得 7 个参数的最或是值。

应该指出，当进行两种不同空间直角坐标系变换时，坐标变换的精度除取决于坐标变换的数学模型和求解变换参数的公共点坐标精度外，还和公共点的多少、几何形状结构有关。鉴于地面网可能存在一定的系统误差，且在不同区域并非完全一样，所以采用分区变换参数，分区进行坐标转换，可以提高坐标变换精度。无论是我国的多普勒网还是 GPS 网，利用布尔莎模型求解和地面大地网间的变换参数，分区变换均较明显地提高了坐标变换的精度。

2.2.3　空间直角坐标与大地坐标转换

同一地面点在地球空间直角坐标系中的坐标和在大地坐标系中的坐标可用如下两组公式转换：

$$\left. \begin{array}{l} x = (N+H)\cos B\cos L \\ y = (N+H)\cos B\sin L \\ z = \left[N(1-e^2)+H \right]\sin B \end{array} \right\}$$

$$\left. \begin{array}{l} L = \arctan \dfrac{y}{x} \\[2mm] B = \arctan \dfrac{z+Ne^2\sin B}{\sqrt{x^2+y^2}} \\[2mm] H = \dfrac{z}{\sin B} - N(1-e^2) \end{array} \right\}$$

式中　e——子午椭圆第一偏心率，可由长短轴半径按公式 $e^2 = (a^2-b^2)/a^2$ 算得；

N——法线长度，可由公式 $N = a/\sqrt{1-e^2\sin^2 B}$ 算得。

空间直角坐标与大地坐标关系如图 2-3 所示。

2.2.4　城市抵偿面坐标转换

《城市测量规范》（CJJ/T 8—2011）中规定：城市平面控制测量坐标系统的选择应以满足投影长度变形值不大于 2.5 cm/km 为原则，并根据城市地理位置和平均高程而定。当长度变形值大于 2.5 cm/km 时，可采用以下方法：①投影于抵偿高程面上的高斯正形投影 3° 带的平面直角坐标系统。②高斯正形投影任意带的平面直角坐标系统，投影面可

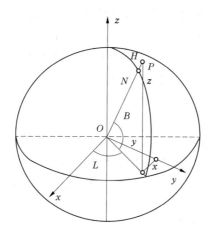

图 2-3 空间直角坐标与大地坐标关系

采用黄海平均海水面或城市平均高程面。

由于高程归化和选择投影坐标系统所引起的长度变形在城市及工程建设地区一般规定每千米为 2.5 cm,相对误差为 1/40 000,相当于归化高程达到 160 m 或平均横坐标值达到 ±45 km 时的情况。在实际工作中,可以把两者结合起来考虑,利用高程归化的长度改正数恒为负值,高斯投影的长度改正数恒为正值而得到部分抵偿的特点。在下列情况下两种长度变形正好相互抵消:

$$\frac{H_m + h_m}{R_m} = \frac{y_m^2}{2R_m^2}$$

如果按照规范要求,长度变形不超过 1/40 000,则可以推导出测区平均归化高程 $(H_m + h_m)$ 与控制点离开中央子午线两侧距离的关系。

$$y_m = \sqrt{12\ 740(H_m + h_m)} \pm 2\ 029$$

如果 $H_m + h_m = 100$ m,控制点离开中央子午线距离不超过 57 km,则长度变形不会超过 1/40 000。

如果变形值超过规范规定,就要进行抵偿坐标换算。方法如下:

设 H_c 为城市地区相对于抵偿高程归化面的高程,H_o 为抵偿高程归化面相对于参考椭球面的高程,则有:

$$H_c = (H_m + h_m) - H_o$$

为了使高程归化和高斯投影的长度改化相抵消,令:

$$\frac{H_c}{R_m} = \frac{y_m^2}{2R_m^2}$$

由此得:

$$H_c = \frac{y_m^2}{2R_m}$$

$$H_o = (H_m + h_m) - \frac{y_m^2}{2R_m}$$

设 $q = H_o/R_m$，则国家统一坐标系统转换为抵偿坐标系统的坐标转换公式如下：

$$x_c = x + q(x - x_o), y_c = y + q(y - y_o)$$

抵偿坐标系统转换为国家统一坐标系统的坐标转换公式如下：

$$x = x_c - q(x_c - x_o), y = y_c - q(y_c - y_o)$$

式中　x, y——国家统一坐标系统中控制点坐标；

　　　x_c, y_c——抵偿坐标系统中控制点坐标；

　　　x_o, y_o——长度变形被抵消的控制点在国家统一坐标系统中的坐标，该点在抵偿坐标系统中具有同样的坐标值。它适宜于选在测区中心。这个点也可以不是控制点，而是一个理论上的点，取整坐标值，便于记忆。

2.3　水准测量技术要求

2.3.1　一、二等水准测量技术要求

1. 精度要求

一、二等水准测量精度要求见表 2-1。

表 2-1　一、二等水准测量精度要求　　　　　　　　　　（单位：mm）

测量等级	一等	二等
M_Δ	0.45	1.0
M_W	1.0	2.0

2. 重力测量

（1）一等水准路线上的每个水准点均应测定重力。高程大于 4 000 m 或水准点间的平均高差为 150 ~ 250 m 的二等水准路线上，每个水准点也应测定重力。高差大于 250 m 的一、二等水准测段中，地面倾斜变化处应加测重力。

（2）高程在 1 500 ~ 4 000 m 或水准点间的平均高差为 50 ~ 150 m 的地区，二等水准路线上重力点间平均距离应小于 23 km。

（3）水准点上的重力测量按加密重力测量的要求施测。

3. i 角检查

自动安平光学水准仪每天检校一次 i 角，气泡式水准仪每天上、下午各检校一次 i 角，作业开始后的 7 个工作日内，若 i 角较为稳定，以后每隔 15 天检校一次。

数字水准仪，整个作业期间应每天开测前进行 i 角测定，若开测为未结束测段，则在新测段开始前进行测定。

4. 水准观测方式

（1）一、二等水准测量采用单路线往返观测。同一区段的往返测，应使用同一类型的仪器和转点尺承沿同一道路进行。

（2）在每一区段内，先连续进行所有测段的往测（或返测），随后再连续进行该区段的返测（或往测）。若区段较长，也可将区段分成 20～30 km 的几个分段，在分段内连续进行所有测段的往返测。

（3）同一测段的往测（或返测）与返测（或往测）应分别在上午与下午进行。在日间气温变化不大的阴天和观测条件较好时，若干里程的往返测可同在上午或下午进行。但这种里程的总站数，一等不应超过该区段总站数的 20%，二等不应超过该区段总站数的 30%。

5. 设置测站要求

测站视线长度（仪器至标尺距离）、前后视距差、视线高度、数字水准仪重复测量次数等按表 2-2 的规定。

表 2-2　一、二等水准测量视线长度等技术要求　　（单位：mm）

等级	仪器类型	视线长度		前后视距差		任一测站上前后视距差累积		视线高度		数字水准仪重复测量次数
		光学	数字	光学	数字	光学	数字	光学（下丝读数）	数字	
一等	DSZ05、DS05	≤30	≥4 且 ≤30	≤0.5	≤1.0	≤1.5	≤3.0	≥0.5	≤2.80 且 ≥0.65	≥3 次
二等	DSZ1、DS1	≤50	≥3 且 ≤50	≤1.0	≤1.5	≤3.0	≤6.0	≥0.3	≤2.80 且 ≥0.55	≥2 次

注：下丝为近地面的视距丝。几何法数字水准仪视线高度的高端限差一、二等允许到 2.85 m。相位法数字水准仪重复测量次数可以从表中数值减少一次。所有数字水准仪，在地面震动较大时，应随时增加重复测量次数。

6. 测站观测顺序和方法

1）光学水准仪观测

（1）往测时，奇数测站照准标尺分划的顺序为：

①后视标尺的基本分划；

②前视标尺的基本分划；

③前视标尺的辅助分划；

④后视标尺的辅助分划。

（2）往测时，偶数测站照准标尺分划的顺序为：

①前视标尺的基本分划；

②后视标尺的基本分划；

③后视标尺的辅助分划；

④前视标尺的辅助分划。

（3）返测时，奇、偶测站照准标尺的顺序分别与往测偶、奇测站相同。

（4）测站观测采用光学测微法，一测站的操作程序如下（以往测奇数测站为例）：

①将仪器整平（气泡式水准仪望远镜绕垂直轴旋转时，水准气泡两端影像分离不得超过 1 cm，自动安平水准仪的圆气泡位于指标环中央）。

②将望远镜对准后视标尺(此时,利用标尺上圆水准器整置标尺垂直),使符合水准器两端的影像近于符合(双摆位自动安平水准仪应置于第Ⅰ摆位)。随后用上、下丝照准标尺基本分划进行视距读数。视距第四位数由测微鼓直接读得。然后,使符合水准器气泡准确符合,转动测微鼓,用楔形平分丝精确照准标尺基本分划,并读定标尺基本分划与测微鼓读数(读到测微鼓的最小刻划)。

③旋转望远镜照准前视标尺,并使符合水准气泡两端影像准确符合(双摆位自动安平水准仪仍在第Ⅰ摆位),用楔形平分丝精确照准标尺基本分划,并读定标尺基本分划与测微鼓读数,然后用上、下丝照准标尺基本分划进行视距读数。

④用微动螺旋转动望远镜,照准前视标尺的辅助分划,并使符合气泡两端影像准确符合(双摆位自动安平水准仪置于第Ⅱ摆位),用楔形平分丝精确照准并进行标尺辅助分划与测微鼓读数。

⑤旋转望远镜,照准后视标尺的辅助分划,并使符合水准气泡的影像准确符合(双摆位自动安平水准仪仍在第Ⅱ摆位),用楔形平分丝精确照准并进行辅助分划与测微鼓的读数。

2)数字水准仪观测

(1)往、返测奇数测站照准标尺顺序为:

①后视标尺;

②前视标尺;

③前视标尺;

④后视标尺。

(2)往、返测偶数测站照准标尺顺序为:

①前视标尺;

②后视标尺;

③后视标尺;

④前视标尺。

(3)一测站操作程序如下(以奇数测站为例):

①将仪器整平(望远镜绕垂直轴旋转,圆气泡始终位于指标环中央);

②将望远镜对准后视标尺(此时,标尺应按圆水准器整置于垂直位置),用垂直丝照准条码中央,精确调焦至条码影像清晰,按测量键;

③显示读数后,旋转望远镜照准前视标尺条码中央,精确调焦至条码影像清晰,按测量键;

④显示读数后,重新照准前视标尺,按测量键;

⑤显示读数后,旋转望远镜照准后视标尺条码中央,精确调焦至条码影像清晰,按测量键。显示测站成果,测站检核合格后迁站。

7. 测站观测限差

一、二等水准测量测站限差要求见表2-3。

表 2-3　一、二等水准测量测站限差要求　　　　　　　　　　　　（单位:mm）

等级	上下丝读数平均值与中丝读数的差		基辅分划读数的差	基辅分划所测高差的差	检测间歇点高差的差
	0.5 cm 刻划标尺	1 cm 刻划标尺			
一等	1.5	3.0	0.3	0.4	0.7
二等	1.5	3.0	0.4	0.6	1.0

8. 往返测高差不符值、环闭合差

一、二等水准测量往返及环闭合差限差要求见表 2-4。

表 2-4　一、二等水准测量往返及环闭合差限差要求　　　　　　（单位:mm）

等级	测段、区段、路线往返测高差不符值	附合路线闭合差	环闭合差	检测已测测段高差之差
一等	$1.8\sqrt{K}$	—	$2\sqrt{F}$	$3\sqrt{R}$
二等	$4\sqrt{K}$	$4\sqrt{L}$	$4\sqrt{F}$	$6\sqrt{R}$

注:K 为测段、区段、路线长度,单位为千米(km),当长度小于 0.1 km 时,按 0.1 km 计算;

　　L 为附合路线长度,单位为千米(km);

　　F 为环线长度,单位为千米(km);

　　R 为检测测段长度,单位为千米(km)。

2.3.2　三、四等水准测量技术要求

1. 精度要求

三、四等水准测量精度要求见表 2-5。

表 2-5　三、四等水准测量精度要求　　　　　　　　　　　　　（单位:mm）

测量等级	三等	四等
M_Δ	3.0	5.0
M_W	6.0	10.0

2. i 角检查

自动安平光学水准仪每天检校一次 i 角,气泡式水准仪每天上、下午各检校一次 i 角,作业开始后的 7 个工作日内,若 i 角较为稳定,以后每隔 15 天检校一次。

数字水准仪,整个作业期间应每天开测前进行 i 角测定。

3. 观测方法

(1)三等水准测量采用中丝读数法进行往返测。当使用有光学测微器的水准仪和线条式因瓦水准标尺观测时,也可进行单程双转点观测。

(2)四等水准测量采用中丝读数法进行单程观测。支线应往返测或单程双转点观测。

(3)三、四等水准测量采用单程双转点法观测时,在每一转点处安置左右相距 0.5 m

的两个尺台,相应于左右两条水准路线。每一测站按规定的观测方法和操作程序,首先完成右路线的观测,而后进行左路线的观测。

4. 设置测站要求

测站视线长度(仪器至标尺距离)、前后视距差、视线高度、数字水准仪重复测量次数等按表2-6的规定。使用DS3级以上的数字水准仪进行三、四等水准测量观测,其上述技术指标应不低于表2-6中DS1、DS05级光学水准仪的要求。

表2-6　三、四等水准测量视线长度等技术要求　　　　　　　　　(单位:m)

等级	仪器类型	视线长度	前后视距差	任一测站上前后视距差累积	视线高度	数字水准仪重复测量次数
三等	DS3	≤75	≤2.0	≤5.0	三丝能读数	≥3次
	DS1、DS05	≤100				
四等	DS3	≤100	≤3.0	≤10.0	三丝能读数	≥2次
	DS1、DS05	≤150				

注: 相位法数字水准仪重复测量次数可以为表中数值减少一次。所有数字水准仪,在地面震动较大时,应暂时停止测量,直至震动消失,无法回避时应随时增加重复测量次数。

5. 测站观测顺序和方法

1)光学水准仪观测

(1)三等水准测量每测站照准标尺分划顺序为:

①后视标尺黑面(基本分划);

②前视标尺黑面(基本分划);

③前视标尺红面(辅助分划);

④后视标尺红面(辅助分划)。

(2)四等水准测量每测站照准标尺分划顺序为:

①后视标尺黑面(基本分划);

②后视标尺红面(辅助分划);

③前视标尺黑面(基本分划);

④前视标尺红面(辅助分划)。

(3)测站观测采用光学测微法,一测站的操作程序如下(以三等水准测量为例):

①将仪器整平(气泡式水准仪望远镜绕垂直轴旋转时,水准气泡两端影像分离不得超过1cm,自动安平水准仪的圆气泡位于指标环中央);

②将望远镜对准后视标尺黑面,用倾斜螺旋调整水准气泡准确居中,按视距丝和中丝精确读定标尺读数(四等观测可不读上、下丝读数,直接读距离);

③旋转望远镜照准前视标尺黑面,按②操作;

④照准前视标尺红面,按②操作,此时只读中丝读数;

⑤旋转望远镜照准后视标尺红面,按④操作。

使用单排分划的因瓦标尺观测时,对单排分划进行两次照准读数,代替基辅分划读数。

2）数字水准仪观测

（1）三等水准测量每测站照准标尺分划顺序为：

①后视标尺；

②前视标尺；

③前视标尺；

④后视标尺。

（2）四等水准测量每测站照准标尺分划顺序为：

①后视标尺；

②后视标尺；

③前视标尺；

④前视标尺。

（3）一测站操作程序如下（以三等水准测量为例）：

①将仪器整平（望远镜绕垂直轴旋转，圆气泡始终位于指标环中央）；

②将望远镜对准后视标尺，用垂直丝照准条码中央，精确调焦至条码影像清晰，按测量键；

③显示读数后，旋转望远镜照准前视标尺条码中央，精确调焦至条码影像清晰，按测量键；

④显示读数后，重新照准前视标尺，按测量键；

⑤显示读数后，旋转望远镜照准后视标尺条码中央，精确调焦至条码影像清晰，按测量键。显示测站成果，测站检核合格后迁站。

6. 测站观测限差

三、四等水准测量测站限差要求见表2-7。

表2-7　三、四等水准测量测站限差要求　（单位：mm）

等级	观测方法	基辅分划（黑红面）读数的差	基辅分划（黑红面）所测高差的差	单程双转点法观测时，左右路线转点差	检测间歇点高差的差
三等	中丝读数法	2.0	3.0	—	3.0
	光学测微法	1.0	1.5	1.5	
四等	中丝读数法	3.0	5.0	4.0	5.0

7. 往返测高差不符值、环闭合差

三、四等水准测量往返及环闭合差限差要求见表2-8。

2.3.3　常用水准仪 i 角检查方法

国家水准测量规范的附录中提供两种 i 角检查方法。检查结果符合规范要求，方可使用。二、三等限差为15″，四等、等外限差为20″。具体检查方法如下：

1. 方法一

（1）准备工作：在平坦的场地上选择一长为61.8 m的直线 J1J2（J1、J2 为两端点），并

表 2-8　三、四等水准测量往返及环闭合差限差要求　　　　　　　（单位:mm）

等级	测段、路线往返测高差不符值	测段、路线的左、右路线高差不符值	附合路线(环线)闭合差		检测已测测段高差的差
			平原	山区	
三等	$\pm 12\sqrt{K}$	$\pm 8\sqrt{K}$	$\pm 12\sqrt{L}$	$\pm 15\sqrt{L}$	$\pm 20\sqrt{R}$
四等	$\pm 20\sqrt{K}$	$\pm 14\sqrt{K}$	$\pm 20\sqrt{L}$	$\pm 25\sqrt{L}$	$\pm 30\sqrt{R}$

注:K 为路线或测段的长度,单位为千米(km);

　　L 为附合路线(环线)长度,单位为千米(km);

　　R 为检测测段长度,单位为千米(km)。

将其分为长度 $S = 20.6$ m 的三等份(距离用钢尺量取),在两分点 A、B(或 J1、J2)处各打下一木桩并钉一圆帽钉,或作标记以备再用,如果用尺台的话,则不用打钉。

(2)观测及计算:在 J1、J2(或 A、B)处先后架设仪器,如图 2-4 所示,整平仪器后,使符合水准气泡精密符合,如果仪器为自动安平水准仪,只要圆气泡居中即可。在 A、B 标尺上各照准读数四次。在 J1 设站时,令 A、B 标尺上四次读数的中数为 a_1、b_1;在 J2 设站时为 a_2、b_2;若不顾及观测误差,则在 A、B 标尺上除去 i 角影响后的正确读数应为 a'_1、b'_1、a'_2、b'_2,它们分别等于:

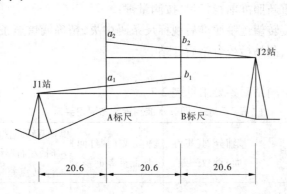

图 2-4　水准仪 i 角检查方法一

$$a'_1 = a_1 - \Delta$$
$$b'_1 = b_1 - 2\Delta$$
$$a'_2 = a_2 - 2\Delta$$
$$b'_2 = b_2 - \Delta$$

式中,$\Delta = \dfrac{i''}{\rho''} \cdot S$。

所以,在 J1 处测得的正确高差应为 h_1:

$$h_1 = a'_1 - b'_1 = a_1 - b_1 + \Delta$$

在 J2 处测得的正确高差为 h_2:

$$h_2 = a'_2 - b'_2 = a_2 - b_2 - \Delta$$

因为
$$h_2 = h_1$$
$$2\Delta = (a_2 - b_2) - (a_1 - b_1)$$
$$\Delta = \frac{1}{2}\big[(a_2 - b_2) - (a_1 - b_1)\big]$$

所以
$$i'' = \frac{\Delta \cdot \rho''}{S} \approx \frac{\Delta \cdot 206\,000''}{20\,600} = 10\Delta \quad (\Delta \text{ 以毫米(mm)为单位})$$

i 角的校正:校正可在 J2 点上进行。用倾斜螺旋(无倾斜螺旋的仪器用位于视准面内的一脚螺旋)将望远镜视线对准 A 标尺上的正确读数 a'_2:
$$a'_2 = a_2 - 2\Delta = b_2 + a_1 - b_1$$

然后校正水准器改正螺旋,将气泡导到居中。校正后,将仪器望远镜对准 B 标尺读数 b'_2,它应与计算的应有值 $b'_{2\text{计}} = b_2 - \Delta$ 完全一致。以此作检核使用。校正需反复进行,使 i 角满足要求为止。

值得注意的是,如果是自动安平水准仪,请送到仪器厂家或相关仪器检验单位进行校正。

2. 方法二

(1)准备工作:在平坦的场地上丈量一长为 41.2 m 的直线 AJ2,在此直线上从一端 A 量取 $AB = 20.6$ m(距离用钢尺量取),在 A、B 两点各打下一木桩,各钉一圆帽钉。如果有尺台就不用再钉,但在观测过程中尺台不允许动。

(2)观测及计算:先将仪器置于 A、B 的中点 J1,如图 2-5 所示,整平仪器后,使符合水准器气泡精密符合,自动安平仪器只要圆气泡居中即可。在 A、B 标尺上各照准读数四次,设 A、B 标尺上四次读数的中数为 a_1、b_1,则 A、B 间的高差 h 为
$$h = a_1 - b_1$$

然后,将仪器搬到 J2 点设站,观测读数如前,设此时 A、B 标尺上四次读数的中数为 a_2、b_2,则在 J2 测得 A、B 间的高差 h' 为
$$h' = a_2 - b_2$$

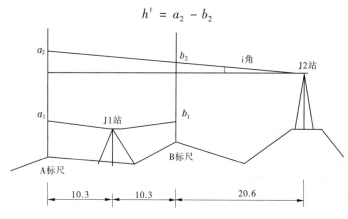

图 2-5 水准仪 i 角检查方法二

若不顾及观测误差,则在 J2 设站时除去 i 角影响后,A、B 标尺上正确读数应为 a'_2、b'_2:

$$a'_2 = a_2 - 2\Delta$$
$$b'_2 = b_2 - \Delta$$

式中,$\Delta = \dfrac{i'' S_{AB}}{\rho''}$。

因为
$$a'_2 - b'_2 = a_1 - b_1 = h$$

所以
$$\Delta = h' - h$$

$$i'' = \frac{\Delta \cdot \rho''}{S_{AB}} \approx \frac{\Delta \cdot 206\,000''}{20\,600} = 10\Delta \quad (\Delta \text{ 以毫米(mm)为单位})$$

i 角的校正:校正可在 J2 点上进行。用倾斜螺旋(无倾斜螺旋的仪器用位于视准面内的一脚螺旋)将望远镜视线对准 A 标尺上的正确读数 a'_2:

$$a'_2 = a_2 - 2\Delta$$

然后校正水准器改正螺旋,将气泡导到居中。校正后,将仪器望远镜对准 B 标尺读数 b'_2,它应与计算的应有值 $b'_{2\text{计}} = b_2 - \Delta$ 完全一致。以此作检核使用。校正需反复进行,使 i 角满足要求为止。

值得注意的是,如果是自动安平水准仪,请送到仪器厂家或相关仪器检验单位进行校正。

2.3.4 一副水准标尺名义米长测定方法

1. 准备

选择在温度稳定的室内进行此项检验。在检测前两小时将三等标准金属线纹尺或同等精度的检查尺和被检测的水准标尺放入检测处。检测时,水准标尺应放置在一平台上,使标尺背面与平台充分接触。

2. 观测方法

每一标尺的基本分划与辅助分划均须检验。基本分划和辅助分划均应进行往返测。往测时,测定基本分划的 0.25 ~ 1.25 m、0.85 ~ 1.85 m、1.45 ~ 2.45 m 三个米间隔,返测时测定 2.75 ~ 1.75 m、2.15 ~ 1.15 m、1.55 ~ 0.55 m 三个米间隔。辅助分划面检定时,往测时测定 0.40 ~ 1.40 m、1.00 ~ 2.00 m、1.60 ~ 2.60 m 三个米间隔,返测时测定 2.90 ~ 1.90 m、2.30 ~ 1.30 m、1.70 ~ 0.70 m 三个米间隔。

往测的观测:两个观测员分别注视检查尺的左右两端,同时读定该部分间隔的两个分划线边缘在检查尺上的读数,微动检查尺,然后再读取这两个分划线边缘在检查尺上的读数。两次左右端读数差的差应不大于 0.06 mm,否则立即重测。如此依次测定三个米间隔。每测定一个米间隔需读记温度。

返测的观测:返测时两观测员应互换位置,其他操作与往测相同。

3. 计算方法

此项检验要求计算出每根标尺的每米间隔平均值。其基本分划、辅助分划往返测中每一间隔名义米长按下式计算:

$$l_i = (A_{R_1} - A_{L_1} + A_{R_2} - A_{L_2})/2 + \Delta l_i$$

式中　A_{L_1}——检查尺第一次左读数,单位为毫米(mm);

　　　A_{R_1}——检查尺第一次右读数,单位为毫米(mm);

　　　A_{L_2}——检查尺第二次左读数,单位为毫米(mm);

　　　A_{R_2}——检查尺第二次右读数,单位为毫米(mm);

　　　Δl_i——检查尺尺长温度改正值,单位为毫米(mm);

　　　l_i——每一间隔名义米长值,单位为毫米(mm)。

4. 检验范例

表2-9为一副水准标尺名义米长的测定。

5. 改正数的计算公式

这项改正数按测段进行计算。计算公式为

$$\delta_i = f \times h_i$$

式中　f——一副水准标尺一米间隔平均真长与名义值(1 m)之差,以毫米/米(mm/m)为
　　　　单位;

　　　h_i——第 i 测段往测或返测高差,以米(m)为单位;

　　　δ_i——第 i 测段往测或返测高差的改正数。

表2-9　一副水准标尺名义米长的测定

标尺:区格式木质标尺025　　　　　　日期:2002-08-15

检查尺:三等标准金属线纹尺 No.1119, $L = (1\,000 - 0.07) + 0.018\,5 \times (t - 20)$ mm

观测者:　　　　　　记录者:　　　　　　检查者:　　　　　　　　　　　　单位:mm

分划面	往返测	标尺分划间隔(m)	温度(℃)	检查尺读数		右－左		检查尺尺长及温度改正	分划面名义米长
				左端	右端	差值	中数		
基本分划	往测	0.25 ~ 1.25	25.0	1.20	1 001.60	1 000.40	1 000.39	+0.022	1 000.412
				1.40	1 001.78	1 000.38			
		0.85 ~ 1.85	25.0	0.40	1 000.70	1 000.30	1 000.27	+0.022	1 000.292
				1.14	1 001.38	1 000.24			
		1.45 ~ 2.45	25.0	2.06	1 003.10	1 001.04	1 001.04	+0.022	1 001.062
				0.76	1 001.80	1 001.04			
	返测	2.75 ~ 1.75	25.0	3.22	1 004.36	1 001.14	1 001.15	+0.022	1 001.172
				1.00	1 002.16	1 001.16			
		2.15 ~ 1.15	25.0	1.01	1 001.42	1 000.41	1 000.40	+0.022	1 000.422
				1.00	1 001.40	1 000.40			
		1.55 ~ 0.55	25.0	1.34	1 001.44	1 000.10	1 000.12	+0.022	1 000.142
				1.08	1 001.22	1 000.14			

分划面	往返测	标尺分划间隔（m）	温度（℃）	检查尺读数		右-左		检查尺长及温度改正	分划面名义米长
				左端	右端	差值	中数		
辅助分划	往测	0.40 ~ 1.40	25.0	0.42	1 000.70	1 000.28	1 000.29	+0.022	1 000.312
				1.52	1 001.82	1 000.30			
		1.00 ~ 2.00	25.1	0.74	1 000.90	1 000.16	1 000.15	+0.024	1 000.174
				2.94	1 003.08	1 000.14			
		1.60 ~ 2.60	25.1	0.24	1 000.30	1 000.06	1 000.05	+0.024	1 000.074
				0.58	1 000.62	1 000.04			
	返测	2.90 ~ 1.90	25.1	1.82	1 001.84	1 000.02	1 000.03	+0.024	1 000.054
				0.68	1 000.72	1 000.04			
		2.30 ~ 1.30	25.1	0.36	1 000.40	1 000.04	1 000.04	+0.024	1 000.064
				1.74	1 001.78	1 000.04			
		1.70 ~ 0.70	25.1	0.24	1 000.46	1 000.22	1 000.21	+0.024	1 000.234
				1.22	1 001.42	1 000.20			
一根标尺名义米长									1 000.368

计算示例如下：已知某标尺平均米间隔真长为 1 000. 368 mm，其误差为：$f = 1\ 000.368 - 1\ 000.000 = +0.368$ mm/m；某测段高差为 +20.345 m，其相应的标尺改正数为：$\delta_i = (+0.368) \times (+20.345) = +7.487$（mm）。

2.3.5 正常水准面不平行改正方法

国家水准测量规范中规定：凡是国家等级水准测量，均需加入以下三项改正：①水准标尺一米真长改正；②正常水准面不平行改正；③水准路（环）线闭合差改正。

其中：正常水准面不平行改正与路线纬度差有关系，改正公式如下：

$$\varepsilon_i = -AH_i\Delta\phi'_i，h_i = h'_i + \varepsilon_i$$

式中　ε_i——正常水准面不平行改正数；

A——常系数，当路线纬度差不大时，可按路线纬度的中数 ϕ_m 为引数在表中查取，也可自己计算，计算公式为：$A = 0.000\ 001\ 537\ 1\sin2\phi$；

H_i——第 i 测段始、末点的近似高程的平均数，以米（m）为单位；

$\Delta\phi'_i$——$\Delta\phi'_i = \phi_2 - \phi_1$（以分（'）为单位），$\phi_1$ 与 ϕ_2 为第 i 测段的始、末点（按计算进行的方向而言）的纬度，其值可由水准点之记或水准路线图中查取。

正常水准面不平行改正数计算见表 2-10。

表 2-10　正常水准面不平行改正数计算

三等水准路线:自宜州至柳城　　　　　　　　　　　　　　　　　　　　　计算者:

水准点编号	纬度 ϕ （'）	观测高差 h'（m）	近似高程 （m）	平均高程 H（m）	纬差 $\Delta\phi$ （'）	$H\cdot\Delta\phi$	正常水准面不平行改正数 $\varepsilon=-AH\Delta\phi$ （mm）	附记
Ⅱ柳宝35	24.28	+20.345	425	435	−3	−1.305	+2	已知:Ⅱ柳宝35高程为424.876 m,Ⅱ汉南21高程为781.960 m
Ⅲ宜柳1	25	+77.304	445	484	−3	−1.452	+2	
Ⅲ宜柳2	22	+55.577	523	550	−3	−1.650	+2	
Ⅲ宜柳3	19	+73.451	578	615	−3	−1.845	+2	
Ⅲ宜柳4	16	+17.094	652	660	−2	−1.320	+2	
Ⅲ宜柳5	14	+32.772	669	686	−3	−2.058	+2	
Ⅲ宜柳6	11	+80.548	702	742	−2	−1.484	+2	
Ⅱ汉南21	9		782					

2.4　水准测量成果验算

2.4.1　每千米水准测量偶然中误差

每完成一条水准路线的测量,应进行往返测高差不符值及每千米水准测量偶然中误差 M_Δ 的计算(测段数不足 20 个的路线,可纳入相邻路线一并计算)。

每千米水准测量偶然中误差 M_Δ 按下式计算:

$$M_\Delta = \pm\sqrt{\frac{1}{4n}\left[\frac{\Delta\Delta}{R}\right]}$$

式中　Δ——测段往返测高差不符值,单位为毫米(mm);

　　　R——测段长度,单位为千米(km);

　　　n——测段数。

2.4.2　每千米水准测量全中误差

每完成一条附合水准路线或闭合环线的测量,并对观测高差施加两项改正(水准标尺长度误差的改正和正常水准面不平行的改正)后,计算附合路线或闭合环线的闭合差 W。当构成水准网的水准环超过 20 个时,还应按环闭合差 W 计算每千米水准测量全中误差 M_W。

每千米水准测量全中误差 M_W 按下式计算:

$$M_W = \pm\sqrt{\frac{1}{N}\left[\frac{WW}{F}\right]}$$

式中　W——经过各项改正后的水准环闭合差,单位为毫米(mm);

　　　　F——水准环线周长,单位为千米(km);

　　　　N——水准环数。

2.5　常用测量平差计算模型

2.5.1　条件平差模型

条件平差模型:

$$V^{\mathrm{T}}PV = \min$$

(1)条件方程: $AV + W = 0$

(2)闭合差: $W = AL + A_0$

(3)法方程: $NK + W = 0$,其中: $N = AP^{-1}A^{\mathrm{T}}$, $K = -N^{-1}W$

(4)解算: $V = P^{-1}A^{\mathrm{T}}K$

(5)精度评定:

单位权中误差计算公式: $m_o = \pm\sqrt{\dfrac{V^{\mathrm{T}}PV}{r}}$

平差值函数的权函数式: $V_F = f^{\mathrm{T}}V$,即 $V_F = f_1V_1 + f_2V_2 + \cdots + f_nV_n$

平差值函数的权倒数: $\dfrac{1}{P_F} = \left[\dfrac{ff}{p}\right] + (f) \times (f)$,或 $Q_{FF} = f^{\mathrm{T}}P^{-1}f + f^{\mathrm{T}}P^{-1}A^{\mathrm{T}}q$

关于 q 计算方法: $N_q + AP^{-1}f = 0$

平差值函数的中误差: $m_F = m_o\sqrt{\dfrac{1}{P_F}}$

2.5.2　间接平差模型

间接平差模型:

$$V^{\mathrm{T}}PV = \min$$

(1)误差方程: $\underset{n \times 1}{V} = \underset{n \times t}{B}\,\underset{t \times 1}{X} + \underset{n \times 1}{l}$

(2)法方程: $\underset{t \times t}{N}\,\underset{t \times 1}{X} + \underset{t \times 1}{U} = \underset{t \times 1}{0}$,其中: $\underset{t \times t}{N} = \underset{t \times n}{B^{\mathrm{T}}}\,\underset{n \times n}{P}\,\underset{n \times t}{B}$, $\underset{t \times 1}{U} = \underset{t \times n}{B^{\mathrm{T}}}\,\underset{n \times n}{P}\,\underset{n \times 1}{l}$

(3)解算 X: $\underset{t \times 1}{X} = -\underset{t \times t}{N^{-1}}\,\underset{t \times 1}{U}$

(4)精度评定:

单位权中误差计算公式: $m_o = \pm\sqrt{\dfrac{[pvv]}{n - t}}$

未知数 X 的协因数据阵: $\underset{t \times t}{Q_{xx}} = \underset{t \times t}{N^{-1}}$

未知数中误差: $m_{xi} = m_o\sqrt{Q_{xixi}}$

2.5.3　秩亏自由网平差模型

秩亏自由网平差模型:

$$V^{\mathrm{T}}PV = \min, X^{\mathrm{T}}X = \min$$

平差参数的估计公式:$NX = A^{\mathrm{T}}Pl, X = N_m^- A^{\mathrm{T}}Pl = N(NN)^- A^{\mathrm{T}}Pl$

$$X = N^+ A^{\mathrm{T}}Pl = N(NN)^- N(NN)^- NA^{\mathrm{T}}Pl$$

此法是 Mittermayer 提出的。

算例方法:

(1)误差方程:$V = AX - l$

(2)法方程:$NX = A^{\mathrm{T}}l, N = A^{\mathrm{T}}A$

(3)计算$(NN)^-$和N_m^-,其中:$N_m^- = N(NN)^-$

(4)计算X:$X = N_m^- A^{\mathrm{T}}l$

(5)精度评定:$V = AX - l, Q_{xx} = N(NN)^- N(NN) N = N_m^- N_m^- N, X = Q_{xx}A^{\mathrm{T}}Pl$

第3章 Java 语言基础

3.1 Java 简介

3.1.1 Java 概述

Java 是一种可以撰写跨平台应用软件的面向对象的程序设计语言,是由 Sun Microsystems 公司于 1995 年 5 月推出的 Java 程序设计语言和 Java 平台(JavaSE,JavaEE,JavaME)的总称。Java 技术具有卓越的通用性、高效性、平台移植性和安全性,在全球云计算和移动互联网的产业环境下,Java 更具备了显著优势和广阔前景。用 Java 实现的 HotJava 浏览器(支持 Java Applet)显示了 Java 的魅力,如跨平台、动态的 Web、Internet 计算等。从此,Java 被广泛接受,并推动了 Web 的迅速发展,常用的浏览器均支持 Java Applet。Java 广泛应用于个人电脑、数据中心、游戏控制台、科学超级计算机、移动电话和互联网,同时拥有全球最大的开发者专业社群。

3.1.2 Java 语言特点

Java 是一种简单的面向对象的分布式的编程语言,具有如下一些特点。

1. 简单

Java 语言简单明了,主要体现在以下三个方面:①Java 类似于 C++,从某种意义上讲,Java 语言是 C 及 C++语言的一个变种,C++程序员可以很快就掌握 Java 编程技术。②Java 摒弃了 C++中容易引发程序错误的地方,如指针和内存管理。③Java 提供了丰富的类库。

2. 面向对象

Java 语言的设计完全是面向对象的,不支持面向过程的程序设计技术。Java 支持静态和动态的代码继承及重用。

3. 分布式

Java 包括一个支持 HTTP 和 FTP 等基于 TCP/IP 协议的子库。因此,Java 应用程序可凭借 URL 打开并访问网络上的对象,其访问方式与访问本地文件系统几乎完全相同。

4. 健壮

Java 致力于检查程序在编译和运行时的错误。类型检查帮助检查出许多开发早期出现的错误。Java 自己操作内存,减少了内存出错的可能性,大大缩短了开发 Java 应用程序的周期。

5. 结构中立

Java 将它的程序编译成一种结构中立的中间文件格式,一种高层次的与机器无关的

Byte – code 格式语言,在虚拟机上运行。

6. 安全

在 Java 语言里,一方面删除了指针和释放内存等 C + + 功能,避免了非法内存操作;另一方面,当 Java 用来创建浏览器时,语言功能和浏览器本身提供的功能结合起来,使它更安全。

7. 可移植的

引进 JVM 的技术,Java 编译器产生的目标代码(J – code)是针对一种并不存在的 CPU——Java 虚拟机(Java Virtual Machine),使 J – code 能运行于任何具有 Java 虚拟机的机器上,而大多数编译器产生的目标代码只能在一种 CPU 上运行。

8. 解释的

Java 解释器能直接运行目标代码指令。链接程序通常比编译程序所需资源少,所以程序员可以在创建源程序上花更多的时间。

9. 高性能

Java 可以在运行时直接将目标代码翻译成机器指令。Sun 用直接解释器,一秒钟内可调用 300 000 个过程。翻译目标代码的速度与 C 和 C + + 的性能相同。

10. 多线程

多线程功能使得在一个程序里可同时执行多个小任务。Java 实现多线程技术,比 C 和 C + + 更健壮,多线程带来的更大的好处是更好的交互性能和实时控制性能。

11. 动态

Java 的动态特性体现在允许程序动态地装入运行过程中所需要的类,这是 C + + 语言进行面向对象程序设计所无法实现的。

12. 使用 Unicode 字符

Java 使用 Unicode 作为它的标准字符,这项特性使得 Java 的程序能在不同语言的平台上都能撰写和执行。

3.1.3 Java 组成与体系

Java 由四个方面组成:Java 编程语言、Java 类文件格式、Java 虚拟机和 Java 应用程序接口(Java API)。

Java 分为三个体系:JavaSE(J2SE)(Java2 Platform Standard Edition,Java 平台标准版)、JavaEE(J2EE)(Java2 Platform,Enterprise Edition,Java 平台企业版)、JavaME(J2ME)(Java 2 Platform Micro Edition,Java 平台微型版)。

3.1.4 Java 运行体系

Java 程序的运行体系如下:

(1)Source code(. java file);

(2)javac:Lexical Analysis & Parsing + Type – checking ◊ Byte code(. class file),Java 编译器对源代码进行词法分析和类型校验,生成字节码文件。

(3)JVM:Verification(essentially repeating static checks)+(Interpretation OR Compilation + Loading + Executing),Java 解释器执行字节码文件中的类,Java 解释器在加载和执行类时验证类的完整性、正确操作和安全性,并与所在的操作系统、窗口环境和网络设备进行交互,以产生所期望的程序行为。

3.2 Java 基础

3.2.1 Java 数据类型

Java 的基本数据类型有整型、浮点型、布尔型、字符型和字符串型(见图 3-1)。

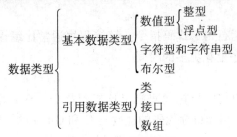

图 3-1 Java 数据类型

(1)整型数据是最普通的数据类型,它的表现方式有十进制、十六进制和八进制。十六进制整数必须以 0X 作为开头。

每一个整型数据占有 32 位的存储空间,即四个字节。这意味着整型数据所表示的范围在 −2 147 483 648 和 2 147 483 648。假如由于某些原因,你必须表示一个更大的数,64 位的长整型应该是足够的。如果你想把一个整数强制存为一个长整型数,可以在数字后面加字母 l。

(2)浮点型数据用来代表一个带小数的十进制数。例如 1.35 或 23.6 是浮点数的标准形式,还可以用科学记数法的形式,下面是一些例子:3.141 592 6,0.34,.86,.012 34,9.999E8。

标准的浮点数叫作单精度浮点数,它的存储空间为 32 位,也就是四个字节。双精度浮点数为 64 位,用 D 作后缀。

(3)布尔型是最简单的一种数据类型,布尔数据只有两种状态:真和假,通常用关键字 true 和 false 来表示这两种状态。

(4)字符型数据是由一对单引号括起来的单个字符。它可以是字符集中的任意一个字符,如:'a', 'b'。

(5)字符串数据类型是用一对双引号括起来的字符序列。它由 String 类所实现,而不是 C 语言中所用的字符数组。每一个字符串数据将产生一个 String 类的新的实例。

此外,还有复合数据类型,如:数组(array),类(class),接口(interface)。

3.2.2 Java 常量

所谓常量,就是指在程序执行过程中,值保持不变的量。常用的有:

(1)整型常量:

36

①十进制。

②十六进制——以 0x 或 0X 开头。

③八进制——以 0 开头。

④长整型——以 L(l)结尾。

(2)浮点数常量:

①单精度浮点数——后面加 f(F)。

②双精度浮点数——后面加 d(D)。

注意:小数常量的默认类型是 double 型,所以 float 类型常量后一定要加 f(F);浮点数常量可以用指数形式表示,如 5.022e +23f。

(3)布尔常量:true 或 false。

(4)字符常量:

由英文字母、数字、转义序列、特殊字符等表示,如 'a'、'\t' 等。Java 中的字符占两个字节,是用 Unicode 码表示的,也可以使用 '\u' 加 Unicode 码值来表示对应字符,如 '\u0027'。常用的转义字符有:

\r——表示接受键盘输入,相当于按了一下回车键。

\n——表示换行。

\t——表示制表符,相当于 Tab 键。

\b——表示退格键,相当于 Backspace 键。

\'——表示单引号。

\"——表示双引号。

\\——表示反斜杠" \"。

(5)字符串常量:字符串常量用双引号括起来。

(6)null 常量:null 常量表示对象的引用为空。

3.2.3 Java 变量

所谓变量,就是指在程序执行过程中值可以改变的量。变量是存储数据的基本单元,表示用来存储程序执行过程中需要的或生成的数据。包括:整型变量、浮点变量、字符变量、布尔变量、final 变量等。

1. 整型变量

整型变量按所占内存大小的不同可分为四种不同的类型,最短的整型是 byte,它只有 8 位,然后是短整型 short,它有 16 位,int 型有 32 位,长整型 long 有 64 位。下面是这些整型变量的说明示例。

byte bCount;(内存中占用: 8 Bits)

short sCount;(内存中占用:16 Bits)

int iCount;(内存中占用:32 Bits)

long lCount;(内存中占用:64 Bits)

2. 浮点变量

浮点类型可用关键字 float 或 double 来说明,float 型的浮点变量用来表示一个 32 位的单精度浮点数,而 double 型的浮点变量用来表示一个 64 位的双精度浮点数。double 型所表示的浮点数比 float 型更精确,如:

float areas;

double weihgt;

3. 字符变量

Java 使用 16 位的 Unicode 字符集。因此,Java 字符是一个 16 位的无符号整数,字符变量用来存放单个字符。例如:

char a;

a = 'c';

4. 布尔变量

布尔型有真和假两个逻辑值,另外,逻辑运算符也将返回布尔型的值,例如:

boolean onClick;

onClick = true;

布尔型是一个独立的类型,Java 中的布尔型不代表 0 和 1 两个整数,不能转换成数字。

5. final 变量

final 变量:带有关键字 final 的变量,如下所示:

final int aFinalVar = 0;

final int blankfinal;

…

blankfinal = 0;

注意:final 变量初始化后不能再改变,就像 PI(3.141 592 653 589 793 2…) 的值一样。

6. 变量的作用域

当你说明了一个变量后,它将被引入到一个范围当中,也就是说,该名字只能在程序的特定范围内使用。变量的使用范围是从它被说明的地方到它所在那个块的结束处。块是由两个大括号所定义的,如图 3-2 所示。

例如:

class Example

public static void main(String args[ ])

int i;

……

public void function( )

char c;

……

整型变量 i 在方法 main 中说明,因为 main 的块不包括 function 块,所以任何在 function 块中对 i 的引用都是错误的。对字符型变量 c 也同样如此。

当定义一个变量时,首先必须明确它的活动范围,并根据它的实际功能来命名。此

変量

●变量的作用域

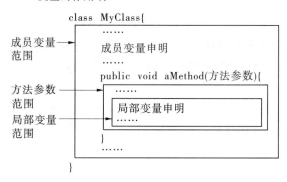

图 3-2　Java 变量的作用域

外,还应尽量使用详细的注释,这些办法可以清晰地区分变量,变量被隐藏的问题也会大大减少。

3.2.4　Unicode 字符集

Java 采用一种被称为 Unicode 的字符集,该字符集是一种新的编码标准,与常见的 ASCII 码的区别在于:Unicode 使用 16 位二进制而不是 8 位二进制来表示一个字符。Unicode 字符集中增加了许多非拉丁语字符。

3.3　Java 基本元素

Java 语言主要包含以下几种元素:注释符、标识符、关键字、分隔符、操作符等。这几种元素有着不同的语法含义和组成规则,它们互相配合,共同完成 Java 语言的语意表达。

注意:不同的教科书有不同的划分原则,但大体相同。

3.3.1　注释符

注释符的作用是使程序可读性增强,方便以后修改与升级时识别代码含义与用途。使用注释符是一种良好的编程习惯。Java 里的注释有三种类型:

1. 单行注释

在注释内容前面加"//",格式为:代码;//注释内容。如:

//Comment on one line

2. 多行注释

以斜杠加星号开头,以星号加斜杠结尾。

/ * Comment on one

　or more lines * /

3.文档注释

以斜杠加两个星号开头,以一个星号加斜杠结束。

／＊＊Document

　　Comment＊／

用文档注释的内容会被解释成程序的正式文档,并能包含进诸如 java doc 之类的工具程序生成的文档里,用以说明该程序的层次结构及其方法。

4.补充

(1)多行注释中可以嵌套"//"注释,但不能嵌套多行注释符号。

(2)程序注释一般占程序代码总量的 20%～50%,"可读性第一,效率第二"。

3.3.2　标识符

在 Java 语言中,标识符用于表示变量、常量、方法、类或接口的名称。标识符是大小写敏感的,但没有长度限制。

变量、类和方法都需要一定的名称,我们将这种名称叫作标识符。Java 中对标识符有一定的限制。

组成规则:

字母(A～Z、a～z)、特殊符号($、_)和数字(0～9)。

第 1 个符号不能为数字。

不能为关键字、true、false、null。

区分大小写。

一般约定:

类名(classes):由一个或若干个名词组成,开头大写,名词间的区分也用大写,其他小写。如:class AccountBook,class ComplexVariable。

接口(Interfaces):规则同类名。如:Interface Account。

方法(methods):由一个或多个动词组成,开头小写,动词间的区分用大写,其他小写。如:balanceAccount()。

私有或局部变量:全部用小写字母,如 next_value。

变量:小写字母开头,单词间用大写字母分隔。如:currentCustomer。

常量:所有字母大写,单词间用下划线区分。如:MAXIMUM_SIZE。

3.3.3　关键字

在 Java 语言中,关键字是为编译器保留的、具有特定含义的标识符,是 Java 语言本身使用的标识符,不能把它用作变量、类或方法的名称。常用 Java 的关键字有 abstract、continue、for、new、switch、boolean、default、goto、null、synchronized、break、do、if、package、this、byte、double、implements、private、threadsafe、byvalue、else、import、protected、throw、case、extends、instanceof、public、transient、catch、false、int return、true、char、final、interface、short、try、class、finally、long、static、void、const、float、native、super、while 等。

3.3.4 分隔符

分隔符用来使编译器确认代码在何处分隔,如下所示:

(1)空白符:空格、换行符、制表符。

(2)分号:表示语句结束,或用于 for 循环语句中。

(3)逗号:变量之间的分隔。

(4)冒号:?:/switch 循环中的 case 语句。

(5)花括号:类体、方法体、复合语句(for/while/switch/if)。

3.3.5 操作符

根据操作对象的个数来分,操作符可分为一元、二元或三元操作符。根据操作符的功能来分,又可分为算术、逻辑、关系等操作符。

1.算术操作符

一元:+ - + + - -

二元:+ - * / %

2.位操作符

&(按位与)

|(按位或)

^(按位异或)

3.移位操作符

E <

E > >n   右移 n 位,空位用原最高位的位值补足,相当于 E/2

E > > >n   右移 n 位,空位补 0

4.关系操作符

关系操作符共六个:

>(大于)

> =(大于等于)

<(小于)

< =(小于等于)

! =(不等于)

= =(相等)。

关系操作符的结果为 boolean(布尔)型数据(true 或 false)。

5.逻辑操作符

逻辑操作符的操作对象和结果均为 boolean 型,共六个:

!(逻辑非)

&&(逻辑与)

||(逻辑或)

^(逻辑异或)

&（逻辑与）

｜（逻辑或）

6.其他操作符

（1）条件操作符 E1？E2：E3。若表达式 E1 成立，执行表达式 E2，否则执行表达式 E3。

（2）逗号操作符："，"可用于分隔语句。如：

int x，y；for（x = 0，y = 0；x < 10；x + +）｛…｝；

7.优先级

一元〉算术〉移位〉关系〉按位〉逻辑〉三元〉（复合）赋值〉逗号。

8.结合规则

除一元、三元和赋值操作符是自右至左结合外，其他均自左至右结合。

3.4 Java 数组

3.4.1 数组概念

（1）数组是一组同类型的变量或对象的集合。数组的类型可以是基本类型，或类和接口，数组中每个元素的类型相同，引用数组元素通过数组名［下标］，数组下标（数组的索引）从 0 开始。

（2）数组是一种特殊的对象（Object）：定义类型（声明）→创建数组（分配内存空间）：newc→释放（Java 虚拟机完成）。

（3）包含一维数组、多维数组等。

3.4.2 一维数组

（1）一维数组的元素只有一个下标变量，例：A［1］、c［3］。

（2）一维数组的声明方法：

方法 1：类型 数组名［］；

如：String args［］；int a［］；double amount［］；char c［］；

方法 2：类型［］ 数组名；

如：String［］ args；int［］ a；double［］ amount；char［］ c；

注意：类型是数组中元素的数据类型（基本和构造类型），数组名是一个标识符，数组声明后不能立即被访问，因为没有为数组元素分配内存空间。

（3）数组的创建：

用 new 来创建数组，为数组元素分配内存空间，并对数组元素进行初始化。

格式：数组名 = new 类型［数组长度］，例：a = new int［3］；

声明和创建的联用：int［］ a = new int［3］；

（4）一维数组的初始化：为数组元素指定初始值。

方法 1：声明和创建数组后对数组初始化。

```
class Test {
    public static void main( String args[ ] ) {
    int a[ ] = new int[5];
    System. out. println( " \t 输出一维数组 a: " );
    for ( int i = 0; i < 5; i + + ) {
      a[i] = i +1;
      System. out. println( " \ta[ " +i +" ] =" +a[i] );
      }
    }
  }
```

方法 2:在声明数组的同时对数组初始化。

格式:类型 数组名[ ] = {元素 1[,元素 2 ……]};

int a[ ] = {1,2,3,4,5};

```
class Test {
    public static void main( String args[ ] ) {
    int a[ ] = {1,2,3,4,5};
    System. out. println( " \t 输出一维数组 a: " );
    for ( int i = 0; i < 5; i + + )
      System. out. println( " \ta[ " +i +" ] =" +a[i] );
      }
  }
```

3.4.3 多维数组

多维就是指数组的数组,下面以二维数组为例进行说明。

1. 二维数组的声明

类型 数组名[ ][ ], 例:int a[ ][ ];

数组声明后不能被访问,因为尚未为数组元素分配内存空间。

2. 二维数组的创建

方法 1: 直接分配空间(new),例:

int a[ ][ ] = new int[2][3];

a[0][0],a[0][1],a[0][2];

a[1][0],a[1][1],a[1][2];

两个一维数组,每个数组包含 3 个元素。

方法 2:从最高维开始,为每一维分配空间,例:

int c[ ][ ] = new int[2][ ];

c[0] = new int[4];

c[1] = new int[3];

c[0][0],c[0][1],c[0][2],c[0][3];

c[1][0],c[1][1],c[1][2];

注意:为数组分配空间需指定维数大小,至少指定最高维(最左边)大小。

3.二维数组的初始化

(1)对每个元素单独进行赋值

```
class Test {
    public static void main ( String args[ ] ) {
    int a[ ][ ] = new int[3][3];
    a[0][0] =1;a[1][1] =1;a[2][2] =1;
    System. out. println("数组 a: ");
    for ( int i =0; i < a. length; i ++ ) {
        for ( int j =0; j < a[ i ]. length; j ++ )
          System. out. print( a[ i ][ j ] +" " );
        System. out. println( );
        }
    }
}
```

(2)声明数组的同时初始化,例:

int a[ ][ ] = {{1,2,3},{3,4,5}};
a[0][0] =1,a[0][1] =2,a[0][2] =3;
a[1][0] =3,a[1][1] =4,a[1][2] =5;

例:

```
String[ ][ ] cartoons = {
    { "Flint","Fred","Wim","Pebbles","Dino"},
    { "Rub","Barn","Bet","Bam"},
    { "Jet","Geo","Jane","Elroy","Judy","Rosie","Astro"},
    { "Sco","Sco","Shag","Velma","Fred","Dap"}
};
```

4.对数组元素的引用

数组名[下标1][下标2],下标为非负的整型常数。

3.4.4 数组的界限

起点:数组名[0];

终点:数组名[length-1]。

例:

int i = {4,56,78,9,34};

i. length – >5;

i[0] – > 4;

i[length-1] = i[4] – >34。

3.4.5 数组运算符

在 Java 中,数组的分配是通过使用 new 运算符建立数组,然后再把它赋给变量,如:
int i[ ] = new int[10];

前面这个例子建立了一个包括 10 个整型变量的数组并把它赋给 i,将得到按数字顺序的变量 i[0],i[1],…,i[8],i[9],注意下标是从第一个元素的 0 开始,到数组个数减 1。

数组的使用与变量相同,每一个数组成员都可以被用在同类变量被使用的地方,Java 也支持多维数组。

char c[ ][ ] = new char[10][10];

float f[ ][ ] = new float[5][ ];

注意:在第二个说明中只有一维的尺度被确定,Java 要求在编译时(在源代码中)至少有一维的尺度被确定,其余维的尺度可以在以后分配。

数组主要用于有大量相关数据想要存储在一起,而且能够简单地通过数字访问它们的地方。数组是非常强有力的工具。

3.5 Java 表达式

Java 表达式是用运算符和括号将操作数连接起来求值的式子,常用的有算术表达式、关系表达式、逻辑表达式、赋值表达式、复合表达式等。

3.5.1 算术表达式

用算术运算符和括号将操作数连接起来,求整数或实数。例:
int x = 20,y = 3,z = 5;

x + y * z,(x + y) * z;x * -y;

说明:表达式力求简单明了,表达式中的变量必须赋值。

3.5.2 关系表达式

将两个表达式连接起来的式子。有算术表达式、赋值表达式、字符表达式,例:a > b;
a + b > b-c;(a = 3) > (b = 5);'b' > 'a';返回结果为一个布尔型的值。例:
int a = 3,b = 2,c = 1; boolean d,f;

d = a > b;

f = (a + b) > (b + 5);

3.5.3 逻辑表达式

用逻辑运算符将关系表达式和布尔值连接起来的式子。例:
int x = 23,y = 98;

boolean a = true,b = false,c,d;

c = (x > y) & a;

d = ! a&&(x < = y);

3.5.4 赋值表达式

用赋值运算符将一个变量和一个表达式连接起来的式子。

格式: < 变量 > < 赋值运算符 > < 表达式 >

例:

a = 5 + 6;

b = c = d = a + 5;

a = 5 + c = 5;

a = (b = 4) + (c = 6);

优先级如下:赋值运算符 < 算术、关系和逻辑运算符。

3.5.5 复合表达式

复合赋值运算符如下:

+ = 、- = 、* = 、/ = 、% =

< < = 、> > = 、& = 、^ = 、| =

复合表达式格式: < 变量 > < 复合赋值运算符 > < 表达式 >

例:

a + = b + 5;等价于 a = a + (b + 5);

a * = b;等价于 a = a * b;

a * = b-c;等价于 a = a * (b-c);

3.6　Java 语句

3.6.1 条件语句

条件语句是程序设计中最常用的语句,用它来选择程序的执行流程,Java 中的基本条件判断语句是 if…else…语句。其结构为:

if (条件表达式) {语句 1}

else {语句 2}

语句 3

如果条件表达式的值为真,则执行语句 1,然后执行语句 3;否则执行语句 2,然后执行语句 3。

3.6.2 开关语句

开关语句结构用于多条件选择,虽然在多条件选择的情况下,也可以使用 if…else…结构来实现,但是使用开关语句会使程序更为精练、清晰。开关语句的格式为:

```
switch(条件表达式)
{
    case 常量表达式 1：语句 1 ；
        break ；
    case 常量表达式 2：语句 2 ；
        break ；
    …
    case 常量表达式 n：语句 n ；
        break ；
    default：// 其他语句；
        break // 注：本 break 语句可省略。
}
```

首先计算出条件表达式的值，如果其值等于某个常量表达式，则执行该常量表达式后的语句，如果其值与所有的常量表达式的值均不相等，则执行 default 后的语句。

在 switch 语句中，通常在每一种 case 情况后都应使用 break 语句，以便中断退出。如果没有 break 语句，程序会接着执行该语句后面所有的语句。

3.6.3 循环控制语句

1. for 循环

for 语句的格式为：

```
for (初始化语句；条件语句；控制语句)
{
    语句 1 ；
    语句 2 ；
    …
    语句 n ；
}
```

for 语句的执行顺序是：首先执行初始化语句，然后测试条件语句，若条件成立，则执行语句 1 到语句 n；然后执行控制语句；接着再测试条件语句是否成立，如果成立则重复执行以上过程，直至条件不成立时才结束 for 循环。

2. while 循环

while 循环和 for 循环类似，其格式为：

```
while (条件语句)
{
    语句 1 ；
    语句 2 ；
    …
    语句 n ；
```

```
}
```

执行 while 语句时,先测试条件语句,如果条件成立,则执行语句 1 到语句 n,直至条件不成立时才跳出循环。

3. do…while 循环

do…while 循环语句的格式为:

```
do
{
    语句 1 ;
    语句 2 ;
    …
    语句 n ;
}
while ( 条件语句 ) ;
```

do…while 语句的功能是首先执行语句 1 到语句 n,然后进行条件测试,如果条件成立,则继续执行语句 1 到语句 n,否则跳出循环。

3.6.4 标号语句

1. 中断 break

break 语句提供了一种方便的跳出循环的方法。如下所示:

```
boolean test = true ;
int i = 0 ;
while ( test )
{
    i + + ;
    if ( i > = 10 ) break ;
}
```

执行这段程序时,尽管 while 条件表达式始终为真,但全循环只运行 10 次。

2. 标号 label

标号提供了一种简单的 break 语句所不能实现的控制循环的方法。当在循环语句中遇到 break 时,不管其他控制变量如何,都会终止。但是,当你嵌套在几重循环中想退出循环时又会怎样呢? 正常的 break 只退出一重循环,你可以用标号标出你想退出哪一个语句。如下所示:

```
char a ;
outer : //this is the label for the outer loop
for ( int i = 0 ; i < 10 ; i + + )
{
    for ( int j = 0 ; j < 10 ; j + + )
    {
```

```
        a = (char)System. in. read();
        if(a = = 'b')break outer;
        if(a = = 'c')continue outer;
    }
}
```

在这个例子中,循环从键盘接受 100 个输入字符,输入"b"字符时,break outer 语句会结束两重循环,注意 continue outer 语句,它告诉计算机退出现在的循环并继续执行 outer 循环。

3.6.5 跳转语句

将程序的执行跳转到其他部分的语句。有如下几种方式:

(1)break:跳出(中止)循环;

(2)continue:结束本次循环;

(3)return:方法返回;

(4)throw:抛出异常(Exception)。

3.6.6 其他语句

1. import/包含语句

引入程序所需要的类,如:

import java. io. * ;

import java. applet. Applet;

2. package/打包语句

指明所定义的类属于哪个包,通常作为源程序的第一条语句,如:

package test;

第4章　Android 环境搭建

环境搭建是开发安卓软件的基础,也是关键步骤,如果环境搭建问题解决不了,就谈不上后续的软件开发。开发安卓软件不像以往的其他软件,安装程序只提供一个链接网址,关键步骤必须在线安装,要访问国外的站点,还受到相应的限制。一般来说,环境搭建需要 4~8 小时才能成功,不同的操作系统略有不同。下面分别对 WindowsXP 和 Windows7 旗舰版进行讨论,并介绍作者的搭建经验。

4.1　WindowsXP 环境搭建

WindowsXP(简称 WinXP)环境搭建有以下几个方面。

4.1.1　JDK 安装

如果你还没有 JDK 的话,可以去网站下载,接下来的工作就是按照安装提示一步一步走。JDK 可以离线安装,安装完毕后开始设置环境变量。

环境变量设置:我的电脑→属性→高级→环境变量→系统变量。如下所示:

变量名:JAVA_HOME,变量值为:D:\Program Files\Java\jdk1.6.0_18(你安装 JDK 的目录)。

变量名:CLASSPATH,变量值为:;%JAVA_HOME% \lib\tools. jar;%JAVA_HOME% \lib\dt. jar;%JAVA_HOME% \bin。

Path:在最前面开始处添加 %JAVA_HOME% \bin。

注意:前面几步设置环境变量对搭建 Android 开发环境不是必需的,可以跳过。

安装完成之后,可以检查 JDK 是否安装成功。打开运行 cmd 窗口,输入 java - version,查看 JDK 的版本信息。出现如图 4-1 所示的画面表示安装成功了。

4.1.2　Android SDK 安装

点击 Android Developers,下载 android - sdk_r05 - windows. zip,下载完成后解压到任一路径。运行 SDK Setup. exe 或 SDK Manager. exe,此项必须在线安装。此时,要把网络连接好,自动开始下载所需文件,然后再点击 Available Packages。如果没有出现可安装的包,请点击 Settings,选中 Misc 中的"Force https://…"项,再点击 Available Packages。

选择希望安装的 SDK 及其文档或者其他包,点击 Installation Selected、Accept All、Install Accepted,开始下载安装所选包。

环境变量设置:我的电脑→属性→高级→环境变量→系统变量。如下所示:

在用户变量中新建 PATH 值为:Android SDK 中的 tools 绝对路径(本机为 D:\AndroidDevelop\android - sdk - windows\tools)(见图 4-2)。

图 4-1 验证 JDK 安装是否成功

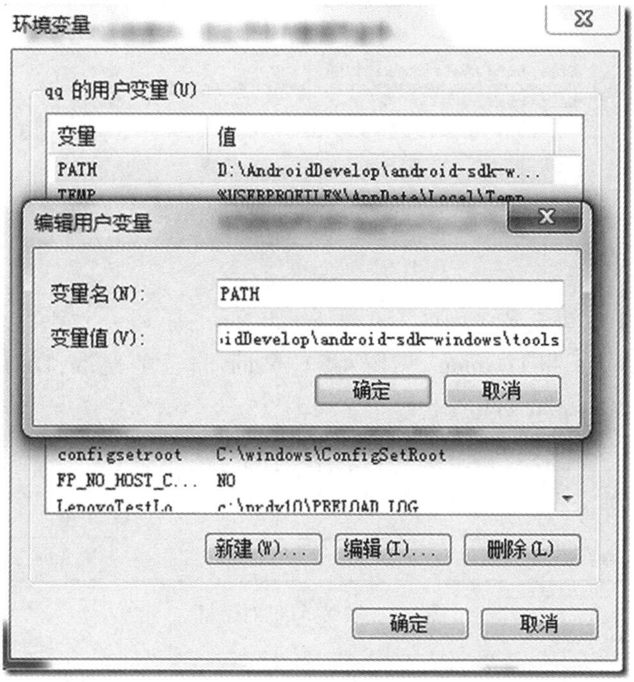

图 4-2 设置 Android SDK 的环境变量

点击"确定"后,重新启动计算机。重启计算机以后,进入运行 cmd 命令窗口,检查 SDK 是否安装成功。运行 android – h 如果有如图 4-3 所示的输出,表明安装成功。

4.1.3 Eclipse 安装

如果你还没有 Eclipse 的话,可以去网站下载,下载如图 4-4 所示的 Eclipse IDE for Java Developers(92 MB)的 Windows 32bit 版。

解压之后即可使用。

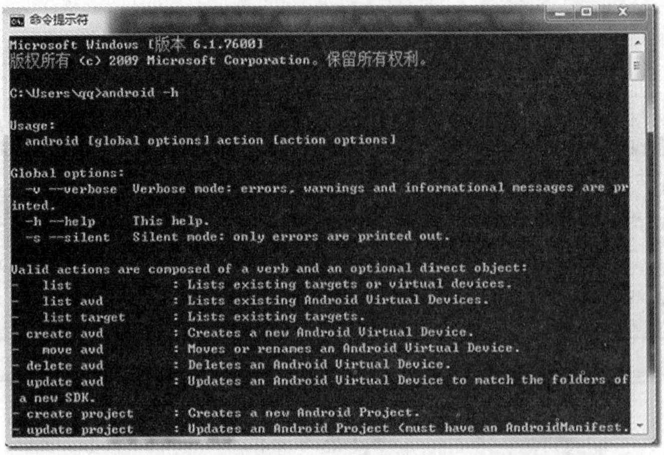

图 4-3　验证 Android SDK 是否安装成功

图 4-4　Eclipse 下载

4.1.4　ADT 安装

打开 Eclipse IDE,进入菜单中的 Help→Install New Software,点击"Add…"按钮,弹出对话框要求输入 Name 和 Location(见图 4-5):Name 自己随便取,Location 输入 http://dl – ssl. google. com/android/eclipse。

图 4-5　安装 ADT 对话框

注意:如果网址打不开,可以换成存放 ADT 压缩文件的绝对路径,ADT 文件不要解压,比如:F\123\ADT – 12. 0. 0. zip。

按"确定"返回后,在 Work with 后的下拉列表中选择刚才添加的 ADT,我们会看到下面出现有 Developer Tools,展开它会有 Android DDMS 和 Android Development Tool,勾选它们,如图 4-6 所示。

然后就是按提示一步一步点击"Next"。完成之后:选择 Window > Preferences… ,在左边的面板选择 Android,然后在右侧点击"Browse…"并选中 SDK 路径,本机为:D:\AndroidDevelop\android – sdk – windows,点击"Apply"、"OK",配置完成。

4.1.5　创建 AVD

为使 Android 应用程序可以在模拟器上运行,必须创建 AVD。

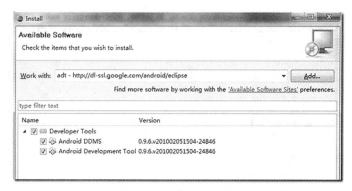

图 4-6　安装 ADT 工具

（1）在 Eclipse 中，选择 Windows → Android SDK and AVD Manager；

（2）点击左侧面板的 Virtual Devices，再点击右侧的 New；

（3）填入 Name，选择 Target 的 API，SD Card 大小任意，Skin 随便选，Hardware 目前保持默认值；

（4）点击 Create AVD，即完成创建 AVD。

注意：如果点击左侧面板的 Virtual Devices，再点击右侧的 New，而 Target 下拉列表没有可选项时，这时候可点击左侧面板的 Available Packages，在右侧勾选 https://dl − ssl. google. com/android/repository/repository. xml，如图 4-7 所示。

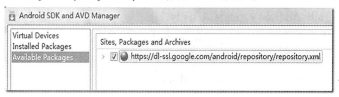

图 4-7　创建 AVD 调试器

然后点击"Install Selected"按钮，接下来按提示做就行了。要做这两步，原因是在 Android SDK 安装中没有安装一些必要的可用包（Available Packages）。

4.1.6　制作 Android 程序示例

新建一个 Android 项目，在 Eclipse 左侧点击鼠标右键，选择 New → Project。在弹出的窗口中选择 Android Project → Next，如图 4-8 所示。

输入相对应的选项，点击"Finish"，完成项目创建。

如果此时"Next"或"Finish"按钮打不开，可点击"Back"返回上一级，再按"Next"，再回到此界面，有可能会打开，如图 4-9 所示。

项目创建成功后，项目目录结构如图 4-10 所示。

由 Eclipse 自动生成的 HelloAndroid 类代码如下：

package android. hello；

import android. app. Activity；

import android. os. Bundle；

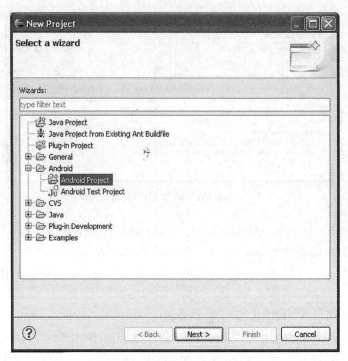

图 4-8　新建工程对话框

```
public class HelloAndroid extends Activity {
    / * * Called when the activity is first created. */
    @ Override
    public void onCreate( Bundle savedInstanceState) {
        super. onCreate( savedInstanceState) ;
        setContentView( R. layout. main) ;
    }
}
```

修改后的代码如下,加粗部分是修改内容:

```
package android. hello;
import android. app. Activity;
import android. os. Bundle;
import android. widget. TextView;
public class HelloAndroid extends Activity {
    / * * Called when the activity is first created. */
    @ Override
    public void onCreate( Bundle savedInstanceState) {
        super. onCreate( savedInstanceState) ;
        //setContentView( R. layout. main) ;
        TextView tv = new TextView( this) ;
```

```
tv. setText("Hello World,这是我的第一个 Android 程序!");
setContentView(tv);
        }
    }
```

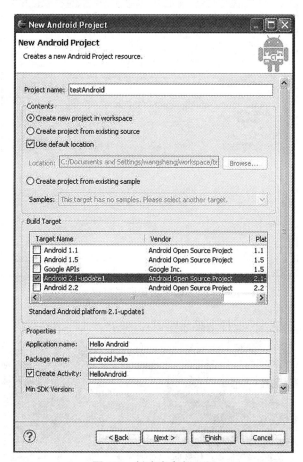

图 4-9　创建安卓新工程

图 4-10　安卓新工程的文件结构

运行,在 HelloAndroid 文件上点击鼠标右键,选择 Run As → Run Configurations,在弹出的对话框(见图 4-11)的左侧选中 Android Applicaiton,点击右键选择 New,在弹出的对话框输入"testAndroid"。

图 4-11　启动调试窗口

最后点击"Run"按钮。运行结果如图 4-12 所示。

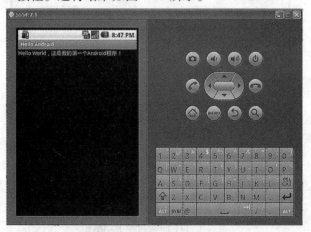

图 4-12　显示调试结果

注意:

(1)如果不添加任何代码,直接编译,可能会提示出错,直接提示 setContentView(R. layout. main)行出问题,此时点击右键,选择 other,添加 XML 文件,取名为 main,名称不支持大写英文字母,必须是小写字母,再编译就不会出错了。

(2)打开 main. xml 文件,直接添加按钮或编辑框等控件,添加代码即可。

4.2 Windows7 旗舰版环境搭建

4.2.1 安装 JDK

1. JDK 下载

打开网站 http://java.sun.com,点击右侧的"Java SE",出现如图 4-13 所示界面,点击 "Downloads"(https://cds.sun.com/is-bin/INTERSHOP.enfinity/WFS/CDS-CDS_Developer-Site/en_US/-/USD/ViewFilteredProducts-SingleVariationTypeFilter),下载 jdk-6u21-windows-i586.exe。

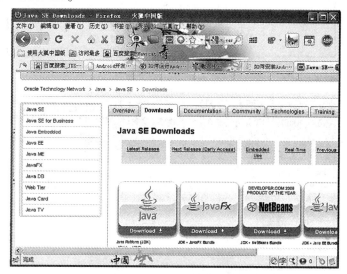

图 4-13　Java SE 下载页面

2. 安装 JDK

双击 jdk-6u21-windows-i586.exe,得到如图 4-14 所示界面。

点击"下一步",更改并确认安装路径(D:\Java\jdk1.6.0_21\,注意:若改变路径后,请加上 Java\jdk1.6.0_21\,防止安装文件与 D 盘文件混合),如图 4-15 所示。

更改路径后点击"下一步",然后点击"完成"。

3. 环境变量设置

Windows7 环境变量设置:我的电脑→属性→高级系统设置→高级→环境变量→系统变量。

设置以下三个属性及其变量值:

java_home:D:\Program Files\Java\jdk1.6.0_21。

指向 JDK 安装路径,在该路径下可以找到 bin、lib 等目录。JDK 的安装路径可以选择任意磁盘目录,但是建议目录层次浅一点。

path:%java_home%\bin;%java_home%\jre\bin。

指向 JDK 的 bin 目录,该目录下存放的是各种编译执行命令,使系统可以在任意路径

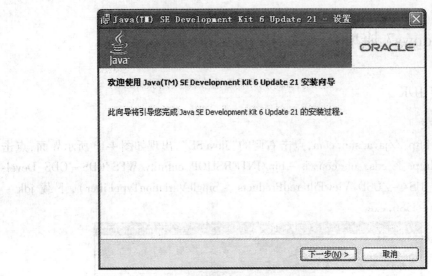

图 4-14　Java SDK 设置界面

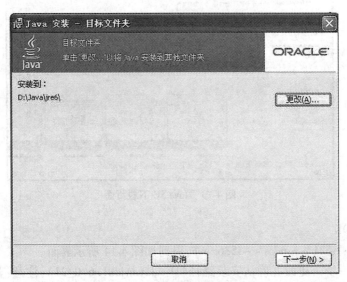

图 4-15　Java 目标文件夹安装界面

下识别 java 命令,并且在控制台编译运行时无需键入大串的路径,否则以后每运行一次 java 程序就要先把它的 class 文件移动到% java_home% \bin 目录下,然后打开 DOS 将路径改到该路径下面,执行 class 文件。

　　由于安装了 JDK 后,该目录下就有了两个虚拟机(JDK 下的 JRE 和 JRE),所以需要包括两个虚拟机下的 bin 文件夹。

　　倘若在 path 中没有添加"jdk1.6.0_21\bin",将会出现如图 4-16 所示情况。

classpath:;% java_home% \lib\dt. jar。

　　指向 java 程序编译运行时的类文件搜索路径,告诉 JVM 要使用或执行的 class 文件放在什么路径上,便于 JVM 加载 class 文件,目的是让用户可以 import ＊ 。";"表示编译运

图 4-16 javac 问题

行时先查找当前目录的 class 文件；dt. jar 的作用是运行环境类库,提供 Java Swing 组件显示的支持,可以用 WinRAR 打开查看,jar 和 zip 格式一样,只是扩展名不同；tools. jar 的作用是提供工具类库和实用程序的非核心类；lib 提供开发工具使用文件。

打开"开始"→"运行",输入"cmd",按回车键,进入 DOS 系统界面。然后输入"javac",如果安装成功,系统会显示一系列关于 javac 命令的参数以及用法。

特别注意：java_home 后面不能加";",并且注意路径名是 JDK 的路径,而不是 JRE,并且对变量名是不区分大小写的。

4.2.2　安装 Eclipse

1. Eclipse 下载

打开官方网站 www. eclipse. org,点击 Downloads,选择 Windows 32 Bit 下的 Eclipse Classic 3. 6. 1 下载,即 http://www. eclipse. org/downloads/download. php? file =/eclipse/downloads/drops/R – 3. 6. 1 – 201009090800/eclipse – SDK – 3. 6. 1 – win32. zip。下载到 D：\。

2. Eclipse 安装

将下载的 zip 压缩包解压,创建 eclipse. exe 图标的桌面快捷方式(右键点击图标→"发送到"→"桌面快捷方式"),以便于启动。

注意：SDK 就像是 Java 的 JDK,ADT 只是一个 Eclipse 的插件,所以两者的安装次序没有严格的要求。

4.2.3　安装 SDK

1. 下载 SDK

打开网站 http://www. onlinedown. net/softdown/32289 _2. htm,下载 android – sdk _ r08 – windows. zip,并解压到 D：\Android。

2. SDK 安装

运行文件夹 D：\Android\android – sdk _r08 – windows\android – sdk – windows 中的 SDK Manager. exe,出现如图 4-17 所示界面,选择需要安装的文件,然后点击"Install"。

如果遇到"Failed to fetch URL…"的错误提示,那么需要将 HTTPS 方式改为 HTTP 方式,在"Android SDK and AVD Manager"窗口的左侧选择"Settings",选中"Force https://…"

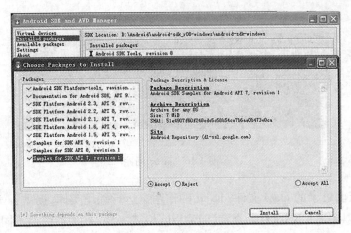

图 4-17　SDK 安装界面

选项,点击"Save & Apply",并重新运行 SDK Setup. exe。

在这里有可能花了很长时间,后来却发现下载了一些过时的文件,所以需要注意:点击 Available packages(见图 4-18),以选择高版本的 SDK。

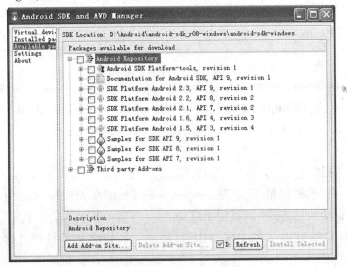

图 4-18　Available packages

选择完成后,点击 Installed packages(见图 4-19)。

注意:为了减少使用者的等待时间,这里将所下载的目录打包成压缩文件,这样就可以直接解压使用而不需要执行 SDK 安装步骤。参见软件目录中的 android – sdk – windows. rar 压缩包。

安装结束之后文件列表如下(其中一部分可能是多余的):

add – ons:一些扩展库,例如 Google APIs Add – On;

docs:API 文档等;

platforms:各个版本的平台组件;

samples:一些实例程序;

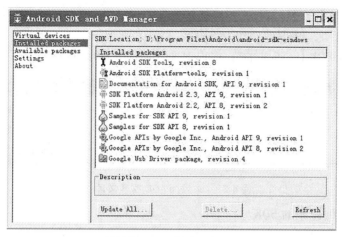

图 4-19　Installed packages

tools：各种辅助工具；

usb_driver：windows 下的一些 usb 驱动文件；

temp：存放下载平台组件过程中的临时文件。

3. SDK 配置

将 tools 所在文件夹路径(如 D：\Program Files\Android\android－sdk－windows\tools)加入到 path 的环境变量中,方法与设置环境变量方法相同。

注意：此时必须完善 Android SDK 的安装方可成功,具体操作如下：

(1)SDK Location 指向 android 目录。

设置 Window→preferences 中的 android 选项,SDK Location 中所填的内容应该是 Android SDK 的安装路径(在这里是 D：\Android\android－sdk－windows,见图 4-20)。

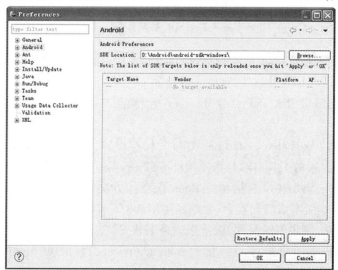

图 4-20　Android SDK 路径配置

注意:若在 SDK 安装过程中,是直接解压 android－sdk－windows. rar 压缩包,那么需要先进行 SDK 配置,才能完善 SDK 的安装。

如果不设置 SDK Location 的值,将出现如图 4-21 所示的错误。

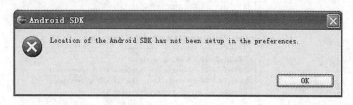

图 4-21　未添加 SDK 路径错误

(2)更新 Eclipse 中的 SDK。

选择 Window→Android SDK and AVD Manager→Installed packages→Update All→Accept All→Install Accepted,详见图 4-22。全部安装的时间大约是 45 分钟,出现"ADB Restart"对话框,单击"Yes",最后关闭除 Eclipse 外的对话框即可,此时 ADT 安装成功。

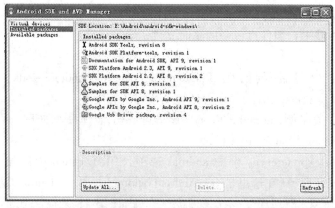

图 4-22　SDK 更新界面

若在选择"Install Accepted"后出现"Failed to fetch URL http://dl－ssl. google. com/ android/repository/repository. xml",则解决方法如下:

(1)选择"Android SDK and AVD Manager"左侧的"Setting",选中"Force https://⋯" 选项;

(2)取消选择"Ask before restarting ADB4",保存设置,该 SDK 下载器已经没有"Save and Apply",修改设置后工具自动到指定地址下载 repository. xml(关于 save and apply 没用的帖子已经很多,有添加环境变量和按 Enter 保存等方法。作者第一次下载该版本无法使用,通过以前 r05 版本修改配置后,才顺利使用 r06 下载器。)

如果连接成功,则说明没问题,接下来就是下载安装。

如果不对 SDK 进行更新,那么在创建 Android Project 时将出现"An SDK Target must be specified"的提示错误,如图 4-23 所示。

图 4-23　提示"An SDK Target must be specified"界面

4.2.4　配置 ADT

打开 Eclipse,选择 Help→Install New Software,打开如图 4-24 所示的对话框。

在"Location"中写入 http://dl－ssl. google. com/android/eclipse,点击"OK",将出现如图 4-25 所示界面,单击"Select All"之后,将方框所在的关键部分处修改相同,单击两次不同页面下的"Next"之后,再选择"I accept the terms of license agreement"以及"Finish",然后耐心等待约 20 分钟,让系统 Install Software。注意:此时可能会出现"Security Warning",主要意思是 ADT 包含未署名的内容,并且不具有有效性和真实性,询问是否继续安装,关系不大,单击"OK",最后 Eclipse 将提示重启使 ADT 生效,单击"Restart Now"即可。

4.2.5　创建模拟器(AVD)

选择 Window→Android SDK and AVD Manager→Virtual devices→New,按照图 4-26 填写,最后点击"Create AVD"即可。

注意:如果点击左侧面板的"Virtual Devices",再点击右侧的"New",而 Target 下拉列表没有可选项时,这时候点击左侧面板的"Available Packages",在右侧勾选"https://dl－ssl. google. com/android/repository/repository. xml",然后点击"Install Selected"按钮,接下来

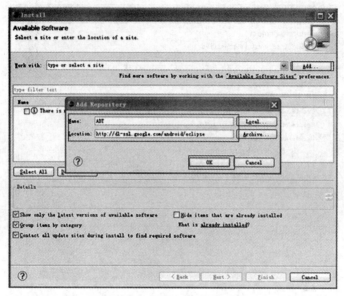

图 4-24 ADT 下载网址设置

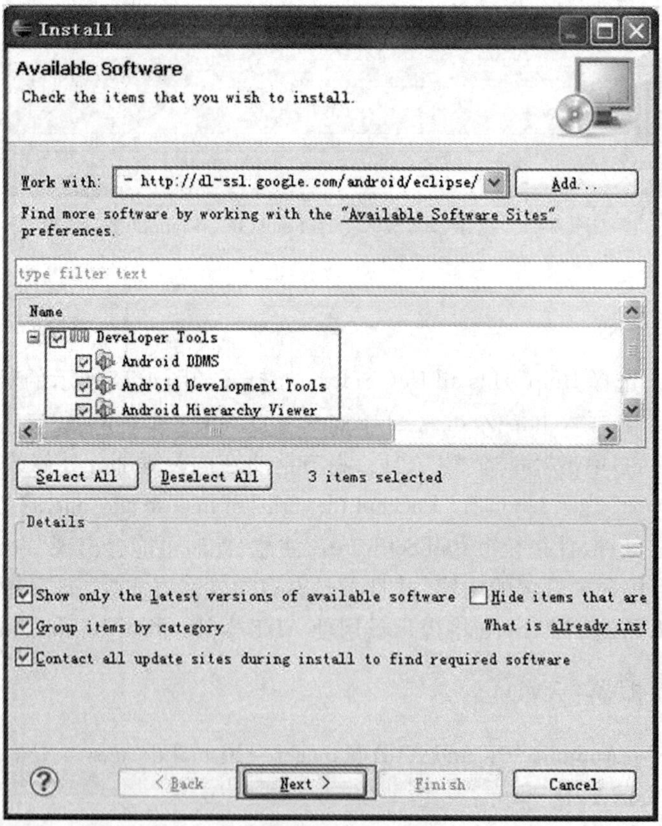

![Install dialog - Available Software]

图 4-25 ADT 安装

就是按提示做。

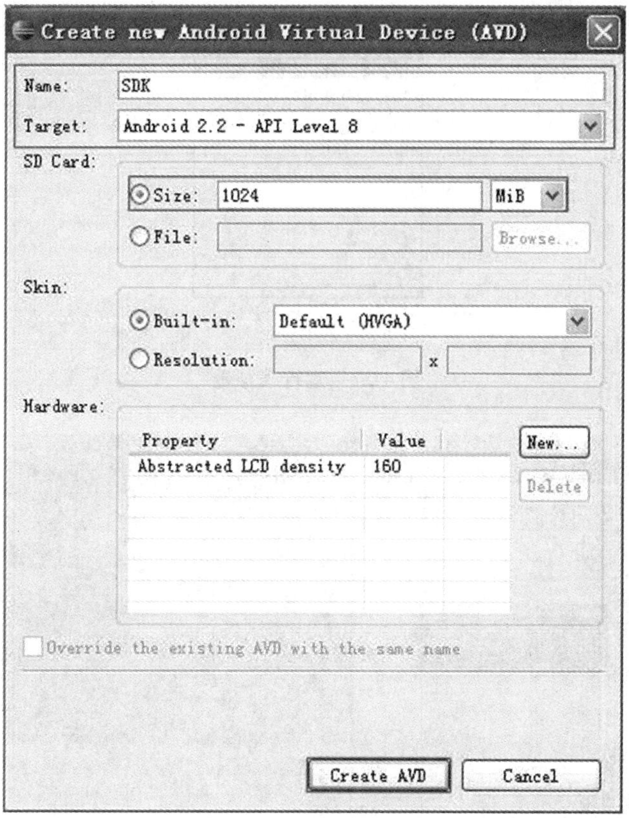

图 4-26　创建新的模拟器

解释:Target 是模拟器的可用平台;SD Card 是记忆卡,也就是手机的内存卡;Skin 是模拟器显示的屏幕大小,具体参数为:

WVGA:800 * 480

QVGA:320 * 240

VGA:640 * 480

HVGA:480 * 320

WQVGA400:240 * 400

WQVGA432:240 * 432

WVGA800:800 * 480

WVGA854:854 * 480

或者可以选择 Resolution,自由设置模拟器屏幕大小。

Hardware(AVD 所需要的特殊设备)中的 Abstracted LCD density(分辨率)的值是由选择的 Skin 自动设置的。

选中 SDK Android2.2,点中 Start→Launch(见图 4-27),将出现如图 4-28 所示的模拟器。

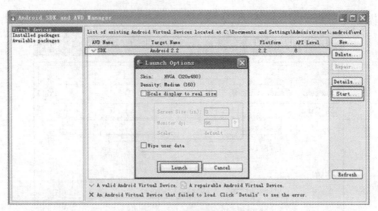

图 4-27　运行模拟器

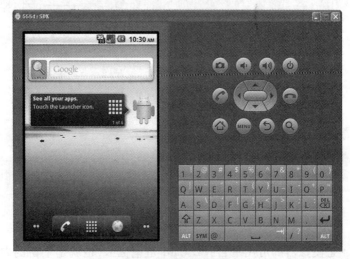

图 4-28　启动模拟器

4.2.6　制作 HelloWorld 程序

1. 创建 Android Project

选择 File→New→Other→Android→Android Project，出现如图 4-29 所示的界面，然后根据需要填写 Project name、Application name、Package name、Create Activity 等内容，并选择 Build Target 即可。

Project name：一个项目的名称，实际对应一个文件夹。

Build Target：选择该应用程序所使用的 SDK 版本。

Application name：程序的名称，一般会出现在应用程序的标题栏。

Pakcage name：此名理论上可以随意，但 Pakcage 有一定的命名规范，即：第一目指明组织类型，比如 com 一般指公司，org 指组织，edu 指教育机构；第二目指该组织的名称，比如 sun 等；第三目及以后则可根据自己的分类进行定义。

Creak Activity：Activity 是一个 Andriod 程序的运行实体，有点类似于 C 语言的 main 函

数,所不同的是,Android 程序可以有多个类似于 main 函数的实体。

Min SDK Version:该项一般与 Build Target 一一对应,不需要特别指出。

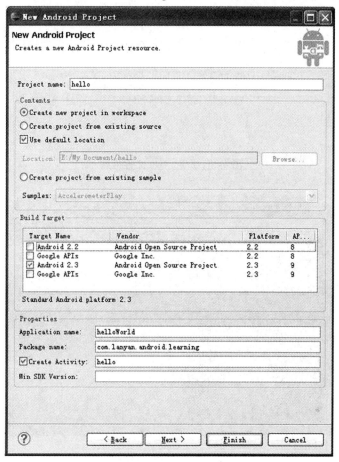

图 4-29　New Android Project

2. 创建 AVD 设备

如果没有创建 AVD 设备,也没有关系,可以右击工程→Run As→Run Configurations→Android Application→Android(填上需要运行的工程名)→Target(将部署设备的选择设为 Mannul,防止有多个部署设备时产生混乱)→Run。在跳出的对话框中选择"Launch a new Android Virtual Device",选中 SDK,点击"OK"即可。

3. 编译运行程序

打开 hello. java 文件,其内容如图 4-30 所示。

选择 Run→Run(Ctrl + F11)→Yes→SDK,点击 Start→Launch→OK,等待 2 分钟,将出现如图 4-31 所示的界面,表明成功。

注意:右击所要运行的 java 文件→Run As→Run Configurations→Android Application→Android(填上需要运行的工程名)→Target(将部署设备的选择设为 Mannul,防止有多个部署设备时产生混乱)→Run。

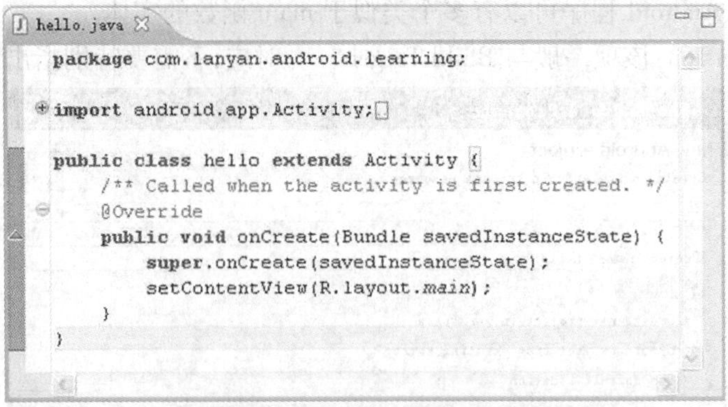

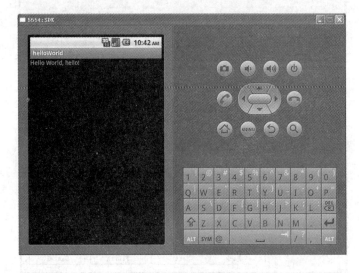

```
J hello.java 🔲
    package com.lanyan.android.learning;

⊕ import android.app.Activity;🔲

  public class hello extends Activity {
      /** Called when the activity is first created. */
      @Override
      public void onCreate(Bundle savedInstanceState) {
          super.onCreate(savedInstanceState);
          setContentView(R.layout.main);
      }
  }
```

图 4-30 hello.java 文件内容

图 4-31 运行结果界面

4.3 Windows7 旗舰版环境搭建经验

以下为作者开发时使用 Windows7(简称 Win7)旗舰版操作系统的环境搭建成功经验,在此记录作者的计算机各项设置及相关参数,以供读者参考。

4.3.1 安装版本信息

(1)如果版本不能正确搭配,也会出现安装不成功现象。Win7 旗舰版(32 位)需要如图 4-32 所示的文件。

(2)首先安装 JDK 平台,最好安装在 D:\program files\java\jdk1.7.0_17 下,即把系统默认的 C 盘改成 D 盘。

名称 ▲	修改日期	类型	大小
环境搭建文章	2013-04-09 16:58	文件夹	
android-sdk_r13-windows	2013-03-28 14:58	WinRAR ZIP 压…	35,633 KB
eclipse-SDK-4.2.2-win32	2013-04-09 11:30	WinRAR ZIP 压…	187,775 KB
jdk-7u17-windows-i586	2013-03-28 11:25	应用程序	90,878 KB
WIN7下安卓环境搭建	2013-05-22 15:03	Microsoft Word…	1,675 KB

图 4-32　Win7 旗舰版下载文件清单

4.3.2　配置环境变量

(1)配置环境变量:

用户变量中的 path:％JAVA_HOME％\bin;％JAVA_HOME％\jre\bin;

系统变量中的 path:d:\android\android − sdk − windows\tools;％SystemRoot％\system32;％SystemRoot％;％SystemRoot％\System32\Wbem;％SYSTEMROOT％\System32\WindowsPowerShell\v1.0\;C:\Program Files\Microsoft SQL Server\90\Tools\binn\;D:\Program Files\Autodesk\Backburner\;C:\Program Files\Common Files\Autodesk Shared\;C:\Program Files\SinoVoice\jTTS 5.0 Desktop\Bin;

classpath: ;％JAVA_HOME％\lib\tools.jar;％JAVA_HOME％\lib\dt.jar;％JAVA_HOME％\bin;

Java_home:d:\program files\java\jdk1.7.0_17。

(2)解压 eclipse − SDK − 4.2.2 − win32.rar 文件,去掉前面太长的目录,直接把 eclipse 文件夹复制到 D:\android 目录下。

(3)解压 android − sdk_r13 − windows.rar 文件,去掉前面太长的目录,直接把 android − sdk − windows 文件夹复制到 D:\android 目录下。

(4)安装 SDK,方法是打开 d:\android\android − sdk − windows 文件夹下的 SDK Manager.exe 文件,选择要安装的相应版本的文件夹,选择安装,用时估计 2~3 小时,安装完毕,关闭对话框即可。如果遇到“Failed to fetch URL…”的错误提示,那么需要将 HTTPS 方式改为 HTTP 方式,在“Android SDK and AVD Manager”窗口的左侧选择“Settings”,选中“Force https://…”选项,系统自动刷新,然后再重新安装。

(5)配置 SDK 目录:将 tools 所在文件夹路径(如 D:\Android\android − sdk − windows\tools)加入到 path 的环境变量中,方法与设置环境变量方法相同。打开 eclipse.exe 文件,选择 Window→preferences 中的 android 选项,SDK Location 中所填的内容应该是 Android SDK 的安装路径(在这里是 D:\Android\android − sdk − windows)。

(6)配置 ADT:打开 Eclipse,选择 Help→Install New Software,打开对话框,在“Name”框中填入 ADT,在“Location”框中写入 http://dl − ssl.google.com/android/eclipse,最后点击“OK”。

4.3.3　创建模拟器

(1)创建模拟器(AVD):打开 Eclipse 软件,选择 Window→Android Virtual devices Manager →New,创建一个新的 AVD 即可。

（2）打开 Eclipse,选择 File→new→Project→Android,选择 Android Application Project,点击"Next",输入应用程序名称,连续点击"Next",最后点击"Finish",完成创建。

（3）开发工具中显示的中文字体太小的解决办法：选择 Window → Preferences → General → Appearance → Colors and Fonts → Java → Java Editor Text Font,此处是默认设置：onsolas 10,按需要字号修改即可。

（4）另外,需要提醒的是,安装本软件需要较长时间,一般需 4～6 小时才能安装完毕,请耐心等待。

第 5 章　Android 开发基础

5.1　常用类库介绍

5.1.1　Activity 基础类

Activity 是 Android 开发中非常重要的一个基础类。在一个 Android 应用中,一个 Activity 通常就是一个单独的屏幕,每一个 Activity 都被实现为一个独立的类,并且继承于 Activity 这个基类。

Activity 是提供给用户的可以进行交互的可视化屏幕组件,比如拨打电话、拍照、发送邮件及查看地图。每个 Activity 提供一个用户界面窗口。这个窗口可能覆盖整个手机屏幕,也可能只是弹出的一个对话框,浮动在所有窗口之上。

创建一个 Activity,必须创建一个基于 Activity 类的子类,系统将在创建 Activity 时调用。在创建的子类中,需要实现调用 onCreate( )函数,应该在这个函数中初始化 Activity 中一些重要的数据。另外,可通过调用系统函数 setContentView( )去定义 Activity 的布局。

一个应用程序由很多个相互之间存在关联的 Activity 组成。一般情况下,会指定一个主的 Activity,这个 Activity 是在第一次启动应用时进行加载的。每个 Activity 能够启动其他的 Activity 去完成不同的操作。

5.1.2　View 视图类

View 类是 Android 的一个超类,这个类几乎包含了所有的屏幕类型。但它们之间有一些不同。每一个 View 都有一个用于绘图的画布,这个画布可以进行任意扩展。在游戏开发中可以自定义视图(View),这个画布的功能更能满足我们在游戏开发中的需要。在 Android 中,任何一个 View 类都只需重写 onDraw 方法来实现界面显示,自定义的视图可以是复杂的 3D 实现,也可以是非常简单的文本形式等。

开发游戏软件时,最重要的就是需要与玩家交互,比如键盘输入、触笔点击事件,我们如何来处理这些事件呢? Android 中提供了 onKeyUp、onKeyDown、onKeyMultiple、onKeyPreIme、onTouchEvent、onTrackballEvent 等方法,可以轻松地处理游戏中的事件信息。所以,在继承 View 时,需要重载这几个方法,当有按键按下或弹起等事件时,按键代码自动会传输给这些相应的方法来处理。

开发测量软件时,View 类主要用于绘图,方法是一样的。Android View 类还带了一个 Widget 库,这个类库包括常用的一些控件,供用户使用。

5.1.3　常用绘图类

在 Android 中绘图时,常用到的几个类是 Paint、Canvas、Bitmap、BitmapFactory 和 Drawable。其中,Paint 类代表画笔,Canvas 类代表画布,有了 Paint 和 Canvas 类就可以进行绘图操作了。

1. Paint 类

Android 官方文档中对 Paint 类的描述如下:Paint 类代表画笔,用来描述图形的颜色和风格,如线宽、颜色、透明度、填充效果等值。使用 Paint 类时,首先需要创建 Paint 类的对象,然后通过该类的成员函数对画笔的默认设置进行更改,例如改变画笔的颜色、线宽等。例如,要创建一个画笔,设置画笔的颜色为红色,并且带一个浅灰色的阴影,可以使用下面的代码:

```
Paint paint = new Paint();
paint.setColor(Color.RED);
paint.setShadowLayer(2,3,3,Color.rgb(180,180,180));
```

2. Canvas 类

Android 官方文档对 Canvas 类的描述如下:Canvas 代表画布,通过该类提供的方法,可以绘制各种图形(如矩形、图形、线条等)。Canvas 与 Bitmap 联系,把 Bitmap 比作内容的话,那么 Canvas 就是提供了众多方法操作 Bitmap 的平台。通常情况下,要在 Android 中绘图,首先要创建一个继承自 View 类的自定义 View,并且在该类中重写 onDraw(Canvas canvas)方法,然后在显示绘图的 Activity 中添加该自定义 View。

3. Bitmap 类

Bitmap 类代表一个位图,使用 Bitmap 类提供的函数,可以获取位图文件的信息,可以对位图进行剪切、旋转、缩放等操作,还可以以指定格式保存图像文件。位图可以来自资源(文件),也可以在程序中创建,实际上的功能相当于图片的存储空间。

4. BitmapFactory 类

BitmapFactory 类是一个工具类,用于从不同的数据源来解析、创建 Bitmap 对象。例如,要利用图片文件/sdcard/pictures/imag1.jpg 创建 Bitmap 对象,可使用如下代码:

```
String picture_path = "/sdcard/pictures/imag1.jpg";
Bitmap bitmap = BitmapFactory.decodeFile(path);
```

5. Drawable 类

Drawable 类就是把 Paint、Canvas、Bitmap 绘图结果表现出来的接口。Drawable 有多个子类。例如:位图(BitmapDrawable)、图形(ShapeDrawable)、图层(LayerDrawable)等。

5.1.4　Widget 控件库

Android 自带了一个 Widget 控件库,这个类库包括了滚动条、文本实体、进度条以及其他很多控件。这些标准的 Widget 可以被重载或按照用户的习惯定制。

如图 5-1 所示,左边方框内就是控件,用户需要添加时,用鼠标左键选中该控件,然后拖到右边窗口中即可,相应的控件参数自动添加到 Layout 布局文件中,然后再调整控件位置及大小等参数。

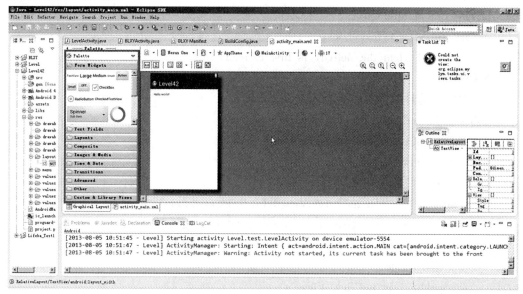

图 5-1　Widget 控件库

5.2　Android 开发入门

5.2.1　应用程序示例

下面是一段简单的 Activity 示例代码,给开发人员一个初步的认识,以了解 Java 文件的结构和操作方法,请看如下代码:

```
// 工程名称(包名)
package irdc. mytest;
// 包含本工程中使用的安卓包名
import android. app. Activity;
import android. app. AlertDialog;
import android. content. DialogInterface;
import android. os. Bundle;
import android. view. Menu;
import android. view. MenuItem;
import android. view. View;
import android. widget. Button;
import android. widget. TextView;
// Activity 文件开始
public class MyTest extends Activity    {
```

```java
// 定义变量
private Button mButton1;
private TextView mTextView1;
/* * Called when the activity is first created. */
@Override
// 程序启动时创建主界面
public void onCreate(Bundle savedInstanceState) {
    super.onCreate(savedInstanceState);
    setContentView(R.layout.main);
    // 简单按钮
    mButton1 = (Button) findViewById(R.id.myButton1);
    mTextView1 = (TextView) findViewById(R.id.myTextView1);
    mButton1.setOnClickListener(new Button.OnClickListener() {
        @Override
        public void onClick(View v)
        {
            mTextView1.setText("Hi, Everyone!!");
        }
    });
}
// 创建菜单选项
public boolean onCreateOptionsMenu(Menu menu) {
    menu.add(0, 0, 0, R.string.app_about);
    menu.add(0, 1, 1, R.string.str_exit);
    return super.onCreateOptionsMenu(menu);
}
// 菜单执行功能
public boolean onOptionsItemSelected(MenuItem item) {
    super.onOptionsItemSelected(item);
    switch(item.getItemId())
    {
        case 0:
            openOptionsDialog();
            break;
        case 1:
            finish();
            break;
    }
```

```
            return  true;
    }
    // 自定义函数
    private  void  openOptionsDialog()  {
        // 创建对话框
        new  AlertDialog. Builder( this)
        . setTitle( R. string. app_about)
        . setMessage( R. string. app_about_msg)
        . setPositiveButton( R. string. str_ok,
          new  DialogInterface. OnClickListener()  {
              public  void  onClick( DialogInterface  dialoginterface,  int  i)  {
                  // 单击确定按钮时执行代码
              }
          }
        )
        . show();
    }
}
```

5.2.2 新建工程

下面以 Win7 旗舰版操作系统 + Eclipse SDK juno 版本为例,详细介绍新建工程的方法:

(1)打开 Eclipse 软件,如图 5-2 所示。

图 5-2 Eclipse 界面

(2)选择工作区,如图 5-3 所示。

(3)点击"OK"按钮,显示如图 5-4 所示的画面。

(4)点击右上角"×"按钮,关闭后显示系统界面,如图 5-5 所示。

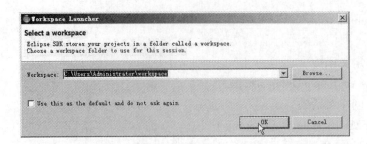

图 5-3　选择工作区

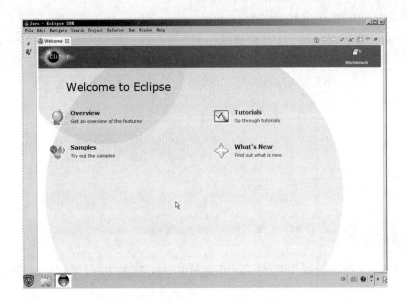

图 5-4　初次使用时的欢迎界面

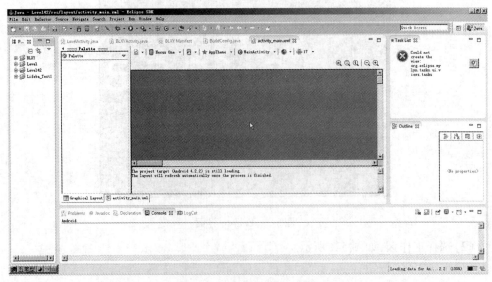

图 5-5　SDK 开发工具主界面

（5）点击 File→New→Project（见图 5-6），出现一个新建工程对话框，如图 5-7 所示。

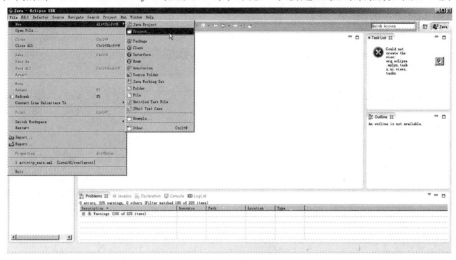

图 5-6　新建安卓菜单

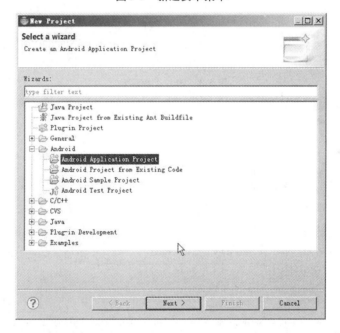

图 5-7　新建安卓工程

（6）点击 Android 文件夹,选择 Android Application Project,然后点击"Next",如图 5-8 所示。

（7）输入应用程序名称（如：MyAndroidTest），选择目标平台（如：Android 4. 2），工程名称和包名称会自动生成,如图 5-9 所示。

（8）点击"Next"按钮,显示如图 5-10 所示的对话框。

（9）接受默认选项,点击"Next"按钮,显示如图 5-11 所示的对话框。

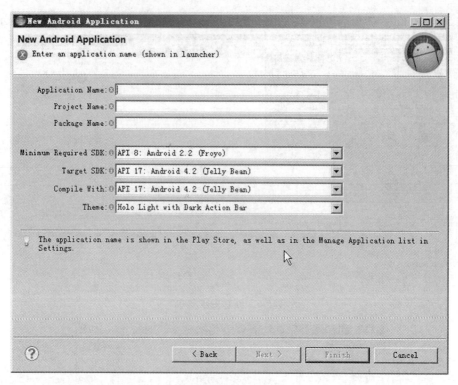

图 5-8　输入工程名称

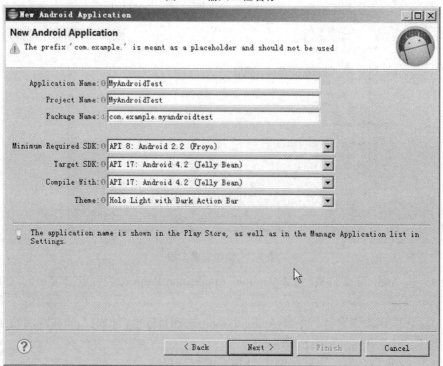

图 5-9　输入工程名称完毕

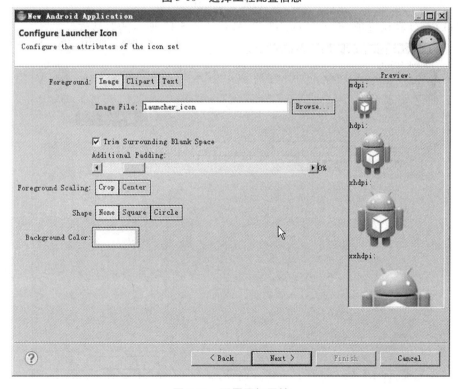

图 5-10　选择工程配置信息

图 5-11　配置图标属性

（10）接受默认选项，点击"Next"按钮，显示如图5-12所示的对话框。

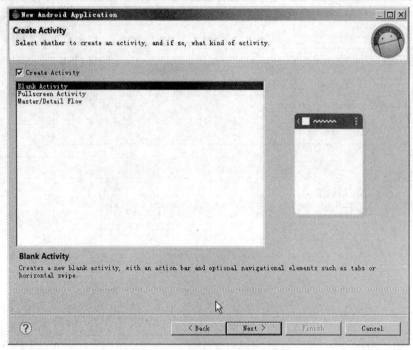

图 5-12　创建一个新的 Activity

（11）接受默认选项，点击"Next"按钮，显示如图5-13所示的对话框。

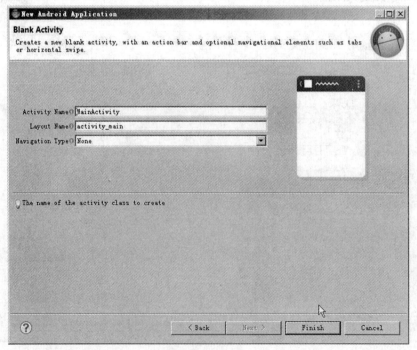

图 5-13　输入 Activity 名称

（12）点击"Finish"，完成新工程创建。系统自动打开开发界面，如图 5-14 所示。

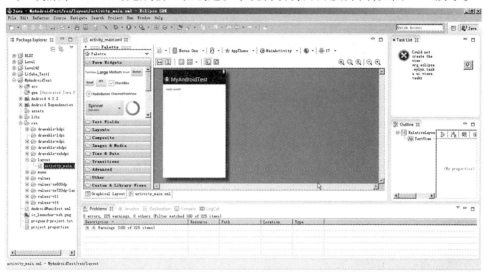

图 5-14　新工程创建完毕

（13）新工程创建完成后，下面开始配置，并进入调试。点击菜单 Window→Android Virtual Device Manager(见图 5-15)，选择模拟器环境，出现如图 5-16 所示的对话框。

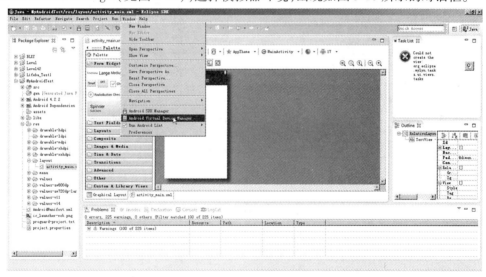

图 5-15　创建模拟器菜单

（14）点击右边的"New"按钮，出现一个对话框，如图 5-17 所示。

（15）输入 AVD 名称(如：MyAndroidTest)，选择目标平台(如：Android 4. 2. 2)，以及其他参数，详细参数如图 5-18 所示的对话框。

（16）输入完毕，然后点击"OK"按钮，完成模拟器创建工作，如图 5-19 所示。

（17）关闭此对话框，点击菜单 Run→Run Configurations，如图 5-20 所示。

出现如图 5-21 所示的对话框。

（18）点击右边的"Browse"按钮，选择调试的工程名称，如图 5-22 所示。

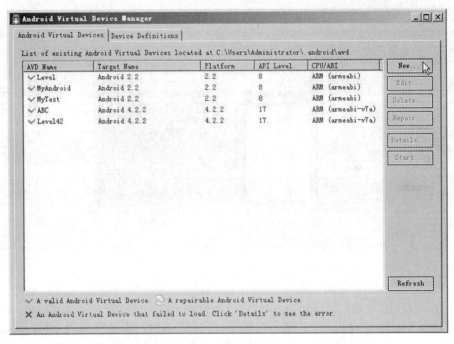

图 5-16　创建模拟器对话框

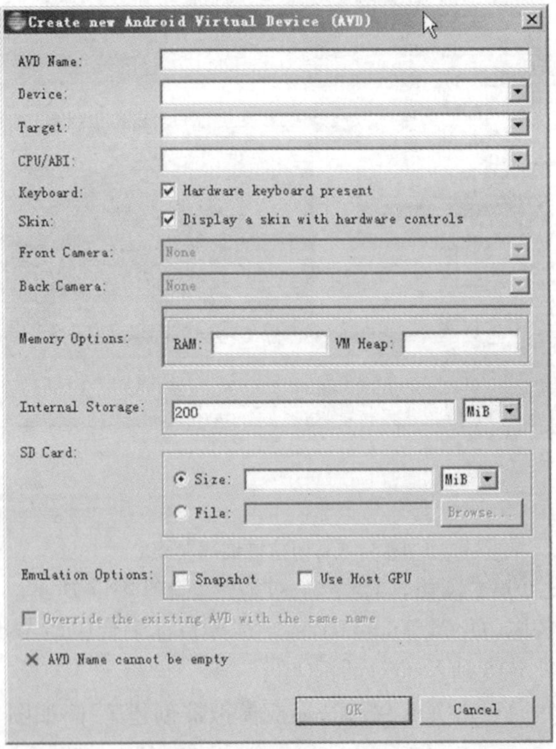

图 5-17　输入模拟器参数

点击"OK"按钮关闭对话框,接着选择 Launch Action,点击中间选项 Launch,如图 5-23所示。

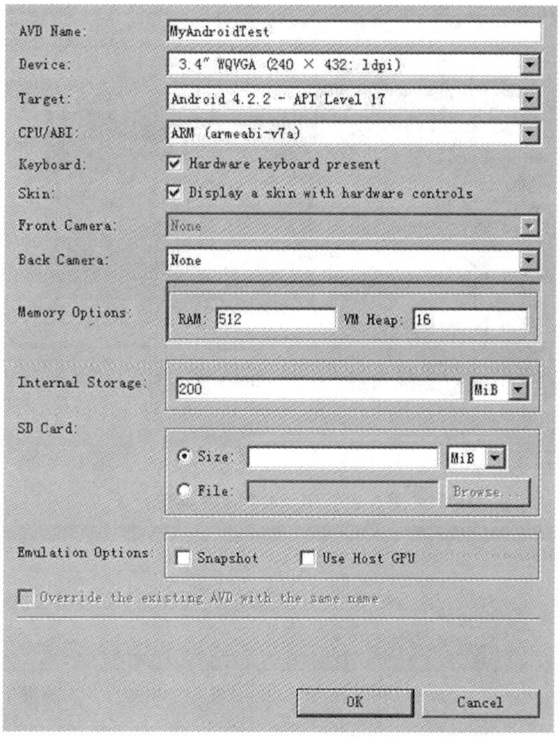

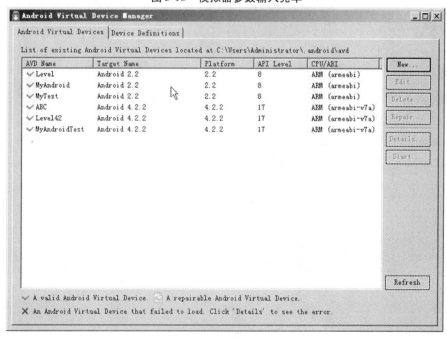

图 5-18   模拟器参数输入完毕

图 5-19   模拟器创建完毕

（19）勾选 Target 分页中新创建的工程文件名称（如：MyAndroidTest），如图 5-24 所示，再返回到 Android 分页，如图 5-25 所示。

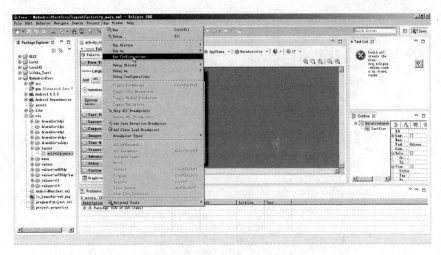

图 5-20　启动模拟器菜单

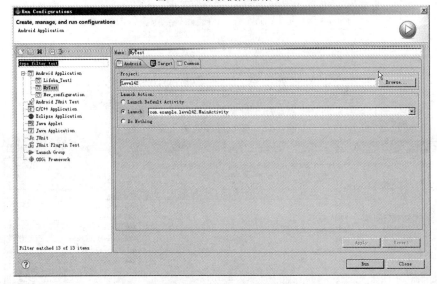

图 5-21　启动模拟器界面

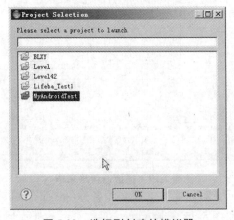

图 5-22　选择刚创建的模拟器

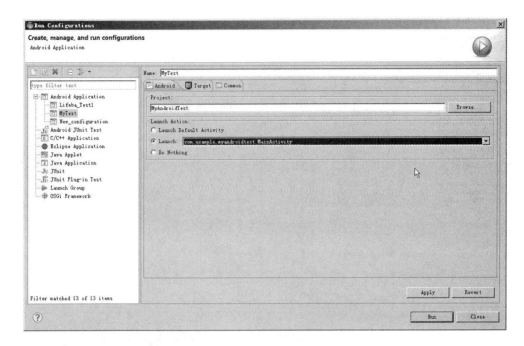

图 5-23　返回模拟器界面

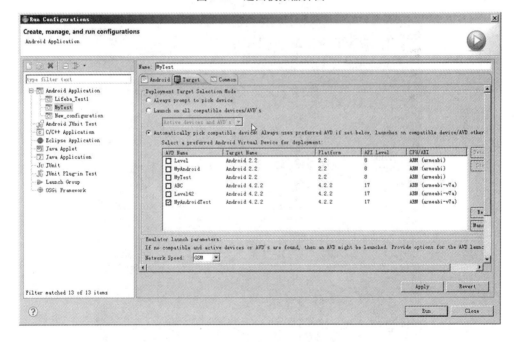

图 5-24　返回模拟器设置其他选项

（20）点击右下角的"Apply"按钮，最后点击"Run"按钮，如果不出现意外情况，稍等片刻，出现应用程序模拟器画面（见图 5-26），工程创建完成。

用鼠标左键按住图中的锁符号向右拖动，显示如图 5-27 所示的画面（注：有可能不出现此画面，而直接跳过）。

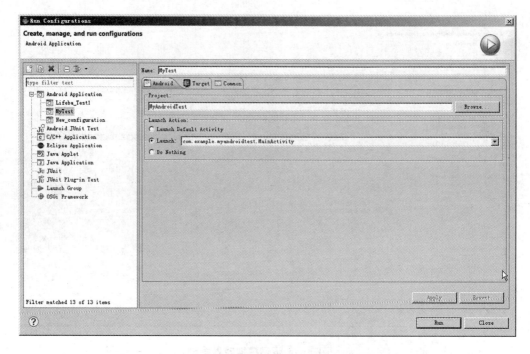

图 5-25　模拟器参数设置完毕

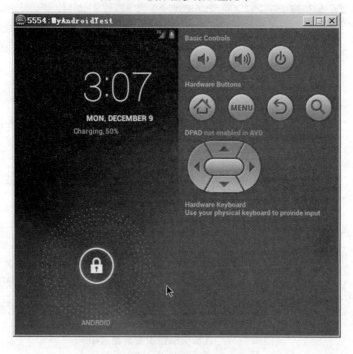

图 5-26　显示模拟器效果步骤 1

点击图中下面中间的圆圈内的六个小黑点，打开菜单，如图 5-28 所示。

再点击 MyAndroidTest 图标（小机器人），即显示该程序运行结果，如图 5-29 所示。

（21）到此为止，工程创建完成，按右边的退出键（小房屋符号），可退出当前调试状

图 5-27　显示模拟器效果步骤 2

图 5-28　显示该程序图标

态。在图5-30中点击左边窗口，选择创建的工程文件名称，点击左边的加号，选择res→layout→activity_main. xml，点击 Graphical Layout 分页，即显示界面布局效果，如图 5-30

图 5-29　显示该程序结果

所示。

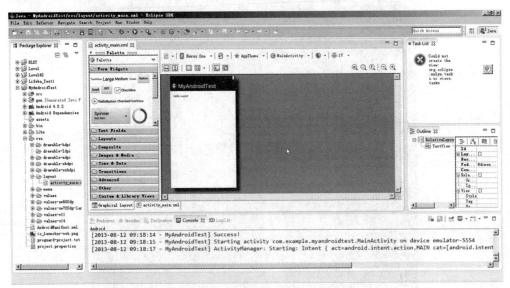

图 5-30　打开布局页面

同时,由系统自动生成必备的框架文件,如下所示:

①MainActivity. java 文件内容如下:

package　com. example. myandroidtest;

import　android. os. Bundle;

```java
import android. app. Activity;
import android. view. Menu;
public class MainActivity extends Activity {
    @ Override
    protected void onCreate( Bundle savedInstanceState) {
        super. onCreate( savedInstanceState);
        setContentView( R. layout. activity_main);
    }
    @ Override
    public boolean onCreateOptionsMenu( Menu menu) {
        // Inflate the menu; this adds items to the action bar if it is present.
        getMenuInflater( ). inflate( R. menu. main, menu);
        return true;
    }
}
```

②在/res/layout/activity_main. xml(布局)文件内容如下:

```xml
< RelativeLayout xmlns:android = "http://schemas. android. com/apk/res/android"
    xmlns:tools = "http://schemas. android. com/tools"
    android:layout_width = "match_parent"
    android:layout_height = "match_parent"
    android:paddingBottom = "@ dimen/activity_vertical_margin"
    android:paddingLeft = "@ dimen/activity_horizontal_margin"
    android:paddingRight = "@ dimen/activity_horizontal_margin"
    android:paddingTop = "@ dimen/activity_vertical_margin"
    tools:context = ". MainActivity"   >
    < TextView
        android:layout_width = "wrap_content"
        android:layout_height = "wrap_content"
        android:text = "@ string/hello_world"  / >
</ RelativeLayout >
```

③在/res/menu/main. xml(默认菜单文件)内容如下:

```xml
< menu xmlns:android = "http://schemas. android. com/apk/res/android"   >
    < item
        android:id = "@ + id/action_settings"
        android:orderInCategory = "100"
        android:showAsAction = "never"
        android:title = "@ string/action_settings"/ >
</ menu >
```

④AndroidManifest. xml 文件如下：

```
< ? xml version = "1. 0" encoding = "utf - 8"？ >
< manifest xmlns：android = "http：//schemas. android. com/apk/res/android"
    package = "com. example. myandroidtest"
    android：versionCode = "1"
    android：versionName = "1. 0"  >
    < uses - sdk
        android：minSdkVersion = "8"
        android：targetSdkVersion = "17"  / >
    < application
        android：allowBackup = "true"
        android：icon = "@ drawable/ic_launcher"
        android：label = "@ string/app_name"
        android：theme = "@ style/AppTheme"  >
        < activity
            android：name = "com. example. myandroidtest. MainActivity"
            android：label = "@ string/app_name"  >
            < intent - filter >
                < action android：name = "android. intent. action. MAIN"  / >
                < category android：name = "android. intent. category. LAUNCHER"  / >
            < / intent - filter >
        < / activity >
    < / application >
< / manifest >
```

注意：WinXP 版本和 Win7 版本的菜单略有不同，同系统不同的版本，菜单也不尽相同，但功能是一样的，随着版本的升级，系统在逐步完善。比如在 WinXP 版本中，工程名称只识别小写字母，Win7 版本则无此限制。

5. 2. 3　添加按钮方法

在新建工程后，系统只是搭建了一个简单的框架，只有一个 TextView 控件，显示"Hello World"，并没有别的内容，没有任何实际用途。下面就开始学习添加按钮控件，执行相应的功能。如图 5-31 所示，方法如下：

（1）在左边框内，找到该工程，点击左边的"＋"，展开项目，打开 res\layout\activity_main. xml 文件，双击，则界面自动显示在最上面。如果没有显示，则点击下边的 Graphical Layout，即自动显示。

（2）选择 Palette 下面 Form Widgets 窗口内的"Button"按钮，按住拖到右边窗口中，同时删除系统自带的 TextView 控件，如果 Palette 隐藏，点击左边的小三角即可自动显示出来。

（3）点击下面的 activity_main. xml 文件，则刚添加的按钮配置信息自动添加到当前文

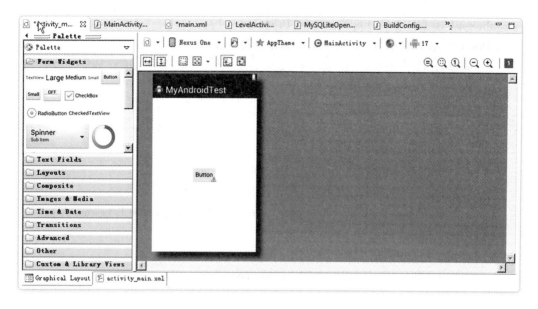

图 5-31　添加按钮

件中,用户只需要修改相应参数即可。

（4）添加控件完毕,则点击 MyAndroidTest \ src \ com. example. myandroidtest \ MainActivity. java 文件,双击打开。系统已经生成了必要的文件框架,用户只需要添加执行按钮的响应代码即可。

（5）增加按钮响应代码,如下所示:

```
package  com. example. myandroidtest;
import  android. os. Bundle;
import  android. app. Activity;
import  android. app. AlertDialog;
import  android. app. AlertDialog. Builder;
import  android. content. DialogInterface;
import  android. view. Menu;
import  android. view. View;
import  android. widget. Button;
public  class  MainActivity  extends  Activity  {
  //定义对话框变量
  private  Button  mButton1;
  @ Override
  protected  void  onCreate( Bundle  savedInstanceState)  {
    super. onCreate( savedInstanceState);
    setContentView( R. layout. activity_main);
    //监听按钮消息
```

```java
        mButton1 = (Button) findViewById(R.id.button1);
        mButton1.setOnClickListener(new Button.OnClickListener() {
            @Override
            public void onClick(View v) {
                // 生成对话框信息
                Builder builder = new AlertDialog.Builder(MainActivity.this);
                builder.setTitle("询问");
                builder.setIcon(android.R.drawable.ic_dialog_info);
                builder.setMessage("确定退出系统吗?");
                builder.setPositiveButton("确定", new DialogInterface.OnClickListener()
                {
                    @Override
                    public void onClick(DialogInterface dialog, int which)
                    {
                        finish();
                    }
                });
                builder.setNegativeButton("取消", null);
                builder.show();
            }
        });
    }
    @Override
    public boolean onCreateOptionsMenu(Menu menu) {
        // Inflate the menu; this adds items to the action bar if it is present.
        getMenuInflater().inflate(R.menu.main, menu);
        return true;
    }
}
```

在/res/layout/activity_main.xml(布局)文件内容如下:

```xml
<RelativeLayout xmlns:android = "http://schemas.android.com/apk/res/android"
    xmlns:tools = "http://schemas.android.com/tools"
    android:layout_width = "match_parent"
    android:layout_height = "match_parent"
    android:paddingBottom = "@dimen/activity_vertical_margin"
    android:paddingLeft = "@dimen/activity_horizontal_margin"
    android:paddingRight = "@dimen/activity_horizontal_margin"
    android:paddingTop = "@dimen/activity_vertical_margin"
```

```
    tools:context = ". MainActivity"   >
  < TextView
      android:id = "@ + id/textView1"
      android:layout_width = "wrap_content"
      android:layout_height = "wrap_content"
      android:text = "@ string/hello_world"  / >
  < Button
      android:id = "@ + id/button1"
      android:layout_width = "wrap_content"
      android:layout_height = "wrap_content"
      android:layout_below = "@ + id/textView1"
      android:layout_centerHorizontal = "true"
      android:layout_marginTop = "149dp"
      android:text = "Button"  / >
</ RelativeLayout >
```

（6）添加完代码后,进行编译,点击"Run Configurations",正常显示效果如图 5-32 所示。

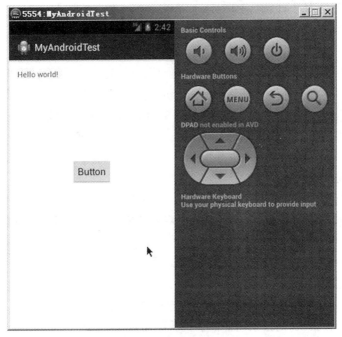

图 5-32　显示模拟效果

点击"Button"按钮,显示如图 5-33 所示的对话框。

5.2.4　编译与调试

当程序编写好之后,就进入调试阶段。对于测量软件来说,不涉及复杂的技术,也没

图 5-33 点击按钮测试显示效果

有更苛刻的需求,不外乎计算、记录、定位、操作数据库之类,容易出现问题的地方不外乎以下几个方面:语法错误,引用包没有定义,计算结果不正确,无法在模拟器上运行,自定义函数问题,文件权限设置,网络问题等。依作者积累的编程经验来说,最好边编写边调试,分段调试,容易查找问题,并及时进行备份(注意:最好关闭所有文件,退出工程再备份,防止备份不完整,一旦某个文件出错,备份的文件不起作用,损失就大了)。比如,在编写一个按钮响应代码时,就及时进行调试,看有什么反应,好对症下药。下面对经常出现的问题总结出查找思路和方法,以水准记录为例,以 Win7 旗舰版 + Eclipse SDK Version:4.2.2 为系统环境,并配以相应图形,以便读者理解。

1. 编译与调试

(1)打开 Eclipse SDK 软件,点击左边框内的工程项目,本例为 Level,依次打开 java 文件(Level/src/Level. test/LevelActivity. java),双击该文件,即显示在中间窗口内,如图 5-34 所示。

(2)打开 Run→Run Configuration,配置文件,包括 Project、Lanuch Action、Target 等内容(具体可参照新建工程中所述),如图 5-35 所示。

(3)配置好后,点击右下角的"Apply"按钮,接着点下面的"Run"按钮,系统开始调试。如果系统存在错误,则会出现如图 5-36 所示的提示信息。

这表明程序中存在错误,并在该窗口的最右侧用不同颜色的小方框提示,同时在最左侧也有提示,在某行左边有一个黄色的小灯泡和感叹号,表示此变量仅定义且没有被使用,属于警告之类,如图 5-37 所示。

如果左边有一个小红叉,表明此行有问题,点击右边的红色小方框,则光标自动切换到本行,供用户检查修改。如果该程序中没有发现任何问题,在程序的最下面框内,同步

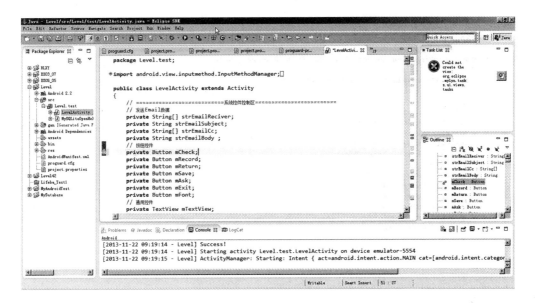

图 5-34　安卓软件调试界面

显示控制台调试信息,如图 5-38 所示。

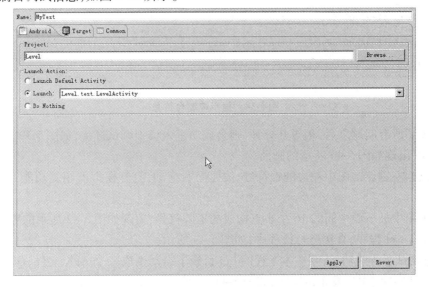

图 5-35　安卓软件调试配置

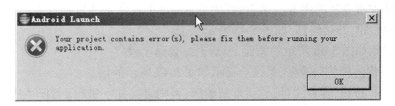

图 5-36　调试出错时提示信息

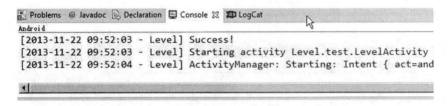

```
package Level.test;

import android.view.inputmethod.InputMethodManager;

public class LevelActivity extends Activity
{
    // =========================系统控件控制区=========================
    // 发送E-mail数据
    private String[] strEmailReciver;
    private String strEmailSubject;
    private String[] strEmailCc;
    private String strEmailBody ;
    // 按钮控件
    private Button mCheck1;
    private Button mRecord;
    private Button mReturn;
    private Button mSave;
    private Button mAsk;
    private Button mExit;
    private Button mFont;
    // 通用控件
    private TextView mTextView;
```

图 5-37   调试源程序界面

```
Problems  @ Javadoc  Declaration  Console  LogCat
Android
[2013-11-22 09:52:03 - Level] Success!
[2013-11-22 09:52:03 - Level] Starting activity Level.test.LevelActivity
[2013-11-22 09:52:04 - Level] ActivityManager: Starting: Intent { act=and
```

图 5-38   显示控制台信息

解决了所有问题之后,稍等几分钟,则会成功进入模拟调试环境,如图 5-39 所示。

稍候,出现如图 5-40 所示的画面。

用鼠标左键点击图中左边的锁符号,按住向右拖动,打开模拟器相关功能,如图 5-41 所示。

点击图中最下面中间的 16 个小点构成的矩阵符号,出现如图 5-42 所示的界面。

点击 Level 程序,直接运行该程序,如图 5-43 所示。

(4)调试运行成功后,则在本工程的 bin 目录下自动生成一个 APK 文件,这就是安卓安装程序,可以向用户发布该程序,如图 5-44 所示。

(5)下面进行编译和打包,如果需要加密该软件(如代码混淆方法),就按相应操作进行加密,具体加密方法参照本书第 10 章中的 Android 软件加密与破解方法,然后再点击 Project→Build All,开始编译,如图 5-45 所示。

稍候,显示如图 5-46 所示的画面,表示正在编译工程。

(6)如果你的源代码改变,系统会提示如图 5-47 所示的信息。

点击"Yes"按钮,保存文件,然后重新编译,否则直接往下进行。编译完毕,直接复制本工程 bin 目录下的 APK 文件即可。

图 5-39 调试成功时界面 1

图 5-40 调试成功时界面 2

2. 常见编译问题处理

1) 引用的包没有被包含

如果出现如图 5-48 所示的信息,在有错误的行左边有一个小红叉,表示此行有问题,

图 5-41　调试成功时界面 3

图 5-42　调试成功时界面 4

如果没有找到语法错误,就是使用了非法的变量或类。从图上看,使用 View 时没有定义,一目了然,在头文件中添加如下代码:import android. view. View;就能正常通过了。

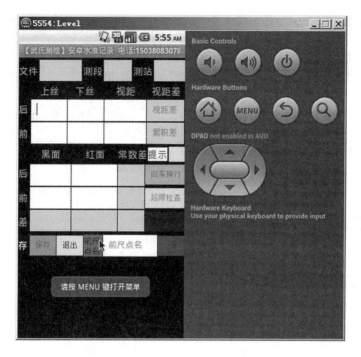

图 5-43　显示水准记录调试结果

图 5-44　生成 APK 文件

2）语法出错时的表现

如图 5-49 所示，该行出现语法错误，CString 是 VC 中的命令，不是 Java 中的命令，所以出错，改成 String strRes ＝ " " ，就不会出现错误了。

如图 5-50 所示，在 String 后面多了一个分号，也会引起错误，一看便知，删除即可。

3）变量忘记定义

如果使用别人复制过来的代码，或自己忘了定义使用的某变量，就有可能出现如

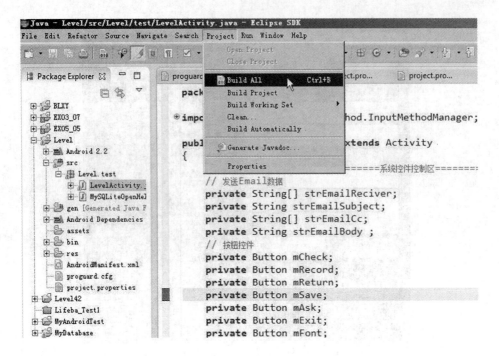

图 5-45 工程编译

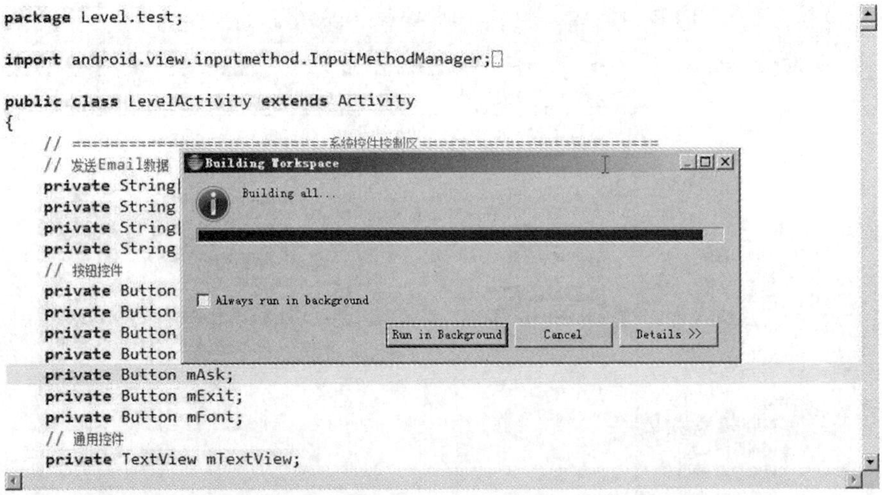

```
package Level.test;

import android.view.inputmethod.InputMethodManager;

public class LevelActivity extends Activity
{
    // ===================系统控件控制区====================
    // 发送Email数据
    private String
    private String
    private String
    private String
    // 按钮控件
    private Button
    private Button
    private Button
    private Button
    private Button mAsk;
    private Button mExit;
    private Button mFont;
    // 通用控件
    private TextView mTextView;
```

图 5-46 编译状态提示

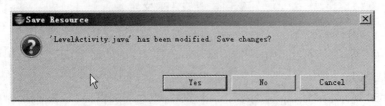

图 5-47 源程序修改时系统提示

```
    // 查询按钮响应
    mAsk = (Button)this.findViewById(R.id.myAsk);
    mAsk.setOnClickListener(new Button.OnClickListener()
    {
        @Override
        public void onClick(View v)
        {
            // 开始监听
            //ReturnMainFaceOrder();

            if(Nid>1) // 超过一站时才允许查询。
            {
                // 注意,如果有监听功能存在时,尽量不要使用子模块,所有命令可能并排执行,不是先后的。
                Builder builder = new AlertDialog.Builder(LevelActivity.this):
```

图 5-48　错误提示之一

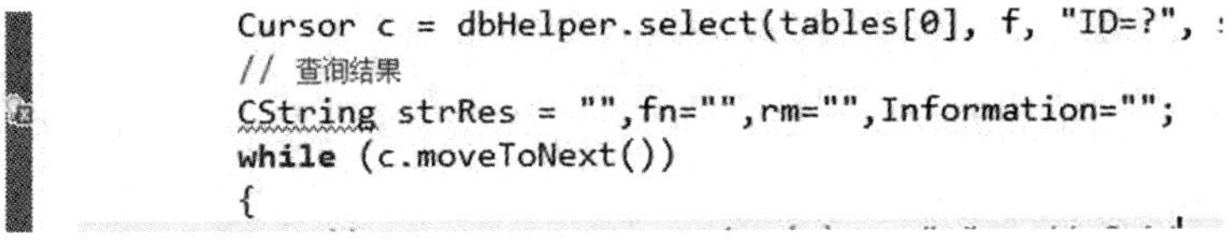

```
    Cursor c = dbHelper.select(tables[0], f, "ID=?", :
    // 查询结果
    CString strRes = "",fn="",rm="",Information="";
    while (c.moveToNext())
    {
```

图 5-49　错误提示之二

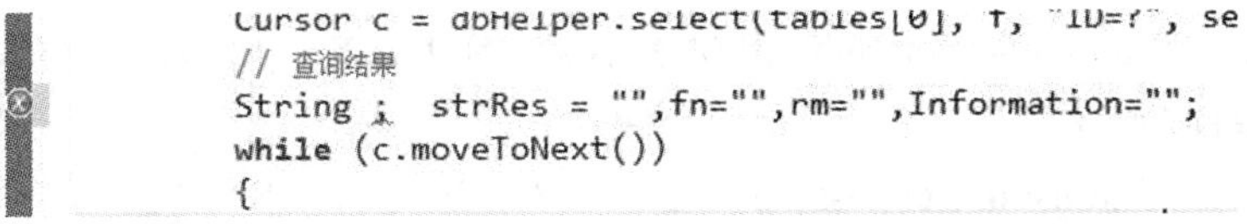

```
    Cursor c = dbHelper.select(tables[0], f, "ID=?", se
    // 查询结果
    String ; strRes = "",fn="",rm="",Information="";
    while (c.moveToNext())
    {
```

图 5-50　错误提示之三

图 5-51 所示情况。

```
    // 主界面设计布局
    private void SetMainFace()
    {
        setContentView(R.layout.main);
        this.setTitle("【武氏测绘】安卓水准记录 电话:15038083078");
        this.setTitleColor(Color.YELLOW);
        // 设置字体大小
        mTextView=(TextView)findViewById(R.id.textView1);
        mTextView.setTextSize(18);    //mTextView.setBackgroundColor(Colo
        mTextView=(TextView)findViewById(R.id.textView2);
        mTextView.setTextSize(18);    //mTextView.setBackgroundColor(Colo
        mTextView=(TextView)findViewById(R.id.textView3);
        mTextView.setTextSize(18);    //mTextView.setBackgroundColor(Colo
        mTextView=(TextView)findViewById(R.id.textView4);
```

图 5-51　错误提示之四

如图 5-51 所示,左边出现一系列的小红叉,很明显,表示 mTextView 是非法的,重新定义变量就可解决此问题,如下所示:

private TextView mTextView;

4)使用控件的 ID 号非法

如图 5-52 所示,出现错误的行明显看不出错误在哪里,唯独在"myRecord1"字符下画了一条波浪线,表示此处可能有问题。经过分析研究后发现,的确是使用了非法的 ID 号,在该 ID 号后面不小心多了个"1"字,去掉即可。

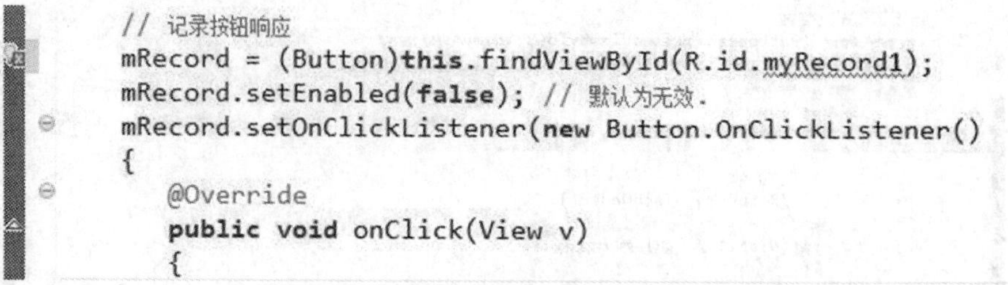

```
    // 记录按钮响应
mRecord = (Button)this.findViewById(R.id.myRecord1);
mRecord.setEnabled(false); // 默认为无效.
mRecord.setOnClickListener(new Button.OnClickListener()
{
    @Override
    public void onClick(View v)
    {
```

图 5-52　错误提示之五

5)文件没有设置权限

如果文件没有设置权限,在模拟器上测试可能没有任何问题,也没有反应,但是,若用真机来测试,就会出现问题,如打不开文件,保存不了等。解决此问题的方法如下:打开AndroidManifest. xml 文件,在文件末尾 </manifest> 前一行添加代码即可。

</application>

< uses – permission

android：name = "android. permission. MOUNT_UNMOUNT_FILESYSTEMS" / >

< uses – permission

android：name = "android. permission. WRITE_EXTERNAL_STORAGE"/ >

</manifest>

6)自定义函数出现问题

在程序开发过程中,不可避免地要使用自定义函数,如果其中代码有问题,就有可能出现计算结果不正确等问题。如常见的 DEG 和 DMS 问题,就是一个典型例子。测试的方法就是用简单的例子来测试,待结果正确后才能算结束。测试时要考虑角度出现负数和小数的情况,用多个例子来测试。

7)逻辑性问题

有些问题属于逻辑错误,这类问题最难发现,比如出现分母为零的问题,还有实数精度不够带来的问题。比如实数 1,在计算机中有可能就是 0. 99999999987,这在程序设计时要充分考虑到,要增强程序的健壮性,在有可能出错的地方,要增加异常处理机制等。

8)下标越界问题

在开发测量软件时,不可避免地要进行运算,当然也离不开定义数组。值得注意的是,定义数组如 String Value[10],使用范围为 Value[0] ~ Value[9];如果下标越界,如Value[10],会导致程序异常,而中断退出,而有经验的程序员不会出现这种错误。

9)开辟空间没有回收

在设计测量软件时,不可避免地要进行运算,当然也离不开使用动态数组。值得注意的是,在使用该数组后,要及时释放申请的内存,如果没有及时释放,会导致内存泄漏,程序中断而退出。要养成良好的习惯,在开辟数组时,先把释放内存的代码写在后面,然后再编写中间语句代码。

10)抛出异常

凡是有可能出现不确定问题的地方,建议把代码写进 try 块中,随时抛出异常,提示用户。

5.2.5　安装与卸载

APK 是 AndroidPackage 的缩写,即 Android 安装包。APK 文件可直接在 Android 模拟器或 Android 手机中执行即安装。APK 文件其实是 zip 格式,把 Android SDK 编译的工程打包成一个安装程序文件,但后缀名被修改为 apk 而已。

1.在模拟器上安装和卸载 APK

BlueStacks 作为基于 PC 平台的 Android 模拟器,由 BlueStacks 公司开发,是一个可以让 Android 应用程序运行在 Windows 系统上的软件,可以运行大部分 APK 程序。BlueStacks 支持 WindowsXP、Windows Vista、Windows7、Windows8 等。下面就介绍安装和卸载 APK 程序的方法。

安装方法如下:

(1)安装 BlueStacks。在网上搜索并下载 BlueStacks。下载完成后,运行安装程序,安装过程很简单,依次点击"下一步"即可完成,如图 5-53 所示。

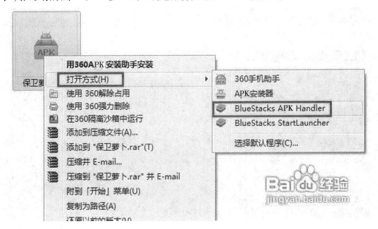

图 5-53　安装 BlueStacks 软件

(2)APK 程序的安装。

首先运行 BlueStacks,然后在要安装的 APK 程序上点击右键,选择"Open With BlueStacks APK Installer"。安装程序提示如图 5-54 所示。

执行安装程序,安装完成后状态栏会提示程序安装成功。如果安装成功,在 BlueStacks 界面上就会发现新安装的程序,如在本例中所安装的安卓程序"保卫萝卜"。

图 5-54　安装程序提示

APK 程序的卸载方法如下:

要卸载 APK 程序,只需要在相应的程序图标上按住鼠标左键不放,等图标发生变化后,点击图标右上角的"删除"按钮,如图 5-55 所示。

系统会自动弹出卸载程序窗口。在弹出的窗口中点击"确定"即可卸载该 APK 程序,如图 5-56 所示。

图 5-55　APK 程序卸载

图 5-56　APK 程序卸载完成

注意,运行 BlueStacks 时所需要的运行环境如下:

(1)Win XP 用户需先升级到 SP3 并安装 Windows Installer 4.5;

(2)Win XP 用户需先安装 .NET Framework 2.0 SP2 或 .NET Framework 4.0;

(3)硬件要求:最低配置 2 GB 内存,支持 OpenGL 2.0 以上的显卡,分辨率大于 1 024×768。

2. 在真机上安装和卸载 APK

Android 是现在最流行的一种智能手机操作系统,应用也非常多,安装方法也是多种多样的。下面介绍一下如何在安卓系统上安装软件。Android 系统上的软件扩展名都是 ".apk"。如果下载的软件是 rar 或者 zip 文件的话,打开该压缩包,查看它里面是一个 apk 文件还是 APK 结构文件夹。如果只有一个 apk 文件就把它解压出来,否则将该压缩文件的扩展名直接改为".apk"。apk 格式的应用可以在各种 Android Market(安卓市场)上下载到。

　　在安装软件之前首先要对手机进行一系列的设置。在手机程序菜单中点"设置"进入,然后选择"应用程序设置"选项,将"未知来源"选项选中。然后进入"开发"子选项,勾选"USB 调试"选项。这样就完成了手机的设置,如图 5-57 所示。概括如下:"设置"→"应用程序设置"→勾选"未知来源"→"返回"→"开发"→勾选"USB 调试"。

图 5-57　安装 APK 软件配置

　　完成以上准备工作后就可以进行软件的安装工作了。常用的安装方法有以下几种。

方法 1:

　　使用 Android 系统的手机最简单的软件安装方法是进入 Market 中下载安装。使用非常简单,只需拖出程序菜单,点击 Market 图标进入该程序。然后在搜索框中填写需要的软件名称搜索即可,或者在软件分类和推荐软件列表中找到所要安装的软件,点击下载安装即可。如果是免费软件会显示"Free",如果是收费软件的话会提示软件的费用为"$xx"。利用 Market 下载和安装都非常方便,但是此方法的缺点是非常浪费流量(就算软件是免费的,但是网络流量还是要收费的),所以此法只推荐在连接 WiFi 的情况下使用。

方法 2:

　　如果手机所刷的固件是安卓自制的固件,那么手机中应该已经集成了"APK 安装器",只需要把要安装的文件拷贝到内存卡中,然后在手机程序菜单中点"设置",再点击"应用程序"选项,拖动菜单到下端可以看到"APK 安装器",点击进入。安装器会自动搜索内存卡中的安装程序,只需选择要安装的程序名称,点击"安装"即可。

　　如果手机使用的是原生的或者没有集成程序安装器的 ROM,那么需要去 Market 中下载一款 App Installer(软件安装器)软件。在 Market 中下载安装完成后,在程序菜单中就可以找到刚安装的 App Installer 了,使用方法同上。

方法 3:

　　直接使用电脑安装软件。使用"APK 安装器"可以从 PC 端将电脑中的 APK 软件安装到手机中。不过前提是必须先安装 Android 手机的 USB 驱动程序,否则电脑无法识别所连接的手机。点击下载 USB 驱动程序,下载完成后解压安装即可。USB 驱动程序安装完成后电脑就可以将手机自动识别为移动磁盘了。再点击下载"APK 安装器",下载安装完成后将该压缩包解压,然后点击运行该程序。该程序会自动关联电脑中的 APK 程序,安装软件时只需双击要安装的.apk 文件即可。该程序会帮助用户自动将软件安装到手机里。

方法 4：

如果手机里没有资源管理器（文件管理器），可以使用第三方 PC 端手机管理器来进行安装，目前可供选择的手机管理器比较多，如豌豆荚手机精灵和 91 手机助手。

下载并安装 91 手机助手。然后用 USB 将手机和电脑相连，打开 91 手机助手，如图 5-58 所示。

图 5-58　91 手机助手开始界面

步骤："手动连接"→"USB 连接"→"？"→"系统维护"→"文件管理"→"快速入口"→"存储卡"→"上传到设备"→"文件"（选择要安装的.apk 文件）→双击要安装的.apk 文件，出现如图 5-59 所示界面，单击"安装"。

图 5-59　APK 安装界面

或者使用简便方法：直接双击.apk 文件就可以安装到手机中去。

方法 5：

上网(http://www.hiapk.com/bbs/thread-40417 –
1 –1.html)下载 HiAPK Installer(APK 安装器),直接
双击即可完成安装(只能装在电脑上),如图 5-60 所
示。这个软件会自动关联你的 APK 程序,只要双击
一下 APK 程序就可以自动安装到手机里。

图 5-60　HiAPK Installer 安装成功界面

方法 6:

安装 ASTRO(文件管理器):将 ASTRO. apk 放到
手机的 SD 卡中,然后在手机的文件管理器中的 SD 卡
中点击该 apk 文件,之后在面板上就会出现 ASTRO 的
图标。以后安装软件时,只要把. apk 文件拷到 SD 卡中,就可以在手机的 APK 安装器上进
行软件的安装与卸载。

方法 7:

安卓系统自带有 APK 安装器,只要把 APK 程序都放到 SD 卡上,就可以直接在这个
内置的 APK 安装器上进行软件的安装与卸载。选择应用程序,点击 APK 安装器,然后它
就会自动扫描 SD 卡上的文件并显示该文件,点击"安装"即可,然后从菜单里面找到该文
件,即安装成功。

5.2.6　导入现有工程

如果一项工程没有完成开发,或者想在其他电脑上继续调试,或者使用以前的备份文
件,或者研究学习别人的示例,继续开展此项目时,都需要导入现有的工程文件,才能正常
继续进行。导入工程的方法如下(以 Win7 旗舰版为例):

(1)把示例工程文件拷贝到自己工作的文件夹下面,例如:D:\MyAndroid\EX03_07,
然后打开 Eclipse 软件,点击 File→Import,如图 5-61 所示。

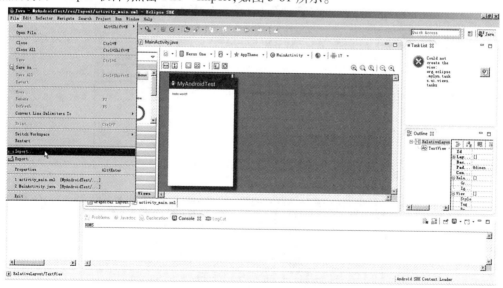

图 5-61　导入现有工程菜单

（2）显示对话框，如图5-62所示。

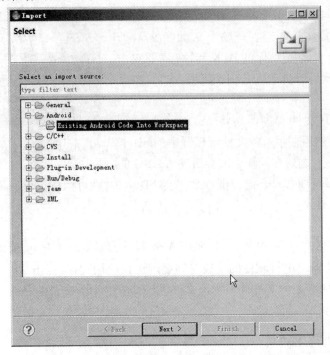

图5-62 导入现有工程对话框

（3）点击"Next"按钮，出现如图5-63所示的界面。

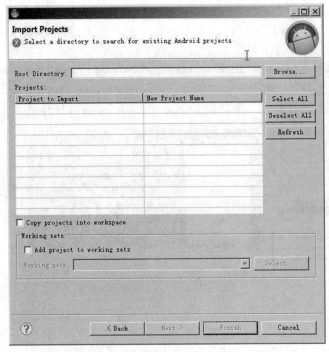

图5-63 选择导入工程文件夹

（4）点击右上方的"Browse"按钮，查找自己的工程文件夹即可，如图5-64所示。

图5-64　选择导入文件

然后点击"确定"按钮，系统自动添加到当前工程中，如图5-65所示。

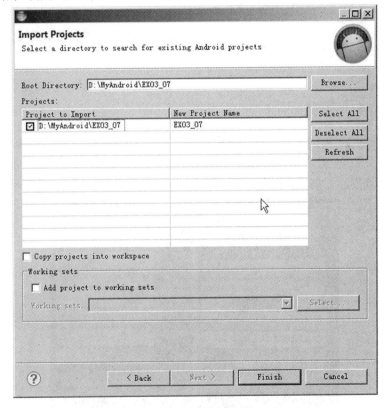

图5-65　打开导入文件

（5）点击"Finish"按钮，完成导入任务，左边框中已有工程名称EX03_07，如图5-66所示。

如果新添加的工程使用的模拟器等环境设置与当前设置不同，系统可能不能正常编

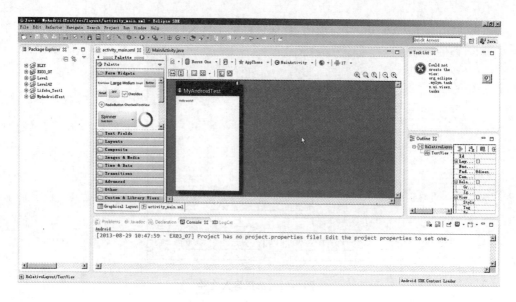

图 5-66　导入文件成功

译和测试,可按照新建工程文件步骤进行相关设置。

5.3　Android 开发基础

5.3.1　界面布局设计

开发软件前,首先要考虑的两个最基本的问题就是界面如何布局以及功能如何实现。根据个人的习惯和爱好不同,略有不同。然而,屏幕空间总是有限的,如何布局好很有学问,让用户感到界面紧凑而又方便易用,需要一定的实力,请看如图 5-67 所示的界面。

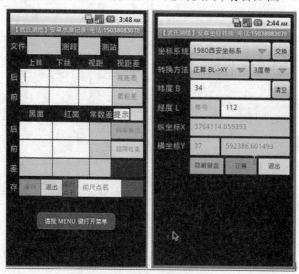

图 5-67　安卓界面布局之一

根据软件设计的功能要求,由开发人员选择如何布局各按钮位置,灵活运用对话框、菜单、下拉框等。常用的控件(如按钮)可直接在 Widgets 中选择,选中该控件后直接拖到当前工程中即可。此时相对应的 xml 文件就有了该控件的信息,如下所示:

```
< RelativeLayout xmlns:android = "http://schemas. android. com/apk/res/android"
    < Button
        android:id = "@ + id/button1"
        android:layout_width = "wrap_content"
        android:layout_height = "wrap_content"
        android:layout_centerHorizontal = "true"
        android:layout_centerVertical = "true"
        android:text = "Button" / >
</RelativeLayout >
```

如果需要调整控件位置,可直接修改 xml 文件内容。如果复制别人的 xml 文件也可以,直接粘贴到本文件中,效果一样。

常用的控件布局有以下五种方式:

(1)LinearLayout(线性布局),在单一方向上对齐所有的子视图——竖向或者横向,这依赖于你怎么定义方向 orientation 属性。

(2)RelativeLayout(相对布局),里面可以放多个控件,但是一行只能放一个控件。

(3)TableLayout(表格布局),这要和 TableRow 配合使用,很像 html 里面的 table。这个表格布局不像 HTML 中的表格那样灵活,只能通过 TableRow 属性来控制它的行,而对于列,里面有几个控件就是几列。

(4)AbsoluteLayout(绝对布局),里面可以放多个控件,并且可以自己定义控件的(x,y)的位置。

(5)FrameLayout(帧布局),里面可以放多个控件,但控件的位置都是相对位置。

LinearLayout 和 RelativeLayout 是其中用得较多的两种。AbsoluteLayout 用得比较少,因为它是按屏幕的绝对位置来布局的,如果屏幕大小发生改变的话,控件的位置也发生了改变。这就相当于 HTML 中的绝对布局一样,一般不推荐使用。

有时候,采用简单的自定义对话框类更有效,可在程序中随时调用,如图 5-68 所示。

图 5-68 安卓界面布局之二

如果需要输入的数据较多,或者说让用户进行参数设置或进行相应的选择,简单的对话框就不能满足需要,这时可以单独添加另一个 xml 文件,添加控件,布置好各控件的位置,由主程序 Activity 来调用,进行数据传递,允许用户确定或取消操作。调用方法详见水准记录开发实例中的有关代码,如图 5-69 所示。

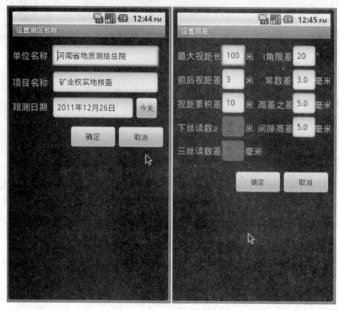

图 5-69   安卓界面布局之三

5.3.2   修改图标方法

每个应用程序都可以用一个自定义的图标来表示,默认的图标是一个小机器人,如果不想用默认图标,也可以自己来修改,如图 5-70 所示。

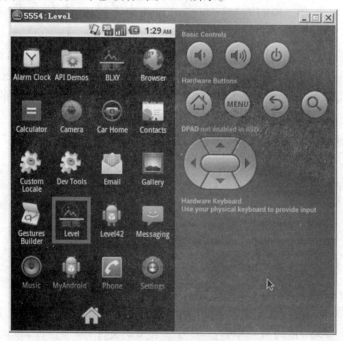

图 5-70   修改图标方法

修改方法如下:

(1)制作一个自己的小图标,尺寸为 72×72 像素(桌面显示图标),后缀名为".png"。

(2)打开工程,找到 res/drawable-hdpi(在桌面显示),点击右键粘贴自己的 PNG 文件,也可以用资源管理器直接打开该文件夹,找到对应的目录,复制进去,不过要下次打开才有效。

(3)修改 AndroidManifest. xml 文件,找到如下一行代码:

< application android:icon = "@ drawable/icon" android:label = "@ string/app_name" >

把其中的 icon 换成自己的图标文件名称即可,比如 level,如下所示:

< application android:icon = "@ drawable/level" android:label = "@ string/app_name" >

(4)如果想省事,直接把 icon 图标替换成自己的也可以。

(5)制作 PNG 文件最快捷的办法就是打开系统自带的画图软件,选择一个你最满意的图片,然后按比例缩小,另存为 PNG 文件即可。

5.3.3 设置标题方法

一般来说,每个程序界面顶部都默认显示应用程序的名称,如果想更改此标题内容,显示作者的联系方式等内容,那么就可以在当前工程中,打开 MainActivity. java 文件,在指定位置上添加如下代码:

```
package com. example. myandroidtest;
import android. os. Bundle;
import android. app. Activity;
import android. graphics. Color;
import android. view. Menu;
public class MainActivity extends Activity {
  @ Override
  protected void onCreate( Bundle savedInstanceState) {
    super. onCreate( savedInstanceState);
    setContentView( R. layout. activity_main);
    //添加如下代码
    this. setTitle("【武氏测绘】电话:15038083078");
    this. setTitleColor(Color. YELLOW); // 字体颜色。
  }
  @ Override
  public boolean onCreateOptionsMenu( Menu menu) {
    //Inflate the menu; this adds items to the action bar if it is present.
    getMenuInflater(). inflate( R. menu. main, menu);
    return true;
  }
}
```

显示效果如图 5-71 所示。

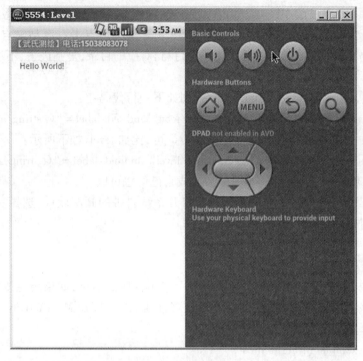

图 5-71　设置标题方法

5.3.4　更改文字标签

要想在屏幕上显示简单的信息,最有效的方法是添加一个 TextView 控件,然后在 MainActivity. java 文件中添加相应代码,如下所示:

```
package com. example. myandroidtest;
import android. os. Bundle;
import android. app. Activity;
import android. view. Menu;
// 添加如下包
import android. widget. TextView;
public class MainActivity extends Activity {
  // 定义变量
  private TextView mTextView;
  @ Override
  protected void onCreate(Bundle savedInstanceState) {
      super. onCreate(savedInstanceState);
      setContentView(R. layout. activity_main);
      // 添加如下代码
```

```
        mTextView = (TextView) findViewById(R. id. textView1);  // 注意 textView1 为
TextView 控件的 id 号。
        String str = "您好,欢迎学习安卓编程,武总.";
        mTextView. setText(str);
    }
@ Override
public boolean onCreateOptionsMenu(Menu menu) {
        // Inflate the menu; this adds items to the action bar if it is present.
        getMenuInflater( ). inflate(R. menu. main, menu);
        return true;
    }
}
```

显示效果如图 5-72 所示。

图 5-72　更改文字标签

5.3.5　提示输入内容

为了方便用户输入信息,对输入内容进行提示,对用户有很大帮助,比如提示输入用户名和密码,防止输入错误。常用的方法也很简单,就是修改 EditText 控件的属性,如下所示:

package com. example. myandroidtest;

```
import android. os. Bundle;
import android. app. Activity;
import android. view. Menu;
import android. widget. EditText;
import android. graphics. Color;
public class MainActivity extends Activity {
    private EditText mEditText;
    @ Override
    protected void onCreate(Bundle savedInstanceState) {
        super. onCreate(savedInstanceState);
        setContentView(R. layout. activity_main);
        mEditText = (EditText) findViewById(R. id. editText1);  // 对应的控件 id 号
        mEditText. setMaxLines(1);  // 最多一行
        mEditText. setTextSize(16);  // 字体大小
        mEditText. setBackgroundColor(Color. LTGRAY);  // 背景颜色为灰色
        mEditText. setEnabled(false);  // 设置为无效
        mEditText. setHint("请输入姓名");  // 在编辑框内显示为灰色内容
    }
    @ Override
    public boolean onCreateOptionsMenu(Menu menu) {
        // Inflate the menu; this adds items to the action bar if it is present.
        getMenuInflater(). inflate(R. menu. main, menu);
        return true;
    }
}
```

显示效果如图 5-73 所示。

5.3.6 两个页面切换方法

在程序开发中,有时为了满足复杂的设计要求,在主程序运行过程中,需要调入另一个页面(或对话框)来输入数据或让用户选择,以便判断程序下一步走向。比如说,水准记录中,由于屏幕有限,不可能把所有功能按钮都显示在屏幕上,而是选择主要的功能进行布置,输入观测条件和测区信息及测段信息时就需要打开另一个对话框,让用户进行选择,此时就涉及不同页面转换的问题。

其实实现的方法也很简单,就是另外添加一个 xml 文件,添加需要的控件,设计好 Layout 布局,最后添加一个返回按钮,在点击"返回"按钮时自动返回到主界面,主要示例代码如下:

```
import android. app. Activity;
import android. os. Bundle;
```

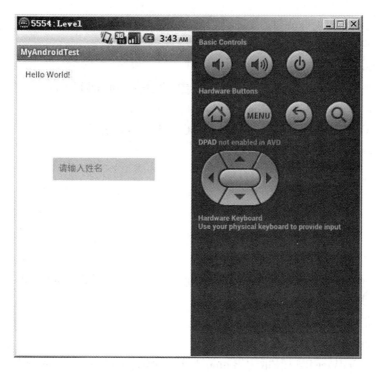

图 5-73　提示输入内容

import android. view. View;

import android. widget. Button;

public class EX03_08 extends Activity {

　/ * * Called when the activity is first created. * /

　@ Override

　public void onCreate(Bundle savedInstanceState) {

　　super. onCreate(savedInstanceState) ;

　　/ * 载入 main. xml Layout * /

　　setContentView(R. layout. main) ;

　　/ * 以 findViewById( )取得 Button 对象,并添加 onClickListener * /

　　Button b1 = (Button) findViewById(R. id. button1) ;

　　b1. setOnClickListener(new Button. OnClickListener( ) {

　　　public void onClick(View v)

　　　{

　　　　jumpToLayout2( ) ;

　　　}

　　}) ;

　}

　/ * method jumpToLayout2:将 layout 由 main. xml 切换成 mylayout. xml * /

```
public void jumpToLayout2( )  {
    /* 将 layout 改成 mylayout. xml */
    setContentView( R. layout. mylayout) ;
    /* 以 findViewById( )取得 Button 对象,并添加 onClickListener */
    Button  b2  =  ( Button)  findViewById( R. id. button2) ;
    b2. setOnClickListener( new  Button. OnClickListener( )   {
        public  void  onClick( View  v)
        {
            jumpToLayout1( ) ;
        }
    } );
}
/* method  jumpToLayout1 ;将 layout 由 mylayout. xml 切换成 main. xml */
public  void  jumpToLayout1( )   {
    /* 将 layout 改成 main. xml */
    setContentView( R. layout. main) ;
    /* 以 findViewById( )取得 Button 对象,并添加 onClickListener */
    Button  b1  =  ( Button)  findViewById( R. id. button1) ;
    b1. setOnClickListener( new  Button. OnClickListener( )     {
        public  void  onClick( View  v)
        {
            jumpToLayout2( ) ;
        }
    } );
}
}
```

值得注意的是,此种方法简单,不存在数据传递问题,只需简单地切换背景来解决相对复杂的问题,其实质上是一个 Activity 下的两个 Layout 布局。如果此法不能满足程序设计的需要,就要采用另一种方法,即添加另一个 Activity 来实现。

5.3.7 对象 Toast 使用方法

Toast 实质上是一个 View 视图,快速地为用户显示少量的信息。Toast 在应用程序上浮动显示信息给用户,它永远不会获得焦点,不影响用户的输入等操作,主要用于一些提示或帮助功能。

请看如图 5-74 所示的"请按 MENU 键打开菜单"字样,显示 1 秒后自动消失,提示用户某些信息,方便使用,其实使用方法很简单,就是使用 Toast 对象。常用的有以下四种显示方式。具体实现方法如下:

图 5-74   Toast 使用方法

1. 默认的显示方式

实现主要代码如下：

```
// 必须添加包名
import android. widget. Toast；
@ Override
protected void onCreate( Bundle savedInstanceState)    {
    super. onCreate( savedInstanceState) ；
    setContentView( R. layout. activity_main) ；
    // 添加如下代码
    * Toast  toast = Toast. makeText( getApplicationContext( ) , " 请按  MENU  键打开菜
单" , Toast. LENGTH_SHORT) ；
    // 显示 toast 信息
    toast. show( ) ；
}
```

Toast 参数说明：

// 第一个参数：当前的上下文环境，可用 getApplicationContext( )或 this；

// 第二个参数：要显示的字符串，也可是 R. string 中字符串 ID；

// 第三个参数：显示的时间长短，Toast 默认的有两个 LENGTH_LONG（长）和
LENGTH_SHORT（短），也可以使用毫秒，如 2000ms。

2. 自定义显示位置(见图 5-75)

图 5-75   自定义显示 Toast 方法

源代码如下:

```
package com. example. myandroidtest;
import android. os. Bundle;
import android. app. Activity;
import android. view. Menu;
import android. widget. Toast;
import android. view. Gravity;
public class MainActivity extends Activity {
    @ Override
    protected void onCreate( Bundle savedInstanceState) {
        super. onCreate( savedInstanceState);
        setContentView( R. layout. activity_main);
        Toast toast = Toast. makeText( getApplicationContext( ), "自定义显示位置的 Toast",
Toast. LENGTH_SHORT);
```

　　//第一个参数:设置 Toast 在屏幕中显示的位置,现在的设置是居中靠顶;
　　//第二个参数:相对于第一个参数设置 Toast 位置的横向 X 轴的偏移量,正数向右偏移,负数向左偏移;
　　//第三个参数:同第二个参数的用法一样;

//如果你设置的偏移量超过了屏幕的范围,Toast 将在屏幕内靠近超出的那个边界显示。

```
    toast. setGravity(Gravity. TOP|Gravity. CENTER, -50, 100);
    //屏幕居中显示,X 轴和 Y 轴偏移量都是 0;
    //toast. setGravity(Gravity. CENTER, 0, 0);
    toast. show();
}
@ Override
public boolean onCreateOptionsMenu(Menu menu) {
    // Inflate the menu; this adds items to the action bar if it is present.
    getMenuInflater(). inflate(R. menu. main, menu);
    return true;
}
}
```

3. 带图片显示方式(见图 5-76)

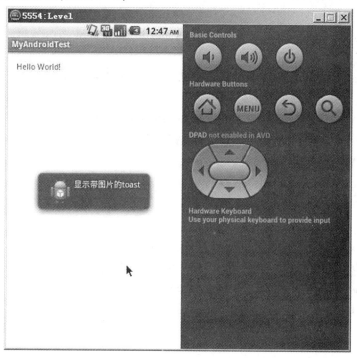

图 5-76　显示带图片的 Toast 方法

源代码如下:

```
package com. example. myandroidtest;
import android. os. Bundle;
import android. app. Activity;
```

```
import android. view. Menu;
import android. widget. Toast;
import android. view. Gravity;
import android. widget. ImageView;
import android. widget. LinearLayout;
public class MainActivity extends Activity {
    @ Override
    protected void onCreate(Bundle savedInstanceState) {
        super. onCreate(savedInstanceState);
        setContentView(R. layout. activity_main);
        Toast toast = Toast. makeText(getApplicationContext(), "显示带图片的 toast",
3000);
        toast. setGravity(Gravity. CENTER, 0, 0);
        //创建图片视图对象
        ImageView imageView = new ImageView(getApplicationContext());
        //设置图片
        imageView. setImageResource(R. drawable. ic_launcher);
        //获得 Toast 的布局
        LinearLayout toastView = (LinearLayout) toast. getView();
        //设置此布局为横向
        toastView. setOrientation(LinearLayout. HORIZONTAL);
        //将 ImageView 加入到此布局中的第一个位置
        toastView. addView(imageView, 0);
        toast. show();
    }

    @ Override
    public boolean onCreateOptionsMenu(Menu menu) {
        // Inflate the menu; this adds items to the action bar if it is present.
        getMenuInflater(). inflate(R. menu. main, menu);
        return true;
    }
}
```

4. 自定义显示方式(见图5-77)

自定义显示方式稍微有点麻烦,需要自定义 custom. xml 布局文件,用 LayoutInflater 这个类来实例化 XML 文件到其相应的视图对象的布局,通过制定 XML 文件及布局 ID 来填充一个视图对象,具体代码如下:

(1)MainActivity. Java 文件如下:

```
package com. example. myandroidtest;
```

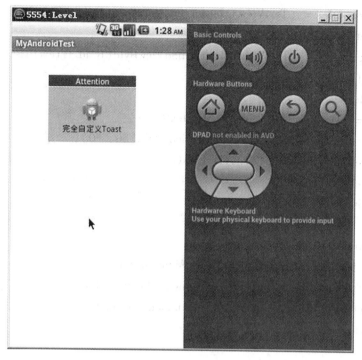

图 5-77　自定义显示 Toast 方法

import android. os. Bundle;

import android. app. Activity;

import android. view. Menu;

import android. view. Gravity;

import android. view. LayoutInflater;

import android. view. View;

import android. view. ViewGroup;

import android. widget. ImageView;

import android. widget. TextView;

import android. widget. Toast;

public class MainActivity extends Activity {

    @ Override

    protected void onCreate(Bundle savedInstanceState) {

      super. onCreate(savedInstanceState) ;

      setContentView(R. layout. activity_main) ;

      LayoutInflater inflater = getLayoutInflater( ) ;

      View layout = inflater. inflate (R. layout. custom, (ViewGroup) findViewById
(R. id. llToast)) ;

      ImageView image = (ImageView) layout. findViewById(R. id. tvImageToast) ;

      image. setImageResource(R. drawable. ic_launcher) ;

```java
        TextView title = (TextView) layout.findViewById(R.id.tvTitleToast);
        title.setText("Attention");
        TextView text = (TextView) layout.findViewById(R.id.tvTextToast);
        text.setText("完全自定义 Toast");
        Toast toast;
        toast = new Toast(getApplicationContext());
        toast.setGravity(Gravity.LEFT | Gravity.TOP, 50, 50);
        toast.setDuration(Toast.LENGTH_LONG);
        toast.setView(layout);
        toast.show();
        }
    @Override
    public boolean onCreateOptionsMenu(Menu menu) {
        // Inflate the menu; this adds items to the action bar if it is present.
        getMenuInflater().inflate(R.menu.main, menu);
        return true;
    }
}
```

（2）activity_main.xml 布局文件如下:

```xml
<? xml version = "1.0" encoding = "utf-8"? >
<LinearLayout xmlns:android = "http://schemas.android.com/apk/res/android"
android:orientation = "vertical"
android:layout_width = "fill_parent"
android:layout_height = "fill_parent"
android:padding = "5dip"
android:gravity = "center" >
</LinearLayout>
```

（3）custom.xml 自定义布局文件如下:

```xml
<? xml version = "1.0" encoding = "utf-8"? >
<LinearLayout
xmlns:android = "http://schemas.android.com/apk/res/android"
android:layout_height = "wrap_content"   android:layout_width = "wrap_content"
android:background = "#ffffffff"   android:orientation = "vertical"
android:id = "@ + id/llToast"  >
<TextView
    android:layout_height = "wrap_content"
    android:layout_margin = "1dip"
    android:textColor = "#ffffffff"
```

```xml
        android:layout_width = "fill_parent"
        android:gravity = "center"
        android:background = "#bb000000"
        android:id = "@ + id/tvTitleToast"  / >
  < LinearLayout
        android:layout_height = "wrap_content"
        android:orientation = "vertical"
        android:id = "@ + id/llToastContent"
        android:layout_marginLeft = "1dip"
        android:layout_marginRight = "1dip"
        android:layout_marginBottom = "1dip"
        android:layout_width = "wrap_content"
        android:padding = "15dip"
        android:background = "#44000000"   >
< ImageView
        android:layout_height = "wrap_content"
        android:layout_gravity = "center"
        android:layout_width = "wrap_content"
        android:id = "@ + id/tvImageToast"  / >
< TextView
        android:layout_height = "wrap_content"
        android:paddingRight = "10dip"
        android:paddingLeft = "10dip"
        android:layout_width = "wrap_content"
        android:gravity = "center"
        android:textColor = "#ff000000"
        android:id = "@ + id/tvTextToast"  / >
  </LinearLayout >
</LinearLayout >
```

第6章 Android 高级软件开发技术

6.1 系统参数设置

在程序调试时,如果模拟器参数设置不合理,会影响调试工作,甚至不能正确显示结果,而且不同的版本也会显示不同的风格和效果。本书后面各章节使用的源代码都是经过调试成功的,使用两种不同版本的模拟器,凡是没有特别注明的,均用 Android 4.2 版本调试,如果调试不成功,再使用 Android 2.2 版本调试。

6.1.1 SDK 主界面

SDK 主界面如图 6-1 所示。

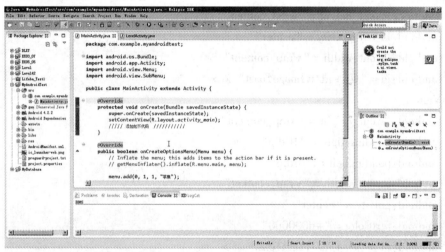

图 6-1 SDK 主界面

6.1.2 Eclipse 版本信息

Eclipse 版本信息如图 6-2 所示。

6.1.3 AVD 参数设置

AVD 参数设置如图 6-3 所示。

6.1.4 模拟器界面

模拟器界面如图 6-4 所示。

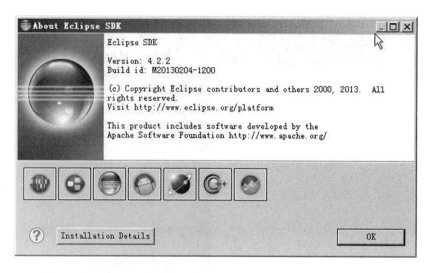

图 6-2　Eclipse 版本信息

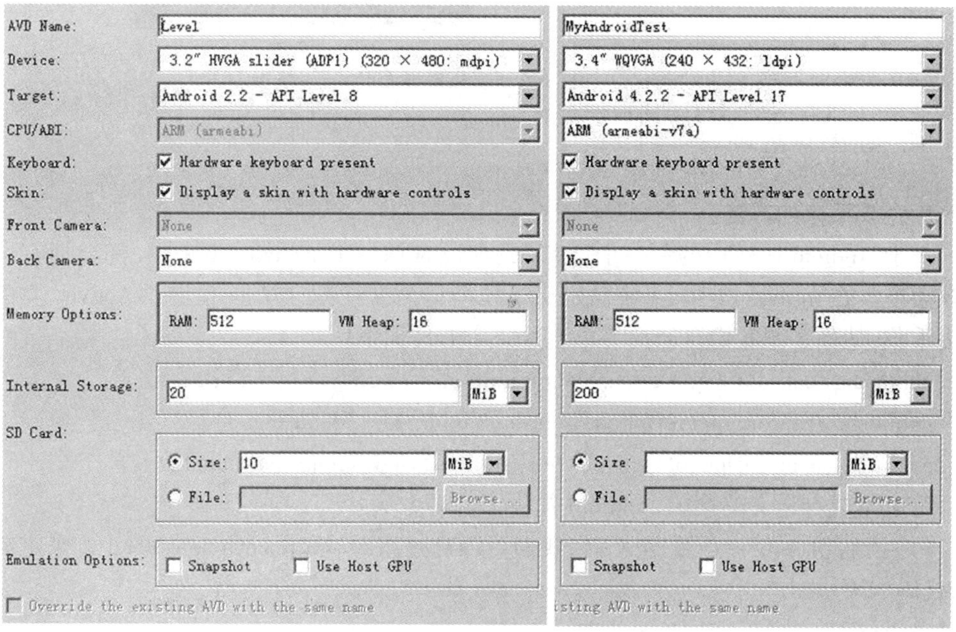

AVD Name:	Level	MyAndroidTest
Device:	3.2" HVGA slider (ADP1) (320 × 480: mdpi)	3.4" WQVGA (240 × 432: ldpi)
Target:	Android 2.2 - API Level 8	Android 4.2.2 - API Level 17
CPU/ABI:	ARM (armeabi)	ARM (armeabi-v7a)
Keyboard:	☑ Hardware keyboard present	☑ Hardware keyboard present
Skin:	☑ Display a skin with hardware controls	☑ Display a skin with hardware controls
Front Camera:	None	None
Back Camera:	None	None
Memory Options:	RAM: 512　VM Heap: 16	RAM: 512　VM Heap: 16
Internal Storage:	20　MiB	200　MiB
SD Card:	⦿ Size: 10　MiB ○ File: Browse...	⦿ Size:　MiB ○ File: Browse...
Emulation Options:	☐ Snapshot　☐ Use Host GPU	☐ Snapshot　☐ Use Host GPU
	☐ Override the existing AVD with the same name	isting AVD with the same name

图 6-3　AVD 参数设置

6.2　菜单类

Android 用户界面主要由 View、Menu、对话框三部分组成。而菜单 Menu 主要有三种形式:选择菜单(OptionsMenu)、上下文菜单(ContextMenu)、子菜单(SubMenu)。通常 Android 手机上有个 Menu 键,当按下 Menu 键的时候,在屏幕底部弹出一个菜单,就是选择菜单。下面介绍一下菜单的制作方法。

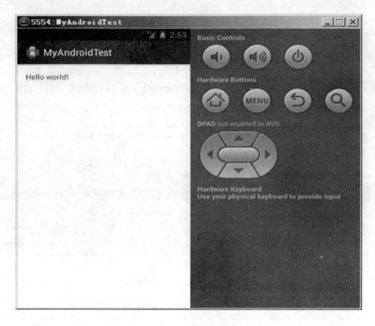

图 6-4　模拟器界面

6.2.1　制作菜单要点

1. 生成菜单的方法

对于 Android 应用中的每一个屏幕,或者说对每一个 Activity 类来说,都会拥有一个默认菜单。在 Activity 类中,系统已定义了几个与菜单有关的方法,供继承 Activity 类的子类去重载,从而定制我们自己的菜单。这几个方法如下:

public boolean onCreateOptionsMenu(android. view. Menu menu);

public boolean onPrepareOptionsMenu(android. view. Menu menu);

public boolean onOptionsItemSelected(android. view. MenuItem item);

为了生成自定义的菜单,Android 提供了两种方法:

(1)当启动 Activity 类的实例时,我们可以通过重载 onCreateOptionsMenu( )来定制菜单,代码如下:

@ Override

public boolean onCreateOptionsMenu(Menu menu) {

　　super. onCreateOptionsMenu(menu);

　　menu. add(0, 0, "菜单项一");

　　menu. add(0, 1, "菜单项二");

　　menu. add(0, 2, "菜单项三");

　　return true;

}

关于 menu. add( )方法中相关参数的说明:

第一个参数表示给这个新增的菜单项分配一个分组号,如"0";

第二个参数表示给这个新增的菜单项分配一个唯一标识 id,如"0"、"1"、"2";

第三个参数为菜单项的标题,如"菜单项一"、"菜单项二"、"菜单项三"。

另外,我们可以通过调用 Menu. setItemShown( )或者 Menu. setGroupShown( )方法来显示或隐藏一些菜单项。

这里要注意的一个地方是:菜单项的显示顺序是按代码中添加的顺序,也就是说,menu. add( )方法只能在菜单的最后面新增一个菜单项。另外,第一个参数的分组标识不会改变菜单项的显示顺序。

(2)也可以在菜单每次被调用时,对菜单中的项重新生成,通过重载 onPrepareOptionsMenu 来实现。由于每次调用时都要重新生成,对于那些不经常变化的菜单,效率就会比较低。

2. 菜单项点击响应

当菜单显示出来后,用户点击菜单中的某一菜单项时,系统需要响应这个点击事件。这个方法也很简单,通过重载 onOptionsItemSelected( )方法来实现。代码如下:

```
@ Override
public boolean onOptionsItemSelected( Menu. Item item)  {
    switch ( item. getId( ) )  {
      case 0:
          showAlert("Menu Item Clicked", "菜单项一", "ok", null, false, null);
           return true;
      case 1:
          showAlert("Menu Item Clicked", "菜单项二", "ok", null, false, null);
          return true;
      case 2:
          showAlert("Menu Item Clicked", "菜单项三", "ok", null, false, null);
          return true;
    }
    return false;
}
```

这里,我们还可以通过调用 Item. setAlphabeticShortcut( )或 Item. setNumericShortcut( )方法来增加菜单项的快捷键操作。

6.2.2 选择菜单制作方法

在制作菜单之前,首先加入所需要的安卓包,如下所示:

import android. view. Menu;

import android. view. MenuItem;

import android. widget. Toast;

然后,在主 Activity 中覆盖 onCreateOptionsMenu(Menu menu)方法。代码如下:

@ Override

```
public  boolean  onCreateOptionsMenu( Menu  menu )    |
    // Inflate  the  menu;  this  adds  items  to  the  action  bar  if  it  is  present.
    // getMenuInflater( ). inflate( R. menu. main,  menu ) ;
    menu. add(0,  1,  1,  "苹果" ) ;
    menu. add(0,  2,  2,  "香蕉" ) ;
    return  true;
|
```

这样就有了两个菜单选项。如果要添加点击事件,则要覆盖 public boolean onOptionsItemSelected(MenuItem item)方法。代码如下:

```
@ Override
public  boolean  onOptionsItemSelected( MenuItem  item )    |
    // TODO  Auto – generated  method  stub
    if( item. getItemId( )  = =  1 )   |
        Toast  t  =  Toast. makeText( this,  "你选的是苹果",  Toast. LENGTH_SHORT) ;
        t. show( ) ;
    |
    else  if( item. getItemId( )  = =  2 )   |
        Toast  t  =  Toast. makeText( this,  "你选的是香蕉",  Toast. LENGTH_SHORT) ;
        t. show( ) ;
    |
    return  true;
|
```

启动模拟器,点击右边的"MENU"键,显示效果如图6-5 所示。

点击下面的"苹果"菜单,显示如图6-6 所示的效果。

6.2.3 上下文菜单制作方法

Android 系统中的 ContextMenu(上下文菜单)类似于 PC 中的右键弹出菜单,当一个视图被注册到一个上下文菜单时,执行一个在该对象上的"长按"动作,将出现一个提供相关功能的浮动菜单。上下文菜单可以被注册到任何视图对象中,不过,最常见的是用于列表视图 ListView 的 item,在选中列表项时,会转换其背景色而提示将呈现上下文菜单。

为了创建一个上下文菜单,你必须重写这个活动的上下文菜单回调函数: onCreateContextMenu( ) 和 onContextItemSelected( )。在回调函数 onCreateContextMenu( ) 里,你可以通过使用一个 add( )方法来添加菜单项,或者通过扩充一个定义在 XML 中的菜单资源,然后通过 registerForContextMenu( )为这个视图注册一个上下文菜单。

注意:上下文菜单不支持图标和快捷键。下面通过一个实例来展示下 ContextMenu 的基本使用方法。代码如下:

(1)MainActivity. java 文件:

```
package  com. example. myandroidtest;
```

图 6-5　选择菜单制作方法

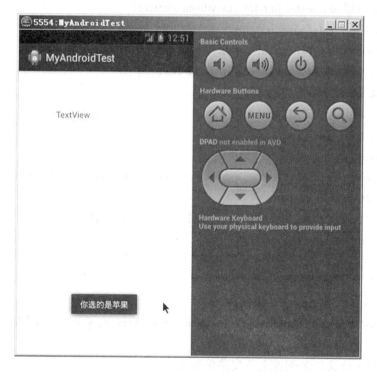

图 6-6　选择菜单显示效果

```java
import android. os. Bundle;
import android. app. Activity;
import android. view. Menu;
import java. util. ArrayList;
import java. util. List;
import android. view. ContextMenu;
import android. view. ContextMenu. ContextMenuInfo;
import android. view. MenuInflater;
import android. view. MenuItem;
import android. view. View;
import android. widget. ArrayAdapter;
import android. widget. ListView;
import android. widget. Toast;
public class MainActivity extends Activity {
    ListView lv;
    private ArrayAdapter < String > adapter;
    private List < String > alist = new ArrayList < String > ();
    @ Override
    protected void onCreate(Bundle savedInstanceState) {
        super. onCreate(savedInstanceState);
        setContentView(R. layout. activity_main);
        lv = (ListView)findViewById(R. id. lv);
        alist. add("测试一");
        alist. add("测试二");
        alist. add("测试三");
        adapter = new
        ArrayAdapter < String > (this,android. R. layout. simple_expandable_list_item_1,alist);
        lv. setAdapter(adapter);
        //注册视图对象,即为 ListView 控件注册上下文菜单
        registerForContextMenu(lv);
    }
    //创建上下文菜单选项
    @ Override
    public void onCreateContextMenu(ContextMenu menu, View v, ContextMenuInfo menuInfo)
    {
        //通过 xml 文件来配置上下文菜单选项
        MenuInflater mInflater = getMenuInflater();
        mInflater. inflate(R. menu. main, menu);
```

```
            super. onCreateContextMenu(menu, v, menuInfo);
    }
    //当菜单某个选项被点击时调用该方法
    @ Override
    public boolean onContextItemSelected(MenuItem item)      {
        switch(item. getItemId())       {
            case R. id. add：
                Toast. makeText(this, "你选择了增加功能", Toast. LENGTH_SHORT). show();
                break；
            case R. id. update：
                Toast. makeText(this, "你选择了更新功能", Toast. LENGTH_SHORT). show();
                break；
            case R. id. delete：
                Toast. makeText(this, "你选择了删除功能", Toast. LENGTH_SHORT). show();
                break；
        }
            return super. onContextItemSelected(item);
    }
        //当上下文菜单关闭时调用该方法
        @ Override
        public void onContextMenuClosed(Menu menu)     {
        // TODO Auto – generated  method  stub
        super. onContextMenuClosed(menu);
    }
}
```

（2）/res/layout/activity_main. xml 文件：

```
< RelativeLayout xmlns：android = " http：//schemas. android. com/apk/res/android"
    xmlns：tools = " http：//schemas. android. com/tools"
    android：layout_width = " match_parent"
    android：layout_height = " match_parent"
    android：paddingBottom = " @ dimen/activity_vertical_margin"
    android：paddingLeft = " @ dimen/activity_horizontal_margin"
    android：paddingRight = " @ dimen/activity_horizontal_margin"
    android：paddingTop = " @ dimen/activity_vertical_margin"
    tools：context = " . MainActivity"   >
< TextView
    android：layout_width = " fill_parent"
    android：layout_height = " wrap_content"
```

android:text = "测试上下文菜单使用效果!"/ >
< ListView

　　android:id = "@ + id/lv"

　　android:layout_width = "fill_parent"

　　android:layout_height = "wrap_content"/ >

</RelativeLayout >

　　(3)/res/menu/main. xml 文件:

< menu xmlns:android = "http://schemas. android. com/apk/res/android"　 >

　 xmlns:android = "http://schemas. android. com/apk/res/android" >

　 < item android:id = "@ + id/add"　 android:title = "增加"/ >

　 < item android:id = "@ + id/update"　 android:title = "更新"/ >

　 < item android:id = "@ + id/delete"　 android:title = "删除"/ >

</ menu >

　　(4)运行结果:

　　点击图 6-7 中的"测试三",显示如图 6-8 所示的菜单。

图 6-7　上下文菜单制作方法

　　点击"增加"菜单,显示如图 6-9 所示的结果。

6.2.4　子菜单制作方法

　　制作 SubMenu(子菜单)的方法也同样简单,首先要在文件开始包含子菜单功能包,
如下所示:

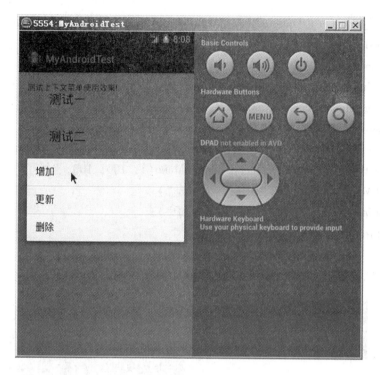

图 6-8　显示上下文菜单

图 6-9　点击上下文菜单效果

import android. view. SubMenu；

然后在代码 onCreateOptionsMenu(Menu menu) 方法中加入相应代码, 如下所示:

```
@ Override
public boolean onCreateOptionsMenu( Menu menu)  {
    // Inflate the menu; this adds items to the action bar if it is present.
    // getMenuInflater(). inflate( R. menu. main, menu); // 系统默认菜单
    menu. add(0, 1, 1, "苹果");
    menu. add(0, 2, 2, "香蕉");
    SubMenu subMenu = menu. addSubMenu(1, 100, 100, "桃子");
    subMenu. add(2, 101, 101, "大桃子");
    subMenu. add(2, 102, 102, "小桃子");
    return true;
}
```

点击模拟器右边的"MENU"菜单键, 出现如图 6-10 所示的界面。

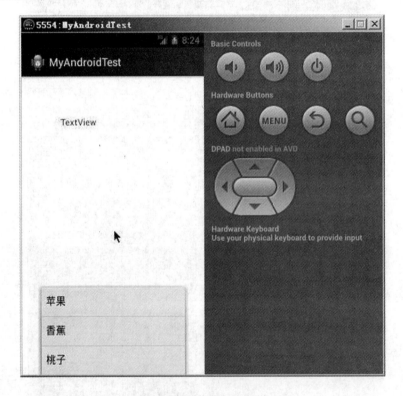

图 6-10　子菜单制作方法

点击"桃子"后就会出现子菜单, 有两个子选项, 分别是"大桃子"和"小桃子", 如图 6-11 所示。

6.2.5　系统自动创建默认菜单

在创建新工程时, 系统会自动创建一个默认菜单项, 代码如下:

图 6-11　子菜单显示效果

package com. example. myandroidtest;

import android. os. Bundle;

import android. app. Activity;

import android. view. Menu;

public class MainActivity extends Activity {

  @ Override

  protected void onCreate(Bundle savedInstanceState) {

    super. onCreate(savedInstanceState);

    setContentView(R. layout. activity_main);

  }

  @ Override

  public boolean onCreateOptionsMenu(Menu menu) {

    // Inflate the menu; this adds items to the action bar if it is present.

    getMenuInflater( ). inflate(R. menu. main, menu); // 本行代码系统调用默认菜单。

    return true;

  }

}

    在目录下/res/menu/main. xml 文件如下:

< menu　xmlns:android = " http://schemas. android. com/apk/res/android"　>

```
<item
    android:id = "@ + id/action_settings"
    android:orderInCategory = "100"
    android:showAsAction = "never"
    android:title = "@ string/action_settings" / >
</menu >
```

菜单显示效果如图 6-12 所示。

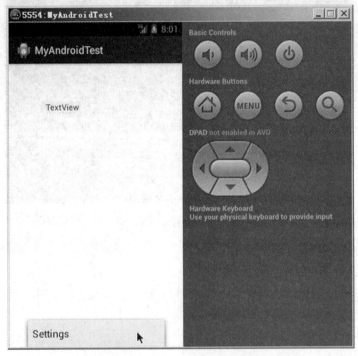

图 6-12　创建系统默认菜单

如果不想使用默认菜单,可注释掉或删除"getMenuInflater( ). inflate(R. menu. main, menu) ;"语句。如果对 XML 文件稍加修改,也可以实现快速创建自定义菜单。修改/res/menu/目录下的 main. xml 的文件。

(1)原文件如下:

```
< menu  xmlns:android = "http://schemas. android. com/apk/res/android"  >
    < item
        android:id = "@ + id/action_settings"
        android:orderInCategory = "100"
        android:showAsAction = "never"
        android:title = "@ string/action_settings" / >
</menu >
```

(2)修改后的文件如下:

```
< menu  xmlns:android = "http://schemas. android. com/apk/res/android"  >
    < item  android:id = "@ + id/add"  android:title = "增加"/ >
    < item  android:id = "@ + id/update"  android:title = "更新"/ >
    < item  android:id = "@ + id/delete"  android:title = "删除"/ >
    < item  android:id = "@ + id/choice"  android:title = "选择"/ >
</menu >
```

（3）启动模拟器,点击右边的"MENU"键,显示效果如图 6-13 所示。

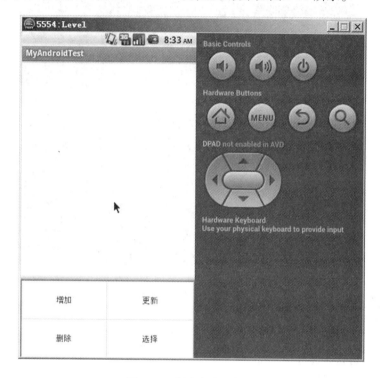

图 6-13　创建自定义菜单

6.3　对话框类

对话框通常是一个显示在当前活动前面的小窗口,用来显示消息或让用户输入数据等。对话框有很多种类,Android API 支持下面四种对话框对象类型:①警告对话框 AlertDialog;②进度对话框 ProgressDialog;③日期选择对话框 DatePickerDialog;④时间选择对话框 TimePickerDialog。

下面列举几种常用的对话框的制作方法与效果及主要代码。在软件测试前,首先建立一个只有一个按钮的空工程,然后点击按钮,显示测试结果,读者只需要拖一个按钮控件到当前工程即可,以下的测试均是建立在此基础上。

6.3.1 消息对话框

消息对话框如图 6-14 所示,自定义消息对话框非常方便,其主要代码如下:

图 6-14 消息对话框

```
package com. example. myandroidtest;
import android. os. Bundle;
import android. app. Activity;
import android. view. Menu;
import android. app. AlertDialog;
import android. app. AlertDialog. Builder;
import android. content. DialogInterface;
import android. widget. Button;
import android. view. View;
public class MainActivity extends Activity {
    private Button mButton1;
    // 自定义消息对话框
    public void MessageBox1(String title, String MyMessage) {
        Builder builder = new AlertDialog. Builder(MainActivity. this);
        builder. setTitle(title);
        builder. setIcon(android. R. drawable. ic_dialog_info);
```

```
        builder. setMessage( MyMessage) ;
        builder. setPositiveButton("确定", new DialogInterface. OnClickListener( ) {
            @ Override
            public void onClick( DialogInterface dialog, int which)  {

            }
        } ) ;
        //builder. setNegativeButton("取消", null ) ;
        builder. show( ) ;
    }
    @ Override
    protected void onCreate( Bundle savedInstanceState )  {
        super. onCreate( savedInstanceState) ;
        setContentView( R. layout. activity_main) ;
        mButton1  = ( Button) findViewById( R. id. button1 ) ;
        mButton1. setOnClickListener( new Button. OnClickListener( ) {
            @ Override
            public void onClick( View v)  {
                // 测试消息对话框调用示例代码
                MessageBox1("提示","这是自定义消息对话框!") ;
            }
        } ) ;
    }
    @ Override
    public boolean onCreateOptionsMenu( Menu menu)  {
        // Inflate the menu; this adds items to the action bar if it is present.
        getMenuInflater( ). inflate( R. menu. main, menu) ; // 本行代码为系统调用默认菜单。
        return true ;
    }
}
```

6.3.2 图片对话框

图片对话框如图 6-15 所示。

主要代码如下:

```
package com. example. myandroidtest;
import android. os. Bundle ;
import android. app. Activity ;
import android. view. Menu ;
import android. app. AlertDialog ;
```

图 6-15　图片对话框

```java
import android. widget. Button;
import android. view. View;
import android. widget. ImageView;
public class MainActivity extends Activity  {
    private Button mButton1;
    @ Override
    protected void onCreate( Bundle savedInstanceState)  {
        super. onCreate( savedInstanceState);
        setContentView( R. layout. activity_main);
        mButton1  = ( Button) findViewById( R. id. button1);
        mButton1. setOnClickListener( new Button. OnClickListener( )  {
          @ Override
          public void onClick( View v)  {
              //测试显示图片对话框代码
              ImageView img  = new ImageView( MainActivity. this);
              img. setImageResource( R. drawable. ic_launcher);
              new AlertDialog. Builder( MainActivity. this)
              . setTitle( "图片框")
              . setView( img)
```

```
                .setPositiveButton("确定", null)
                .show();
            }
        });
    }
    @Override
    public boolean onCreateOptionsMenu(Menu menu) {
        // Inflate the menu; this adds items to the action bar if it is present.
        getMenuInflater().inflate(R.menu.main, menu); //本行代码系统调用默认菜单。
        return true;
    }
}
```

6.3.3 确定与取消对话框

确定与取消对话框如图 6-16 所示。

图 6-16 确定与取消对话框

主要代码如下：

```
package com.example.myandroidtest;
import android.os.Bundle;
import android.app.Activity;
import android.view.Menu;
```

```java
import android. app. AlertDialog;
import android. content. DialogInterface;
import android. widget. Button;
import android. view. View;
public class MainActivity extends Activity  {
    private Button mButton1;
    @ Override
    protected void onCreate( Bundle savedInstanceState)   {
        super. onCreate( savedInstanceState);
        setContentView( R. layout. activity_main);
        mButton1  = ( Button)  findViewById( R. id. button1);
        mButton1. setOnClickListener( new  Button. OnClickListener( )   {
            @ Override
            public void onClick( View  v)    {
                AlertDialog. Builder builder  =  new  AlertDialog. Builder( MainActivity. this);
                builder. setIcon( R. drawable. ic_launcher);
                builder. setTitle( "你确定要离开吗?");
                builder. setPositiveButton( "确定",  new  DialogInterface. OnClickListener( )   {
                    public void onClick( DialogInterface dialog,  int whichButton)   {
                        //这里添加点击"确定"后的逻辑

                    }
                });
                builder. setNegativeButton( "取消",  new  DialogInterface. OnClickListener( )   {
                    public void onClick( DialogInterface dialog,  int  whichButton)   {
                        //这里添加点击"取消"后的逻辑

                    }
                });
                builder. create( ). show( );

            }
        });

    }
    @ Override
    public boolean onCreateOptionsMenu( Menu  menu)    {
        // Inflate the menu;  this adds items to the action bar if it is present.
        getMenuInflater( ). inflate( R. menu. main,  menu);  //  本行代码为系统调用默认菜单。
        return  true;

    }

}
```

6.3.4 单选对话框

单选对话框如图 6-17 所示。

图 6-17 单选对话框

主要代码如下:

```
package com. example. myandroidtest;
import android. os. Bundle;
import android. app. Activity;
import android. view. Menu;
import android. widget. Button;
import android. view. View;
import android. app. AlertDialog;
import android. content. DialogInterface;
public class MainActivity extends Activity {
    private Button mButton1;
    int mSingleChoiceID = -1;
    final String[] mItems = {"item1","itme2","item3"};
    @Override
    protected void onCreate(Bundle savedInstanceState) {
        super. onCreate(savedInstanceState);
```

```
        setContentView( R. layout. activity_main ) ;
        mButton1  = ( Button )  findViewById ( R. id. button1 ) ;
        mButton1. setOnClickListener( new  Button. OnClickListener( )    {
            @ Override
            public void onClick( View  v)    {
                    AlertDialog. Builder builder  =  new  AlertDialog. Builder(MainActivity. this);
                    mSingleChoiceID  =  - 1 ;
                    builder. setIcon( R. drawable. ic_launcher ) ;
                        builder. setTitle( "单项选择" ) ;
                        builder. setSingleChoiceItems( mItems,  0,  new
DialogInterface. OnClickListener( )   {
                            public void onClick( DialogInterface dialog,  int  whichButton)    {
                                    mSingleChoiceID  =  whichButton;
                                        //showDialog( "你选择的 id 为"  +  whichButton  +
"  ,  "  + mItems[ whichButton ] ) ;
                                }
                        } ) ;
                    builder. setPositiveButton( "确定",  new  DialogInterface. OnClickListener( )   {
                        public void onClick( DialogInterface dialog,  int  whichButton)    {
                            if( mSingleChoiceID  >  0 )   {
                            // showDialog( "你选择的是"  +  mSingleChoiceID ) ;
                                }
                            }
                    } ) ;
                    builder. setNegativeButton( "取消",  new  DialogInterface. OnClickListener( )   {
                        public void onClick( DialogInterface  dialog,  int  whichButton)    {
                            }
                    } ) ;
                builder. create( ). show( ) ;
            }
        } ) ;
    }
@ Override
public boolean onCreateOptionsMenu( Menu  menu)    {
    // Inflate  the  menu; this adds items  to  the  action bar  if  it  is  present.
    getMenuInflater( ). inflate( R. menu. main,  menu) ; //  本行代码为系统调用默认菜单。
    return  true;
}
```

）

6.3.5 复选对话框

复选对话框如图 6-18 所示。

图 6-18　复选对话框

主要代码如下：

```
package  com. example. myandroidtest;
import  android. os. Bundle;
import  android. app. Activity;
import  android. view. Menu;
import  android. widget. Button;
import  android. view. View;
import  android. app. AlertDialog;
import  android. content. DialogInterface;
import  java. util. ArrayList;
public class MainActivity extends Activity   {
   private  Button  mButton1;
   ArrayList  < Integer > MultiChoiceID  =  new  ArrayList  < Integer > ( );
   final  String[ ]  mItems  =  {"item1","itme2","item3"};
   @ Override
```

```java
protected void onCreate(Bundle savedInstanceState) {
    super.onCreate(savedInstanceState);
    setContentView(R.layout.activity_main);
    mButton1 = (Button) findViewById(R.id.button1);
    mButton1.setOnClickListener(new Button.OnClickListener() {
        @Override
        public void onClick(View v) {
            AlertDialog.Builder builder = new AlertDialog.Builder(MainActivity.this);
            MultiChoiceID.clear();
            builder.setIcon(R.drawable.ic_launcher);
                builder.setTitle("多项选择");
                builder.setMultiChoiceItems(mItems,
                        new boolean[]{false, false, false},
                        new DialogInterface.OnMultiChoiceClickListener() {
                            public void onClick(DialogInterface dialog, int whichButton,
                                boolean isChecked) {
                                if(isChecked) {
                                    MultiChoiceID.add(whichButton);
                                    //showDialog("你选择的 id 为" + whichButton
+ " , " + mItems[whichButton]);
                                } else {
                                    MultiChoiceID.remove(whichButton);
                                }

                            }
                });
            builder.setPositiveButton("确定", new DialogInterface.OnClickListener() {
                public void onClick(DialogInterface dialog, int whichButton) {
                    String str = "";
                    int size = MultiChoiceID.size();
                    for (int i = 0 ;i < size; i++) {
                    str += mItems[MultiChoiceID.get(i)] + ", ";
                    }
                    //showDialog("你选择的是" + str);
                }
            });
            builder.setNegativeButton("取消", new DialogInterface.OnClickListener() {
                public void onClick(DialogInterface dialog, int whichButton) {
```

```
                        }
                });
                builder. create( ). show( );
            }
        });
    }
    @ Override
    public  boolean  onCreateOptionsMenu( Menu  menu)  {
        // Inflate  the  menu; this  adds  items  to  the  action  bar  if  it  is  present.
        getMenuInflater( ). inflate( R. menu. main,  menu);  //本行代码系统调用默认菜单。
        return  true;
    }
}
```

6.3.6 列表选择框

列表选择框如图 6-19 所示。

图 6-19   列表选择框

主要代码如下：

```
package  com. example. myandroidtest;
import  android. os. Bundle;
```

```java
import android. app. Activity;
import android. view. Menu;
import android. app. AlertDialog;
import android. content. DialogInterface;
import android. widget. Button;
import android. view. View;
public class MainActivity extends Activity  {
    private Button mButton1;
    final String[ ] mItems = {"item0","item1","itme2","item3","itme4","item5",
"item6"};
    @ Override
    protected void onCreate(Bundle savedInstanceState)  {
      super. onCreate(savedInstanceState);
      setContentView(R. layout. activity_main);
      mButton1 = (Button) findViewById(R. id. button1);
      mButton1. setOnClickListener(new Button. OnClickListener()  {
        @ Override
        public void onClick(View v)  {
            AlertDialog. Builder builder = new AlertDialog. Builder(MainActivity. this);
            builder. setTitle("列表选择框");
            builder. setItems(mItems, new DialogInterface. OnClickListener()  {
              public void onClick(DialogInterface dialog, int which)  {
                //点击后弹出窗口显示选择了第几项
                //showDialog("你选择的 id 为" + which + ", " + mItems
[which]);
                  }
            });
            builder. create(). show();
          }
      });
    }
  @ Override
  public boolean onCreateOptionsMenu(Menu menu)  {
      // Inflate the menu; this adds items to the action bar if it is present.
      getMenuInflater(). inflate(R. menu. main, menu); // 本行代码为系统调用默认菜单。
      return true;
    }
  }
}
```

6.3.7　下拉选择框

下拉选择框如图 6-20 所示。

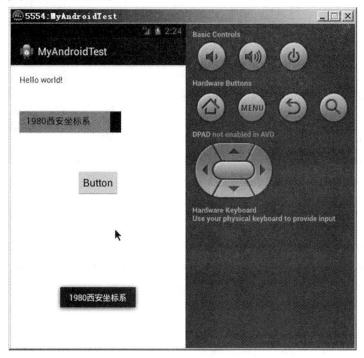

图 6-20　下拉选择框

在使用下拉选择框之前,先添加 Spinner 控件,摆放好位置后,添加如下代码:

```
package com. example. myandroidtest;

import android. os. Bundle;

import android. app. Activity;

import android. graphics. Color;

import android. view. Menu;

import android. view. View;

import android. widget. AdapterView;

import android. widget. ArrayAdapter;

import android. widget. Button;

import android. widget. Spinner;

import android. widget. Toast;

public class MainActivity extends Activity {

    //定义对话框变量

    private Button mButton1;

    private Spinner spinner_system_1 = null;
```

```java
    private  ArrayAdapter < String >  adapter_system_1;
    private  int  _SystemInt = 1;
    private  static  final  String[ ]  ArraySystem  =  {"1954 北京坐标系", "1980 西安坐标
系", "2000 国家大地坐标系"};
    @ Override
    protected  void  onCreate( Bundle  savedInstanceState)  {
        super. onCreate( savedInstanceState) ;
        setContentView( R. layout. activity_main) ;
        // 坐标系统
        spinner_system_1 =  ( Spinner)  findViewById( R. id. spinner1) ;
        adapter_system_1 =  new  ArrayAdapter  < String >  ( MainActivity. this,
android. R. layout. simple_spinner_item,  ArraySystem) ;
        spinner_system_1. setAdapter( adapter_system_1) ;
        spinner_system_1. setSelection( _SystemInt,  true) ;
        spinner_system_1. setBackgroundColor( Color. GREEN) ;
        spinner_system_1. setOnItemSelectedListener( new  Spinner. OnItemSelectedListener()  {
            public  void  onItemSelected( AdapterView < ?  >  arg0,  View  arg1,  int  arg2,
long  arg3)
            {
                //设置显示当前选择的项
                _SystemInt = arg2; //  第三个为默认选项
                arg0. setVisibility( View. VISIBLE) ;
            }
            public  void  onNothingSelected( AdapterView < ?  >  arg0)  {
                // TODO  Auto – generated  method  stub
            }
        });
        //监听按钮消息
        mButton1  = ( Button)  findViewById( R. id. button1) ;
        mButton1. setOnClickListener( new  Button. OnClickListener()  {
            @ Override
            public  void  onClick( View  v)  {
                // 坐标系统
                String  system = adapter_system_1. getItem( _SystemInt) ;
                if( system. equals( "1954 北京坐标系") )
                {
                    Toast. makeText ( getApplicationContext ( ),  "1954  北京坐标系",
Toast. LENGTH_SHORT). show( ) ;
```

```java
                }
                if(system. equals("1980 西安坐标系"))
                {
                        Toast. makeText (getApplicationContext ( ), " 1980 西安坐标系",
Toast. LENGTH_SHORT). show( );
                }
                if(system. equals("2000 国家大地坐标系"))
                {
                        Toast. makeText (getApplicationContext ( ), " 2000 国家大地坐标系",
Toast. LENGTH_SHORT). show( );
                }
            }
        });
    }
    @ Override
    public boolean onCreateOptionsMenu(Menu menu) {
        // Inflate the menu; this adds items to the action bar if it is present.
        getMenuInflater( ). inflate(R. menu. main, menu);
        return true;
    }
}
```

布局文件 activity_main. xml 如下：

```xml
<RelativeLayout xmlns:android = "http://schemas. android. com/apk/res/android"
    xmlns:tools = "http://schemas. android. com/tools"
    android:layout_width = "match_parent"
    android:layout_height = "match_parent"
    android:paddingBottom = "@ dimen/activity_vertical_margin"
    android:paddingLeft = "@ dimen/activity_horizontal_margin"
    android:paddingRight = "@ dimen/activity_horizontal_margin"
    android:paddingTop = "@ dimen/activity_vertical_margin"
    tools:context = ". MainActivity" >
    <TextView
        android:id = "@ + id/textView1"
        android:layout_width = "wrap_content"
        android:layout_height = "wrap_content"
        android:text = "@ string/hello_world" />
    <Button
        android:id = "@ + id/button1"
```

```
    android:layout_width = "wrap_content"
    android:layout_height = "wrap_content"
    android:layout_below = "@ + id/textView1"
    android:layout_centerHorizontal = "true"
    android:layout_marginTop = "149dp"
    android:text = "Button" / >
< Spinner
    android:id = "@ + id/spinner1"
    android:layout_width = "wrap_content"
    android:layout_height = "wrap_content"
    android:layout_alignLeft = "@ + id/textView1"
    android:layout_below = "@ + id/textView1"
    android:layout_marginTop = "46dp" / >
</RelativeLayout >
```

6.3.8 输入数据对话框

在使用输入数据对话框时,稍许有点麻烦。在调用前,需要新建一个 Activity,方法是点击本工程的 res/layout 文件夹,点击右键,选择 New→other →XML 文件夹,添加一个新的 xml 文件,取名为 myfiledialog1. xml。创建完毕,打开该 xml 文件,点击 Graphical Layout 页面,并放置一个编辑框,方法是点击控件 Text Fields 中的编辑控件,在第一个框的位置,中间有字母"abc"标志字样,到此对话框设置完毕。另外,值得注意的是,需要重新设置模拟器环境,测试成功安卓版本为 Android 2.2 版,编写调用代码,如下所示:

(1)MainActivity. java 文件:

```
package com. example. myandroidtest;
import android. os. Bundle;
import android. app. Activity;
import android. app. AlertDialog;
import android. app. AlertDialog. Builder;
import android. content. DialogInterface;
import android. view. LayoutInflater;
import android. view. Menu;
import android. view. View;
import android. widget. Button;
import android. widget. EditText;
import android. widget. Toast;
public class MainActivity extends Activity {
    //定义对话框变量
    private Button mButton1;
```

```
private EditText mEditText;
@ Override
protected void onCreate(Bundle savedInstanceState)    {
    super. onCreate(savedInstanceState);
    setContentView(R. layout. activity_main);
    //监听按钮消息
    mButton1  = (Button) findViewById(R. id. button1);
    mButton1. setOnClickListener(new Button. OnClickListener()    {
        @ Override
        public void onClick(View v)    {
                Builder builder  =  new AlertDialog. Builder(MainActivity. this);
                builder. setTitle("请输入您的名称");
                builder. setIcon(android. R. drawable. ic_dialog_info);
                LayoutInflater factory  =  LayoutInflater. from(MainActivity. this);
                final View myfiledialog1  = factory. inflate(R. layout. myfiledialog1, null);
                builder. setView(myfiledialog1);
                builder. setPositiveButton("确定", new DialogInterface. OnClickListener()
                {
                    @ Override
                    public void onClick(DialogInterface dialog, int which)
                    {
                        // 输入数据
                        mEditText  =  (EditText)
myfiledialog1. findViewById(R. id. myValues);
                        String buff = mEditText. getText(). toString();
                        if(! buff. equals(""))// 名称不为空 ,有效。
                        {
                                    Toast. makeText (getApplicationContext (), buff,
Toast. LENGTH_SHORT). show();
                        }
                    }
                });
                builder. setNegativeButton("取消", null);
                builder. show();
        }
    });
}
@ Override
```

```java
public boolean onCreateOptionsMenu( Menu menu ) {
    // Inflate the menu; this adds items to the action bar if it is present.
    getMenuInflater( ). inflate( R. menu. main, menu );
    return true;
}
}
```

（2）activity_main. xml 文件：

/res/layout/activity_main. xml(布局) 文件内容如下：

```xml
< RelativeLayout xmlns:android = " http://schemas. android. com/apk/res/android"
  xmlns:tools = " http://schemas. android. com/tools"
  android:layout_width = " match_parent"
  android:layout_height = " match_parent"
  android:paddingBottom = " @ dimen/activity_vertical_margin"
  android:paddingLeft = " @ dimen/activity_horizontal_margin"
  android:paddingRight = " @ dimen/activity_horizontal_margin"
  android:paddingTop = " @ dimen/activity_vertical_margin"
  tools:context = " . MainActivity"  >
    < TextView
        android:id = " @ + id/textView1"
        android:layout_width = " wrap_content"
        android:layout_height = " wrap_content"
        android:text = " @ string/hello_world"  / >
    < Button
        android:id = " @ + id/button1"
        android:layout_width = " wrap_content"
        android:layout_height = " wrap_content"
        android:layout_below = " @ + id/textView1"
        android:layout_centerHorizontal = " true"
        android:layout_marginTop = " 149dp"
        android:text = " Button"  / >
</RelativeLayout >
```

（3）myfiledialog1. xml 文件：

/res/layout/myfiledialog1. xml(输入框布局) 文件内容如下：

```xml
< ? xml version = " 1. 0"  encoding = " utf - 8" ? >
< AbsoluteLayout
android:id = " @ + id/widget0"
android:layout_width = " fill_parent"
android:layout_height = " fill_parent"
```

xmlns:android = http://schemas. android. com/apk/res/android   >

 < EditText android:layout_x = " 2dp"

  android:layout_y = "0dp"

  android:layout_width = " match_parent"

  android:layout_height = " wrap_content"

  android:id = " @ + id/myValues" >

 </EditText >

</AbsoluteLayout >

 启动模拟器,点击中间的"Button"按钮,显示如图 6-21 所示的画面。

图 6-21　输入数据对话框

 输入字符串名称,点击"确定",显示输入结果,如图 6-22 所示。

6.3.9　调查投票对话框

 调查投票对话框如图 6-23 所示。

 主要代码如下:

```
package  com. example. myandroidtest;
import  android. os. Bundle;
import  android. app. Activity;
import  android. view. Menu;
import  android. app. AlertDialog;
```

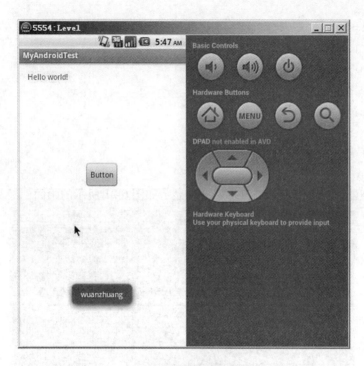

图 6-22　显示输入结果

图 6-23　调查投票对话框

import android. content. DialogInterface;

import android. widget. Button;

```java
import android. view. View;
public class MainActivity extends Activity {
    private Button mButton1;
    @ Override
    protected void onCreate(Bundle savedInstanceState) {
        super. onCreate(savedInstanceState);
        setContentView(R. layout. activity_main);
        mButton1 = (Button) findViewById(R. id. button1);
        mButton1. setOnClickListener(new Button. OnClickListener() {
            @ Override
            public void onClick(View v) {
                AlertDialog. Builder builder = new AlertDialog. Builder(MainActivity. this);
                builder. setIcon(R. drawable. ic_launcher);
                builder. setTitle("投票");
                builder. setMessage("您最喜欢谁?");
                builder. setPositiveButton("李文香", new DialogInterface. OnClickListener() {
                    public void onClick(DialogInterface dialog, int whichButton) {
                    }
                });
                builder. setNeutralButton("赵永兰", new DialogInterface. OnClickListener() {
                    public void onClick(DialogInterface dialog, int whichButton) {
                    }
                });
                builder. setNegativeButton("武安状", new DialogInterface. OnClickListener() {
                    public void onClick(DialogInterface dialog, int whichButton) {
                    }
                });
                builder. create(). show();
            }
        });
    }
    @ Override
    public boolean onCreateOptionsMenu(Menu menu) {
        // Inflate the menu; this adds items to the action bar if it is present.
        getMenuInflater(). inflate(R. menu. main, menu); // 本行代码为系统调用默认菜单。
        return true;
    }
}
```

6.3.10 显示进度条方法

使用输入进度条时,在调用前,需要首先在 Activity 上添加一个进度条控件,方法是打开 activity_main. xml 文件,点击 Graphical Layout 页面,选择 Form Widgets 中的 ProgressBar (Horizontal 长条形)进度条控件即可。具体示例代码如下:

(1)MainActivity. java 文件:

```
package com. example. myandroidtest;
import android. os. Bundle;
import android. app. Activity;
import android. view. Menu;
import android. view. View;
import android. widget. Button;
import android. app. ProgressDialog;
import android. content. DialogInterface;
import android. widget. Toast;
public class MainActivity extends Activity {
    //定义对话框变量
    private Button mButton1;
    private ProgressDialog progressDialog;
    @ Override
    protected void onCreate(Bundle savedInstanceState) {
        super. onCreate(savedInstanceState);
        setContentView(R. layout. activity_main);
        //监听按钮消息
        mButton1 = (Button) findViewById(R. id. button1);
        mButton1. setOnClickListener(new Button. OnClickListener() {
          @ Override
          public void onClick(View v) {
            progressDialog = new ProgressDialog(MainActivity. this);
            progressDialog. setTitle("标题");
            progressDialog. setIcon(R. drawable. ic_launcher);
            progressDialog. setIndeterminate(false);// false 代表根据程序进度确定显示进度
            progressDialog. setProgressStyle(ProgressDialog. STYLE_HORIZONTAL);// 设
置进度条的形状为水平
            /*设置进度条的图片,这个设置对
            //setProgressStyle(ProgressDialog. STYLE_HORIZONTAL)才有效,在该应用
中看不出有效! */
```

```java
progressDialog.setMessage("测试进度条");
progressDialog.setButton("取消", new DialogInterface.OnClickListener() {
@Override
public void onClick(DialogInterface dialog, int which) {
    Toast.makeText(MainActivity.this, "您取消了操作", Toast.LENGTH_LONG).show();
        progressDialog.dismiss();
    }
});
progressDialog.show();
//启动线程,测试结果
new Thread() {
    public void run() {
        int value = 0; int MAX = 100;
        while(value < MAX) {
            try {
                Thread.sleep(100); value++;
                progressDialog.incrementProgressBy(1); //步长为1
                progressDialog.setProgress(value); //更新显示
            } catch (InterruptedException e) {
                //TODO Auto-generated catch block
                e.printStackTrace();
            } finally {
                //progressDialog.dismiss();
            }
        }
    }
}.start();
    }
});
}
@Override
public boolean onCreateOptionsMenu(Menu menu) {
    // Inflate the menu; this adds items to the action bar if it is present.
    getMenuInflater().inflate(R.menu.main, menu);
    return true;
}
}
```

（2）activity_main. xml 文件：

/res/layout/activity_main. xml(布局)文件内容如下：

```
< RelativeLayout  xmlns:android = "http://schemas. android. com/apk/res/android"
    xmlns:tools = "http://schemas. android. com/tools"
    android:layout_width = "match_parent"
    android:layout_height = "match_parent"
    android:paddingBottom = "@ dimen/activity_vertical_margin"
    android:paddingLeft = "@ dimen/activity_horizontal_margin"
    android:paddingRight = "@ dimen/activity_horizontal_margin"
    android:paddingTop = "@ dimen/activity_vertical_margin"
    tools:context = ". MainActivity"   >
    < TextView
        android:id = "@ + id/textView1"
        android:layout_width = "wrap_content"
        android:layout_height = "wrap_content"
        android:text = "@ string/hello_world"  / >
    < Button
        android:id = "@ + id/button1"
        android:layout_width = "wrap_content"
        android:layout_height = "wrap_content"
        android:layout_below = "@ + id/textView1"
        android:layout_centerHorizontal = "true"
        android:layout_marginTop = "149dp"
        android:text = "Button"  / >
    < ProgressBar
        android:id = "@ + id/progressBar1"
        style = "? android:attr/progressBarStyleHorizontal"
        android:layout_width = "wrap_content"
        android:layout_height = "wrap_content"
        android:layout_alignLeft = "@ + id/button1"
        android:layout_below = "@ + id/textView1"
        android:layout_marginTop = "53dp"  / >
</RelativeLayout >
```

启动模拟器，点击中间的按钮，显示如图 6-24 所示的进度条，系统自动开始测试，到 100% 为止。

如果中间要取消，则停止更新进度条数值，并显示如图 6-25 所示结果。

图 6-24　显示进度条

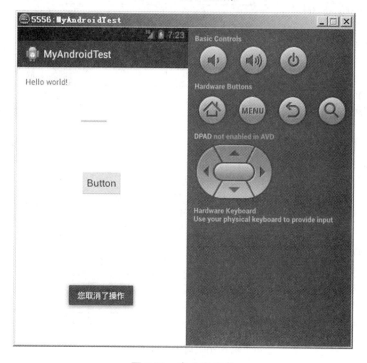

图 6-25　中止进度条

6.4 绘图类

6.4.1 如何自定义绘图类

绘图是测绘软件必备的功能,绘图类(视图类)是绘图工具中必不可少的类,目前有两种方式可进行绘图。使用自定义的视图类能很方便地绘出所需的图,或者直接从XML文件来读入,不需要在 Activity 类里添加代码,以实现主程序与视图类分离,便于多人分工协作。因此,要学绘图,首先要会创建自定义类。具体方法如下:

(1)打开一个工程,用鼠标左键选中该工程,再点击鼠标右键,选择 New→Class,先输入包名 package,如 com. wuaz. myview,然后输入自定义的类名称,如 MyView,如图 6-26 所示。

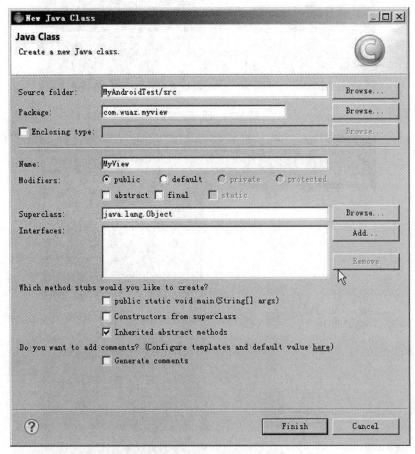

图 6-26　自定义绘图类

点击"Finish"后,系统会创建自定义视图类框架,并自动打开文件,显示如下:

package com. wuaz. myview;

public class MyView {

（2）让该类继承 View 类，也就是在 MyView 后面添几个字母：extends View，然后添加一个构造函数（必备），否则会在编译时出错，再写一个简单的方法，如 onDrow 方法，并添加绘图语句，即可完成创建自定义视图类的工作。

（3）在自定义类中，如果要增加具体的绘图命令，还需要添加相应的安卓包，否则会提示出错。请看如下示例，功能为绘一直线，代码如下：

```
// 自定义绘图类
package com. wuaz. myview;
import android. content. Context;
import android. graphics. Canvas;
import android. graphics. Paint;
import android. util. AttributeSet;
import android. view. View;
public class MyView extends View
{
    public MyView(Context context, AttributeSet attrs) {
            super(context, attrs);
    }
    protected void onDraw(Canvas canvas)
    {
        Paint paint = new Paint();
        canvas. drawLine(10,10,20,20,paint);  // 画直线
    }
}
```

6.4.2　自定义绘图类示例

下面我们来看一个 Android 绘图示例，该程序运行效果如图 6-27 所示。

该例为用自定义视图类绘图，实现方法是首先在本工程中添加一个自定义视图类 MyView，在视图类中添加绘图代码，然后在 activity_main. xml 中调用即可。调用方法：自定义视图类的包名 + ". " + 类名。添加自定义视图类后的界面如图 6-28 所示。

具体代码如下：

（1）MainActivity. java 文件内容如下：

```
package com. example. myandroidtest;
import android. os. Bundle;
import android. app. Activity;
import android. view. Menu;
public class MainActivity extends Activity {
    @ Override
```

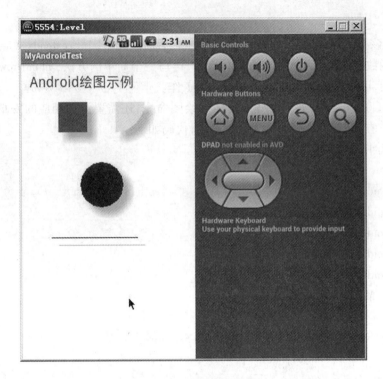

图 6-27　安卓绘图示例

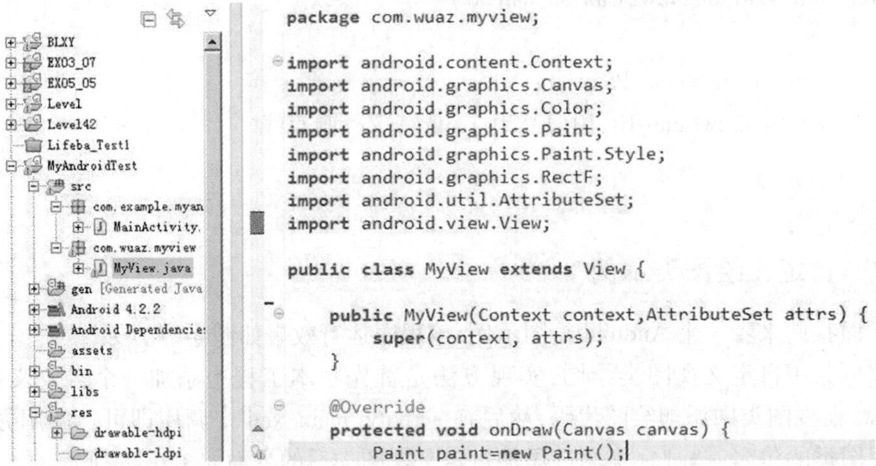

```java
package com.wuaz.myview;

import android.content.Context;
import android.graphics.Canvas;
import android.graphics.Color;
import android.graphics.Paint;
import android.graphics.Paint.Style;
import android.graphics.RectF;
import android.util.AttributeSet;
import android.view.View;

public class MyView extends View {

    public MyView(Context context,AttributeSet attrs) {
        super(context, attrs);
    }

    @Override
    protected void onDraw(Canvas canvas) {
        Paint paint=new Paint();
```

图 6-28　添加自定义视图类

```
protected void onCreate(Bundle savedInstanceState)    {
    super. onCreate(savedInstanceState);
    setContentView(R. layout. activity_main);
}
@ Override
public boolean onCreateOptionsMenu(Menu menu)    {
```

```
        // Inflate the menu; this adds items to the action bar if it is present.
        getMenuInflater( ). inflate( R. menu. main,  menu);
        return  true;
    }
}
```

（2）/res/layout/activity_main. xml(布局)文件内容如下：

```
< RelativeLayout  xmlns:android = "http://schemas. android. com/apk/res/android"
    xmlns:tools = "http://schemas. android. com/tools"
    android:layout_width = "match_parent"
    android:layout_height = "match_parent"
    android:paddingBottom = "@ dimen/activity_vertical_margin"
    android:paddingLeft = "@ dimen/activity_horizontal_margin"
    android:paddingRight = "@ dimen/activity_horizontal_margin"
    android:paddingTop = "@ dimen/activity_vertical_margin"
    tools:context = ". MainActivity"   >
    < TextView
        android:layout_width = "fill_parent"
        android:layout_height = "wrap_content"
        android:textSize = "25dp"
        android:text = "Android 绘图示例" />
    < com. wuaz. myview. MyView
        android:id = "@ + id/myView"
        android:layout_width = "wrap_content"
        android:layout_height = "wrap_content" />
</RelativeLayout >
```

（3）/src/com. wuaz. myview/MyView. java 自定义类文件内容如下：

```
package  com. wuaz. myview;
import  android. content. Context;
import  android. graphics. Canvas;
import  android. graphics. Color;
import  android. graphics. Paint;
import  android. graphics. Paint. Style;
import  android. graphics. RectF;
import  android. util. AttributeSet;
import  android. view. View;
public  class  MyView extends  View   {
    public  MyView( Context  context, AttributeSet  attrs)   {
        super( context,  attrs);
```

```
        }
    @ Override
    protected void onDraw(Canvas canvas)    {
        Paint paint = new Paint();
        paint. setColor(Color. RED);
        // 显示阴影效果
        paint. setShadowLayer(5,10, 10, Color. rgb(180, 180, 180));
        // 绘制矩形
        canvas. drawRect(40,40, 80, 80, paint);
        //绘制弧
        paint. setColor(Color. YELLOW);
        RectF rectf = new RectF(80, 0, 160, 80);
        canvas. drawArc(rectf,0, 90, true,paint);
        //绘制圆形
        paint. setColor(Color. BLUE);
        canvas. drawCircle(100,150, 30, paint);
        //绘制一条线
        paint. setColor(Color. BLACK);
        paint. setStyle(Style. FILL);
        canvas. drawLine(30,220, 150, 220, paint);
        super. onDraw(canvas);
    }
}
```

另外,需要指出的是,本示例使用 Android 2.2 调试成功。

6.4.3　如何绘制几何图形

在主程序 Activity 中继承自 Android. view. View 的 MyView 类,重写 MyView 的 onDraw()方法,一开始就会运行绘制的工作。在 onDraw()中以 Paint 将几何图形绘制在 Canvas 上,以 paint. setColor()改变图形的颜色,以 paint. setStyle()的设置来控制画出的图形是空心还是实心,程序的最后一段,就是直接在 Canvas 写上文字,随着 Paint 对象里的属性设置不同,也会有不同的效果,如图 6-29 所示。

源代码如下:

```
package com. example. myandroidtest;
import android. os. Bundle;
import android. app. Activity;
import android. view. Menu;
import android. content. Context;
import android. graphics. Canvas;
```

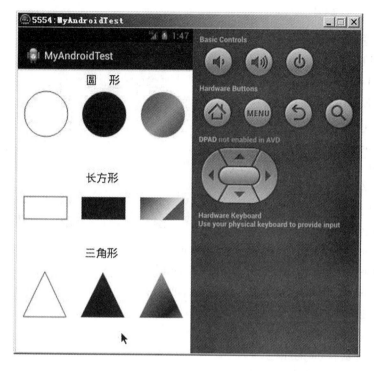

图 6-29　绘制几何图形

```
import  android. graphics. Color;
import  android. graphics. LinearGradient;
import  android. graphics. Paint;
import  android. graphics. Path;
import  android. graphics. Shader;
import  android. view. View;
public  class  MainActivity  extends  Activity   {
    @ Override
    protected  void  onCreate( Bundle  savedInstanceState)  {
        super. onCreate( savedInstanceState) ;
        setContentView( R. layout. activity_main) ;
        / *  设置 ContentView 为自定义的 MyView  * /
        MyView  myView  =  new  MyView( this) ;
        setContentView( myView) ;
    }
    / *  自定义继承 View 的 MyView  * /
    private  class  MyView  extends  View   {
    public  MyView( Context  context)   {
        super( context) ;
```

```java
    }
    /* 重写 onDraw() */
    @Override
    protected void onDraw(Canvas canvas) {
        super.onDraw(canvas);
        /* 设置背景为白色 */
        canvas.drawColor(Color.WHITE);
        Paint paint = new Paint();
        /* 写字 */
        paint.setTextSize(15);
        //paint.setColor(Color.BLACK);
        canvas.drawText("圆形",95,20,paint);
        canvas.drawText("长方形",95,150,paint);
        canvas.drawText("三角形",95,250,paint);
        /* 去锯齿 */
        paint.setAntiAlias(true);
        /* 设置 paint 的颜色 */
        paint.setColor(Color.RED);
        /* 设置 paint 的 style 为 STROKE:空心的 */
        paint.setStyle(Paint.Style.STROKE);
        /* 设置 paint 的外框宽度 */
        paint.setStrokeWidth(1);
        /* 画一个空心圆形 */
        canvas.drawCircle(40,60,30, paint);
        /* 画一个空心长方形 */
        canvas.drawRect(10,170,70,200,paint);
        /* 画一个空心三角形 */
        Path path = new Path();
        path.moveTo(10,330);
        path.lineTo(70,330);
        path.lineTo(40,270);
        path.close();
        canvas.drawPath(path, paint);
        /* 设置 paint 的 style 为 FILL:实心 */
        paint.setStyle(Paint.Style.FILL);
        /* 设置 paint 的颜色 */
        paint.setColor(Color.BLUE);
        /* 画一个实心圆形 */
```

```
canvas. drawCircle(120, 60, 30, paint);
/ *  画一个实心长方形 * /
canvas. drawRect(90,170,150,200,paint);
/ *  画一个实心三角形 * /
Path path2 = new Path();
path2. moveTo(90,330);
path2. lineTo(150,330);
path2. lineTo(120,270);
path2. close();
canvas. drawPath(path2, paint);
/ *  设置渐变色 * /
Shader mShader = new LinearGradient(0, 0,100,100,
    new int[] {Color. RED, Color. GREEN,Color. BLUE,Color. YELLOW},
    null, Shader. TileMode. REPEAT);
paint. setShader(mShader);
/ *  画一个渐变色的圆形 * /
canvas. drawCircle(200,60, 30, paint);
/ *画一个渐变色的长方形 * /
canvas. drawRect(170,170,230,200,paint);
/ *画一个渐变色的三角形 * /
Path path4 = new Path();
path4. moveTo(170,330);
path4. lineTo(230,330);
path4. lineTo(200,270);
path4. close();
canvas. drawPath(path4, paint);
    }
}
@ Override
public boolean onCreateOptionsMenu(Menu menu)   {
    // Inflate the menu; this adds items to the action bar if it is present.
    getMenuInflater(). inflate(R. menu. main, menu);
    return true;
    }
}
```

6.4.4 显示图像技术

在显示图像前,需要先做一些准备工作。首先复制一张图像文件并粘贴到本工程的/

res/drawable – hdi/目录下，然后打开 activity _ main. xml 文件，拖拉一个图像控件
ImageView 到右边窗口内，如图 6-30 所示。

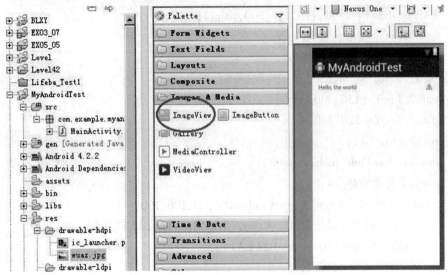

图 6-30　显示图像技术

此时，系统会出现如图 6-31 所示的对话框。

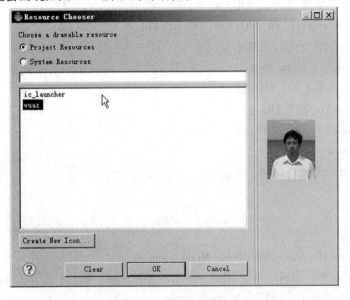

图 6-31　选择图像对话框

选中你要加载的图像，点击下面的"OK"键即可。然后再添加两个按钮控件到本工程
中来，并修改按钮名称为"向左旋转"和"向右旋转"，如图 6-32 所示。

到此为止，准备工作已完成，下面开始添加具体的代码，如下所示：

（1）MainActivity. java 文件内容如下：

package com. example. myandroidtest;

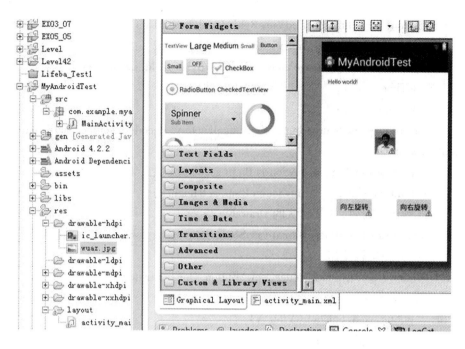

图 6-32 添加图像后

import android. os. Bundle；

import android. app. Activity；

import android. view. Menu；

import android. graphics. Bitmap；

import android. graphics. BitmapFactory；

import android. graphics. Matrix；

import android. graphics. drawable. BitmapDrawable；

import android. view. View；

import android. widget. Button；

import android. widget. ImageView；

public class MainActivity extends Activity {

    private Button mButton1；

    private Button mButton2；

    //private TextView mTextView1；

    private ImageView mImageView1；

    private int ScaleTimes；

    private int ScaleAngle；

    @ Override

    protected void onCreate(Bundle savedInstanceState) {

        super. onCreate(savedInstanceState)；

      setContentView(R. layout. activity_main)；

```
    mButton1  = (Button) findViewById(R. id. button1);
    mButton2  = (Button) findViewById(R. id. button2);
    mImageView1 = (ImageView) findViewById(R. id. imageView1);
    ScaleTimes = 1;
    ScaleAngle = 1;
    final Bitmap mySourceBmp = BitmapFactory. decodeResource (getResources(),
R. drawable. wuaz);
    final int widthOrig = mySourceBmp. getWidth();
    final int heightOrig = mySourceBmp. getHeight();
    /* 程序运行时,加载默认的 Drawable */
    mImageView1. setImageBitmap(mySourceBmp);
    /* 向左旋转按钮 */
    mButton1. setOnClickListener( new Button. OnClickListener()  {
      @ Override
      public void onClick(View v)  {
        ScaleAngle - - ;
        if(ScaleAngle < - 5)
        {
          ScaleAngle = -5;
        }
        /* ScaleTimes = 1,维持 1:1 的宽高比例 */
        int newWidth = widthOrig * ScaleTimes;
        int newHeight = heightOrig * ScaleTimes;
        float scaleWidth = ((float) newWidth) / widthOrig;
        float scaleHeight = ((float) newHeight) / heightOrig;
        Matrix matrix = new Matrix();
        /* 使用 Matrix. postScale 设置维度 */
        matrix. postScale(scaleWidth, scaleHeight);
        /* 使用 Matrix. postRotate 方法旋转 Bitmap */
        matrix. setRotate(5 * ScaleAngle);
        /* 创建新的 Bitmap 对象 */
        Bitmap resizedBitmap = Bitmap. createBitmap (mySourceBmp, 0, 0,
widthOrig, heightOrig, matrix, true);
        BitmapDrawable     myNewBitmapDrawable     =     new     BitmapDrawable
(resizedBitmap);
        mImageView1. setImageDrawable(myNewBitmapDrawable);
      }
    });
```

```
/* 向右旋转按钮 */
mButton2. setOnClickListener( new Button. OnClickListener( )    {
    @ Override
    public void onClick( View v)    {
    ScaleAngle + + ;
    if( ScaleAngle >5 )
    {
        ScaleAngle = 5;
    }
    /*  ScaleTimes =1,维持 1:1的宽高比例  */
    int newWidth = widthOrig * ScaleTimes;
    int newHeight = heightOrig * ScaleTimes;
    /*  计算旋转的 Matrix 比例  */
    float scaleWidth = ( ( float) newWidth) / widthOrig;
    float scaleHeight = ( ( float) newHeight) / heightOrig;
    Matrix matrix = new Matrix( );
    /*  使用 Matrix. postScale 设置维度  */
    matrix. postScale( scaleWidth, scaleHeight) ;
    /*  使用 Matrix. postRotate 方法旋转 Bitmap  */
    matrix. setRotate( 5 * ScaleAngle) ;
    /*  创建新的 Bitmap 对象  */
    Bitmap resizedBitmap = Bitmap. createBitmap ( mySourceBmp, 0, 0,
widthOrig, heightOrig, matrix, true) ;
    BitmapDrawable myNewBitmapDrawable = new BitmapDrawable
( resizedBitmap) ;
    mImageView1. setImageDrawable( myNewBitmapDrawable) ;
    }
    } ) ;
}
@ Override
public boolean onCreateOptionsMenu( Menu menu)    {
    // Inflate the menu; this adds items to the action bar if it is present.
    getMenuInflater( ). inflate( R. menu. main, menu) ;
    return true;
}
}
```

（2）/res/layout/activity_main. xml(布局) 文件内容如下：

< RelativeLayout xmlns:android = " http://schemas. android. com/apk/res/android"

```xml
    xmlns:tools = "http://schemas.android.com/tools"
    android:layout_width = "match_parent"
    android:layout_height = "match_parent"
    android:paddingBottom = "@dimen/activity_vertical_margin"
    android:paddingLeft = "@dimen/activity_horizontal_margin"
    android:paddingRight = "@dimen/activity_horizontal_margin"
    android:paddingTop = "@dimen/activity_vertical_margin"
    tools:context = ".MainActivity" >
    <TextView
        android:id = "@+id/textView1"
        android:layout_width = "wrap_content"
        android:layout_height = "wrap_content"
        android:text = "@string/hello_world" />
    <ImageView
        android:id = "@+id/imageView1"
        android:layout_width = "wrap_content"
        android:layout_height = "wrap_content"
        android:layout_below = "@+id/textView1"
        android:layout_centerHorizontal = "true"
        android:layout_marginTop = "106dp"
        android:src = "@drawable/wuaz" />
    <Button
        android:id = "@+id/button1"
        android:layout_width = "wrap_content"
        android:layout_height = "wrap_content"
        android:layout_alignLeft = "@+id/textView1"
        android:layout_alignParentBottom = "true"
        android:layout_marginBottom = "91dp"
        android:layout_marginLeft = "19dp"
        android:text = "向左旋转" />
    <Button
        android:id = "@+id/button2"
        android:layout_width = "wrap_content"
        android:layout_height = "wrap_content"
        android:layout_alignTop = "@+id/button1"
        android:layout_toRightOf = "@+id/imageView1"
        android:text = "向右旋转" />
</RelativeLayout>
```

启动模拟器,Android 4.2版调试没有成功,后来改成 Android 2.2版才成功显示,如图6-33所示。

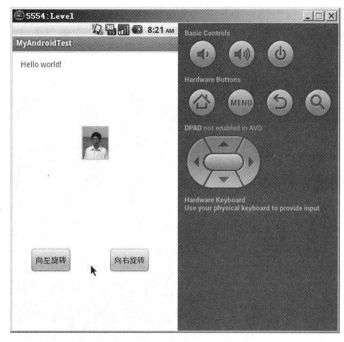

图 6-33　显示图像结果

点击"向左旋转"按钮,图片开始旋转,显示如图6-34所示效果。

图 6-34　旋转图像结果

6.4.5　如何注记字符串

在实际开发软件过程中都离不开在屏幕上显示字符串,比如注记点名、高程等,那么怎么样才能达到目的呢? 下面用一个例子简单介绍一下绘制字符串的具体方法,如图6-35所示。

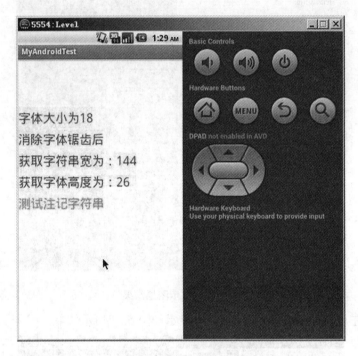

图 6-35　注记字符串

具体实现代码如下:

```
package com. example. myandroidtest;
import android. os. Bundle;
import android. app. Activity;
import android. view. Menu;
import android. content. Context;
import android. graphics. Canvas;
import android. graphics. Color;
import android. graphics. Paint;
import android. graphics. Paint. FontMetrics;
import android. view. Display;
import android. view. View;
public class MainActivity extends Activity {
    public int mScreenWidth = 0;
```

```java
    public int mScreenHeight = 0;
    @Override
    protected void onCreate(Bundle savedInstanceState) {
        //super.onCreate(savedInstanceState);
        //setContentView(R.layout.activity_main);
        setContentView(new FontView(this));
        // 获取屏幕宽高
        Display display = getWindowManager().getDefaultDisplay();
        mScreenWidth = display.getWidth();
        mScreenHeight = display.getHeight();
        super.onCreate(savedInstanceState);
    }
class FontView extends View {
        public final static String STR_WIDTH = "获取字符串宽为:";
        public final static String STR_HEIGHT = "获取字体高度为:";
        Paint mPaint = null;
        public FontView(Context context) {
        super(context);
        mPaint = new Paint();
        }
        @Override
        protected void onDraw(Canvas canvas) {
        //设置字符串颜色
        mPaint.setColor(Color.WHITE);
        canvas.drawText("当前屏幕宽" + mScreenWidth, 0, 30, mPaint);
        canvas.drawText("当前屏幕高" + mScreenHeight, 0, 60, mPaint);
        //设置字体大小
        mPaint.setColor(Color.RED);
        mPaint.setTextSize(18);
        canvas.drawText("字体大小为18", 0, 90, mPaint);
        //消除字体锯齿
        mPaint.setFlags(Paint.ANTI_ALIAS_FLAG);
        canvas.drawText("消除字体锯齿后", 0, 120, mPaint);
        //获取字符串宽度
        canvas.drawText(STR_WIDTH + getStringWidth(STR_WIDTH), 0, 150,
mPaint);
        //获取字体高度
        canvas.drawText(STR_HEIGHT + getFontHeight(), 0, 180, mPaint);
```

```
//从 string. xml 读取字符串绘制
mPaint. setColor( Color. GREEN) ;
//canvas. drawText( getResources( ). getString( R. string. string _ font) , 0, 210,
mPaint) ;
canvas. drawText( "测试注记字符串", 0, 210, mPaint) ;
super. onDraw( canvas) ;
    }
// 获取字符串宽:@ param  str, @ return
private  int  getStringWidth( String  str)      {
return  ( int)  mPaint. measureText( STR_WIDTH) ;
    }
// 获取字体高度
private  int  getFontHeight( )      {
FontMetrics  fm  =  mPaint. getFontMetrics( ) ;
return  ( int) Math. ceil( fm. descent  -  fm. top)  +  2;
    }
}
@ Override
public  boolean  onCreateOptionsMenu( Menu  menu)      {
    // Inflate the menu; this adds items to the action bar if it is present.
    getMenuInflater( ). inflate( R. menu. main,  menu) ;
    return  true;
    }
}
```

需要说明的是,本示例适用版本为 Android 2.2,另外,注记字符串是事先在程序中设置好的。如果想从文件中读入字符串,就必须先把字符串文件设置好。方法是打开 res/values/strings. xml 文件,添加字符串信息,如下所示:

```
< ? xml  version = "1. 0"  encoding = "utf - 8"? >
< resources >
        < string  name = "app_name" > MyAndroidTest < /string >
        < string  name = "action_settings" > Settings < /string >
        < string  name = "hello_world" > Hello  world! < /string >
        < string  name = " string_font" > 从文件中读入字符串 < /string >
< /resources >
```

调用方式如下:

```
canvas. drawText( getResources( ). getString( R. string. string_font) , 0, 210,  mPaint) ;
```

显示结果如图 6-36 所示。

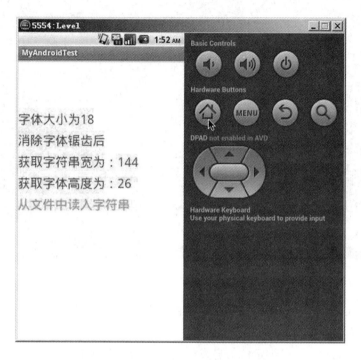

图 6-36　从文件中读入并注记字符串

6.5　GPS 定位类

6.5.1　GPS 定位简介

　　GPS 是英文 Global Positioning System(全球定位系统)的简称。GPS 起始于 1958 年美国军方的一个项目,1964 年投入使用。20 世纪 70 年代,美国陆海空三军联合研制了新一代卫星定位系统 GPS。利用 GPS 定位卫星,在全球范围内实时进行定位、导航的系统,即称为全球定位系统。它可以为地球表面的绝大部分地区(98%)提供准确的定位、测速和高精度的时间标准。该系统包括太空中的 24 颗 GPS 卫星,地面上的 1 个主控站、3 个数据注入站和 5 个监测站及作为用户端的 GPS 接收机。GPS 广泛应用于军事、物流、地理、移动通信、航空等领域,具有非常强大的功能。

　　利用 GPS 获得的图像如图 6-37 所示。

6.5.2　GPS 常用类库介绍

　　在 Android 的位置服务中,关于地理定位系统的 API 全部位于 android. location 包内,其中包括以下几个重要的功能类:

　　(1)LocationManager:本类提供访问定位服务的功能,也提供获取最佳定位提供者的功能。另外,临近警报功能也可以借助该类来实现。

图 6-37　GPS 图像

（2）LocationProvider：该类是定位提供者的抽象类。定位提供者具备周期性报告设备地理位置的功能。

（3）LocationListener：提供定位信息发生改变时的回调功能。必须事先在定位管理器中注册监听器对象。

（4）Criteria：该类使应用能够通过在 LocationProvider 中设置的属性来选择合适的定位提供者。

（5）Geocoder：用于处理地理编码和反向地理编码的类。地理编码是指将地址或其他描述转变为经度和纬度，反向地理编码则是将经度和纬度转变为地址或描述语言。

（6）Location：位置信息，通过 Location 可以获取时间、经纬度、海拔等位置信息。

（7）GpsStatus. Listener：GPS 状态监听，包括 GPS 启动、停止、第一次定位、卫星变化等事件。

（8）GpsStatus：GPS 状态信息，在卫星状态变化时，我们就用到了 GpsStatus。

（9）GpsSatellite：定位卫星，包含卫星的方位、高度、伪随机噪声码、信噪比等信息。

6.5.3　GPS 定位方法步骤

（1）要利用 Android 平台的 GPS 设备，首先需要在 AndroidManifest. xml 文件中添加使用权限，否则无法定位。需要添加如下权限：

< uses－permission　android:name = "android. permission. ACCESS_FINE_LOCATION"/ >

< uses－permission　android:name = "android. permission. ACCESS_COARSE_LOCATION"/ >

（2）判断 GPS 模块是否存在或者是否开启：

```
private  void  openGPSSettings( )   {
    LocationManager  alm  =  （LocationManager）
this                        . getSystemService( Context. LOCATION_SERVICE) ;
```

```
        if ( alm
                . isProviderEnabled( android. location. LocationManager. GPS_PROVIDER))  {
            Toast. makeText( this,  " GPS 模块正常",  Toast. LENGTH_SHORT)
                . show( ) ;
            return;
        }
    Toast. makeText( this,  "请开启 GPS!" ,  Toast. LENGTH_SHORT). show( ) ;
    Intent intent  =  new Intent( Settings. ACTION_SECURITY_SETTINGS) ;
    startActivityForResult( intent ,0) ; //此为设置完成后返回到获取界面
}
```

（3）如果开启正常,则会直接进入到显示页面;如果开启不正常,则会进入到 GPS 设置页面:

```
private void getLocation( )  {
    // 获取位置管理服务
    LocationManager locationManager;
    String serviceName  =  Context. LOCATION_SERVICE;
    locationManager  =  ( LocationManager)  this. getSystemService( serviceName) ;
    // 查找到服务信息
    Criteria criteria  =  new Criteria( ) ;
    criteria. setAccuracy( Criteria. ACCURACY_FINE) ; // 高精度
    criteria. setAltitudeRequired( false) ;
    criteria. setBearingRequired( false) ;
    criteria. setCostAllowed( true) ;
    criteria. setPowerRequirement( Criteria. POWER_LOW) ; // 低功耗
    String provider  =  locationManager. getBestProvider( criteria,  true) ; // 获取 GPS 信息
    Location location  =  locationManager. getLastKnownLocation( provider) ; // 通过 GPS 获取位置
    updateToNewLocation( location) ;
    // 设置监听器,自动更新的最小时间为间隔 N 秒(1 秒为 1 * 1000,这样写主要为了方便)或最小位移变化超过 N 米
    locationManager. requestLocationUpdates  ( provider,  100  *  1000,  500, locationListener) ;
}
```

（4）获取到地理位置信息,在屏幕上显示结果:

```
private void updateToNewLocation( Location location)  {
    TextView tv1 ;
    tv1  =  ( TextView) this. findViewById( R. id. tv1) ;
    if ( location ! = null)  {
```

```
        double   latitude  =  location. getLatitude( ) ;
        double  longitude =  location. getLongitude( ) ;
        tv1. setText("纬度:"  +   latitude +  "\n 经度"  +  longitude) ;
    }
    else  {
        tv1. setText("无法获取地理信息") ;
    }
}
```

6. 5. 4   GPS 定位开发示例

第一步:新建一个 Android 工程项目,命名为 MyAndroidTest,目录结构如图 6-38 所示。

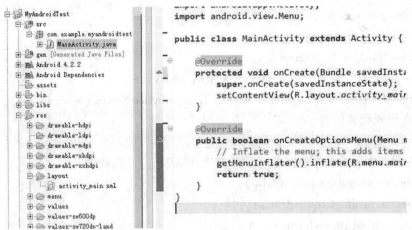

图 6-38   GPS 定位开发示例

第二步:修改 activity_main. xml 布局文件,并删除当前系统自带的 TextView 控件,避免相互干扰。修改后的文件如下:

```
< RelativeLayout  xmlns:android = "http://schemas. android. com/apk/res/android"
    xmlns:tools = "http://schemas. android. com/tools"
    android:layout_width = "match_parent"
    android:layout_height = "match_parent"
    android:paddingBottom = "@dimen/activity_vertical_margin"
    android:paddingLeft = "@dimen/activity_horizontal_margin"
    android:paddingRight = "@dimen/activity_horizontal_margin"
    android:paddingTop = "@dimen/activity_vertical_margin"
    tools:context = ". MainActivity"   >
    < EditText  android:layout_width = "fill_parent"
    android:layout_height = "wrap_content"
```

android:cursorVisible = "false"

android:editable = "false"

android:id = "@ + id/editText"/>

</RelativeLayout>

第三步:使用 Android 平台的 GPS 设备功能,需要在 AndroidManifest. xml 文件最后一行</manifest >之前添加上如下相应权限,才能正常工作,如下所示:

< uses – permission android:name = "android. permission. ACCESS_FINE_LOCATION"/ >

< uses – permission android:name = "android. permission. ACCESS_COARSE_LOCATION"/ >

第四步:修改 MainActivity. java 文件内容,文件源代码如下:

```java
package com. example. myandroidtest;
import android. os. Bundle;
import android. app. Activity;
import android. view. Menu;
import java. util. Iterator;
import android. content. Context;
import android. content. Intent;
import android. location. Criteria;
import android. location. GpsSatellite;
import android. location. GpsStatus;
import android. location. Location;
import android. location. LocationListener;
import android. location. LocationManager;
import android. location. LocationProvider;
import android. provider. Settings;
import android. util. Log;
import android. widget. EditText;
import android. widget. Toast;
public class MainActivity extends Activity    {
    private EditText editText;
    private LocationManager lm;
    private static final String TAG = "GpsActivity";  @ Override
    protected void onDestroy()    {
        // TODO Auto – generated method stub
        super. onDestroy();
        lm. removeUpdates(locationListener);
    }
    @ Override
    protected void onCreate(Bundle savedInstanceState)        {
```

```
        super. onCreate( savedInstanceState) ;
        setContentView( R. layout. activity_main) ;
        editText = ( EditText) findViewById( R. id. editText) ;
        lm = ( LocationManager) getSystemService( Context. LOCATION_SERVICE) ;
        //判断 GPS 是否正常启动
        if( ! lm. isProviderEnabled( LocationManager. GPS_PROVIDER) )  {
        Toast. makeText( this, "请开启 GPS 导航..." , Toast. LENGTH_SHORT). show( ) ;
        //返回开启 GPS 导航设置界面
        Intent intent = new Intent( Settings. ACTION_LOCATION_SOURCE_SETTINGS) ;
        startActivityForResult( intent ,0) ;
        return ;
        }
        //为获取地理位置信息设置查询条件
        String bestProvider = lm. getBestProvider( getCriteria( ) , true) ;
        //获取位置信息,如果不设置查询要求,getLastKnownLocation 方法传入的参数为
LocationManager. GPS_PROVIDER
        Location location = lm. getLastKnownLocation( bestProvider) ;
        updateView( location) ;
        //监听状态
        lm. addGpsStatusListener( listener) ;
        //绑定监听,有 4 个参数
        //参数 1,设备:有 GPS_PROVIDER 和 NETWORK_PROVIDER 两种
        //参数 2,位置信息更新周期,单位为毫秒
        //参数 3,位置变化最小距离:当位置变化超过此值时,将更新位置信息
        //参数 4,监听
        //备注:参数 2 和参数 3,如果参数 3 不为 0,则以参数 3 为准;参数 3 为 0,则通
过时间来定时更新;两者均为 0,则随时刷新
        // 1 秒更新一次,或最小位移变化超过 1 米更新一次;
        //注意:此处更新准确度非常低,推荐在 service 里面启动一个 Thread,在 run 中
sleep( 10000) ;然后执行 handler. sendMessage( ),更新位置
        lm. requestLocationUpdates ( LocationManager. GPS _ PROVIDER, 1000, 1,
locationListener) ;
    }
    //位置监听
    private LocationListener locationListener = new LocationListener( )  {
        // 位置信息变化时触发
        public void onLocationChanged( Location location)  {
            updateView( location) ;
```
· 186 ·

```
        Log.i(TAG, "时间:" + location.getTime());
        Log.i(TAG, "经度:" + location.getLongitude());
        Log.i(TAG, "纬度:" + location.getLatitude());
        Log.i(TAG, "海拔:" + location.getAltitude());
    }
    //GPS 状态变化时触发
    public void onStatusChanged(String provider, int status, Bundle extras) {
        switch (status) {
        //GPS 状态为可见时
        case LocationProvider.AVAILABLE:
            Log.i(TAG, "当前 GPS 状态为可见状态");
            break;
        //GPS 状态为服务区外时
        case LocationProvider.OUT_OF_SERVICE:
            Log.i(TAG, "当前 GPS 状态为服务区外状态");
            break;
        //GPS 状态为暂停服务时
        case LocationProvider.TEMPORARILY_UNAVAILABLE:
            Log.i(TAG, "当前 GPS 状态为暂停服务状态");
            break;
        }
    }
    //GPS 开启时触发
    public void onProviderEnabled(String provider) {
        Location location = lm.getLastKnownLocation(provider);
        updateView(location);
    }
    //GPS 禁用时触发
    public void onProviderDisabled(String provider) {
            updateView(null);
    }
};
//状态监听
GpsStatus.Listener listener = new GpsStatus.Listener() {
    public void onGpsStatusChanged(int event) {
        switch (event) {
            //第一次定位
            case GpsStatus.GPS_EVENT_FIRST_FIX:
```

```java
            Log. i(TAG, "第一次定位");
        break;
        //卫星状态改变
        case GpsStatus. GPS_EVENT_SATELLITE_STATUS:
            Log. i(TAG, "卫星状态改变");
        //获取当前状态
        GpsStatus gpsStatus = lm. getGpsStatus(null);
        //获取卫星颗数的默认最大值
        int maxSatellites = gpsStatus. getMaxSatellites();
        //创建一个迭代器保存所有卫星
        Iterator < GpsSatellite > iters = gpsStatus. getSatellites(). iterator();
        int count = 0;
        while (iters. hasNext() && count < = maxSatellites) {
            GpsSatellite s = iters. next();
            count + +;
        }
        System. out. println("搜索到:" + count + "颗卫星");
        break;
        //定位启动
        case GpsStatus. GPS_EVENT_STARTED:
            Log. i(TAG, "定位启动");
        break;
        //定位结束
        case GpsStatus. GPS_EVENT_STOPPED:
            Log. i(TAG, "定位结束");
        break;
        }
    }
};
//实时更新文本内容:@ param location
private void updateView(Location location) {
    if(location! = null)
    {
        editText. setText("设备位置信息\n\n 经度:");
        editText. append(String. valueOf(location. getLongitude()));
        editText. append("\n 纬度:");
        editText. append(String. valueOf(location. getLatitude()));
    }
```

```java
        else
        {
            //清空 EditText 对象
            editText.getEditableText().clear();
        }
    };
    //返回查询条件:@ return
    private Criteria getCriteria()    {
        Criteria criteria = new Criteria();
        //设 置 定 位 精 确 度  Criteria. ACCURACY _ COARSE 比 较 粗 略, Criteria.
ACCURACY_FINE 则比较精细
        criteria.setAccuracy(Criteria.ACCURACY_FINE);
        //设置是否要求速度
        criteria.setSpeedRequired(false);
        // 设置是否允许运营商收费
        criteria.setCostAllowed(false);
        //设置是否需要方位信息
        criteria.setBearingRequired(false);
        //设置是否需要海拔信息
        criteria.setAltitudeRequired(false);
        // 设置对电源的需求
        criteria.setPowerRequirement(Criteria.POWER_LOW);
        return criteria;
    };
    @ Override
    public boolean onCreateOptionsMenu(Menu menu)   {
        // Inflate the menu; this adds items to the action bar if it is present.
        getMenuInflater().inflate(R.menu.main, menu);
        return true;
    }
}
```

第五步:设置好模拟器各项参数,点击"Run"进行调试,可能不会出现任何结果,然后打开 Window 菜单,选择 Show View→Other,如图 6-39 所示。

显示如图 6-40 所示的对话框。

选择 Android 文件夹下的 Emulator Control 项目,在屏幕最下面出现如图 6-41 所示的对话框,按住最右边的下拉移动滑块一直向下拉,直到看到如图 6-41 所示的画面。

在图 6-41 的方框内输入经纬度,然后点击"Send"键,就可以看到测试结果,如图 6-42 所示。

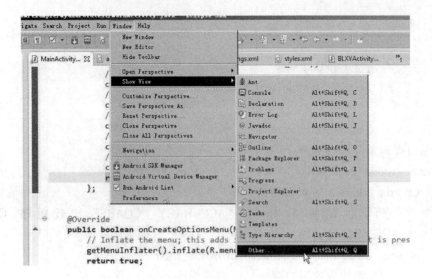

图 6-39　设置模拟器参数菜单

图 6-40　设置模拟器参数对话框

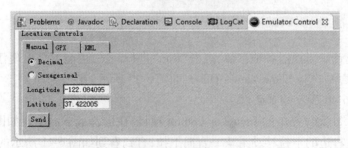

图 6-41　输入经纬度参数

图 6-42　模拟显示 GPS 定位结果

6.6　文件类

文件操作是安卓软件开发常用的功能。在安卓软件开发中,文件操作与 C + + 不同,必须添加相应的权限才能执行,否则就会出错。这是由于 Android 是基于 Linux 平台开发的操作系统。另外,用户常使用 SD 卡来存储与交换数据,因此也应对 SD 卡操作进行了解。

6.6.1　设置文件访问权限

开发安卓软件时,读写文件是基本的功能,读写文件必须在 AndroidManifest. xml 文件中最后一行 </manifest > 之前添加如下权限设置,否则会造成创建或读写文件失败现象,设置文件权限的方法如下:

< uses – permission android:name = "android. permission. MOUNT_UNMOUNT_FILESYSTEMS" / >
< uses – permission android:name = "android. permission. WRITE_EXTERNAL_STORAGE" / >

6.6.2　文件的读取、保存方法

在测量软件开发过程中,可能会使用到文件的读取、保存与复制等功能。在安卓系统下,操作文件非常简单,但要注意的是,必须添加相应的安卓包与使用权限。下面给出三段示例代码,以帮助读者理解,另外也可作为自定义函数模块,复制到你的工程中去,直接使用即可。

1. 文件的读取示例

```java
package com. example. myandroidtest;
import android. os. Bundle;
import android. app. Activity;
import android. view. Menu;
import android. widget. Toast;
import java. io. IOException;
public class MainActivity extends Activity  {
    // 定义变量
    private static String UnitName = " ";  // 单位名称   河南省地质测绘总院
    private static String TeamName = " ";  // 项目名称   矿业权实地核查
    private static String ObserveDate = " ";  // 观测日期   2011 年 12 月 18 日
    @ Override
    protected void onCreate( Bundle savedInstanceState)  {
        super. onCreate( savedInstanceState) ;
        setContentView( R. layout. activity_main) ;
    }
    // 读取设置
    public void ReadTextFile( String Filename)   {
    String buff = " ";
    if( ! Filename. equals( " " ) )
    {
        java. io. BufferedReader bw;
        try  {
        bw = new java. io. BufferedReader( new java. io. FileReader( new java. io. File( Filename) ) ) ;
        buff = bw. readLine( ) ; //bw. read( );
        bw. close( ) ;
        // 读入数据文件
        UnitName = DeleteBehindNameSpace( buff. substring( 0,0 + 30) ) ; // 单位名称
        TeamName = DeleteBehindNameSpace( buff. substring( 30,30 + 30) ) ; // 项目名称
        ObserveDate = DeleteBehindNameSpace( buff. substring( 60,60 + 20) ) ; // 观测日期
        } catch （IOException e) {
            e. printStackTrace( ) ;
        }
    }
    else  {
        MessageBox( "文件名为空,读入失败!" ) ;
```

```
        }
    }
    // 自定义函数,删除名称后面的空格
    private String DeleteBehindNameSpace(String buff)  {
        //String a = "123        ";   MessageBox" * " + DeleteBehindNameSpace(a) + " * ");
        // 为了防止程序出错,先在左边加两个字符,最后再删除
        String c = "@ @ " + buff,f = "",a;   int k = c.length();
        do {  k = k – 1; a = c.substring(k,k + 1);  }
        while( a.equals(" ") );
        f = c.substring(2,k + 1);
        return f;
    }
    // 显示结果对话框
    public void MessageBox(String MyMessage)  {
        Toast.makeText(this, MyMessage, Toast.LENGTH_SHORT).show();
    }
    @ Override
    public boolean onCreateOptionsMenu(Menu menu)  {
        // Inflate the menu; this adds items to the action bar if it is present.
        getMenuInflater().inflate(R.menu.main, menu);
        return true;
    }
}
```

2. 文件的保存示例

```
package com.example.myandroidtest;
import android.os.Bundle;
import android.app.Activity;
import android.view.Menu;
import android.widget.Toast;
import java.io.IOException;
public class MainActivity extends Activity  {
    // 定义变量
    private static String UnitName = "";// 单位名称  河南省地质测绘总院
    private static String TeamName = "";// 项目名称  矿业权实地核查
    private static String ObserveDate = "";// 观测日期  2011 年 12 月 18 日
    @ Override
    protected void onCreate(Bundle savedInstanceState)  {
        super.onCreate(savedInstanceState);
```

```java
        setContentView( R. layout. activity_main) ;
}
// 保存文件
public void SaveTextFile( String Filename)  {
if( ! Filename. equals( "" ) )  {
// 读入设置数据文件
String space = "                                   " ; // = ReadTextFile( filename1) ;
String buff = "" , buffs = "" ;
// 单位名称
buff = UnitName + space ;
UnitName = buff. substring( 0 ,30) ; buffs + = UnitName ;
// 项目名称
buff = TeamName + space ;
TeamName = buff. substring( 0 ,30) ;    buffs + = TeamName ;
// 观测日期
buff = ObserveDate + space ;
ObserveDate = buff. substring( 0 ,20) ;    buffs + = ObserveDate ;
// 保存文件
java. io. BufferedWriter bw ;
try   {
        bw = new java. io. BufferedWriter( new java. io. FileWriter( new java. io. File( Filename) ) ) ;
        bw. write( buffs, 0, buffs. length( ) ) ;
        bw. newLine( ) ;
        bw. close( ) ;
        //MessageBox( "保存成功" ,Filename) ;
        }  catch  ( IOException  e )   {
            e. printStackTrace( ) ;
        }
    }
else
    {
        MessageBox( "文件名为空,无法保存!" ) ;
    }
}
// 显示结果对话框
public void MessageBox( String MyMessage)   {
        Toast. makeText( this,  MyMessage,  Toast. LENGTH_SHORT) . show( ) ;
    }
```

```
@ Override
public boolean onCreateOptionsMenu(Menu menu) {
    // Inflate the menu; this adds items to the action bar if it is present.
    getMenuInflater().inflate(R. menu. main, menu);
    return true;
}
}
```

6.6.3　文件备份方法

在软件开发过程中,可能会使用到备份文件的功能,以下的代码可实现文件复制,要求输入源文件名称和目标文件名称,然后开始自动复制。具体代码如下所示:

```
package com. example. myandroidtest;
import android. os. Bundle;
import android. app. Activity;
import android. view. Menu;
import java. io. File;
import java. io. FileOutputStream;
import java. io. FileInputStream;
public class MainActivity extends Activity {
    @ Override
    protected void onCreate(Bundle savedInstanceState) {
        super. onCreate(savedInstanceState);
        setContentView(R. layout. activity_main);
    }
    // 复制数据文件
    public void CopyFile(String filename1, String filename2) {
        try {
            FileOutputStream outStream;
            outStream = new FileOutputStream(filename2);
            // 源文件
            File file = new File(filename1);
            // 读入源文件
            FileInputStream inStream = new FileInputStream(file);
            // 文件头 4096 字节,每站 120 字节,必须固定空间,否则无效。
            byte[] buffer = new byte[4096 + 500 * 120];
            inStream. read(buffer);
            outStream. write(buffer, 0, buffer. length);
            inStream. close();
```

```
        outStream. flush( );
        outStream. close( );
        outStream = null;
        // 新文件
        outStream = new FileOutputStream(filename2);
        outStream. write(buffer, 0, buffer. length);
        inStream. close( );
        outStream. flush( );
        outStream. close( );
        outStream = null;
    } catch (Exception e) {
        e. printStackTrace( );
    }
}

@ Override
public boolean onCreateOptionsMenu(Menu menu) {
    // Inflate the menu; this adds items to the action bar if it is present.
    getMenuInflater( ). inflate(R. menu. main, menu);
    return true;
}
}
```

6.6.4 查找根目录下文件方法

在安卓软件开发中,如果要查找根目录下的文件,可以使用 Java I/O 的 API 来实现。API 中提供了 java. io. File 对象,再搭配 Android 的 EditText、TextView 等控件就能轻松实现查找。具体方法如下:

(1)为了使用文件功能,读写文件必须在 AndroidManifest. xml 文件中最后一行 </manifest> 之前添加如下权限设置,否则会造成创建或读写文件失败现象,设置文件权限的方法如下:

```
<uses - permission android:name = "android. permission. MOUNT_UNMOUNT_FILESYSTEMS" />

<uses - permission android:name = "android. permission. WRITE_EXTERNAL_STORAGE" />
```

添加权限设置后的 AndroidManifest. xml 源文件如下:

```
<? xml version = "1. 0" encoding = "utf - 8"? >
<manifest xmlns:android = "http://schemas. android. com/apk/res/android"
    package = "com. example. myandroidtest"
    android:versionCode = "1"
    android:versionName = "1. 0"  >
```

```
< uses − sdk
    android:minSdkVersion = "8"
    android:targetSdkVersion = "17"  / >
< application
    android:allowBackup = "true"
    android:icon = "@ drawable/ic_launcher"
    android:label = "@ string/app_name"
    android:theme = "@ style/AppTheme"   >
    < activity
        android:name = "com. example. myandroidtest. MainActivity"
        android:label = "@ string/app_name"   >
        < intent − filter >
            < action  android:name = "android. intent. action. MAIN"  / >
            < category  android:name = "android. intent. category. LAUNCHER"  / >
        < /intent − filter >
    < /activity >
< /application >
< uses − permission
android:name = "android. permission. MOUNT_UNMOUNT_FILESYSTEMS"  / >
< uses − permission  android:name = " android. permission. WRITE _ EXTERNAL _
STORAGE"  / >
< /manifest >
```

（2）新建一个工程，打开 layout 下的 activity_main. xml 文件，切换到 Layout 布局页面，先删除默认的 TextView 控件，再依次添加 EditText、Button、TextView 三个控件，注意:次序不要乱，否则可能会出现莫名其妙的错误。

Layout 布局文件 activity_main. xml 如下:

```
< RelativeLayout  xmlns:android = "http://schemas. android. com/apk/res/android"
    xmlns:tools = "http://schemas. android. com/tools"
    android:layout_width = "match_parent"
    android:layout_height = "match_parent"
    android:paddingBottom = "@ dimen/activity_vertical_margin"
    android:paddingLeft = "@ dimen/activity_horizontal_margin"
    android:paddingRight = "@ dimen/activity_horizontal_margin"
    android:paddingTop = "@ dimen/activity_vertical_margin"
    tools:context = ". MainActivity"   >
    < EditText
        android:id = "@ + id/editText1"
        android:layout_width = "wrap_content"
```

```
            android:layout_height = "wrap_content"
            android:layout_alignParentTop = "true"
            android:layout_centerHorizontal = "true"
            android:layout_marginTop = "60dp"
            android:ems = "10"  / >
        < Button
            android:id = "@ + id/button1"
            android:layout_width = "wrap_content"
            android:layout_height = "wrap_content"
            android:layout_below = "@ + id/editText1"
            android:layout_centerHorizontal = "true"
            android:layout_marginTop = "56dp"
            android:text = "Button"  / >
        < TextView
            android:id = "@ + id/textView1"
            android:layout_width = "wrap_content"
            android:layout_height = "wrap_content"
            android:layout_alignParentBottom = "true"
            android:layout_centerHorizontal = "true"
            android:layout_marginBottom = "100dp"
            android:text = "TextView"  / >
</RelativeLayout >
```

（3）修改 MainActivity. java 文件，添加执行代码，如下所示：

```
package  com. example. myandroidtest;
import  android. os. Bundle;
import  android. app. Activity;
import  android. view. Menu;
import  java. io. File;
import  android. view. View;
import  android. widget. Button;
import  android. widget. EditText;
import  android. widget. TextView;
public class MainActivity extends Activity  {
    /* 声明对象变量 */
    private  Button mButton;
    private  EditText mKeyword;
    private  TextView mResult;
    @ Override
```

```
protected void onCreate(Bundle savedInstanceState)  {
    super. onCreate(savedInstanceState);
    setContentView(R. layout. activity_main);
    /* 初始化对象 */
    mKeyword = (EditText) findViewById(R. id. editText1);
    mButton = (Button) findViewById(R. id. button1);
    mResult = (TextView)  findViewById(R. id. textView1);
    /* 将 mButton 添加 onClickListener */
    mButton. setOnClickListener(new Button. OnClickListener()  {
        public void onClick(View v)   {
            /* 取得输入的关键字 */
            String keyword = mKeyword. getText(). toString();
            if(keyword. equals(""))
            {
                mResult. setText("请勿输入空白的关键字!!");
            }  else  {
                mResult. setText(searchFile(keyword));
            }
        }
    });
}
/* 搜索根目录下文件的 method */
private String searchFile(String keyword)   {
    String result = "";
    File[] files = new File("/"). listFiles();
    for( File f : files )   {
        if(f. getName(). indexOf(keyword) > = 0)
        {
            result + = f. getPath() + "\n";
        }
    }
    if(result. equals(""))  result = "找不到文件!!";
    return result;
}
@ Override
public boolean onCreateOptionsMenu(Menu menu)   {
    // Inflate the menu; this adds items to the action bar if it is present.
    getMenuInflater(). inflate(R. menu. main, menu);
```

```
            return true;
        }
}
```

（4）启动模拟器，编译程序，运行效果如图 6-43 所示。

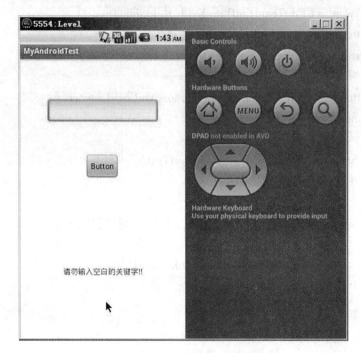

图 6-43　查找根目录下文件

在图 6-43 的框内输入要查找的文件名称，如 level，点击中间的按钮，出现如图 6-44 所示结果。

注：本程序使用 Android 4.2 没有调试成功，调试成功版本为 Android 2.2。

6.6.5　创建文件夹方法

每个应用程序包都会包含一个私有的存储数据的目录，只有属于该包的应用程序才有权限写入该目录，其绝对路径为:/data/data/ < 包名 >/目录。除了私有数据目录，应用程序还能读写 SD 卡。文件系统中其他系统目录，第三方应用程序是不可写的。创建文件夹的方法如下：

```
//创建文件夹
File destDir = new File("/data/data/ < 包名 >/ < 文件夹 >");
if (! destDir.exists()) {
destDir.mkdirs();
}
```

请看如下示例：

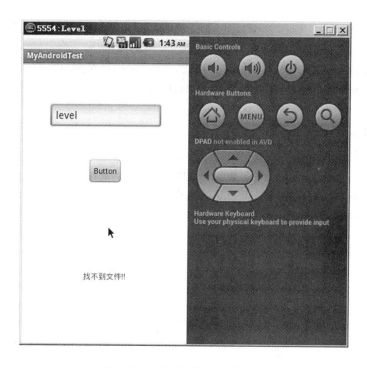

图 6-44 查找根目录下文件结果

```
package com. example. myandroidtest;
import android. os. Bundle;
import android. app. Activity;
import android. view. Menu;
import java. io. BufferedWriter;
import java. io. File;
import java. io. FileWriter;
import java. io. IOException;
import java. text. SimpleDateFormat;
public class MainActivity extends Activity {
    private String FileName = "123. txt";
    private File fileDir;
    private String fileDirPath = " ";
    @ Override
    protected void onCreate( Bundle savedInstanceState) {
        super. onCreate( savedInstanceState);
        setContentView( R. layout. activity_main);
        // 获取内存中文件目录
        fileDir = this. getFilesDir();    //MessageBox(fileDir. toString()); // =data/data/lastview;
```

```java
        fileDirPath = fileDir. getParent( ) + java. io. File. separator + fileDir. getName( );
        // 文件名称
        FileName = fileDirPath + java. io. File. separator + FileName;
        // 显示内存目录,MessageBox(fileDirPath);
    }
public class CreateFiles {
    //创建文件夹及文件
    public void CreateText( ) throws IOException {
        File file = new File(fileDirPath);
        if ( ! file. exists( ) ) {
            try {
                //按照指定的路径创建文件夹
                file. mkdirs( );
            } catch (Exception e) {
                // TODO: handle exception
            }
        }
        File dir = new File(FileName);
        if ( ! dir. exists( ) ) {
            try {
                //在指定的文件夹中创建文件
                dir. createNewFile( );
            } catch (Exception e) {
                // TODO Auto - generated catch block
            }
        }
    }
    //向已创建的文件中写入 String 数据
    public void print(String str) {
        FileWriter fw = null;
        BufferedWriter bw = null;
        String datetime = "";
        try {
            SimpleDateFormat tempDate = new SimpleDateFormat ( " yyyy - MM -
dd" + " " + "hh:mm:ss" );
            datetime = tempDate. format( new java. util. Date( ) ). toString( );
            fw = new FileWriter(FileName, true);
            // 创建 FileWriter 对象,用来写入字符流
```

```
                    bw = new BufferedWriter(fw); // 将缓冲对文件的输出
                    String myreadline = datetime + "[ ]" + str;
                    bw.write(myreadline + "/n"); // 写入文件
                    bw.newLine();
                    bw.flush(); // 刷新该流的缓冲
                    bw.close();
                    fw.close();
                } catch (IOException e) {
                    // TODO Auto-generated catch block
                    e.printStackTrace();
                    try {
                        bw.close();
                        fw.close();
                    } catch (IOException e1) {
                        // TODO Auto-generated catch block
                    }
                }
            }
        }

        @Override
        public boolean onCreateOptionsMenu(Menu menu) {
            // Inflate the menu; this adds items to the action bar if it is present.
            getMenuInflater().inflate(R.menu.main, menu);
            return true;
        }
    }
}
```

6.6.6 SD 卡文件操作技术

如果要想在手机上创建一个文件夹,存储一些文件,并及时与电脑等设备进行数据交换,最方便又可靠的方法就是操作 SD 卡。

1. 判断 SD 卡是否存在的方法

首先应考虑用户有没有安装 SD 卡,如果有就在 SD 卡上创建一个指定的文件夹。如果没有则可在你的工程所在的目录"/data/data/包名"下创建文件夹。判断 SD 卡存在的方法如下:

```
String status = Environment.getExternalStorageState();
if (status.equals(Environment.MEDIA_MOUNTED)) {
    return true;
} else {
```

```
        return  false;
}

    2. 根据是否插入状态指定目录
if （SdcardHelper. isHasSdcard（））｛
    sDir  =  SDCARD_DIR;
｝ else ｛
sDir  =  NOSDCARD_DIR;
｝

    3. 在 SD 卡上创建文件夹的方法
File destDir  =  new File( sDir);
if （! destDir. exists（））｛
    destDir. mkdirs（）;
｝

    4. 获取 SD 卡目录的方法
// 包含包文件
import java. io. File;
// 定义变量
private  File sdcardDir;
private  String sdcardDirPath = " ";
// SD 卡文件目录
sdcardDir  =  Environment. getExternalStorageDirectory（）;
// 判断 SD 卡是否存在
if （Environment. getExternalStorageState（）. equals（Environment. MEDIA_REMOVED））   ｛
    // SD 卡不存在
｝
sdcardDirPath  =  sdcardDir. getParent（）  +  java. io. File. separator  +  sdcardDir. getName（）;
// 显示 SD 卡目录
MessageBox( sdcardDirPath);
```

    5. SD 卡操作权限设置方法
< 往 SD 卡中写入数据的权限设置方法 >
< uses – permission
android：name = " android. permission. WRITE _ EXTERNAL _ STORAGE " > </uses – permission >
< 在 SD 卡中创建/删除文件的权限设置方法 >
< uses – permission
android：name = " android. permission. MOUNT _ UNMOUNT _ FILESYSTEMS " > </uses – permission >

6.7 自定义函数类

本节内容为作者自己开发的自定义函数类,用户可直接复制到工程中使用,也可以按照作者提供的方法来定义函数。因为开发软件用途不一样,也就有不同的需求和市场,本节侧重于测量方面的软件开发,仅供参考。

6.7.1 实数取整方法

```
// 保留 0 位小数,也即取整。
public String Format0(double num)    {
    NumberFormat formatter = new DecimalFormat("###");
    String s = formatter.format(num);
    return s;
}
```

6.7.2 格式化数据方法

```
// 保留 18 位小数
public String Format18(double num)     {
    NumberFormat formatter = new DecimalFormat("0.000000000000000000");
    String s = formatter.format(num);
    return s;
}
```

6.7.3 数据格式转换方法

有时为了程序的需要,而将用户输入的字符串信息转换成各种数据类型,以便开发人员进行数据处理。以下归纳了安卓程序开发中常用的转换类型,并提供了转换方法。

(1)字符串转十进制整数: Integer.parseInt("123");

(2)字符串转实数:Float.parseFloat(string);

(3)字符串转双精度实数:Double.parseDouble(string);

(4)长整数转字符串:Long.toString(111111111);

(5)整数转字符串:Integer.toString(123);

(6)实数转字符串:Double.toString(1.23456789);

6.7.4 删除名称后面的空格

```
//在用户输入数据时,有时可能会输入非法字符,导致程序崩溃,本模块为删除空格。
private String DeleteBehindNameSpace(String buff)    {
    // 为了防止程序出错,先在左边加两个字符,最后再删除。
    String c = "@@" + buff,f = "",a;   int k = c.length();
```

```
do  {  k = k − 1;  a = c. substring( k,k + 1);  }
while( a. equals( "  "));
f = c. substring( 2,k + 1);
return f;
}
```

6.8   综合类

6.8.1   打开与关闭 WiFi 服务

在 Android 手机上单击"Menu"按钮,再单击"设置"(settings),有一个设置"无线控制"(管理 WiFi、蓝牙、红外模式及移动电话网络)的功能(英文为 Wireless Controls)和一个"CheckBox",可以通过它控制无线网络的打开与关闭。本例即实现此功能,具体方法如下:

(1)要使用 WiFi 功能,必须在 AndroidManifest. xml 中添加 WiFi 及访问网络状态的权限。首先修改 AndroidManifest. xml 文件,否则可能导致程序无法编译。修改后的文件如下:

```xml
<? xml  version = "1. 0"  encoding = "utf − 8"? >
< manifest  xmlns:android = "http://schemas. android. com/apk/res/android"
    package = "com. example. myandroidtest"
    android:versionCode = "1"
 android:versionName = "1. 0"  >
    < uses − sdk
        android:minSdkVersion = "8"
        android:targetSdkVersion = "17" / >
    < application
        android:allowBackup = "true"
        android:icon = "@ drawable/ic_launcher"
        android:label = "@ string/app_name"
        android:theme = "@ style/AppTheme"  >
        < activity
            android:name = "com. example. myandroidtest. MainActivity"
            android:label = "@ string/app_name"  >
            < intent − filter >
                < action  android:name = "android. intent. action. MAIN" / >
                < category  android:name = "android. intent. category. LAUNCHER" / >
            </ intent − filter >
        </ activity >
```

```
</application >
< uses – permission
android:name = "android. permission. CHANGE_NETWORK_STATE" > </uses –
permission >
< uses – permission
android:name = "android. permission. CHANGE_WIFI_STATE" > </uses – permission
>
< uses – permission
android:name = "android. permission. ACCESS_NETWORK_STATE" > </uses –
permission >
< uses – permission
android:name = "android. permission. ACCESS_WIFI_STATE" > </uses – permission
>
< uses – permission
android:name = "android. permission. INTERNET" > </uses – permission >
< uses – permission
android:name = "android. permission. WAKE_LOCK" > </uses – permission >
</manifest >
```

（2）打开 activity_main. xml 布局文件,删除当前默认的 TextView 控件,再拖一个 CheckBox 控件到当前窗口中,然后再拖一个 TextView 控件到当前窗口中。文件代码如下:

```
< RelativeLayout  xmlns:android = "http://schemas. android. com/apk/res/android"
    xmlns:tools = "http://schemas. android. com/tools"
    android:layout_width = "match_parent"
    android:layout_height = "match_parent"
    android:paddingBottom = "@ dimen/activity_vertical_margin"
    android:paddingLeft = "@ dimen/activity_horizontal_margin"
    android:paddingRight = "@ dimen/activity_horizontal_margin"
    android:paddingTop = "@ dimen/activity_vertical_margin"
    tools:context = ". MainActivity"   >
  < CheckBox
      android:id = "@ + id/checkBox1"
      android:layout_width = "wrap_content"
      android:layout_height = "wrap_content"
      android:layout_alignParentLeft = "true"
      android:layout_alignParentTop = "true"
      android:layout_marginLeft = "90dp"
      android:layout_marginTop = "56dp"
```

```
            android:text = "CheckBox"  / >
        < TextView
            android:id = " @ + id/textView1 "
            android:layout_width = " wrap_content "
            android:layout_height = " wrap_content "
            android:layout_below = " @ + id/checkBox1 "
            android:layout_centerHorizontal = " true "
            android:layout_marginTop = " 85dp "
            android:text = " TextView "  / >
    </RelativeLayout >
```

（3）设置自定义字符串变量,用于显示当前状态信息。方法如下:打开 res/values/目录下的 strings. xml 文件,添加自定义的字符串变量值,如下所示(黑体部分):

```
< ? xml  version = "1.0"  encoding = "utf – 8"?  >
< resources >
    < string  name = "app_name" > MyAndroidTest </string >
    < string  name = "action_settings" > Settings </string >
    < string  name = "hello_world" > Hello  world! </string >
    < string  name = "str_checked" > 开启 WiFi </string >
    < string  name = "str_uncheck" > 关闭 WiFi </string >
    < string  name = "str_start_wifi_failed" > 尝试开启 WiFi 服务失败 </string >
    < string  name = "str_start_wifi_done" > 尝试开启 WiFi 服务成功 </string >
    < string  name = "str_stop_wifi_failed" > 尝试关闭 WiFi 服务失败 </string >
    < string  name = "str_stop_wifi_done" > 尝试关闭 WiFi 服务成功 </string >
    < string  name = "str_wifi_enabling" > WiFi 启用过程中... </string >
    < string  name = "str_wifi_disabling" > WiF 关闭过程中... </string >
    < string  name = "str_wifi_disabled" > WiFi 已经关闭 </string >
    < string  name = "str_wifi_unknow" > WiFi 未知状态... </string >
</resources >
```

（4）修改 MainActivity. java 文件,添加具体的执行代码,如下所示:

```
package  com. example. myandroidtest;
import  android. os. Bundle;
import  android. app. Activity;
import  android. view. Menu;
import  android. content. Context;
import  android. net. wifi. WifiManager;
import  android. util. Log;
import  android. view. View;
import  android. widget. CheckBox;
```

```java
import android.widget.TextView;
import android.widget.Toast;
public class MainActivity extends Activity {
        private TextView mTextView01;
        private CheckBox mCheckBox01;
        /* 创建 WiFiManager 对象 */
        private WifiManager mWiFiManager01;
        @Override
        protected void onCreate(Bundle savedInstanceState) {
            super.onCreate(savedInstanceState);
            setContentView(R.layout.activity_main);
            mTextView01 = (TextView) findViewById(R.id.textView1);
            mCheckBox01 = (CheckBox) findViewById(R.id.checkBox1);
            /* 以 getSystemService 取得 WIFI_SERVICE */
            mWiFiManager01 = (WifiManager) this.getSystemService(Context.WIFI_SERVICE);
            /* 判断运行程序后的 WiFi 状态是否打开或打开中 */
            if(mWiFiManager01.isWifiEnabled()) {
                /* 判断 WiFi 是否已打开 */
                if(mWiFiManager01.getWifiState() == WifiManager.WIFI_STATE_ENABLED)
                {
                    /* 若 WiFi 已打开,将选取项勾选 */
                    mCheckBox01.setChecked(true);
                    /* 更改选取项文字为关闭 WiFi */
                    mCheckBox01.setText(R.string.str_uncheck);
                } else {
                    /* 若 WiFi 未打开,将选取项勾选取消 */
                    mCheckBox01.setChecked(false);
                    /* 更改选取项文字为打开 WiFi */
                    mCheckBox01.setText(R.string.str_checked);
                }
            } else {
                mCheckBox01.setChecked(false);
                mCheckBox01.setText(R.string.str_checked);
            }
            /* 捕捉 CheckBox 的单击事件 */
            mCheckBox01.setOnClickListener(new CheckBox.OnClickListener() {
                @Override
                public void onClick(View v) {
```

```
// TODO Auto-generated method stub
/* 当选取项为取消选择状态 */
if( mCheckBox01. isChecked( ) = = false)    {
  /* 尝试关闭 WiFi 服务 */
  try    {
    /* 判断 WiFi 状态是否为已打开 */
    if( mWiFiManager01. isWifiEnabled( ) )    {
      /* 关闭 WiFi */
      if( mWiFiManager01. setWifiEnabled( false) )    {
        mTextView01. setText( R. string. str_stop_wifi_done) ;
      }   else   {
        mTextView01. setText( R. string. str_stop_wifi_failed) ;
      }
    }   else   {
      /* WiFi 状态不为已打开状态时 */
      switch( mWiFiManager01. getWifiState( ) )    {
        /* WiFi 正在启动过程中,导致无法关闭… */
        case WifiManager. WIFI_STATE_ENABLING:
          mTextView01. setText   (
            getResources( ). getText( R. string. str_stop_wifi_failed) + ":" +
            getResources( ). getText( R. string. str_wifi_enabling)
          ) ;
          break;
        /* WiFi 正在关闭过程中,导致无法关闭… */
        case WifiManager. WIFI_STATE_DISABLING:
          mTextView01. setText   (
            getResources( ). getText( R. string. str_stop_wifi_failed) + ":" +
            getResources( ). getText( R. string. str_wifi_disabling)
          ) ;
          break;
        /* WiFi 已经关闭 */
        case WifiManager. WIFI_STATE_DISABLED:
          mTextView01. setText   (
            getResources( ). getText( R. string. str_stop_wifi_failed) + ":" +
            getResources( ). getText( R. string. str_wifi_disabled)
          ) ;
          break;
        /* 无法取得或识别 WiFi 状态 */
```

```java
            case WifiManager. WIFI_STATE_UNKNOWN：
            default：
              mTextView01. setText  (
                getResources( ). getText( R. string. str_stop_wifi_failed) + "：" +
                getResources( ). getText( R. string. str_wifi_unknow)
              )；
              break；
          }
          mCheckBox01. setText( R. string. str_checked)；
        }
      }  catch （Exception  e）  {
        Log. i("HIPPO", e. toString( ))；
        e. printStackTrace( )；
      }
    }
    else  if( mCheckBox01. isChecked( ) = = true)   {
      /* 尝试打开 WiFi 服务 */
      try  {
        /* 确认 WiFi 服务是关闭且不在打开操作中 */
        if （! mWiFiManager01. isWifiEnabled ( )  &&  mWiFiManager01.
getWifiState( )! = WifiManager. WIFI_STATE_ENABLING )
        {
          if( mWiFiManager01. setWifiEnabled( true) )   {
            switch( mWiFiManager01. getWifiState( ) )   {
            /* WiFi 正在启动过程中, 导致无法打开… */
            case WifiManager. WIFI_STATE_ENABLING：
              mTextView01. setText  (
                getResources( ). getText( R. string. str_wifi_enabling)
              )；
              break；
            /* WiFi 已经为打开, 无法再次打开… */
            case WifiManager. WIFI_STATE_ENABLED：
              mTextView01. setText  (
                getResources( ). getText( R. string. str_start_wifi_done)
              )；
              break；
            /* 其他未知的错误 */
            default：
```

·

```
                    mTextView01. setText    (
                        getResources( ). getText( R. string. str_start_wifi_failed) +"∶" +
                        getResources( ). getText( R. string. str_wifi_unknow)
                    );
                    break;
                }
            }    else    {
                mTextView01. setText( R. string. str_start_wifi_failed);
            }
        }    else    {
            switch( mWiFiManager01. getWifiState( ) )    {
                /∗  WiFi 正在打开过程中,导致无法打开…  ∗/
                case  WifiManager. WIFI_STATE_ENABLING∶
                    mTextView01. setText    (
                        getResources( ). getText( R. string. str_start_wifi_failed) +"∶" +
                        getResources( ). getText( R. string. str_wifi_enabling)
                    );
                    break;
                /∗  WiFi 正在关闭过程中,导致无法打开…∗/
                case  WifiManager. WIFI_STATE_DISABLING∶
                    mTextView01. setText    (
                        getResources( ). getText( R. string. str_start_wifi_failed) +"∶" +
                        getResources( ). getText( R. string. str_wifi_disabling)
                    );
                    break;
                /∗  WiFi 已经关闭  ∗/
                case  WifiManager. WIFI_STATE_DISABLED∶
                    mTextView01. setText    (
                        getResources( ). getText( R. string. str_start_wifi_failed) +"∶" +
                        getResources( ). getText( R. string. str_wifi_disabled)
                    );
                    break;
                /∗  无法取得或识别 WiFi 状态  ∗/
                case  WifiManager. WIFI_STATE_UNKNOWN∶
                default∶
                    mTextView01. setText    (
                        getResources( ). getText( R. string. str_start_wifi_failed) +"∶" +
                        getResources( ). getText( R. string. str_wifi_unknow)
```

```
                    );
                        break;
                    }
                }
            mCheckBox01. setText( R. string. str_uncheck) ;
        }   catch ( Exception e)   {
            Log. i("HIPPO", e. toString( )) ;
            e. printStackTrace( ) ;
            }
        }
    }
} );
}

public void mMakeTextToast( String str, boolean isLong)   {
    if( isLong = = true)   {
    Toast. makeText( MainActivity. this, str, Toast. LENGTH_LONG). show( ) ;
    } else {
    Toast. makeText( MainActivity. this, str, Toast. LENGTH_SHORT). show( ) ;
    }
}
@ Override
protected void onResume( )'   {
    // TODO Auto – generated method stub
    /* 在 onResume 重写事件为取得打开程序当前 WiFi 的状态 */
    try   {
    switch( mWiFiManager01. getWifiState( ))   {
        /* WiFi 已经在打开状态… */
        case WifiManager. WIFI_STATE_ENABLED:
            mTextView01. setText   (
                getResources( ). getText( R. string. str_wifi_enabling)
            );
            break;
        /* WiFi 正在打开过程中… */
        case WifiManager. WIFI_STATE_ENABLING:
            mTextView01. setText   (
                getResources( ). getText( R. string. str_wifi_enabling)
            );
            break;
```

```java
                /* WiFi 正在关闭过程中… */
                case WifiManager. WIFI_STATE_DISABLING:
                    mTextView01. setText  (
                        getResources( ). getText( R. string. str_wifi_disabling)
                    );
                    break;
                /* WiFi 已经关闭 */
                case WifiManager. WIFI_STATE_DISABLED:
                    mTextView01. setText  (
                        getResources( ). getText( R. string. str_wifi_disabled)
                    );
                    break;
                /* 无法取得或识别 WiFi 状态 */
                case WifiManager. WIFI_STATE_UNKNOWN:
                default:
                    mTextView01. setText  (
                        getResources( ). getText( R. string. str_wifi_unknow)
                    );
                    break;
                }
        } catch( Exception e)  {
            mTextView01. setText( e. toString( ));
            e. getStackTrace( );
        }
        super. onResume( );
    }
    @Override
    protected void onPause( )  {
        // TODO Auto - generated method stub
        super. onPause( );
    }
    @Override
    public boolean onCreateOptionsMenu( Menu menu)  {
        // Inflate the menu; this adds items to the action bar if it is present.
        getMenuInflater( ). inflate( R. menu. main,  menu);
        return true;
    }
}
```

（5）启动模拟器,运行效果如图 6-45 所示。

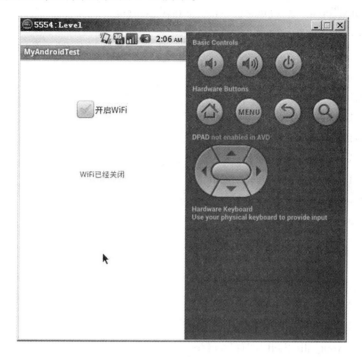

图 6-45　启动与关闭 WiFi 方法

另外,需要注意的是,本程序调试版本为 Android 2.2。

6.8.2　发送 E-mail 数据

通过手机发送 E-mail 能给用户带来极大的方便。比如说实时地把水准记录成果文件自动发送到办公室管理人员的邮箱内,及时进行数据处理,以便操控外业观测,不合格的及时返工。要实现发送 E-mail 的方法也很简单,就是通过自定义的 Intent,并使用 Android. content. Intent. ACTION_SEND 的参数来实现通过手机寄发 E-mail 的服务。具体实现方法如下:

（1）新建一个工程,并打开 activity_main. xml 布局文件,删除当前默认的 TextView 控件,再连续拖四个 EditText 控件到当前窗口中,摆好位置,然后再拖一个 Button 控件到当前窗口中。

布局文件源代码如下:

```
< RelativeLayout  xmlns:android = " http://schemas. android. com/apk/res/android"
  xmlns:tools = " http://schemas. android. com/tools"
  android:layout_width = " match_parent"
  android:layout_height = " match_parent"
  android:paddingBottom = " @ dimen/activity_vertical_margin"
  android:paddingLeft = " @ dimen/activity_horizontal_margin"
```

```
        android:paddingRight = "@dimen/activity_horizontal_margin"
        android:paddingTop = "@dimen/activity_vertical_margin"
        tools:context = ".MainActivity"    >
        < EditText
            android:id = "@+id/editText1"
            android:layout_width = "wrap_content"
            android:layout_height = "wrap_content"
            android:layout_alignParentLeft = "true"
            android:layout_alignParentTop = "true"
            android:layout_marginTop = "14dp"
            android:ems = "10"    >
            < requestFocus  / >
        < /EditText >
        < EditText
            android:id = "@+id/editText2"
            android:layout_width = "wrap_content"
            android:layout_height = "wrap_content"
            android:layout_alignLeft = "@+id/editText1"
            android:layout_below = "@+id/editText1"
            android:layout_marginTop = "16dp"
            android:ems = "10"  / >
        < EditText
            android:id = "@+id/editText3"
            android:layout_width = "wrap_content"
            android:layout_height = "wrap_content"
            android:layout_alignLeft = "@+id/editText2"
            android:layout_below = "@+id/editText2"
            android:layout_marginTop = "16dp"
            android:ems = "10"  / >
        < EditText
            android:id = "@+id/editText4"
            android:layout_width = "wrap_content"
            android:layout_height = "wrap_content"
            android:layout_alignLeft = "@+id/editText3"
            android:layout_below = "@+id/editText3"
            android:layout_marginTop = "20dp"
            android:ems = "10"  / >
        < Button
```

android:id = "@ + id/button1"

android:layout_width = "wrap_content"

android:layout_height = "wrap_content"

android:layout_alignRight = "@ + id/editText4"

android:layout_below = "@ + id/editText4"

android:layout_marginRight = "44dp"

android:layout_marginTop = "59dp"

android:text = "Button" / >

</RelativeLayout >

（2）设置自定义字符串变量,以便进行提示。方法如下:打开 res/values/目录下的 strings. xml 文件,添加自定义的字符串变量值,如下所示(黑体部分):

< ? xml version = "1.0" encoding = "utf - 8" ? >

< resources >

    < string name = "app_name" > MyAndroidTest </string >

    < string name = "action_settings" > Settings </string >

    < string name = "hello_world" > Hello world! </string >

    < string name = "str_button" > 发信 </string >

    < string name = "str_message" > 发信中… </string >

    < string name = "str_receive" > 收件人: </string >

    < string name = "str_cc" > 副本: </string >

    < string name = "str_subject" > 主题: </string >

</resources >

（3）修改 MainActivity. java 文件,添加执行代码,如下所示:

```
package com. example. myandroidtest;
import android. os. Bundle;
import android. app. Activity;
import android. view. Menu;
import java. util. regex. Matcher;
import java. util. regex. Pattern;
import android. content. Intent;
import android. view. KeyEvent;
import android. view. View;
import android. widget. Button;
import android. widget. EditText;
public class MainActivity extends Activity {
    /*声明四个 EditText、一个 Button 以及四个 String 变量*/
    private EditText mEditText01;
    private EditText mEditText02;
```

```java
private EditText mEditText03;
private EditText mEditText04;
private Button mButton01;
private String[] strEmailReciver;
private String strEmailSubject;
private String[] strEmailCc;
private String strEmailBody;
@Override
protected void onCreate(Bundle savedInstanceState)          {
    super.onCreate(savedInstanceState);
    setContentView(R.layout.activity_main);
    /* 通过 findViewById 构造器来构造 Button 对象 */
    mButton01 = (Button)findViewById(R.id.button1);
    /* 将 Button 默认设为 Disable 的状态 */
    mButton01.setEnabled(false);
    /* 通过 findViewById 构造器来构造所有 EditText 对象 */
    mEditText01 = (EditText)findViewById(R.id.editText1); // 收件人地址
    mEditText02 = (EditText)findViewById(R.id.editText2); // 附件
    mEditText03 = (EditText)findViewById(R.id.editText3); // 主题
    mEditText04 = (EditText)findViewById(R.id.editText4); // 正文
    /* 设置 OnKeyListener,当 key 事件发生时进行反应 */
    mEditText01.setOnKeyListener(new EditText.OnKeyListener()    {
        @Override
        public boolean onKey(View v, int keyCode, KeyEvent event)    {
            // TODO Auto-generated method stub
            /* 若用户输入的是正规 E-mail 文字,则 enable 按钮,反之则 disable 按钮 */
            if(isEmail(mEditText01.getText().toString()))    {
                mButton01.setEnabled(true);
            } else    {
                mButton01.setEnabled(false);
            }
            return false;
        }
    });
    /* 设置 onClickListener,让用户单击 Button 时送出 E-mail */
    mButton01.setOnClickListener(new Button.OnClickListener()    {
        @Override
        public void onClick(View v)    {
```

```
/* 通过 Intent 来发送邮件 */
Intent mEmailIntent = new Intent(android. content. Intent. ACTION_SEND);
/* 设置邮件格式为 plain/text */
mEmailIntent. setType("plain/text");
/* 取得 EditText01,02,03,04 的值作为收件人地址、附件、主题、正文 */
strEmailReciver = new String[]{mEditText01. getText(). toString()};
strEmailCc = new String[]{mEditText02. getText(). toString()};
strEmailSubject = mEditText03. getText(). toString();
strEmailBody = mEditText04. getText(). toString();
/* 将取得的字符串放入 mEmailIntent 中 */
mEmailIntent. putExtra (android. content. Intent. EXTRA _ EMAIL,
strEmailReciver);
mEmailIntent. putExtra(android. content. Intent. EXTRA_CC, strEmailCc);
mEmailIntent. putExtra (android. content. Intent. EXTRA _ SUBJECT,
strEmailSubject);
mEmailIntent. putExtra (android. content. Intent. EXTRA _ TEXT,
strEmailBody);
/* 打开 Gmail 并将相关参数传入 */
startActivity (Intent. createChooser (mEmailIntent, getResources (). getString
(R. string. str_message)));
    }
  });
}
/* 确认字符串是否为 E-mail 格式并返回 true or false */
public static boolean isEmail(String strEmail) {
  String strPattern =
"^[a-zA-Z][\\w\\. -]*[a-zA-Z0-9]@[a-zA-Z0-9][\\w\\. -]*[a-zA-Z0-9]\\. [a-zA-Z][a-zA-Z \\. ]*[a-zA-Z]$";
  Pattern p = Pattern. compile(strPattern);
  Matcher m = p. matcher(strEmail);
  return m. matches();
}
@ Override
public boolean onCreateOptionsMenu(Menu menu) {
  // Inflate the menu; this adds items to the action bar if it is present.
  getMenuInflater(). inflate(R. menu. main, menu);
  return true;
}
```

}

（4）启动模拟器，运行效果如图 6-46 所示。

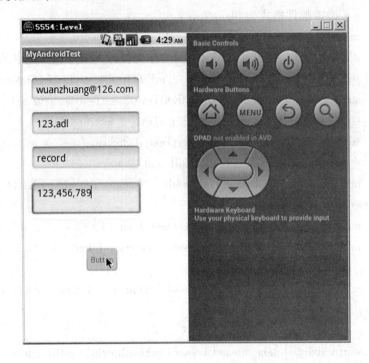

图 6-46　发送 E-mail 方法

另外，需要注意的是，本程序调试成功版本为 Android 2.2。

6.8.3　远程下载安装安卓程序

远程下载并安装安卓程序是非常实用的功能，实现技术路线如下：设计一个 EditText 控件来取得远程程序的 URL，通过自定义的按钮来打开下载程序，然后将下载的文件写入存储卡内缓存。下载完成之后，通过自定义的 openFile( )方法来打开文件，判断扩展名是否为 APK，如果是则启动内置的 Installer 程序，自动进行安装。安装完毕，删除存储卡内的临时文件。具体实现方法如下：

（1）要使用 WiFi 功能，必须在 AndroidManifest. xml 中添加操作权限：

android. permission. INTERNET：提供程序创建网络连接的权限；

android. permission. INSTALL_PACKAGES：提供程序拥有安装程序的权限；

android. permission. MOUNT_UNMOUNT_FILESYSTEMS：提供创建与删除文件的权限。

修改后的 AndroidManifest. xml 文件如下：

```
< ? xml  version = "1.0"  encoding = "utf - 8"? >
< manifest  xmlns:android = "http://schemas. android. com/apk/res/android"
    package = "com. example. myandroidtest"
    android:versionCode = "1"
```

```
        android:versionName = "1.0"   >
    < uses – sdk
        android:minSdkVersion = "8"
        android:targetSdkVersion = "17"   / >
    < application
        android:allowBackup = "true"
        android:icon = "@ drawable/ic_launcher"
        android:label = "@ string/app_name"
        android:theme = "@ style/AppTheme"   >
        < activity
            android:name = "com. example. myandroidtest. MainActivity"
            android:label = "@ string/app_name"   >
            < intent – filter >
                < action  android:name = "android. intent. action. MAIN"  / >
                < category  android:name = "android. intent. category. LAUNCHER"  / >
            </ intent – filter >
        </ activity >
    </ application >
    < uses – permission
android:name = "android. permission. INTERNET" > </ uses – permission >
    < uses – permission
android:name = "android. permission. INSTALL_PACKAGES" > </ uses – permission >
    < uses – permission
android:name = " android. permission. MOUNT _ UNMOUNT _ FILESYSTEMS" > </
uses – permission >
</ manifest >
```

（2）打开 activity_main. xml 布局文件，删除当前默认的 TextView 控件，再拖一个 TextView 控件到当前窗口中，然后拖一个 EditText 控件到当前窗口中，最后拖一个 Button 控件到当前窗口中。布局文件如下：

```
< RelativeLayout  xmlns:android = "http://schemas. android. com/apk/res/android"
    xmlns:tools = "http://schemas. android. com/tools"
    android:layout_width = "match_parent"
    android:layout_height = "match_parent"
    android:paddingBottom = "@ dimen/activity_vertical_margin"
    android:paddingLeft = "@ dimen/activity_horizontal_margin"
    android:paddingRight = "@ dimen/activity_horizontal_margin"
    android:paddingTop = "@ dimen/activity_vertical_margin"
    tools:context = ". MainActivity"   >
```

```
< TextView
    android:id = "@ + id/textView1"
    android:layout_width = "wrap_content"
    android:layout_height = "wrap_content"
    android:layout_alignParentTop = "true"
    android:layout_centerHorizontal = "true"
    android:layout_marginTop = "57dp"
    android:text = "TextView"  / >
< EditText
    android:id = "@ + id/editText1"
    android:layout_width = "wrap_content"
    android:layout_height = "wrap_content"
    android:layout_below = "@ + id/textView1"
    android:layout_centerHorizontal = "true"
    android:layout_marginTop = "68dp"
    android:ems = "10"   >
    < requestFocus / >
</EditText >
< Button
    android:id = "@ + id/button1"
    android:layout_width = "wrap_content"
    android:layout_height = "wrap_content"
    android:layout_alignLeft = "@ + id/textView1"
    android:layout_below = "@ + id/editText1"
    android:layout_marginTop = "78dp"
    android:text = "Button"  / >
</RelativeLayout >
```

（3）修改 MainActivity. java 文件,添加执行代码,如下所示:

```
package  com. example. myandroidtest;
import  android. os. Bundle;
import  android. app. Activity;
import  android. view. Menu;
import  android. content. Intent;
import  android. net. Uri;
import  android. util. Log;
import  android. view. View;
import  android. webkit. URLUtil;
import  android. widget. Button;
```

```java
import android.widget.EditText;
import android.widget.TextView;
import java.io.File;
import java.io.FileOutputStream;
import java.io.InputStream;
import java.net.URL;
import java.net.URLConnection;
public class MainActivity extends Activity    {
    private TextView mTextView01;
    private EditText mEditText01;
    private Button mButton01;
    private static final String TAG = "DOWNLOADAPK";
    private String currentFilePath = "";
    private String currentTempFilePath = "";
    private String strURL = "";
    private String fileEx = "";
    private String fileNa = "";
    @Override
    protected void onCreate(Bundle savedInstanceState)        {
        super.onCreate(savedInstanceState);
        setContentView(R.layout.activity_main);
        mTextView01 = (TextView)findViewById(R.id.textView1);
        mButton01 = (Button)findViewById(R.id.button1);
        mEditText01 = (EditText)findViewById(R.id.editText1);
        mButton01.setOnClickListener(new Button.OnClickListener()    {
            public void onClick(View v)    {
                /* 文件会下载到local端 */
                mTextView01.setText("下载中…");
                strURL = mEditText01.getText().toString();
                /*取得欲安装程序的文件名称*/
                fileEx =
strURL.substring(strURL.lastIndexOf(".") +1, strURL.length()).toLowerCase();
                fileNa = strURL.substring(strURL.lastIndexOf("/") +1, strURL.lastIndexOf("."));
                getFile(strURL);
            }
        }
        );
        mEditText01.setOnClickListener(new EditText.OnClickListener()    {
```

```java
    @Override
    public void onClick(View arg0) {
        mEditText01.setText("");
        mTextView01.setText("远程安装程序(URL)");
    }
});
}
/* 处理下载 URL 文件自定义函数 */
private void getFile(final String strPath) {
    try {
        if (strPath.equals(currentFilePath)) {
            getDataSource(strPath);
        }
        currentFilePath = strPath;
        Runnable r = new Runnable() {
            public void run() {
                try {
                    getDataSource(strPath);
                } catch (Exception e) {
                    Log.e(TAG, e.getMessage(), e);
                }
            }
        };
        new Thread(r).start();
    } catch(Exception e) {
        e.printStackTrace();
    }
}
/* 取得远程文件 */
private void getDataSource(String strPath) throws Exception {
    if (!URLUtil.isNetworkUrl(strPath)) {
        mTextView01.setText("错误的 URL");
    } else {
        /* 取得 URL */
        URL myURL = new URL(strPath);
        /* 创建链接 */
        URLConnection conn = myURL.openConnection();
        conn.connect();
```

```
/* InputStream 下载文件 */
InputStream is = conn.getInputStream();
if (is == null) {
  throw new RuntimeException("stream is null");
}
/* 创建临时文件 */
File myTempFile = File.createTempFile(fileNa, "." + fileEx);
/* 取得临时文件路径 */
currentTempFilePath = myTempFile.getAbsolutePath();
/* 将文件写入暂存盘 */
FileOutputStream fos = new FileOutputStream(myTempFile);
byte buf[] = new byte[128];
do {
  int numread = is.read(buf);
  if (numread <= 0) {
    break;
  }
  fos.write(buf, 0, numread);
} while (true);
/* 打开文件进行安装 */
openFile(myTempFile);
try {
  is.close();
} catch (Exception ex) {
  Log.e(TAG, "error: " + ex.getMessage(), ex);
}
}
}
/* 在手机上打开文件的 method */
private void openFile(File f) {
  Intent intent = new Intent();
  intent.addFlags(Intent.FLAG_ACTIVITY_NEW_TASK);
  intent.setAction(android.content.Intent.ACTION_VIEW);
  /* 调用 getMIMEType()来取得 MimeType */
  String type = getMIMEType(f);
  /* 设置 intent 的 file 与 MimeType */
  intent.setDataAndType(Uri.fromFile(f), type);
  startActivity(intent);
```

```
    }
    /* 判断文件 MimeType 的 method */
    private String getMIMEType( File f)  {
        String type = "";
        String fName = f. getName( );
        /* 取得扩展名 */
        String end =fName. substring(fName. lastIndexOf(". ") +1,fName. length( )). toLowerCase( );
        /* 依扩展名的类型决定 MimeType */
    if( end. equals ( " m4a" ) | | end. equals ( " mp3" ) | | end. equals ( " mid" ) | | end. equals
( "xmf" ) | | end. equals( "ogg" ) | | end. equals( "wav" ) )  {
            type  =  "audio";
        }
        else  if( end. equals( "3gp" ) | | end. equals( "mp4" ) )  {
            type  =  "video";
        }
        else
if(end. equals("jpg")||end. equals("gif")||end. equals("png")||end. equals("jpeg")||end. equals("bmp") )
        {
            type  =  "image";
        }
        else  if( end. equals( "apk" ) )  {
            /* android. permission. INSTALL_PACKAGES */
            type  =  "application/vnd. android. package – archive";
        } else  {
            type = " * ";
        }
        /* 如果无法直接打开,就跳出软件列表给用户选择 */
        if( end. equals( "apk" ) )  {
        }
        else  {
            type  + =  "/ * ";
        }
        return  type;
    }
    /* 自定义删除文件方法 */
    private void delFile( String strFileName)  {
        File myFile  =  new File( strFileName);
        if( myFile. exists( ) )  {
```

· 226 ·

```
        myFile. delete( ) ;
    }
}
/ * 当 Activity 处于 onPause 状态时,更改 TextView 文字状态 * /
@ Override
protected  void  onPause( )    {
    mTextView01  =  ( TextView) findViewById( R. id. textView1) ;
    mTextView01. setText( "下载成功" ) ;
    super. onPause( ) ;
}
/ * 当 Activity 处于 onResume 状态时,删除临时文件 * /
@ Override
protected  void  onResume( )    {
    //  TODO  Auto – generated  method  stub
    / *  删除临时文件  * /
    delFile( currentTempFilePath) ;
    super. onResume( ) ;
}
@ Override
public  boolean  onCreateOptionsMenu( Menu  menu)    {
    //  Inflate  the  menu; this  adds  items  to  the  action  bar  if  it  is  present.
    getMenuInflater( ). inflate( R. menu. main,  menu) ;
    return  true;
}
}
```

（4）启动模拟器,点击"Button"键,系统开始下载,运行效果如图 6-47 所示。

图 6-47 下载并安装 APK 程序方法

另外,需要注意的是,本程序调试成功版本为 Android 2.2。

6.8.4　处理 DPAD 按键事件

几乎每款手机上都有一些必不可少的按键,如上下左右翻页键,字母键 A ~ Z,数字键 0 ~ 9,在开发时有可能会用到,可以在 onKeyDown( )方法中进行比较判断。比如输入水准记录时直接点击该数字键更方便等。其实处理按键的方法也非常简单,示例代码如下:

```
package com. example. myandroidtest;
import android. os. Bundle;
import android. app. Activity;
import android. view. Menu;
import android. view. KeyEvent;
import android. widget. Toast;
public class MainActivity extends Activity {
    @ Override
    protected void onCreate( Bundle savedInstanceState)        {
        super. onCreate( savedInstanceState) ;
        setContentView( R. layout. activity_main) ;
    }
    @ Override
    public boolean onKeyDown( int keyCode, KeyEvent event)        {
        // TODO Auto – generated method stub
        switch( keyCode)        {
            /* 字母 A */
            case KeyEvent. KEYCODE_A:
                MessageBox( "你按下字母键 A") ;
                break;
            /* 数字 0 */
            case KeyEvent. KEYCODE_0:
                MessageBox( "你按下数字键 0") ;
                break;
            /* 中间按钮 */
            case KeyEvent. KEYCODE_DPAD_CENTER:
                /* keyCode = 23 */
                MessageBox( "中间按钮") ;
                break;
            /* 上按键 */
            case KeyEvent. KEYCODE_DPAD_UP:
                /* keyCode = 19 */
```

```
            MessageBox("上按键");
            break;
            /* 下按键 */
        case KeyEvent. KEYCODE_DPAD_DOWN:
            /* keyCode = 20 */
            MessageBox("下按键");
            break;
            /* 左按键 */
        case KeyEvent. KEYCODE_DPAD_LEFT:
            /* keyCode = 21 */
            MessageBox("左按键");
            break;
            /* 右按键 */
        case KeyEvent. KEYCODE_DPAD_RIGHT:
            /* keyCode = 22 */
            MessageBox("右按键");
            break;
        }
        return super. onKeyDown(keyCode, event);
    }
    // 显示结果对话框
    public void MessageBox(String MyMessage)    {
        Toast. makeText(this, MyMessage, Toast. LENGTH_SHORT). show();
    }
    @ Override
    public boolean onCreateOptionsMenu(Menu menu) {
        // Inflate the menu; this adds items to the action bar if it is present.
        getMenuInflater(). inflate(R. menu. main, menu); // 本行代码为系统调用默认菜单。
        return true;
    }
}
```

启动模拟器,按计算机键盘上的数字键"0",则显示如图 6-48 所示的界面。

6.8.5 调用另一个 Activity 方法

在安卓软件开发中,如果要转换的页面并不单单是背景、颜色或文字内容等,必须调用另一个 Activity 才能解决,就可以采用添加另一个 Activity 的方法来解决问题。在主程序中使用 startActivity() 这个方法来调用另一个 Activity,主程序本身是一个 Activity,通过 Intent 这个特有的对象来实现,示例代码如下:

图 6-48　处理键盘事件

（1）Mytest. java 文件内容：

```java
import  android. app. Activity;
import  android. os. Bundle;
import  android. view. View;
import  android. widget. Button;
import  android. content. Intent;
public  class  Mytest  extends  Activity  {
    / * *  Called  when  the  activity  is  first  created. * /
    @ Override
    public  void  onCreate( Bundle  savedInstanceState)    {
        super. onCreate( savedInstanceState);
        / *  载入 main. xml  Layout * /
        setContentView( R. layout. main);
        / *  以 findViewById( )取得 Button 对象,并添加 onClickListener * /
        Button  b1  =  ( Button)  findViewById( R. id. button1);
        b1. setOnClickListener( new  Button. OnClickListener( )  {
            public  void  onClick( View  v)
            {
                / *  new 一个 Intent 对象,并指定要启动的 class * /
```

```
        Intent intent = new Intent();
        intent.setClass(Mytest.this, Mytest _1.class);
        / *  调用一个新的 Activity  * /
        startActivity(intent);
        / *  关闭原来的 Activity  * /
        Mytest.this.finish();
      }
    });
  }
}
```

(2)Mytest _1.java 文件内容:

```
import android.app.Activity;
import android.os.Bundle;
import android.content.Intent;
import android.view.View;
import android.widget.Button;
public class Mytest _1 extends Activity  {
  / * * Called when the activity is first created.  * /
  @Override
  public void onCreate(Bundle savedInstanceState)  {
      super.onCreate(savedInstanceState);
      / *  载入 mylayout.xml Layout  * /
      setContentView(R.layout.mylayout);
      / *  以 findViewById()取得 Button 对象,并添加 onClickListener  * /
      Button b2 = (Button) findViewById(R.id.button2);
      b2.setOnClickListener(new Button.OnClickListener()  {
          public void onClick(View v)
          {
              / *  new 一个 Intent 对象,并指定要启动的 class  * /
              Intent intent = new Intent();
              intent.setClass(Mytest _1.this, Mytest.class);
              / *  调用一个新的 Activity  * /
              startActivity(intent);
              / *  关闭原来的 Activity  * /
              Mytest _1.this.finish();
          }
      });
  }
```

}

（3）一个主程序中如果有两个以上 Activity 存在，必须在 AndroidManifest. xml 中加以说明，如：< activity android:name = " Mytest _1" > < /activity > ，否则无法编译成功，并且要指明哪一个 Activity 为主程序。本例的 AndroidManifest. xml 文件如下：

```
<? xml version = "1.0" encoding = "utf -8"? >
  < manifest xmlns:android = "http://schemas. android. com/apk/res/android"
      package = "irdc. mytest "
      android:versionCode = "1"
      android:versionName = "1.0.0" >
    < application android:icon = "@ drawable/icon" android:label = "@ string/app_name" >
      < activity android:name = ". Mytest "
                android:label = "@ string/app_name" >
      < intent - filter >
        < action android:name = "android. intent. action. MAIN" / >
        < category android:name = "android. intent. category. LAUNCHER" / >
      < /intent - filter >
      < /activity >
      < activity android:name = "Mytest _1" > < /activity >
    < /application >
  < /manifest >
```

其中一行为 < category android:name = "android. intent. category. LAUNCHER" / > ，这就表示程序启动时，会先运行 Mytest 这个 Activity，而非 Mytest _1。

第7章　SQLite 嵌入式数据库操作技术

7.1　SQL 简介

7.1.1　SQL 简要介绍

SQL(Structured Query Language,结构化查询语言)是一门 ANSI 的标准计算机语言,用来访问和操作数据库系统,同时也是数据库脚本文件的扩展名。

由于 SQL 语言结构简洁,功能强大,简单易学,所以自从 1981 年 IBM 公司推出以来,SQL 语言便得到了广泛的应用。SQL 语句用于查询和更新数据库中的数据。另外,SQL 还可以与数据库程序协同工作,比如 MS Access、DB2、Informix、MS SQL Server、Oracle、Sybase 以及其他数据库系统。

SQL 是高级的非过程化编程语言,允许用户在高层数据结构上工作。它不要求用户指定对数据的存放方法,也不需要用户了解具体的数据存放方式,可以使用相同的结构化查询语言作为数据输入与管理的接口。众所周知,结构化查询语言的语句可以嵌套,这使它具有极大的灵活性和强大的功能。

7.1.2　SQL 语句结构

SQL 语句结构包括以下六个方面的语言:
(1)数据查询语言(DQL:Data Query Language);
(2)数据操作语言(DML:Data Manipulation Language);
(3)事务处理语言(TPL);
(4)数据控制语言(DCL);
(5)数据定义语言(DDL);
(6)指针控制语言(CCL)。

7.1.3　SQL 基本命令

SQL 是与关系型数据库通信的唯一方式。它专注于信息处理,是为构建、读取、写入、排序、过滤、映射、分组、聚集和通常的管理信息而设计的声明式语言。

表是探索 SQLite 中 SQL 的起点,也是关系型数据库中信息的标准单位,所有的操作都是以表为中心的。那么如何使用 SQL 命令创建一张表呢?

1. 创建表

表是由行和列组成的,列称为字段,行称为记录。

使用 CREATE 命令可以创建表,CREATE 命令的一般格式为:

CREATE [**TEMP/TEMPORARY**] **TABLE table _ name** (**column _ definitions** [**,constraints**]) ;

其中,[ ]中的内容是可选的,用 TEMP 或 TEMPORARY 关键字声明的表是临时表,这种表只存活于当前会话,一旦连接断开,就会被自动销毁。如果没有明确指出创建的表是临时表,则创建的是基本表,将会在数据库中持久存在,这也是数据库中最常见的表。

CREATE TABLE 命令至少需要一个表名和一个字段名,上述命令中的 table_name 表示表名,表名必须与其他标识符不同。column_definitions 由用逗号分隔的字段列表组成,每个字段定义包括一个名称、一个域(类型)和一个逗号分隔的字段约束。其中,域是指存储在该列的信息的类型,约束用来控制什么样的值可以存储在表中或特定的字段中。

一条创建表的命令示例如下:

CREATE TABLE tab_student (studentId INTEGER PRIMARY KEY AUTOINCREMENT, studentName VARCHAR(20) , studentAge INTEGER) ;

如上所示,我们创建了一个名为 tab_student 的表,该表包含三个字段:studentId、studentName 和 studentAge,其数据类型分别为 INTEGER、VARCHAR 和 INTEGER。

此外,通过使用关键字 PRIMARY KEY,指定了字段 studentId 所在的列是主键。主键确保了每一行记录在某种方式上与表中的其他行记录是不同的(唯一的),进而确保了表中的所有字段都是可寻址的。

2. 插入记录

使用 INSERT 命令可以一次插入一条记录,INSERT 命令的一般格式为:

INSERT INTO tab_name(column_list) VALUES(value_list) ;

其中,tab_name 指明将数据插入到哪个表中,column_list 是用逗号分隔的字段名称,这些字段必须是表中存在的,value_list 是用逗号分隔的值列表,这些值是与 column_list 中的字段一一对应的。

比如,向刚才创建的 tab_student 表中插入一条记录,便可以使用如下的语句完成:

INSERT INTO tab _ student (studentId, studentName, studentAge) VALUES (1, "jack" ,23) ;

通过以上的语句,便插入了一条 studentName = "jack" , studentAge = "23" 的记录,该记录的主键为 studentId =1。

3. 更新记录

使用 UPDATE 命令可以更新表中的记录,该命令可以修改一个表中一行或者多行中的一个或多个字段。UPDATE 命令的一般格式为:

UPDATE tab_name SET update_list WHERE predicate ;

其中,update_list 是一个或多个字段赋值的列表,字段赋值的格式为 column_name = value。WHERE 子句使用断言识别要修改的行,然后将更新列应用到这些行。

比如,要更新刚才插入到 tab_student 表中的记录,便可以使用如下的语句完成:

UPDATE tab_student SET studentName = "tom", studentAge = "25" WHERE studentId = 1;

通过以上的语句,便可以将刚才插入的主键为 studentId = 1 的记录更新为 studentName = "tom", studentAge = "25"。

4.删除记录

使用 DELETE 命令可以删除表中的记录,DELETE 命令的一般格式为:

DELETE FROM table_name WHERE predicate;

其中,table_name 指明所要删除的记录位于哪个表中。与 UPDATE 命令一样,WHERE 子句使用断言识别要删除的行。

比如,要删除刚才插入的记录,便可以使用如下的语句完成:

DELETE FROM tab_student WHERE studentId = 1;

5.查询记录

SELECT 命令是查询数据库的唯一命令。SELECT 命令也是 SQL 命令中最大、最复杂的命令。

SELECT 命令的通用形式如下:

SELECT [distinct] heading

FROM tables

WHERE predicate

GROUP BY columns

HAVING predicate

ORDER BY columns

LIMIT count, offset;

其中,每个关键字(如 FROM、WHERE、HAVING 等)都是一个单独的子句,每个子句由关键字和跟随的参数构成。GROUP BY 和 HAVING 一起工作可以对 GROUP BY 进行约束。ORDER BY 使记录集在返回之前按一个或多个字段的值进行排序,可以指定排序方式为 ASC(默认的升序)或 DESC(降序)。此外,还可以使用 LIMIT 限定结果集的大小和范围,count 指定返回记录的最大数量,offset 指定偏移的记录数。

在上述的 SELECT 命令通用形式中,除 SELECT 外,所有的子句都是可选的。目前最常用的 SELECT 命令由三个子句组成:SELECT、FROM、WHERE,其基本语法形式如下:

SELECT heading FROM tables WHERE predicate;

比如,要查询刚才插入的记录,便可以使用如下的语句完成:

SELECT studentId, studentName, studentAge FROM tab_student WHERE studentId = 1;

至此,我们介绍了 SQL 中最基本和最常用的 CREATE、INSERT、UPDATE、DELETE 和 SELECT 命令。当然,这里只是对其进行了简单的介绍,下面请看与 SQLite 相关的基础知识。

7.2 SQLite 数据库简介

7.2.1 SQLite 数据库概况

SQLite 是一款开源的、嵌入式关系型数据库,是遵守 ACID 的关联式数据库管理系统。它的设计目标是嵌入式的,而且目前已经在很多嵌入式产品中使用。它占用的资源非常少,在嵌入式设备中,可能只需要几百 KB 的内存就够了。它能够支持 Windows/Linux/Unix 等主流的操作系统,同时能够跟很多程序语言相结合,比如 Tcl、C#、PHP、Java 等,还有 ODBC 接口,与 Mysql、PostgreSQL 这两款世界著名的开源性数据库管理系统相比,它的处理速度比它们都快。SQLite 的第一个 Alpha 版本诞生于 2000 年 5 月,至今已经有 14 年,SQLite 的一个新版本 SQLite 3 已经发布。SQLite 在便携性、易用性、紧凑性、高效性和可靠性方面有着突出的表现。

7.2.2 SQLite 数据库特征

SQLite 数据库是 D. Richard Hipp 用 C 语言编写的开源嵌入式数据库,支持的数据库大小为 2TB。它具有如下特征。

1. 轻量级

SQLite 和 C\S 模式的数据库软件不同,它是进程内的数据库引擎,因此不存在数据库的客户端和服务器。使用 SQLite 一般只需要带上它的一个动态库,就可以享受它的全部功能,而且那个动态库的尺寸也相当小。

2. 独立性

SQLite 数据库的核心引擎本身不依赖第三方软件,使用它也不需要"安装",所以在使用的时候能够省去不少麻烦。

3. 隔离性

SQLite 数据库中的所有信息(比如表、视图、触发器)都包含在一个文件内,方便管理和维护。

4. 跨平台

SQLite 数据库支持大部分操作系统,除我们在电脑上使用的操作系统外,在很多手机操作系统上同样可以运行,比如 Android、Windows Mobile、Symbian、Palm 等。

5. 多语言接口

SQLite 数据库支持很多语言编程接口,比如 C\C + +、Java、Python、dotNet、Ruby、Perl 等,得到很多开发者的喜爱。

6. 安全性

SQLite 数据库通过数据库级上的独占性和共享锁来实现独立事务处理。这意味着多个进程可以在同一时间从同一数据库读取数据,但只有一个可以写入数据。在某个进程或线程向数据库执行写操作之前,必须获得独占锁定。在发出独占锁定后,其他的读或写操作将不会再发生。

7.2.3　SQLite 支持的数据类型

SQLite 采用动态数据存储类型,会根据存入的值自动进行判断。SQLite 支持以下五种基本数据类型:

(1)NULL:空值;

(2)INTEGER:带符号的整型;

(3)REAL:浮点型;

(4)TEXT:字符串文本;

(5)BLOB:二进制对象;

7.3　SQLiteOpenHelper 类

7.3.1　SQLiteOpenHelper 类简介

Android 提供 SQLite 内嵌式数据库,常用于各种掌上设备,非常小巧,而又功能强大,几乎所有数据都可以用数据库来管理。在 Android 应用程序中使用 SQLite,必须自己创建数据库,然后创建表、索引,填充数据。

Android 提供了一个重要的类 SQLiteOpenHelper,用于辅助用户对 SQLite 数据库进行操作。方法是继承 SQLiteOpenHelper 类,就可以轻松地创建用户自己的数据库。SQLiteOpenHelper 类根据开发应用程序的需要,封装了创建和更新数据库使用的逻辑。

7.3.2　SQLiteOpenHelper 类使用方法

首先,打开 Eclispe SDK 软件,找到其他工程中的名为 MySQLiteOpenHelper.java 的文件夹(数据库包,注意:有的不是这个名称,可能是别的自定义名称,如 ToDoDB.java),直接点击右键,复制里面所有 Java 文件后,再点击自己创建的工程的包名(如图7-1 所示,测试软件的包名为 src\wuaz.database),选择右键直接粘贴,即可自动加入到本工程。然后创建自己的类,如 ToDoDB,如图 7-1 所示为添加以后的效果。

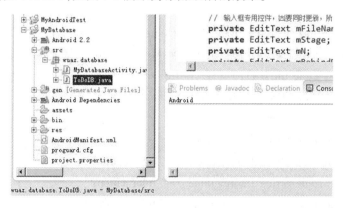

图 7-1　添加自定义数据库

7.4 SQLite 数据库操作示例

7.4.1 界面布局设计

在窗口中添加几个按钮控件,如图 7-2 所示。

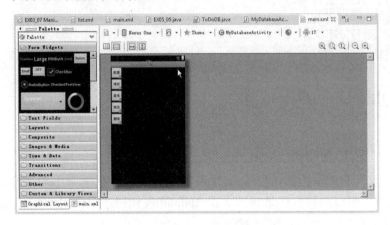

图 7-2 测试数据库界面

7.4.2 自定义数据库类

ToDoDB. java 文件:

```java
package wuaz. database;
import android. content. ContentValues;
import android. content. Context;
import android. database. Cursor;
import android. database. sqlite. SQLiteDatabase;
import android. database. sqlite. SQLiteOpenHelper;
// 数据库
public class ToDoDB extends SQLiteOpenHelper {
    private final static String DATABASE_NAME = "WorkFileName";
    private final static int DATABASE_VERSION = 1;
    private final static String TABLE_NAME = "MyLevelTable";
    public final static String f_id = "f_id";
    public final static String ID = "ID";
    public final static String Information1 = "Information1";
    public final static String Information2 = "Information2";
    public final static String Information3 = "Information3";
    public final static String Information4 = "Information4";
```

```java
public final static String FrontName = "FrontName";
public final static String Remark = "Remark";
//public final static String FIELD_TEXT1 = "todo_text";
public ToDoDB(Context context) {
    super(context, DATABASE_NAME, null, DATABASE_VERSION);
}
@ Override
public void onCreate(SQLiteDatabase db) {
String sql = "CREATE TABLE " + TABLE_NAME + " (" + f_id + " INTEGER
primary key autoincrement, " + " " + ID + " nchar(4)," + Information1 + " nchar
(16)," + Information2 + " nchar(16)," + Information3 + " nchar(16)," +
Information4 + " nchar(16)," + FrontName + " nvarchar(16)," + Remark +
" nvarchar(16)" + ")";
    db. execSQL(sql);
}
@ Override
public void onUpgrade(SQLiteDatabase db, int oldVersion, int newVersion) {
    String sql = "DROP TABLE IF EXISTS " + TABLE_NAME;
    db. execSQL(sql);
    onCreate(db);
}
public Cursor select (String table, String [ ] columns, String selection, String [ ]
selectionArgs, String groupBy, String having, String orderBy) {
    SQLiteDatabase db = this. getReadableDatabase();
    Cursor cursor = db. query(table, columns, selection, selectionArgs, groupBy,
having, orderBy);
    return cursor;
}
public long insert(String table, String fields[], String values[]) {
    SQLiteDatabase db = this. getWritableDatabase();
    ContentValues cv = new ContentValues();
    for (int i = 0; i < fields. length; i++)
    {
    cv. put(fields[i], values[i]);
    }
    return db. insert(table, null, cv);
}
public int delete(String table, String where, String[] whereValue) {
```

· 239 ·

```java
        SQLiteDatabase db = this. getWritableDatabase();
        return db. delete(table, where, whereValue);
    }
public int update(String table, String updateFields[ ],String updateValues[ ], String
where, String[ ] whereValue) {
        SQLiteDatabase db = this. getWritableDatabase();
        ContentValues cv = new ContentValues();
        for (int i = 0; i < updateFields. length; i + +)
        {
            cv. put(updateFields[i], updateValues[i]);
        }
        return db. update(table, cv, where, whereValue);
    }
}
```

7.4.3 测试数据库源码

MyDatabaseActivity. java 文件:

```java
package wuaz. database;
import android. content. DialogInterface;
import android. database. Cursor;
import android. database. sqlite. SQLiteCursor;
import android. graphics. Color;
import android. app. Activity;
import android. app. AlertDialog;
import android. app. AlertDialog. Builder;
import android. os. Bundle;
import android. view. View;
import android. widget. Button;
import android. widget. EditText;
import android. widget. TextView;
import android. widget. Toast;
public class MyDatabaseActivity extends Activity {
    /* * Called when the activity is first created. */
    // [数据库变量]
    private ToDoDB myToDoDB;
    private Cursor myCursor;
    //private MySQLiteOpenHelper dbHelper = null;
    private int myVersion = 1;
```

```java
    private String tables[] = { "MyLevelTable" }; // 表名
    private String fieldNames[][] = {
    { "f_id", "ID", "Information1", "Information2", "Information3", "Infor
mation4", "FrontName", "Remark" } // id 由系统指定,从 name 开始使用,不输入 ID
号。
    };
    private String fieldTypes[][] = {
        { "INTEGER PRIMARY KEY AUTOINCREMENT", "nchar(4)", "nchar
(16)", "nchar(16)", "nchar(16)", "nchar(16)", "nvarchar(16)", "nvarchar
(16)"} // 自动加1;
    };
    private Button mNew;
    private Button mAdd;
    private Button mAsk;
    private Button mchange;
    private Button mDelete;
    // 显示结果对话框
    public void MessageBox(String MyMessage) {
        Toast.makeText(this, MyMessage, Toast.LENGTH_SHORT).show();
    }

    // 显示结果对话框
    public void MessageBox1(String title, String MyMessage) {
        Builder builder = new AlertDialog.Builder(MyDatabaseActivity.this);
        builder.setTitle(title);
        builder.setIcon(android.R.drawable.ic_dialog_info);
        builder.setMessage(MyMessage);
        builder.setPositiveButton("确定", new DialogInterface.OnClickListener() {
            @Override
            public void onClick(DialogInterface dialog, int which) {
            }
        });
        //builder.setNegativeButton("取消", null);
        builder.show();
    }
    // 初始化数据库
    private void ResetDataBase() {
        myToDoDB = new ToDoDB(this);
    }
```

// 新建或增加数据库数据

```java
public void AddDatabase (String ID, String IF1, String IF2, String IF3, String IF4, String FN, String RM) {
    String f2[] = { "ID", "Information1", "Information2", "Information3", "Information4", "FrontName", "Remark" }; // id 由系统指定,从 name 开始使用,不输入 ID 号。
    String v[] = { "0001", "1111", "2222", "3333", "4444", "前尺点名", "备注" };
    // 更新数据
    v[0] = ID; v[1] = IF1; v[2] = IF2; v[3] = IF3; v[4] = IF4; v[5] = FN; v[6] = RM;
    long rowid = myToDoDB.insert(tables[0], f2, v); // 表名,字段,值
    if(myToDoDB! = null && myToDoDB.getReadableDatabase().isOpen())
    {
        myToDoDB.close();
    }
    //else MessageBox1("error","ID = " + ID);
}
```

// 查询数据库数据,不输出 ID 号。

```java
public String AskDatabase(int N) {
    String f[] = { "f_id", "ID", "Information1", "Information2", "Information3", "Information4", "FrontName", "Remark" };    // 字段名 – ID 号
    String[] selectionArgs = { "0001" };  // 字段初值
    // 查询值
    String ch = Integer.toString(10000 + N); ch = ch.substring(1,1+4);//格式化字符串
    selectionArgs[0] = ch; // 字段实际值
    Cursor c = myToDoDB.select(tables[0],f,"ID = ?",selectionArgs,null,null,null);
    // 查询结果
    String strRes = "",fn = "",rm = "",Information = "";
    while (c.moveToNext())
    {
        fn = c.getString(6) + "                    "; fn = fn.substring(0,0+16);
        rm = c.getString(7) + "                    "; rm = rm.substring(0,0+16);
        Information = c.getString(5) + c.getString(4) + c.getString(3) + c.getString(2) + fn + rm;
    }
    //MessageBox1("查询结果",Information);
```

```
                return  Information;
            }
        // 查询数据库数据,输出 ID 号。
        public  String  AskDatabaseID( int  N )   {
                String  f [ ]   =   {  " f _ id " ,  " ID " ,  " Information1 " ,  " Information2 " ,
" Information3 " ,  " Information4 " ,  " FrontName " ,  " Remark " } ;        // 字段名-ID 号
                String [ ]  selectionArgs  =   {  "0001" } ;   // 字段初值
                // 查询值
                String  ch  =  Integer. toString( 10000 + N ) ; ch = ch. substring( 1 ,1 + 4 ) ;  //
格式化字符串
                selectionArgs[ 0 ]   =  ch; // 字段实际值
                 Cursor  c  =  myToDoDB. select ( tables [ 0 ] ,  f,  " ID = ?" ,  selectionArgs ,
null,  null,  null) ;
                // 查询结果
                String  strRes  =   "" ,fn = " " ,rm = " " ,Information = " " ;
                while  ( c. moveToNext( ) )
                {
                  fn = c. getString( 6 ) + "                         " ; fn = fn. substring( 0 ,0 + 16 ) ;
                  rm = c. getString( 7 ) + "                         " ; rm = rm. substring( 0 ,0 + 16 ) ;
                    // 包含 ID 号
                   Information = c. getString( 1 ) + c. getString( 5 ) + c. getString( 4 ) + c. getString
( 3 ) + c. getString( 2 ) + fn + rm;
                }
                //MessageBox1( "查询结果" ,Information) ;
                return  Information;
            }
        // 修改数据库数据
        public  void  ChangeDatabase( int  N )   {
            //只填需要修改的项目
            String[ ]updateFields  = { " Information1 " ,  " Information2 " ,  " Information3 " ,
" Information4 " } ;
                String[ ]  updateValues  =  {  "1234" ,  "1234" ,  "1234" ,  "1234" } ;
                String  ch  =  Integer. toString( 10000 + N ) ; ch = ch. substring( 1 ,1 + 4 ) ;  //
格式化字符串
                String  where  =   "ID = ?" ;
                String[ ]  whereValue  =  {  "0001" } ;  // 按 ID 号删除
                whereValue[ 0 ]   =  ch; // 字段实际值
                int  intCol  =  myToDoDB. update( tables [ 0 ] ,  updateFields,  updateValues,
```

```
where， whereValue）；
        }
        // 删除数据库数据
        public void DeleteDatabase（int N）  {
            String ch = Integer. toString（10000 + N）； ch = ch. substring（1,1 +4）；
// 格式化字符串
            String where = "ID = ?"；
            String[ ] whereValue = { "0001" }； // 按 ID 号删除
            whereValue[0] = ch； // 字段实际值
            int intCol = myToDoDB. delete（tables[0]， where， whereValue）；
        }
        @ Override
        public void onCreate（Bundle savedInstanceState）  {
            super. onCreate（savedInstanceState）；
            setContentView（R. layout. main）；
            // "新建"按钮响应
            mNew = （Button）this. findViewById（R. id. button1）；
            mNew. setOnClickListener（new Button. OnClickListener（）  {
            @ Override
            public void onClick（View v）  {
                    // 初始化数据库
                    ResetDataBase（）；  MessageBox1（"初始化数据库"，"ok"）；
                }
            }）；
            // "增加"按钮响应
            mAdd = （Button）this. findViewById（R. id. button2）；
            mAdd. setOnClickListener（new Button. OnClickListener（）  {
            @ Override
            public void onClick（View v）  {
                    AddDatabase（"0001" , "Information1"，"Information2"，"Information3" ,
"Information4"，"FrontName"，"Remark"）；
                    MessageBox1（"增加"，"ok"）；
                }
            }）；
            // "查询"按钮响应
            mAsk = （Button）this. findViewById（R. id. button3）；
            mAsk. setOnClickListener（new Button. OnClickListener（）  {
                @ Override
```

```
public  void  onClick( View  v)    {
        // 先查出测段号,记录再删除。
        int  myID = 1;    String  buff1 = AskDatabaseID( myID);
        MessageBox1( "查询结果" ,buff1);
    }
});
// "修改"按钮响应
mchange  =  ( Button) this. findViewById( R. id. button4);
mchange. setOnClickListener( new  Button. OnClickListener( )    {
    @ Override
    public  void  onClick( View  v)     {
        ChangeDatabase( 0001);  MessageBox1( "修改" ,"ok");
    }
});
// "删除"按钮响应
mDelete  =  ( Button) this. findViewById( R. id. button5);
mDelete. setOnClickListener( new  Button. OnClickListener( )    {
    @ Override
    public  void  onClick( View  v)     {
        // 删除数据库数据
        DeleteDatabase( 0001);  MessageBox1( "删除" ,"ok");
    }
});
    }
}
```

7.4.4　显示测试结果

显示测试结果,如图 7-3 ~ 图 7-5 所示。

7.4.5　布局文件源码

main. xml 文件:

```
< ? xml version = "1. 0" encoding = "utf - 8" ? >
< LinearLayout
   xmlns:android = "http://schemas. android. com/apk/res/android"
   android:orientation = "vertical"
   android:layout_width = "fill_parent"
   android:layout_height = "fill_parent" >
       < Button android:text = "新建" android:id = "@ + id/button1"
```

图 7-3　显示测试数据库结果一

图 7-4　显示测试数据库结果二

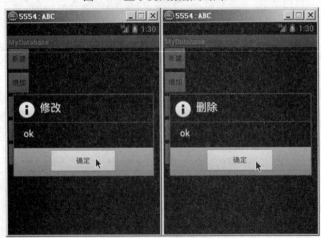

图 7-5　显示测试数据库结果三

android:layout_width = "wrap_content" android:layout_height = "wrap_content" > </Button >

 < Button android:text = " 增加" android:id = "@ + id/button2"

android:layout_width = "wrap_content" android:layout_height = "wrap_content" > </Button >

 < Button android:text = " 查询" android:id = "@ + id/button3"

android:layout_width = "wrap_content" android:layout_height = "wrap_content" > </Button >

 < Button android:text = " 修改" android:id = "@ + id/button4"

android:layout_width = "wrap_content" android:layout_height = "wrap_content" > </Button >

 < Button android:text = " 删除" android:id = "@ + id/button5"

android:layout_width = "wrap_content" android:layout_height = "wrap_content" > </Button >

< /LinearLayout >

7.4.6 AndroidManifest. xml 文件

< ? xml version = "1.0" encoding = "utf - 8" ? >

< manifest xmlns:android = "http://schemas. android. com/apk/res/android"

  package = "wuaz. database"

  android:versionCode = "1"

  android:versionName = "1.0" >

 < uses - sdk android:minSdkVersion = "7" / >

 < application android:icon = "@ drawable/icon" android:label = "@ string/app_name" >

  < activity android:name = ". MyDatabaseActivity"

   android:label = "@ string/app_name" >

   < intent - filter >

    < action android:name = "android. intent. action. MAIN" / >

    < category android:name = "android. intent. category. LAUNCHER" / >

   < /intent - filter >

  < /activity >

 < /application >

< /manifest >

第8章 安卓水准记录操作指南

8.1 系统设计

8.1.1 系统功能设计

目前,安卓操作系统产品越来越普及,比如手机、平板电脑等,其功能强大,操作方便,简单实用,价格不贵。最主要的动力是它采用了开源性操作系统,越来越多的软件开发人员加入开发队伍,使其迅速在各行业推广应用,渐渐替代其他系列掌上电脑,而成为主流产品。由于生产的需要,作者经过三个多月的努力,终于开发出了一款适用于安卓手机和平板电脑使用的水准记录软件,开发平台为 Android2.1~2.3 版及以上。

本系统采用 Java 和 SQLite 内嵌式数据库联合开发,安装包大小为88KB,操作简单,使用方便,可随时检查 i 角并记录保存。可记录二、三、四等和等外水准,各项限差设置根据水准记录的等级已预设好,并可根据需要修改。根据水准测量规范要求的观测顺序,自动移动光标位置,并进行测站数据是否超限检查。如果出现超限会提示用户,合格时会出现"走 – OK"提示。如果为偶数站,会提示用户输入前尺点名,同时记录按钮自动由红色变为绿色,允许用户记录。

另外,可随时点击"保存"按钮保存数据。数据后处理使用由作者开发的空间数据处理系统 3.4 版软件,自动生成电子表格手簿或文本手簿,自动生成清华山维和武测科傻及南方平差易平差数据文件。

图 8-1 安卓版水准记录界面设计

8.1.2 主界面设计

在面板中找到"Level",点击运行即可。本程序主要有以下几个功能菜单:文件、设置、操作、检查、处理、帮助。运行主界面如图8-1所示。

8.1.3 APK 安装方法

软件安装前,请先设置手机或平板电脑。打开 Android 手机设置菜单,进入应用程序设置,勾选"未知来源"选项,然后进入开发设置,勾选"USB 调试"选项(注:默认只能安装安卓超市发布的官方软件,安装自己开发的软件,必须选勾选"未知来源"),再把水准记录软件 level. apk 复制到你的 SD 卡中(注:SD 卡中自带有 APK 安装器),打开 APK 安装器,找到该文件,点击安装即可自动完成。

8.1.4　设置测段信息

在建立新文件前,必须首先设置好各项限差和其他信息,然后才能观测。有些设置不允许改变,如观测方向、测站限差、尺常数。有些允许改变,如观测条件、测区名称、观测者、记录者等。设置尺常数时,如 4687,4787 为往测,当进行返测时,必须调换标尺,尺常数不需要改为 4787,4687,系统会自动判断,只需要选择观测方向为"返测"即可。

8.1.5　设置保存模式

在系统启动时,默认为手动保存模式,只有在用户按左下角"保存"按钮时,系统才保存观测记录和测站设置信息等。为了方便用户使用,系统提供了自动保存模式。如果选中该功能,左下角的保存字符会自动变为红色。在每站观测数据记录完毕时,自动进行保存,但只保存数据库数据,不保存测站信息,用户在退出系统前,可手动保存。如果不保存,系统会提示你进行保存。图 8-2 为设置保存模式界面。

图 8-2　设置保存模式界面

8.2　文件操作

8.2.1　新建文件

由于不同等级有不同的限差要求,并且往返观测的顺序也不尽相同,所以在新建文件前,必须首先设置好各项参数,如测段信息、观测条件、限差设置等,然后才能新建文件。建立新文件后,除了观测条件和测区名称可以更改,其他设置均不允许修改。允许修改的项,系统会自动变为有效,凡为无效的项(深灰色显示)均不用修改,如图 8-3 和图 8-4 所示。

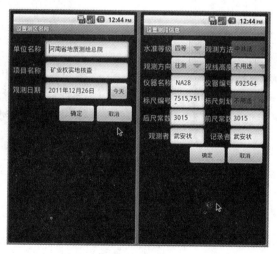

图 8-3　设置测区名称和测段信息

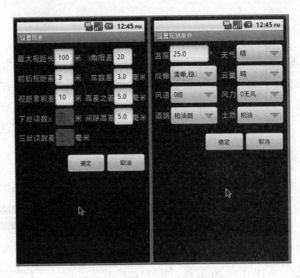

图 8-4　设置限差和观测条件

各项限差设置好后,可打开菜单,点击手机上的"MENU"键,若没有"MENU"键,屏幕右上角有相应图标,或有三排小圆点代替,则菜单自动显示在下方,如图 8-5 所示。

点击"文件"菜单,选择新建文件,出现如图 8-6 所示的界面。

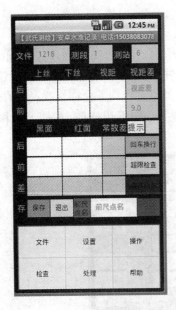

图 8-5　打开水准记录程序菜单

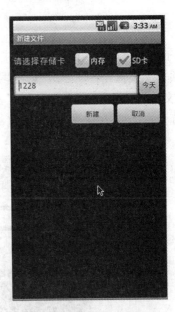

图 8-6　新建文件对话框

首先选择存储位置:内存或者 SD 卡,如果 SD 卡存在的话,最好选择 SD 卡,输入点名,或按右边的"今天"按钮,系统会自动把当前日期作为文件名称,点击"新建"按钮后出现如图 8-7 所示的对话框。

输入完后尺点名后,则回到主界面,如图 8-8 所示。

图 8-7 输入后尺点名

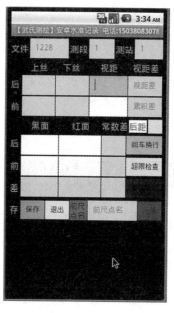

图 8-8 水准记录主界面

输入文件名称后,则开始进入记录状态,新建工程时,系统默认为第一测段。

8.2.2 新建测段

当水准测量告一段落,到达已知点,或到达设计点时,可结束当前测段,另起一段,也可接着观测,由用户自行选择。当本测段完成后,可以结束当前测段,新建一个测段,继续观测,也可以新建文件。如果本测段为奇数站,则不允许结束,提示继续观测。新建测段观测方向不变,如果想改变观测方向,即由往测转为返测,或由返测转为往测,则必须新建文件。图 8-9 为新建测段提示。

8.2.3 打开文件

如果一项工作没有完成,则可随时保存文件,然后退出系统。在下次观测的时候直接打开文件,即可接着观测记录。打开文件成功后,视距累积差会显示在当前窗口内(见图 8-10)。每项工程同时保存成两个同名文件,第一个为数据库文件(∗.sdf),第二个为配置文件(∗.cfg),在打开时一并读入配置信息。如果配置文件出错,则可重新配置,然后再保存一次即可。

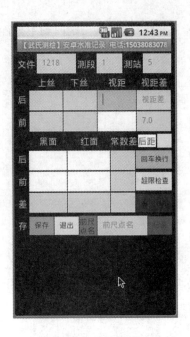

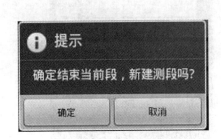

图 8-9 新建测段提示　　　　　　　　　图 8-10 打开文件

注意:在打开文件的同时,所有设置自动恢复,原有设置不再有效。此时,若要新建文件,则各项设置保持现有状态不变,比如说等级、尺常数等。

8.2.4 保存文件

为了有效地保护观测数据,随时可以保存文件,点击左下角的"保存"按钮,系统自动保存工程,包括数据库文件和配置文件,其名称相同,但后缀不同,以备下次打开继续观测或输出数据。保存完毕,在屏幕下方出现"保存完毕!"的提示(见图8-11),约两秒钟自动消失。

注:记录功能只负责更新数据库内容,不负责保存文件,如果需要保存,必须点击"保存"按钮。如果退出系统前忘记保存,系统会出现如图8-12所示的提示。

如果需要保存,则点击"确定"即自动保存,否则按"取消"即可。

8.2.5 另存文件

把当前工程文件(其扩展名为".sdf"的数据库文件和".cfg"的配置文件)备份为另一文件名,以更有效保护野外观测数据。备份时同时备份数据库文件和配置文件。图8-13为另存文件的界面。

备份完毕,当前文件名称不变,仍为当前工作文件,备份的文件只作备用。如果没有打开任何文件,则系统会提示先打开文件,然后才能进行备份。

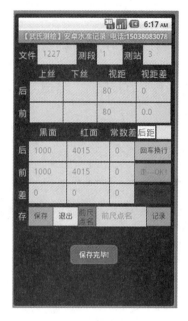

图 8-11 保存文件

图 8-12 文件已改变提示

8.2.6 删除测段

当观测过程中出现意外情况,没有到达任何固定点或临时点,用退 N 站无法解决问题时,继续观测已没有任何意义,可删除本测段,然后重新开始记录。图 8-14 为删除测段提示。

图 8-13 另存文件

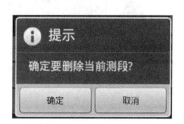

图 8-14 删除测段提示

8.2.7　删除文件

如果你的内存有限或 SD 卡已存满，无法继续记录时，可选择删除已经作废的文件，以增加内存空间。删除文件对话框如图 8-15 所示。

注意：删除文件不再提示确认，选中文件名称后直接删除。若删除成功，系统会提示已删除的文件名称（见图 8-16）。

图 8-15　删除文件对话框

图 8-16　删除文件成功提示

8.2.8　退出系统

当前工作结束时，可先保存当前文件，然后退出系统，返回待机状态。如果测站数据改变而没有及时保存，系统会出现如图 8-17 所示的提示。

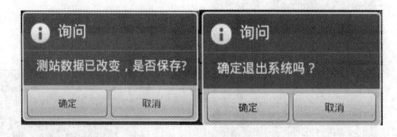

图 8-17　退出系统提示

8.3　数据处理

8.3.1　i角检查

本系统提供两种 i 角检查方式,按国家水准测量规范附录中第一种或第二种方法检查 i 角。检查结果超过限差(二、三等为 15″,四等、等外为 20″)时系统会提示。将检查数据保存成特定的数据文件,文件名为_ichk. mdb。按提示要求依次输入 16 个读数:首先是 J1 测站 A 尺四次读数,B 尺四次读数,然后是 J2 测站 A 尺四次读数,B 尺四次读数。测微法以 0. 01 mm 为单位(六位数),三等中丝法和四等、等外以毫米为单位(四位数),输入完毕后,自动显示计算结果。i 角检查界面如图 8-18 所示。

第一测站数据输入完毕,请点击右下角的"继续"键,进行第二测站观测,按"继续"键则标题更名为"计算"(见图 8-19),全部输入完毕后,再次点击该键,系统开始计算,如果不超限,会提示 i 角观测结果(见图 8-20),并把检查数据记录到指定文件中。

图 8-18　i 角检查

图 8-19　输入观测读数

图 8-20　显示 i 角检查结果

如果在观测过程中不想继续检查,可按"中断退出"键,返回到原来状态。

8.3.2 测站记录

输入文件名称后,则开始进入记录状态。如图8-21所示,最上边一排显示内容:当前文件名称,当前测段,测站序号。图上淡蓝色框代表当前输入位置。输入完毕,点击回车换行,光标自动跳到下一个框内继续等待用户输入。如果忘了观测操作顺序,中间有提示,如中间一排的白底红字"后距",表示应该观测后距。右边小黄色方框为关闭输入法。

8.3.3 超限检查

各项数据输入完毕,点击"超限检查"功能键(见图8-22),进行数据符合性检查。如果各项数据均符合要求,则超限检查字符会自动变成绿色,并显示"走-OK"字样,记录按钮自动由红色变为绿色,如图8-22所

图8-21 测站记录

示。此时,如果为偶数站,提示用户输入前尺点名(见图8-23),再按"记录"即可保存当前测站数据,转入下一个测站。如果本站没有到达观测点,则不用输入点名,直接跳过。

如果出现超限情况,则会提示用户,如图8-24和图8-25所示。

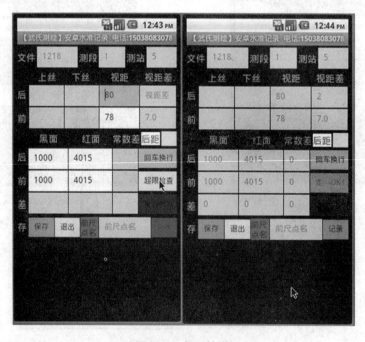

图8-22 超限检查

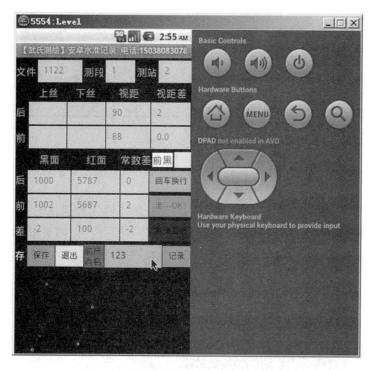

图 8-23　数据符合要求时输入前尺点名

图 8-24　数据超限检查结果一

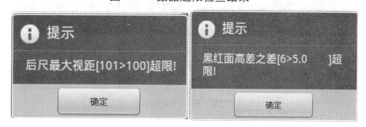

图 8-25　数据超限检查结果二

8.3.4　退一站

当观测记录过程中出现意外情况时,可以用退一站来处理。执行退一站命令时,系统会提示确认(见图 8-26),并重新统计前后视距累积差等信息。当仅有一站时禁止退站,此命令无效。

退站完毕,接着观测即可。

图 8-26 退一站提示

8.3.5 退 N 站

当退一站不能解决问题时,可采用退 N 站来处理。输入要退站的点名,如果找到指定点名,则退站成功,从退站点重新接测;如果找不到退站点名,则显示"查无此点,请重新输入!",可退到更前一站来接测或删除本段;如果退站点名同名,即有两个以上名称相同时,则从第一站开始查找,找到为止,然后删除后面所有测站数据。相关界面如图 8-27和图 8-28 所示。

图 8-27 退 N 站提示与输入退站点名

图 8-28 退 N 站处理结果

8.3.6 数据恢复

在观测过程中,系统会随时保存观测记录到指定地方,不管用户是否按"保存"键。当系统出现意外情况而又没有及时保存时,可用此功能进行数据恢复。如果数据库文件和配置文件同时存在,则可以成功恢复。如果数据库文件存在而配置文件不存在,也可以恢复,但必须重新进行设置,再保存一次即可。数据恢复界面如图 8-29 所示。

图 8-29　数据恢复

8.3.7　统改点名

如果点名输入错误,可以进行统改。不管是起始点还是其他点,在打开文件的情况下,点击统改点名功能,出现如图 8-30 所示的对话框。

图 8-30　统改点名

如果查到点名,则进行替换,并显示修改结果,如图 8-31 所示。

如果查不到输入的点名,则显示错误信息,如图 8-32 所示。

图 8-31　修改点名完毕提示

图 8-32　修改点名失败提示

8.3.8　查询测站

查询测站用于对某测站数据进行查询,包括点名和测站数据,但只能查询,不能修改。其用于手机出故障时一站一站地把数据调出恢复,避免返工,加强对数据的安全保护等。查询方法如下:

打开数据文件,如图8-33所示,点击"查询测站"按钮,如鼠标所指的位置,便出现如图8-34所示的对话框。

图 8-33　查询测站

图 8-34　输入要查询的测站序号

输入欲查询的测站,中括号内为有效测站数据,则显示该测站的观测读数,如图8-35所示。

注意:查询时,只显示点名和测站数据,不更改文件名、测段、测站、视距累积差等内容,以防止出现意外情况。

8.3.9　输出数据

把水准记录数据转换为文本文件形式输出,以便进行后处理。后处理软件可用由作者开发的空间数据处理系统3.3版或升级版打开,可生成电子表格或文本文件手簿,清华山维和武测科傻及南方平差易格式平差文件。生成的测站数据文件为加密数据,禁止修改。其扩展名为".adl"(含义为 Android 系列软件中的 Level)。测站数据输出界面如图8-36所示。数据输出成功则出现如图8-37所示的提示。

图 8-35 显示查询结果

图 8-36 测站数据输出

图 8-37 数据输出成功提示

注意:输出数据时,最好存在 SD 卡上,否则在内存中可能无法调出文件。只需要把后缀为".adl"的文件复制出来即可。

8.4 注意事项

8.4.1 i 角检查注意事项

i 角检查有两种方法,可任选一种。选中此功能后,依次连续输入每个测站的前后视标尺的 8 个读数,然后按"继续"键,再输入下一测站的 8 个读数,此时"继续"键就会变成"计算"键,输入完毕后,点击"计算"键,会显示 i 角检查结果。如果 i 角超限则会提示,如果不超限则自动记录在相应文件内,根据需要可在打印手簿时一并输出。如果想中止 i 角检查,可点击"中断退出"键,返回原来状态。

注意:i 角检查后,数据一直在手机中保存,无法删除,随同输出数据时一并输出,但可以重新进行检查,覆盖原来数据。

8.4.2 尺常数及使用范围

(1)系统支持常见的尺常数:0,4687,4787,3015,30155,60650。尺常数和标尺刻划配套使用,如尺常数为60650的标尺刻划必须为0.5 cm,尺常数为30155的标尺刻划必须为1 cm。四等和等外不需选择标尺刻划。尺常数为0,表示电子水准仪。

(2)如果尺常数为负,系统原则上不会出现问题(没有经过测试)。如果有问题,可与作者联系。

(3)二等和三等测微法读数为五位数,三等中丝法、四等和等外读数为四位数,i角检查时二等和三等测微法读数为六位数。

8.4.3 常见问题处理方法

(1)如果无法安装程序,可能是你的安卓系统版本太低,解决办法是升级操作系统或更换手机。

(2)如果在记录过程中失去焦点,出现所有键均失去作用,或出现死机,没反应,则可重新打开文件,然后接着记录。

(3)如果屏幕突然转向,无法输入,这是因为重力感应,在观测前,可关闭此功能。如果不关闭,有可能在记录过程中,所有键盘失去焦点,而带来麻烦。

8.4.4 其他功能使用方法

(1)关闭输入法:在默认状态下点击文本框(屏幕中间右边黄色小方框)时,自动获得焦点,在下面显示输入法键盘,等待用户输入信息,输入完毕,可再次点击黄色小方框,自动关闭输入法。

(2)操作提示:正常观测输入时,系统会出现当前操作内容提示,提示该输入哪个数据,当观测人员突然不知该观测什么时,可提醒观测人员进行到哪个阶段。

(3)查询剩余电量,如图8-38所示。

(4)查询屏幕分辨率,如图8-39所示。

图8-38　剩余电量提示

图8-39　查询屏幕分辨率

8.4.5 其他补充说明

(1)关于记录测站数没有规定,测段数也没有规定,但最好按测段存储,每天一个文件比较科学,如果没有结束,第二天还可以接着记录。

(2)从理论上讲,测站数没有限制,只要能记录就行。有的用户习惯不好,所有的工作只用一个文件来记录,测站数达到好几百站,如果出现意外情况,就后悔莫及。因此,用户每个文件记录以不超过200站为宜,路线太长时应另建立一个新文件,以保证数据安全可靠,并能正常读出。

（3）一旦通过超限检查，则所有输入框自动变灰，不允许用户再修改数据，只能按"记录"按钮，如果此时想修改数据，则必须用退一站来解决。

（4）在系统执行新建文件、打开文件、退出等命令时，会自动检查数据库是否已改变，如果已改变，会提示你保存文件，否则不提示。

（5）工作数据库是由系统指定的特定数据库文件，每次记录后只更新工作数据库，不进行保存，在用户按了"保存"键后，才把工作数据库的数据复制到用户指定的文件中。

（6）如果系统出现意外故障，可随时打开文件，再重新输入本站数据。

（7）系统生成的文件为 UTF－8 模式，禁止用户修改任何数据，否则有可能读不出来信息，无法生成手簿和平差文件。

8.5　数据后处理

8.5.1　空间数据处理系统 3.4 版介绍

空间数据处理系统软件界面如图 8-40 所示。

图 8-40　空间数据处理系统软件界面

空间数据处理系统 3.4 版软件是由武安状教授开发的综合性测绘数据处理系统，开发历时 10 年，源代码 18 万行。该系统功能强大，操作方便，可直接对安卓水准原始记录进行后处理，并生成打印手簿和平差文件，供其他软件使用。

8.5.2　水准原始记录文件格式

由安卓版水准记录软件生成的结果文件，后缀为".adl"，文件头为测区信息、观测条件及点名信息等，后半部分为各测站数据原始记录。其原始记录是经过加密处理的，有效地防止了作业员随意修改数据的风险,增加了技术难度,所有测站数据全部经过加密并输出字符串,在用空间数据处理系统 3.4 版读入文件后,自动进行还原。格式如图 8-41 所示。

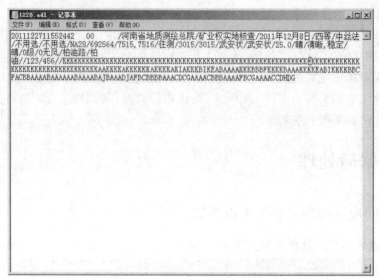

图 8-41 显示 adl 文件结果

8.5.3 UTF-8 文件格式转换方法

由于安卓软件生成的文件字符为 UTF-8 格式,不能直接被 VC 开发的软件识别,读出后是一堆乱码,因此需要转换成 ANSI 格式才能使用。转换方法如下(VC 源码):

```
// 读入 UTF-8 文件
CString CMyView::ReadUTF8StringFile(CString filename)
{
    CFile fileR; CString buff = "";
    if(fileR. Open(filename,CFile::modeRead|CFile::typeBinary))
    {
        // 判断头文件是否是 UTF-8 文本文件。
        BYTE head[3]; fileR. Read(head,3);
        if(! (head[0] = =0xEF && head[1] = =0xBB && head[2] = =0xBF))
        {
            fileR. SeekToBegin();
        }
        ULONGLONG FileSize = fileR. GetLength();
        char *  pContent = (char *)calloc(FileSize + 1,sizeof(char));
        fileR. Read(pContent,FileSize);
        fileR. Close();
        int n = MultiByteToWideChar(CP_UTF8,0,pContent,FileSize + 1,NULL,0);
```

```
        wchar_t * pWideChar = (wchar_t * )calloc(n + 1,sizeof(wchar_t));
        MultiByteToWideChar(CP_UTF8,0,pContent,FileSize + 1,pWideChar,n);
        buff = CString(pWideChar);//MessageBox(buff);
        free(pContent);
        free(pWideChar);
    }
    else
    {
        MessageBox(_T("无法打开文件:") + filename,_T("错误"),MB_ICONERROR |
MB_OK); return "";
    }
    return buff;
}
```

8.5.4 生成打印手簿

(1)水准记录手簿,见图 8-42。

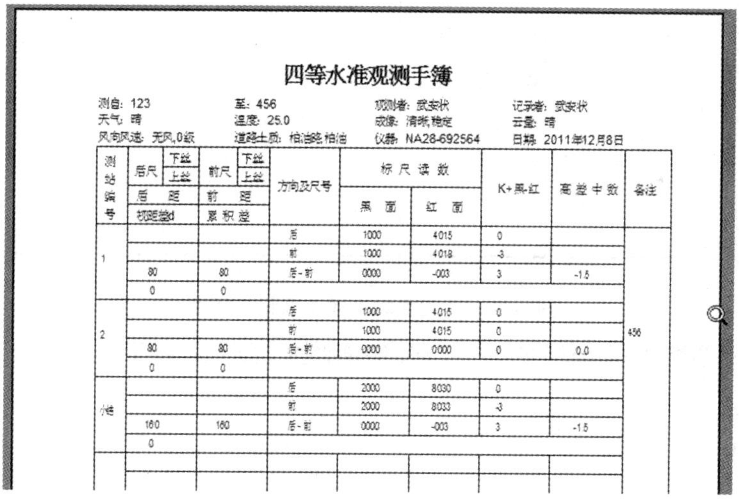

四等水准观测手簿

测自: 123　　至: 456　　观测者: 武安状　　记录者: 武安状
天气: 晴　　温度: 25.0　　成像: 清晰,稳定　　云量: 晴
风向风速: 无风,0级　　道路土质: 柏油路,柏油　　仪器: NA28-692564　　日期: 2011年12月8日

测站编号	后尺 下丝/上丝 后距 视距差d	前尺 下丝/上丝 前距 累积差	方向及尺号	标尺读数 黑面	标尺读数 红面	K+黑-红	高差中数	备注
1			后	1000	4015	0		
			前	1000	4018	-3		
	80	80	后-前	0000	-003	3	-1.5	
	0	0						
2			后	1000	4015	0		
			前	1000	4015	0		456
	80	80	后-前	0000	0000	0	0.0	
	0	0						
小结			后	2000	8030	0		
			前	2000	8033	-3		
	160	160	后-前	0000	-003	3	-1.5	
	0							

图 8-42　生成水准记录手簿

(2)电子表格手簿,见图 8-43。

(3)文本文件手簿,见图 8-44。

8.5.5 生成平差文件

(1)清华山维平差文件,见图 8-45。

(2)武测科傻平差文件,见图 8-46。

(3)南方平差易文件,见图 8-47。

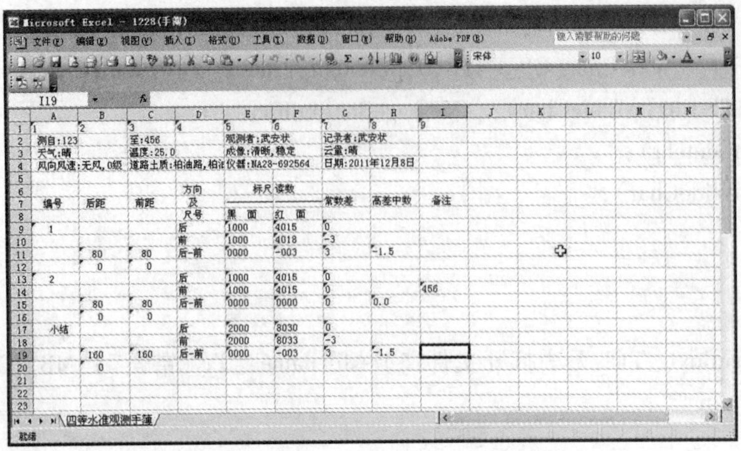

图 8-43 生成电子表格水准记录手簿

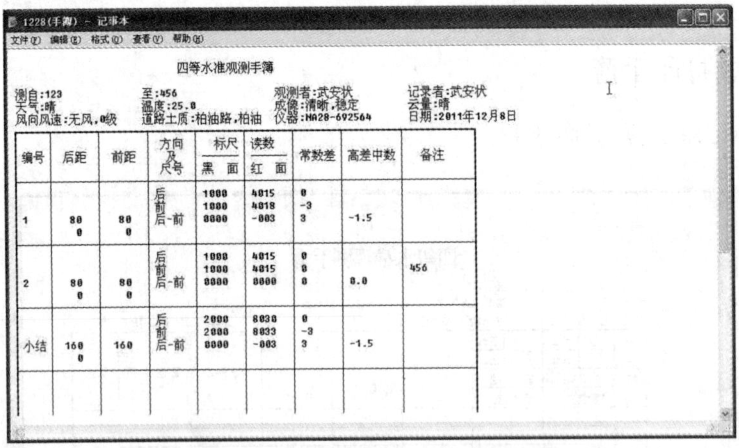

图 8-44 生成文本格式水准记录手簿

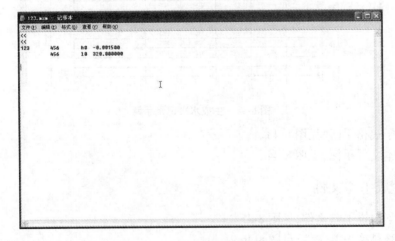

图 8-45 生成清华山维平差文件

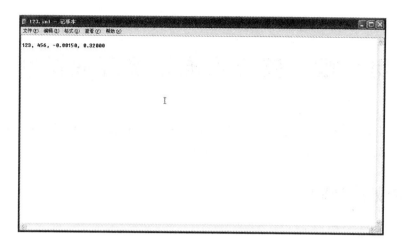

图 8-46　生成武测科傻平差文件

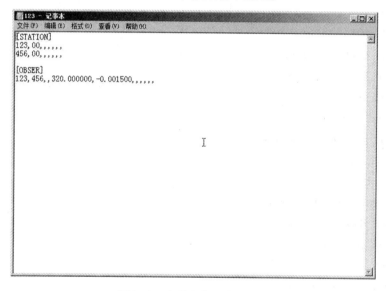

图 8-47　生成南方平差易文件

第9章　安卓水准记录源码详解

　　本章内容为作者开发的安卓水准记录的 LevelActivity. java 源代码,按功能模块分别进行详细注解,以利于读者理解与学习,灵活运用。

9.1　源文件开始

package Level. test;

import android. view. inputmethod. InputMethodManager;

import java. io. File;

import java. io. IOException;

import java. io. FileOutputStream;

import java. io. FileInputStream;

import android. os. StatFs;

import java. util. ArrayList;

import android. util. DisplayMetrics;

import java. util. List;

import java. util. Date;

import java. text. SimpleDateFormat;

import android. database. Cursor;

import android. graphics. Color;

import android. app. Activity;

import android. app. AlertDialog;

import android. app. AlertDialog. Builder;

import android. content. DialogInterface;

import android. os. Bundle;

import android. os. Environment;

import android. view. View;

import android. view. LayoutInflater;

import android. view. Menu;

import android. view. MenuItem;

import android. view. SubMenu;

import android. widget. Button;

import android. widget. TextView;

import android. widget. EditText;

```java
import android. widget. AdapterView;
import android. widget. Toast;
import android. widget. Spinner;
import android. widget. ArrayAdapter;
import android. widget. CheckBox;
import android. content. BroadcastReceiver;
import android. content. Context;
import android. content. Intent;
import android. content. IntentFilter;
import java. text. DecimalFormat;
import java. text. NumberFormat;
// 程序开始
public class LevelActivity extends Activity {
```

9.1.1 定义静态变量

```java
// 发送 Email 数据
private String[] strEmailReciver;
private String strEmailSubject;
private String[] strEmailCc;
private String strEmailBody ;
// 按钮控件
private Button mCheck;
private Button mRecord;
private Button mReturn;
private Button mSave;
private Button mAsk;
private Button mExit;
private Button mFont;
// 通用控件
private TextView mTextView;
// 输入框专用控件。
private TextView mMarkBlock; //"黑面/基本";
private TextView mMarkRed; //"红面/辅助";
private TextView mHint; //提示
// 通用控件
private EditText mEditText;
// 输入框专用控件。
private EditText mFileName;
```

```java
    private EditText mStage;
    private EditText mN;
    private EditText mBehindDistanceUp;
    private EditText mBehindDistanceDown;
    private EditText mBehindDistance;
    private EditText mFrontDistanceUp;
    private EditText mFrontDistanceDown;
    private EditText mFrontDistance;
    private EditText mD;
    private EditText mMD;
    private EditText mBehindBlock;
    private EditText mBehindRed;
    private EditText mFrontBlock;
    private EditText mFrontRed;
    private EditText mK1;
    private EditText mK2;
    private EditText mCC;
    private EditText mH1;
    private EditText mH2;
    private EditText mName;
    // 新建文件名称
    private EditText mNewFileName;
    // 复选框
    private CheckBox mMemory1, mMemory2;
    private CheckBox mSDCard1, mSDCard2;
    // 测区名称
    private EditText mUnitName;
    private EditText mItemName;
    private EditText mObserveDate;
    // 测段信息
    private EditText mInstrumentName;
    private EditText mRulerNumber;
    private EditText mBehindConstant;
    private EditText mObserver;
    private EditText mInstrumentNumber;
    private EditText mFrontConstant;
    private EditText mRecorder;
    private Spinner spinner_levelgrade_1 = null;
```
· 270 ·

```java
private Spinner spinner_goback_1 = null;
private Spinner spinner_method_1 = null;
private Spinner spinner_sight_1 = null;
private Spinner spinner_score_1 = null;
private ArrayAdapter < String > adapter_levelgrade_1;
private ArrayAdapter < String > adapter_goback_1;
private ArrayAdapter < String > adapter_method_1;
private ArrayAdapter < String > adapter_sight_1;
private ArrayAdapter < String > adapter_score_1;
// 限差设置
private EditText mMaxDistance;// 最大视距差
private EditText mDistanceDifference;//前后视距差
private EditText mTotalDistanceDifference; // 视距累积差
private EditText mDownCrossRead; // 下丝读数
private EditText mThreeCrossRead; // 三丝读数差
private EditText mIangle; // i 角限差
private EditText mBlockRedDifference; // 常数差
private EditText mDifferenceHeight; // 高差之差
private EditText mRestDifference; // 间隙高差之差
// 观测条件
private EditText mTemperature;
private Spinner spinner_weather_1 = null;
private Spinner spinner_imagine_1 = null;
private Spinner spinner_cloud_1 = null;
private Spinner spinner_windvelocity_1 = null;
private Spinner spinner_windforce_1 = null;
private Spinner spinner_road_1 = null;
private Spinner spinner_land_1 = null;
private ArrayAdapter < String > adapter_weather_1;
private ArrayAdapter < String > adapter_imagine_1;
private ArrayAdapter < String > adapter_cloud_1;
private ArrayAdapter < String > adapter_windvelocity_1;
private ArrayAdapter < String > adapter_windforce_1;
private ArrayAdapter < String > adapter_road_1;
private ArrayAdapter < String > adapter_land_1;
// 打开文件
private Spinner spinner_openfile_1 = null;
private ArrayAdapter < String > adapter_openfile_1;
```

```
private String SaveFileName = "";// 当前数据库名称
private String WorkFileName = "_0000.mdb";// 正在工作的内部数据库名称
private String BakeFileName = "_bake.mdb";// 备份文件,每站保存数据库,以便系统出现
异常时进行灾难恢复。
private String bakeconfigname = "_cofg.mdb";// 备份设置,以便系统出现异常时进行灾
难恢复。
private String icheckfilename = "_ichk.mdb";// i 角检查数据文件,设置文件后缀
".cfg",输出文件后缀".adl"。
private static int Nid = 1;// 本段总 ID 号,每个文件从 1 开始;
private static int CurrentID1 = 1;// 当前 ID 号,用于查找修改点名;
private static int CurrentID2 = 1;// 当前 ID 号,用于间歇观测;
private static int Nstage = 1;// 当前段数
private static int Nstation = 1;// 当前测站
private double TotalDifferenceHeight = 0;// 总高差
private double TotalDistance = 0;// 总距离
private double TMD = 0;// 总累积差
private double factor = 1.000;// 放大系数,如尺常数为 60650 的距离和高差均需要除以
2。以标尺刻划(0.5cm,1cm)为原则来判断。默认为四等,所以为 1。
//［测区名称］
private static String UnitName = "";// 单位名称  河南省地质测绘总院
private static String TeamName = "";// 项目名称  矿业权实地核查
private static String ObserveDate = "";// 观测日期  2011 年 12 月 18 日
//［测段信息］
private static String LevelGrade = "四等";// 水准等级
private static String GoBack = "往测";// 观测方向
private static String Method = "不用选";// 观测方法
private static String Sight = "三丝能读数";// 视线高
private static String Score = "不用选";// 标尺刻划
private static String InstructionName = "";// 仪器名称 NA28
private static String InstructionNumber = "";// 仪器编号 692564
private static String RulerNumber = "";// 标尺编号 7515,7516
private static String _BC = "4687";// 尺后常数 4687
private static String _FC = "4787";// 前尺常数 4787
private static String Observer = "";// 观测者武安状
private static String Recorder = "";// 记录者武安状
//［限差设置］
private static String _3cross = "不用选";// 三丝读数差
private static String _downCross = "不用选";// 下丝最低读数
```

```java
private static String _D = "100"; // 最大视距长度
private static String _dD = "3"; // 前后视距差限差
private static String _MD = "10"; // 视距累积差限差
private static String _dh = "3.0"; // 黑红面读数差
private static String _dhh = "5.0"; // 高差之差限差
private static String _dhR = "5.0"; // 间隙点高差之差
private static String _i = "20"; // i 角限差
// [观测条件]
private static String Tempature = "25.0"; // 温度
private static String Weather = "晴"; // 天气
private static String Imange = "清晰,稳定"; // 成像
private static String Cloud = "晴"; // 云量
private static String WindVelocity = "0 级"; // 风速
private static String WindFore = "0 无风"; // 风力
private static String Road = "柏油路"; // 道路
private static String Land = "柏油"; // 土质
// 后尺点名与前尺点名
private static String BehindName = ""; // 后尺
private static String FrontName = ""; // 前尺
private static String BackName = ""; // 退站点名
private static String Remark = ""; // 备注,第一站记录后尺点名,其他如退站等记录有关
信息。
private static String ObserveTime = ""; // 观测时间
private static String Information = ""; // 测站数据串
private static String Information1 = ""; // 测站数据串
private static String Information2 = ""; // 测站数据串
private static String Information3 = ""; // 测站数据串
private static String Information4 = ""; // 测站数据串
// 键盘显示状态开关
private static boolean keyshow = false; // 不显示;
// 检查与记录开关
private static boolean check_record = false; // 检查;
// 测站记录开关
private static boolean addflag = false; // 没有新数据标志;
// 记录当前站查询结果,便于修改数据。
private static String C_ID = "";
private static String C_Information1 = "";
private static String C_Information2 = "";
```

```java
private static String C_Information3  = " " ;
private static String C_Information4  = " " ;
private static String C_Stage  = " " ;
private static String C_Station  = " " ;
private static String C_BehindUp  = " " ;
private static String C_BehindDown = " " ;
private static String C_FrontUp = " " ;
private static String C_FrontDown = " " ;
private static String C_BehindBlock = " " ;
private static String C_BehindRed = " " ;
private static String C_FrontBlock = " " ;
private static String C_FrontRed = " " ;
private static String C_ObserveTime  = " " ;
private static String C_FrontName  = " " ;
private static String C_Remark  = " " ;
// 查询测站数据是否成功
private boolean askflag = false; // 如果成功则允许修改点名,否则不允许修改点名。
private boolean okflag  = false; // 操作成功标志,如果失败则提前退出。
// btnSave 键计算状态,共用。
private static String btnRecordState  = "记录";//记录,i 角检查;
private static String btnCheckState  = "超限检查";//超限检查,中断退出;
private static int Nicheck  = 0; // i 角检查次数;
private double B11  = 0; // 第一站后黑 1
private double B12  = 0; // 第一站后黑 2
private double B13  = 0; // 第一站后黑 3
private double B14  = 0; // 第一站后黑 4
private double A11  = 0; // 第一站前黑 1
private double A12  = 0; // 第一站前黑 2
private double A13  = 0; // 第一站前黑 3
private double A14  = 0; // 第一站前黑 4
private double B21  = 0; // 第二站后黑 1
private double B22  = 0; // 第二站后黑 2
private double B23  = 0; // 第二站后黑 3
private double B24  = 0; // 第二站后黑 4
private double A21  = 0; // 第二站前黑 1
private double A22  = 0; // 第二站前黑 2
private double A23  = 0; // 第二站前黑 3
private double A24  = 0; // 第二站前黑 4
```

· 274 ·

// 后距上、下、后黑、红常数等只读状态

```java
private static boolean state_BehindDistanceUp = false; // 后距上;
private static boolean state_BehindDistanceDown = false; // 后距下;
private static boolean state_BehindDistance = false; // 后距;
private static boolean state_FrontDistanceUp = false; // 前距上;
private static boolean state_FrontDistanceDown = false; // 前距下;
private static boolean state_FrontDistance = false; // 前距;
private static boolean state_BehindBlock = false; // 后黑;
private static boolean state_BehindRed = false; // 后红;
private static boolean state_FrontBlock = false; // 前黑;
private static boolean state_FrontRed = false; // 前红;
private static boolean state_Name = false; // 点名;
```

// 焦点

```java
private static boolean focus_BehindDistanceUp = false; // 后距上;
private static boolean focus_BehindDistanceDown = false; // 后距下;
private static boolean focus_BehindDistance = false; // 后距;
private static boolean focus_FrontDistanceUp = false; // 前距上;
private static boolean focus_FrontDistanceDown = false; // 前距下;
private static boolean focus_FrontDistance = false; // 前距;
private static boolean focus_BehindBlock = false; // 后黑;
private static boolean focus_BehindRed = false; // 后红;
private static boolean focus_FrontBlock = false; // 前黑;
private static boolean focus_FrontRed = false; // 前红;
private static boolean focus_Name = false; // 点名;
```

// 备份文本

```java
private static String text_FileName = ""; // 文件名;
private static String text_Stage = ""; // 测段;
private static String text_N = ""; // 测站;
private static String text_BehindDistanceUp = ""; // 后距上;
private static String text_BehindDistanceDown = ""; // 后距下;
private static String text_BehindDistance = ""; // 后距;
private static String text_D = ""; // 视距差;
private static String text_FrontDistanceUp = ""; // 前距上;
private static String text_FrontDistanceDown = ""; // 前距下;
private static String text_FrontDistance = ""; // 前距;
private static String text_MD = ""; // 视距累积差;
private static String text_BehindBlock = ""; // 后黑;
private static String text_BehindRed = ""; // 后红;
```

private static String text_K1 = ""; // 后尺常数差;

private static String text_FrontBlock = ""; // 前黑;

private static String text_FrontRed = ""; // 前红;

private static String text_K2 = ""; // 前尺常数差;

private static String text_H1 = ""; // 高差1;

private static String text_H2 = ""; // 高差2;

private static String text_CC = ""; // 常数差之差;

private static String text_Name = ""; // 点名;

// 间歇点高差

private double checkH1 = 0; // 原来间歇高差1

private double checkH2 = 0; // 原来间歇高差2

private double checkh1 = 0; // 新测间歇高差1

private double checkh2 = 0; // 新测间歇高差2

// 输入顺序

private String inputorder = ""; // 输入顺序,以判断当前该在哪个框内输入数字0~9。

// 公共变量,交换数据使用

private String copystring = ""; // 复制内容

private String leftchar = "", rightchar = ""; //数字输入时把字符串分成左右两个部分。

private static final String[] ArrayLevelGrade = {"二等", "三等", "四等", "等外"};

private int _LevelGradeInt = 2,_LevelGradeInt1 = 2; // 第3个为默认选项

private static final String[] ArrayGoBack = {"往测", "返测"};

private int _GoBackInt = 0,_GoBackInt1 = 0; // 第1个为默认选项

private static final String[] ArrayMethod = {"中丝法", "测微法", "不用选"};

private int _MethodInt = 0,_MethodInt1 = 0; // 第1个为默认选项

private static final String[] ArraySight = {"三丝能读数", "下丝视线高", "不用选"};

private int _SightInt = 2,_SightInt1 = 2; // 第3个为默认选项

private static final String[] ArrayScore = {"1cm", "0.5cm", "不用选"};

private int _ScoreInt = 2,_ScoreInt1 = 2; // 第3个为默认选项

private static final String[] ArrayWeather = {"晴", "云", "阴", "雨", "雾"};

private int _WeatherInt = 0,_WeatherInt1 = 0; // 第3个为默认选项

private static final String[] ArrayImagine = {"清晰,稳定", "清晰,微跳", "欠清晰,稳定", "欠清晰,微跳", "跳动略大,仍可观测"};

private int _ImagineInt = 0,_ImagineInt1 = 0; // 第3个为默认选项

private static final String[] ArrayCloud = {"晴", "少云", "多云", "阴"};

private int _CloudInt = 0,_CloudInt1 = 0; // 第3个为默认选项

private static final String[] ArrayWindVelocity = {"0级", "1级", "2级", "3级", "4级", "5级", "6级", "7级"};

private int _WindVelocityInt = 0,_WindVelocityInt1 = 0; // 第3个为默认选项

```java
private static final String[] ArrayWindForce = {"0 无风", "1 软风", "2 轻风", "3 微
风", "4 和风", "5 清风", "6 强风", "7 疾风", "8 大风"};
private int _WindForceInt = 0, _WindForceInt1 = 0; // 第 3 个为默认选项
private static final String[] ArrayRoad = {"柏油路", "水泥路", "土路", "沙石路", "铁
路", "其他"};
private int _RoadInt = 0, _RoadInt1 = 0; // 第 3 个为默认选项
private static final String[] ArrayLand = {"柏油", "水泥", "实土", "沙石", "草地"};
private int _LandInt = 0, _LandInt1 = 0; // 第 3 个为默认选项
private int _OpenfileInt = 0, _OpenfileInt1 = 0; // 第 3 个为默认选项
// 打开文件状态
private static final String[] ArrayOpenfile = {"请选择存储卡!"};
private List < String > ArrayOpenfileNew; // 动态更新
// 文件路径
private File fileDir;
private File sdcardDir;
private String fileDirPath = "";
private String sdcardDirPath = "";
private boolean mMemoryFlag = false, mMemoryFlag1 = false; // 默认存储在内存
private boolean mSDCardFlag = false, mSDCardFlag1 = false;
// SD 卡是否存在标志
private boolean SDCardExistFlag = true; // 默认 SD 卡存在
private boolean NewOrOpenFileFlag = false; // 新建或打开数据库
private boolean NewFileOkFlag = false; // 新建文件
private boolean OpenFileOkFlag = false; // 打开文件
private boolean SaveAsFileOkFlag = false; // 另存为
private boolean DeleteFileOkFlag = false; // 删除文件
private boolean AutoSaveFlag = false, AutoSaveFlag1 = false; // 自动保存记录
private String PopularString = ""; // 公用字符串
// 新建文件名称
private String _NewFileName = "";
private String ErrorName = "";
private String RightName = "";
boolean[] checkedItems = new boolean[] {false, false, false};
private String mTitle = "请输入文件名";
private String choiceitem = "";
private final String[] myBuff = new String[2];
private static int Nbuff = 0;
// [数据库变量]
```

```
private MySQLiteOpenHelper dbHelper = null;
private int myVersion = 1;
private String tables[] = { "MyLevelTable" }; // 表名
private String fieldNames[][] = {
    { "f_id", "ID", "Information1", "Information2", "Information3", "Information4",
"FrontName", "Remark" } // id 由系统指定,从 name 开始使用,不输入 ID 号;
    };
private String fieldTypes[][] = {
    { "INTEGER PRIMARY KEY AUTOINCREMENT", "nchar(4)", "nchar(16)", "nchar
(16)", "nchar(16)", "nchar(16)", "nvarchar(16)", "nvarchar(16)" } // 自动加 1;
    };
```

9.1.2 定义主菜单方法

```
@ Override
public boolean onCreateOptionsMenu( Menu menu) {
    // TODO Auto - generated method stub
    SubMenu sub1 = menu.addSubMenu(1, 1, 1, "文件");
    sub1.add(1, 11, 1, "新建文件");
    sub1.add(1, 12, 2, "打开文件");
    sub1.add(1, 13, 3, "新建测段");
    sub1.add(1, 14, 4, "另存文件");
    sub1.add(1, 15, 5, "※返 回※");
    SubMenu sub2 = menu.addSubMenu(2, 2, 2, "设置");
    sub2.add(2, 21, 1, "测区名称");
    sub2.add(2, 22, 2, "测段信息");
    sub2.add(2, 23, 3, "限差设置");
    sub2.add(2, 24, 4, "观测条件");
    sub2.add(2, 25, 5, "※返 回※");
    SubMenu sub3 = menu.addSubMenu(3, 3, 3, "操作");
    sub3.add(3, 31, 1, "退 1 站");
    sub3.add(3, 32, 2, "退 N 站");
    sub3.add(3, 33, 3, "删除测段");
    sub3.add(3, 34, 4, "删除文件");
    sub3.add(3, 35, 5, "※返 回※");
    SubMenu sub4 = menu.addSubMenu(4, 4, 4, "检查");
    sub4.add(4, 41, 1, "i 角检查 1");
    sub4.add(4, 42, 2, "i 角检查 2");
    //sub4.add(4, 43, 3, "间隙检查 1");
```

```java
//sub4.add(4, 44, 4, "间隙检查2");
sub4.add(4, 45, 5, "※返 回※");
SubMenu sub5 = menu.addSubMenu(5, 5, 5, "处理");
sub5.add(5, 51, 1, "输出数据");
sub5.add(5, 52, 2, "数据恢复");
sub5.add(5, 53, 3, "统改点名");
sub5.add(5, 54, 4, "※返 回※");
SubMenu sub6 = menu.addSubMenu(6, 6, 6, "帮助");
sub6.add(6, 61, 1, "关于系统");
sub6.add(6, 62, 2, "设置保存模式");
sub6.add(6, 63, 3, "电池剩余电量");
sub6.add(6, 64, 4, "屏幕分辨率");
sub6.add(6, 65, 5, "※返 回※");
return super.onCreateOptionsMenu(menu);
}
```

9.1.3 主菜单功能实现

```java
@Override
public boolean onOptionsItemSelected(MenuItem item) {
    // TODO Auto-generated method stub
    NewFileOkFlag = false;  // 新建文件
    OpenFileOkFlag = false;  // 打开文件
    SaveAsFileOkFlag = false;  // 另存为
    DeleteFileOkFlag = false;  // 删除文件
    ResetDataBase();  // 初始化数据库
    // 菜单选项
    switch(item.getItemId()) {
    case 11: //新建工程
    {
        if (addflag) {
            Builder builder = new AlertDialog.Builder(LevelActivity.this);
            builder.setTitle("询问");
            builder.setIcon(android.R.drawable.ic_dialog_info);
            builder.setMessage("测站数据已改变,是否保存?");
            builder.setPositiveButton("确定", new DialogInterface.OnClickListener() {
            @Override
            public void onClick(DialogInterface dialog, int which) {
                // 保存设置文件
```

```java
        String filename1 = SaveFileName; // 文件名后缀为".cfg";在读入数据库时一
并打开。
        filename1 = filename1. substring(0, 0 + filename1. length() - 3) + "cfg";
        // 保存文本文件
        SaveTextFile(filename1);
        // 保存当前数据库。
        CopyFile(WorkFileName, SaveFileName);
        MessageBox("已保存: " + SaveFileName);
        BackupScene();
        //新建工程
        NewFileDialog();
        addflag = false;
        }
        });
        builder. setNegativeButton("取消", new DialogInterface. OnClickListener() {
        @Override
        public void onClick(DialogInterface dialog, int which) {
          BackupScene();
          //新建工程
          NewFileDialog();
          addflag = false;
        }
        });
        builder. show();
        }
      else
        {
          BackupScene();
          //新建工程
          NewFileDialog();
        }
      break;
    }
  case 12:  //打开工程
    {
    if (addflag)
      {
          Builder builder = new AlertDialog. Builder(LevelActivity. this);
```

```
builder. setTitle("询问");
builder. setIcon(android. R. drawable. ic_dialog_info);
builder. setMessage("测站数据已改变,是否保存?");
builder. setPositiveButton("确定", new DialogInterface. OnClickListener() {
@ Override
public void onClick(DialogInterface dialog, int which) {
// 保存设置文件
String filename1 = SaveFileName; // 文件名后缀为".cfg";在读入数据库时一
并打开。
filename1 = filename1. substring(0, 0 + filename1. length() - 3) + "cfg";
// 保存文本文件
SaveTextFile(filename1);
// 保存当前数据库内容。
CopyFile(WorkFileName, SaveFileName);
MessageBox("已保存:" + SaveFileName);
BackupScene();
//打开工程
OpenFileDialog();
addflag = false;
}
});
builder. setNegativeButton("取消", new DialogInterface. OnClickListener() {
@ Override
public void onClick(DialogInterface dialog, int which) {
BackupScene();
//打开工程
OpenFileDialog();
addflag = false;
}
});
builder. show();
}
else
{
  BackupScene();
  //打开工程
  OpenFileDialog();
}
```

```
        break;
    }
case 13:    //新建测段
    {
        if( NewOrOpenFileFlag)  {
        //新建测段
        NewStage( );
        }
        else  MessageBox1("提示","请先打开文件,才能新建测段。");
        break;
    }
case 14:    //另存工程
    {
        if( NewOrOpenFileFlag)  {
        BackupScene( );
        //另存工程
        SaveAsFileDialog( );
        }
        else  MessageBox1("提示","请先打开文件,然后再另存工程。");
        break;
    }
case 15:
    {
        //返回主界面
        break;
    }
case 21:
    {
        BackupScene( );
        //测区名称
        SetWorkNameDialog( );
        break;
    }
case 22:
    {
        BackupScene( );
        //测段信息
        SetInformationDialog( );
```

```
            break;
        }
    case 23:
        {
            BackupScene();
            //限差设置
            SetPermitDialog();
            break;
        }
    case 24:
        {
            BackupScene();
            //观测条件
            SetconditionDialog();
            break;
        }
    case 25:
        {
            //  返回主界面
            break;
        }
    case 31:
        {
            if(NewOrOpenFileFlag)  {
                //退一站
                Back_1_Dialog();
            }
            else MessageBox1("提示","请先打开文件,才能退一站。");
            break;
        }
    case 32:
        {
            if(NewOrOpenFileFlag)  {
            //退 N 站
            Back_N_Dialog();
            }
            else MessageBox1("提示","请先打开文件,才能退 N 站。");
            break;
```

```
        }
    case 33:
    {
        if(NewOrOpenFileFlag) {
            //删除当前测段
            DelStage();
        }
        else  MessageBox1("提示","请先打开文件,才能删除测段。");
        break;
    }
    case 34:
    {
        BackupScene();
        //删除文件
        DeleteFileDialog();
        break;
    }
    case 35:
    {
        // 返回主界面
        break;
    }
    case 41:
    {
        // 备份场景
        BackupScene();
        // 开始监听
        ReturnMainFaceOrder();
        //i角检查1
        icheck1();
        break;
    }
    case 42:
    {
        // 备份场景
        BackupScene();
        // 开始监听
        ReturnMainFaceOrder();
```

```
    //i 角检查 2
    ICheck2( ) ;
    break ;
  }
case 45 :
  {
    // 返回主界面
    break ;
  }
case 51 :
  {
    // 备份场景
    BackupScene( ) ;
    //输出数据
    TranslateData( ) ;
    break ;
  }
case 52 :
  {
    //数据恢复
    BackupData( ) ;
    break ;
  }
case 53 :
  {
    if( NewOrOpenFileFlag )  {
        //统改点名
        ChangeName( ) ;
    }
    else  MessageBox1("提示","请先打开文件,然后再修改点名。") ;
    break ;
  }
case 54 :
  {
    // 返回主界面
    break ;
  }
case 61 :
```

```
    {
        //关于系统
        About();
        break;
    }
    case 62：
    {

        //设置保存模式
        SetSaveModelDialog();
        break;
    }
    case 63：
    {

        // 检查电池电量
        CheckBattery();
        break;
    }
    case 64：
    {

        // 获取屏幕分辨率
        GetScreenWidthHeight();
        break;
    }
    case 65：
    {

        // 返回主界面
        break;
    }
    default：
        break;
    }
    return super.onOptionsItemSelected(item);
}
```

9.1.4 主函数 Create()

```
@ Override
public void onCreate(Bundle savedInstanceState) {
    super.onCreate(savedInstanceState);
```

```
setContentView( R. layout. main) ;
// 提示用户操作
MessageBox( "请按 MENU 键打开菜单") ;
// 内存卡文件目录
fileDir  =  this. getFilesDir( ) ;
fileDirPath  =  fileDir. getParent( )  +  java. io. File. separator  +  fileDir. getName( ) ;
// 工作数据库,统一放在内存中操作。
WorkFileName = fileDirPath + java. io. File. separator + WorkFileName;
BakeFileName = fileDirPath + java. io. File. separator + BakeFileName;
bakeconfigname = fileDirPath + java. io. File. separator + bakeconfigname;
icheckfilename = fileDirPath + java. io. File. separator + icheckfilename;
// SD 卡文件目录
sdcardDir  =  Environment. getExternalStorageDirectory( ) ;
// 判断 SD 卡是否存在
if ( Environment. getExternalStorageState( ). equals( Environment. MEDIA_REMOVED) ) {
    // SD 卡不存在
    SDCardExistFlag = false;
}
sdcardDirPath  =  sdcardDir. getParent( )  +  java. io. File. separator  +  sdcardDir. getName( ) ;
// 设置主界面
SetMainFace( ) ;
// 注意:刚开始时,只有界面,除退出功能外,其他均不需要监听,因此不需要代码。
// 输入法按钮响应
mFont  =  ( Button) this. findViewById( R. id. myFont) ;
mFont. setOnClickListener( new Button. OnClickListener( ) {
  @ Override
  public void onClick( View v) {
    InputMethodManager inputMethodManager  =  ( InputMethodManager)
getSystemService( Context. INPUT_METHOD_SERVICE) ;
    // 获取输入法状态
    InputMethodManager imm  =
( InputMethodManager) getSystemService( Context. INPUT_METHOD_SERVICE) ;
    boolean OpenFlag = imm. isActive( ) ;
    mN  = ( EditText) findViewById( R. id. myN) ;
    if( OpenFlag) {
      // 关闭输入法
      imm. hideSoftInputFromWindow ( mN. getWindowToken ( ) , InputMethodManager.
HIDE_NOT_ALWAYS) ;
```

```
        }
    else
        {
        imm. showSoftInputFromInputMethod( mN. getWindowToken( ),
InputMethodManager. SHOW_FORCED) ;
        }
    }
});
    // 退出按钮响应
    mExit = ( Button) this. findViewById( R. id. myExit) ;
    mExit. setOnClickListener( new Button. OnClickListener( ) {
    @ Override
    public void onClick( View v) {
        ExitDialog( ) ;
    }
});
}
```

9.2　数据库设计

9.2.1　初始化数据库

```
private void ResetDataBase( ) {
    dbHelper = new MySQLiteOpenHelper ( this, WorkFileName, null, myVersion, tables,
fieldNames, fieldTypes) ;
}
```

9.2.2　新建或增加数据库数据

```
public void AddDatabase( String ID, String IF1, String IF2, String IF3, String IF4, String FN,
String RM) {
    String f2 [ ] = { " ID ", " Information1 ", " Information2 ", " Information3 ",
"Information4", "FrontName", "Remark" } ; // id 由系统指定,从 name 开始使用,不输入
ID 号;
    String v[ ] = { "0001", "1111", "2222", "3333", "4444", "前尽点名", "备注" } ;
    // 更新数据
    v[0] = ID; v[1] = IF1; v[2] = IF2; v[3] = IF3; v[4] = IF4; v[5] = FN; v[6] = RM;
    long rowid = dbHelper. insert( tables[0], f2, v) ; // 表名,字段,值
    if( dbHelper! = null && dbHelper. getReadableDatabase( ). isOpen( )) {
```

```
    dbHelper. close( ) ;
  }
}
```

9.2.3 修改前尺点名

```
public int ChangeName( String Mark ,String oldName ,String newName) {
  // 只填需要修改的项目
  String[ ] updateFields  =  { "Remark" } ;
  String[ ] updateValues  =  { "1234"} ;
  String where  =  "ID = ?" ;
  String[ ] whereValue  =  { "0001" } ; // 按 ID 号修改
  if( Mark. equals( "Remark" ) ) {
    where  =  "Remark = ?" ; whereValue[ 0 ]  = oldName ;
    updateFields[ 0 ] = "Remark" ; updateValues[ 0 ] = newName ;
  }
  if( Mark. equals( "FrontName" ) ) {
    where  =  "FrontName = ?" ; whereValue[ 0 ]  = oldName ;
    updateFields[ 0 ] = "FrontName" ; updateValues[ 0 ] = newName ;
  }
  int intCol = dbHelper. update( tables[ 0 ] , updateFields, updateValues, where, whereValue) ;
  return intCol ;
}
```

9.2.4 修改测站数据

```
public void ChangeDatabase( int N) {
  // 只填需要修改的项目
  String[ ] updateFields  =  { "Information1" , "Information2" , "Information3" , "Information4" } ;
  String[ ] updateValues  =  { "1234" , "1234" , "1234" , "1234" } ;
  String where  =  "ID = ?" ;
  String[ ] whereValue  =  { "0001" } ; // 按 ID 号修改
  int intCol = dbHelper. update( tables[ 0 ] , updateFields, updateValues, where, whereValue) ;
}
```

9.2.5 删除测站数据

```
private boolean deletedata( int id) {
  boolean ok  =  false ;
  try {
    String ch  =  Integer. toString( 10000 + id) ; ch = ch. substring( 1 ,1 + 4) ; // 格式化字符串
```

```
        String where  =  "ID = ?";
        String[ ] whereValue  =  { "0001" }; // 按 ID 号删除
        whereValue[0]  = ch; // 字段实际值
        int intCol  = dbHelper. delete(tables[0], where, whereValue);
        ok  =  true; //MessageBox. Show("删除数据 ok", "提示");
    }
    catch ( Exception e)
    {
        e. printStackTrace( );
        ok  =  false; //MessageBox1("删除数据","删除测站数据失败!");
    }
    return ok;
}
```

9.2.6 删除数据库数据

```
public void DeleteDatabase( int N) {
    //this. setTitle("删除");
    String where  =  "ID = ?";
    String[ ] whereValue  =  { "0001" }; // 按 ID 号删除
    int intCol  =  dbHelper. delete(tables[0], where, whereValue);
}
```

9.2.7 查询数据库数据输出 ID 号

```
public String AskDatabaseID( int N) {
    String f[ ]  =  { " f_id", " ID", " Information1 ", " Information2 ", " Information3 ",
 " Information4", " FrontName", " Remark" }; // 字段名 – ID 号
    String[ ] selectionArgs  =  { "0001" }; // 字段初值
    // 查询值
    String ch  =  Integer. toString(10000 + N); ch = ch. substring(1,1 +4); // 格式化字符串
    selectionArgs[0]  =  ch; // 字段实际值
    Cursor c  =  dbHelper. select(tables[0], f, "ID = ?", selectionArgs, null, null, null);
    // 查询结果
    String strRes  =  "",fn = "",rm = "",Information = "";
    while ( c. moveToNext( )) {
        fn = c. getString(6) + "                    "; fn = fn. substring(0,0 +16);
        rm = c. getString(7) + "                    "; rm = rm. substring(0,0 +16);
        // 包含 ID 号.
        Information = c. getString(1) + c. getString(5) + c. getString(4) + c. getString(3) +
```

```
   c. getString(2) + fn + rm;
   }
   return Information;
}
```

9.2.8 查询数据库数据不输出 ID 号

```
public String AskDatabase(int N) {
   String f[] = { "f_id", "ID", "Information1", "Information2", "Information3",
"Information4", "FrontName", "Remark" }; // 字段名 - ID 号
   String[] selectionArgs = { "0001" }; // 字段初值
   // 查询值
   String ch = Integer. toString(10000 + N); ch = ch. substring(1,1 + 4); // 格式化字符串
   selectionArgs[0] = ch; // 字段实际值
   Cursor c = dbHelper. select(tables[0], f, "ID = ?", selectionArgs, null, null, null); 
   // 查询结果
   String strRes = "", fn = "", rm = "", Information = "";
   while (c. moveToNext()) {
      fn = c. getString(6) + "                  "; fn = fn. substring(0,0 + 16);
      rm = c. getString(7) + "                  "; rm = rm. substring(0,0 + 16);
      Information = c. getString(5) + c. getString(4) + c. getString(3) + c. getString(2) + fn + rm;
   }
   return Information;
}
```

9.2.9 根据前尺点名查找测站 ID 号

```
private String askname(String name) {
   String id = "";
   String f[] = { "f_id", "ID", "Information1", "Information2", "Information3",
"Information4", "FrontName", "Remark" }; // 字段名 - ID 号
   String[] selectionArgs = { "A123" }; // 字段初值
   // 查询值
   name = name + "                  ";
   selectionArgs[0] = name. substring(0,0 + 16); // 字段实际值
   Cursor c = dbHelper. select(tables[0], f, "FrontName = ?", selectionArgs, null, null,
null);
   // 查询结果
   while (c. moveToNext()) {
```

```
        id = c.getString(1);
    }
    return id;
}
```

9.2.10 复制数据库文件

```
public void CopyFile(String filename1, String filename2) {
    try {
        FileOutputStream outStream;
        outStream = new FileOutputStream(filename2);
        // 读入源文件
        File file = new File(filename1);
        // 读入数据库
        FileInputStream inStream = new FileInputStream(file);
        // byte[] buffer = new byte[9128731];
        // 文件头 4096 字节,每站 120 字节,必须固定空间,否则无效。
        byte[] buffer = new byte[4096 + 500 * 120];
        inStream.read(buffer);
        outStream.write(buffer, 0, buffer.length);
        inStream.close();
        outStream.flush();
        outStream.close();
        outStream = null;
        // 生成目标文件
        outStream = new FileOutputStream(filename2);
        outStream.write(buffer, 0, buffer.length);
        inStream.close();
        outStream.flush();
        outStream.close();
        outStream = null;
    }
    catch (Exception e)
    {
        e.printStackTrace();
    }
}
```

9.3 主界面设计

9.3.1 主界面

```
private void SetMainFace( ) {
    setContentView( R. layout. main) ;
    this. setTitle("【武氏测绘】安卓水准记录 电话:15038083078") ;
    this. setTitleColor( Color. YELLOW) ;
    // 设置字体大小
    mTextView = ( TextView) findViewById( R. id. textView1) ;
    mTextView. setTextSize( 18) ;
    mTextView = ( TextView) findViewById( R. id. textView2) ;
    mTextView. setTextSize( 18) ;
    mTextView = ( TextView) findViewById( R. id. textView3) ;
    mTextView. setTextSize( 18) ;
    mTextView = ( TextView) findViewById( R. id. textView4) ;
    mTextView. setText("上丝") ;
    mTextView. setTextSize( 18) ;
    mTextView = ( TextView) findViewById( R. id. textView5) ;
    mTextView. setText("下丝") ;
    mTextView. setTextSize( 18) ;
    mTextView = ( TextView) findViewById( R. id. textView6) ;
    mTextView. setText("视距") ;
    mTextView. setTextSize( 18) ;
    mTextView = ( TextView) findViewById( R. id. textView7) ;
    mTextView. setText("视距差") ;
    mTextView. setTextSize( 18) ;
    mTextView = ( TextView) findViewById( R. id. textView8) ;
    mTextView. setTextSize( 18) ;
    mTextView = ( TextView) findViewById( R. id. textView9) ;
    mTextView. setTextSize( 18) ;
    mTextView = ( TextView) findViewById( R. id. textView10) ;
    mTextView. setTextSize( 18) ;
    mTextView = ( TextView) findViewById( R. id. textView11) ;
    mTextView. setTextSize( 18) ;
    mTextView = ( TextView) findViewById( R. id. textView12) ; // 前尺点名,字小一点
    mTextView. setTextSize( 16) ;
```

```
mTextView. setBackgroundColor( Color. MAGENTA) ;
mTextView. setTextColor( Color. BLACK) ;
mTextView = ( TextView) findViewById( R. id. textView13) ;
mTextView. setTextSize( 18) ;
mTextView = ( TextView) findViewById( R. id. textView14) ;
mTextView. setTextSize( 18) ;
mTextView = ( TextView) findViewById( R. id. textView15) ;
mTextView. setTextSize( 18) ;
mTextView = ( TextView) findViewById( R. id. textView16) ;
mTextView. setTextSize( 18) ;
mTextView = ( TextView) findViewById( R. id. textView17) ;
mTextView. setTextSize( 18) ;
if( AutoSaveFlag) {
  mTextView. setTextColor( Color. RED) ;
}
else
{
  mTextView. setTextColor( Color. WHITE) ;
}
mHint = ( TextView) findViewById( R. id. myHint) ; // 提示
mHint. setText( "提示") ;
mHint. setTextSize( 18) ;
mHint. setBackgroundColor( Color. WHITE) ;
mHint. setTextColor( Color. RED) ;
// 文件名称
mEditText = ( EditText) findViewById( R. id. myFileName) ;
mEditText. setMaxLines( 1) ; // 最多一行。
mEditText. setTextSize( 16) ;
mEditText. setBackgroundColor( Color. LTGRAY) ; // 淡灰色
mEditText. setEnabled( false) ;
// 测段号
mEditText = ( EditText) findViewById( R. id. myStage) ;
mEditText. setMaxLines( 1) ; // 最多一行。
mEditText. setTextSize( 16) ;
mEditText. setBackgroundColor( Color. LTGRAY) ; // 淡灰色
mEditText. setEnabled( false) ;
// 测站
mEditText = ( EditText) findViewById( R. id. myN) ;
```

```java
mEditText. setMaxLines(1); // 最多一行。
mEditText. setTextSize(16);
mEditText. setBackgroundColor(Color. LTGRAY); // 淡灰色
mEditText. setEnabled(false);
// 后距上
mEditText = (EditText) findViewById(R. id. myBehindDistanceUp);
mEditText. setMaxLines(1); // 最多一行。
mEditText. setTextSize(16);
mEditText. setBackgroundColor(Color. WHITE);
//mEditText. setHint("后上");
// 后距下
mEditText = (EditText) findViewById(R. id. myBehindDistanceDown);
mEditText. setMaxLines(1); // 最多一行。
mEditText. setTextSize(16);
mEditText. setBackgroundColor(Color. WHITE); // 白色
//mEditText. setHint("后下");
// 后距
mEditText = (EditText) findViewById(R. id. myBehindDistance);
mEditText. setMaxLines(1); // 最多一行。
mEditText. setTextSize(16);
mEditText. setBackgroundColor(Color. WHITE); // 白色
//mEditText. setHint("后距");
// 前距上
mEditText = (EditText) findViewById(R. id. myFrontDistanceUp);
mEditText. setMaxLines(1); // 最多一行。
mEditText. setTextSize(16);
mEditText. setBackgroundColor(Color. WHITE); // 白色
//mEditText. setHint("前上");
// 前距下
mEditText = (EditText) findViewById(R. id. myFrontDistanceDown);
mEditText. setMaxLines(1); // 最多一行。
mEditText. setTextSize(16);
mEditText. setBackgroundColor(Color. WHITE); // 白色
//mEditText. setHint("前下");
// 前距
mEditText = (EditText) findViewById(R. id. myFrontDistance);
mEditText. setMaxLines(1); // 最多一行。
mEditText. setTextSize(16);
```

```java
mEditText. setBackgroundColor(Color. WHITE); // 白色
// 前后视距差
mEditText = (EditText) findViewById(R. id. myD);
mEditText. setMaxLines(1); // 最多一行。
mEditText. setTextSize(16);
mEditText. setBackgroundColor(Color. LTGRAY); // 淡灰色
mEditText. setEnabled(false);
mEditText. setHint("视距差");
// 累积差
mEditText = (EditText) findViewById(R. id. myMD);
mEditText. setMaxLines(1); // 最多一行。
mEditText. setTextSize(16);
mEditText. setBackgroundColor(Color. LTGRAY); // 淡灰色
mEditText. setEnabled(false);
mEditText. setHint("累积差");
// 后黑
mEditText = (EditText) findViewById(R. id. myBehindBlock);
mEditText. setMaxLines(1); // 最多一行。
mEditText. setTextSize(16);
mEditText. setBackgroundColor(Color. WHITE); // 白色
//mEditText. setHint("后黑");
// 后红
mEditText = (EditText) findViewById(R. id. myBehindRed);
mEditText. setMaxLines(1); // 最多一行。
mEditText. setTextSize(16);
mEditText. setBackgroundColor(Color. WHITE); // 白色
//mEditText. setHint("后红");
// 前黑
mEditText = (EditText) findViewById(R. id. myFrontBlock);
mEditText. setMaxLines(1); // 最多一行。
mEditText. setTextSize(16);
mEditText. setBackgroundColor(Color. WHITE); // 白色
//mEditText. setHint("前黑");
// 前红
mEditText = (EditText) findViewById(R. id. myFrontRed);
mEditText. setMaxLines(1); // 最多一行。
mEditText. setTextSize(16);
mEditText. setBackgroundColor(Color. WHITE); // 白色
```

```java
//mEditText.setHint("前红");
// 常数差1
mEditText = (EditText) findViewById(R.id.myK1);
mEditText.setMaxLines(1); // 最多一行。
mEditText.setTextSize(16);
mEditText.setBackgroundColor(Color.LTGRAY); // 淡灰色
mEditText.setEnabled(false);
// 常数差2
mEditText = (EditText) findViewById(R.id.myK2);
mEditText.setMaxLines(1); // 最多一行。
mEditText.setTextSize(16);
mEditText.setBackgroundColor(Color.LTGRAY); // 淡灰色
mEditText.setEnabled(false);
// 常数差之差
mEditText = (EditText) findViewById(R.id.myCC);
mEditText.setMaxLines(1); // 最多一行。
mEditText.setTextSize(16);
mEditText.setBackgroundColor(Color.LTGRAY); // 淡灰色
mEditText.setEnabled(false);
// 高差1
mEditText = (EditText) findViewById(R.id.myH1);
mEditText.setMaxLines(1); // 最多一行。
mEditText.setTextSize(16);
mEditText.setBackgroundColor(Color.LTGRAY); // 淡灰色
mEditText.setEnabled(false);
// 高差2
mEditText = (EditText) findViewById(R.id.myH2);
mEditText.setMaxLines(1); // 最多一行。
mEditText.setTextSize(16);
mEditText.setBackgroundColor(Color.LTGRAY); // 淡灰色
mEditText.setEnabled(false);
// 前尺点名
mEditText = (EditText) findViewById(R.id.myName);
mEditText.setMaxLines(1); // 最多一行。
mEditText.setTextSize(16);
mEditText.setBackgroundColor(Color.WHITE); // 白色
mEditText.setHint("前尺点名");
// 回车换行按钮响应
```

```
mReturn = (Button)this.findViewById(R.id.myReturn);
mReturn.setBackgroundColor(Color.CYAN); // 青色
mReturn.setText("回车换行");
// 超限检查按钮响应
mCheck = (Button)this.findViewById(R.id.myCheck);
mCheck.setBackgroundColor(Color.YELLOW); // 原始颜色为黄色
mCheck.setText("超限检查");
// 记录按钮响应
mRecord = (Button)this.findViewById(R.id.myRecord);
mRecord.setBackgroundColor(Color.RED); // 红色
mRecord.setText("记录");
// 保存按钮响应
mSave = (Button)this.findViewById(R.id.mySave);
mSave.setBackgroundColor(Color.GREEN); // 绿色
mSave.setText("保存");
// 退出按钮响应
mExit = (Button)this.findViewById(R.id.myExit);
mExit.setBackgroundColor(Color.YELLOW); // 黄色
mExit.setText("退出");
// 查询测站按钮响应
mAsk = (Button)this.findViewById(R.id.myAsk);
mAsk.setBackgroundColor(Color.BLUE); // 蓝色
mAsk.setText("查询测站");
// 输入法按钮响应
mFont = (Button)this.findViewById(R.id.myFont);
mFont.setBackgroundColor(Color.YELLOW); // 黄色
// 首先设置各按钮为灰色,待打开数据库之后再恢复有效
// 超限检查按钮响应
mCheck = (Button)this.findViewById(R.id.myCheck);
mCheck.setEnabled(false); // 有效
// 记录按钮响应
mRecord = (Button)this.findViewById(R.id.myRecord);
mRecord.setEnabled(false); // 默认为无效
// 回车换行按钮响应
mReturn = (Button)this.findViewById(R.id.myReturn);
mReturn.setEnabled(false); // 默认为无效
// 查询测站按钮响应
mAsk = (Button)this.findViewById(R.id.myAsk);
```

```
        mAsk. setEnabled(false); // 默认为无效
        // 保存按钮响应
        mSave = (Button)this. findViewById(R. id. mySave);
        mSave. setEnabled(false); // 默认为无效
        // 已新建或打开数据库
        if(NewOrOpenFileFlag) {
            mCheck = (Button)this. findViewById(R. id. myCheck);
            mCheck. setEnabled(true); // 有效
            // 记录按钮响应
            mRecord = (Button)this. findViewById(R. id. myRecord);
            mRecord. setEnabled(true); // 有效
            // 回车换行按钮响应
            mReturn = (Button)this. findViewById(R. id. myReturn);
            mReturn. setEnabled(true); // 有效
            // 查询按钮响应
            mAsk = (Button)this. findViewById(R. id. myAsk);
            mAsk. setEnabled(true); // 有效
            // 查询按钮响应
            mAsk = (Button)this. findViewById(R. id. myAsk);
            mAsk. setEnabled(true); // 有效
            // 保存按钮响应
            mSave = (Button)this. findViewById(R. id. mySave);
            mSave. setEnabled(true); // 默认为无效
        }
        // 关闭输入法
        InputMethodManager inputMethodManager = (InputMethodManager) getSystemService
(Context. INPUT_METHOD_SERVICE);
        InputMethodManager imm = (InputMethodManager) getSystemService (Context. INPUT_
METHOD_SERVICE);
        mN = (EditText) findViewById(R. id. myN);
        // 关闭输入法
imm. hideSoftInputFromWindow(mN. getWindowToken(), InputMethodManager. HIDE_NOT_
ALWAYS);
}
```

9.3.2 备份场景

```
private void BackupScene() {
    // 文件名称
```

mFileName = (EditText) findViewById(R. id. myFileName);

//显示当前段号

mStage = (EditText) findViewById(R. id. myStage);

//显示当前站数

mN = (EditText) findViewById(R. id. myN);

// 后距上

mBehindDistanceUp = (EditText) findViewById(R. id. myBehindDistanceUp);

// 后距下

mBehindDistanceDown = (EditText) findViewById(R. id. myBehindDistanceDown);

// 后距

mBehindDistance = (EditText) findViewById(R. id. myBehindDistance);

// 前距上

mFrontDistanceUp = (EditText) findViewById(R. id. myFrontDistanceUp);

// 前距下

mFrontDistanceDown = (EditText) findViewById(R. id. myFrontDistanceDown);

// 前距

mFrontDistance = (EditText) findViewById(R. id. myFrontDistance);

// 前后视距差

mD = (EditText) findViewById(R. id. myD);

// 累积差

mMD = (EditText) findViewById(R. id. myMD);

// 后黑

mBehindBlock = (EditText) findViewById(R. id. myBehindBlock);

// 后红

mBehindRed = (EditText) findViewById(R. id. myBehindRed);

// 前黑

mFrontBlock = (EditText) findViewById(R. id. myFrontBlock);

// 前红

mFrontRed = (EditText) findViewById(R. id. myFrontRed);

// 常数差 1

mK1 = (EditText) findViewById(R. id. myK1);

// 常数差 2

mK2 = (EditText) findViewById(R. id. myK2);

// 常数差之差

mCC = (EditText) findViewById(R. id. myCC);

// 高差 1

mH1 = (EditText) findViewById(R. id. myH1);

// 高差 2

mH2 = (EditText) findViewById (R. id. myH2) ;

// 点名

mName = (EditText) findViewById (R. id. myName) ;

// 提示

mHint = (TextView) findViewById (R. id. myHint) ;

// 输入法按钮响应

mFont = (Button) this. findViewById (R. id. myFont) ;

// 备份文本

text_FileName = mFileName. getText ( ). toString ( ) ; // 文件名;

text_Stage = mStage. getText ( ). toString ( ) ; // 测段;

text_N = mN. getText ( ). toString ( ) ; // 测站;

text_BehindDistanceUp = mBehindDistanceUp. getText ( ). toString ( ) ; // 后距上;

text_BehindDistanceDown = mBehindDistanceDown. getText ( ). toString ( ) ; // 后距下;

text_BehindDistance = mBehindDistance. getText ( ). toString ( ) ; // 后距;

text_D = mD. getText ( ). toString ( ) ; // 视距差;

text_FrontDistanceUp = mFrontDistanceUp. getText ( ). toString ( ) ; // 前距上;

text_FrontDistanceDown = mFrontDistanceDown. getText ( ). toString ( ) ; // 前距下;

text_FrontDistance = mFrontDistance. getText ( ). toString ( ) ; // 前距;

text_MD = mMD. getText ( ). toString ( ) ; // 视距累积差;

text_BehindBlock = mBehindBlock. getText ( ). toString ( ) ; // 后黑;

text_BehindRed = mBehindRed. getText ( ). toString ( ) ; // 后红;

text_K1 = mK1. getText ( ). toString ( ) ; // 后尺常数差;

text_FrontBlock = mFrontBlock. getText ( ). toString ( ) ; // 前黑;

text_FrontRed = mFrontRed. getText ( ). toString ( ) ; // 前红;

text_K2 = mK2. getText ( ). toString ( ) ; // 前尺常数差;

text_H1 = mH1. getText ( ). toString ( ) ; // 高差 1;

text_H2 = mH2. getText ( ). toString ( ) ; // 高差 2;

text_CC = mCC. getText ( ). toString ( ) ; // 常数差之差;

text_Name = mName. getText ( ). toString ( ) ; // 点名;

// 备份是否只读状态

state_BehindDistanceUp = mBehindDistanceUp. isEnabled ( ) ; // 后距上;

state_BehindDistanceDown = mBehindDistanceDown. isEnabled ( ) ; // 后距下;

state_BehindDistance = mBehindDistance. isEnabled ( ) ; // 后距;

state_FrontDistanceUp = mFrontDistanceUp. isEnabled ( ) ; // 前距上;

state_FrontDistanceDown = mFrontDistanceDown. isEnabled ( ) ; // 前距下;

state_FrontDistance = mFrontDistance. isEnabled ( ) ; // 前距;

state_BehindBlock = mBehindBlock. isEnabled ( ) ; // 后黑;

state_BehindRed = mBehindRed. isEnabled ( ) ; // 后红;

```
state_FrontBlock = mFrontBlock. isEnabled( ); // 前黑；
state_FrontRed = mFrontRed. isEnabled( ); // 前红；
state_Name = mName. isEnabled( ); // 点名；
// 备份当前焦点
focus_BehindDistanceUp = mBehindDistanceUp. isFocused( ); // 后距上；
focus_BehindDistanceDown = mBehindDistanceDown. isFocused( ); // 后距下；
focus_BehindDistance = mBehindDistance. isFocused( ); // 后距；
focus_FrontDistanceUp = mFrontDistanceUp. isFocused( ); // 前距上；
focus_FrontDistanceDown = mFrontDistanceDown. isFocused( ); // 前距下；
focus_FrontDistance = mFrontDistance. isFocused( ); // 前距；
focus_BehindBlock = mBehindBlock. isFocused( ); // 后黑；
focus_BehindRed = mBehindRed. isFocused( ); // 后红；
focus_FrontBlock = mFrontBlock. isFocused( ); // 前黑；
focus_FrontRed = mFrontRed. isFocused( ); // 前红；
focus_Name = mName. isFocused( ); // 点名；
}
```

9.3.3 恢复场景

```
private void ResetScene( ) {
  // 文件名称
  mFileName = (EditText) findViewById( R. id. myFileName);
  //显示当前段号
  mStage = (EditText) findViewById( R. id. myStage);
  //显示当前站数；
  mN = (EditText) findViewById( R. id. myN);
  // 后距上
  mBehindDistanceUp = (EditText) findViewById( R. id. myBehindDistanceUp);
  // 后距下
  mBehindDistanceDown = (EditText) findViewById( R. id. myBehindDistanceDown);
  // 后距
  mBehindDistance = (EditText) findViewById( R. id. myBehindDistance);
  // 前距上
  mFrontDistanceUp = (EditText) findViewById( R. id. myFrontDistanceUp);
  // 前距下
  mFrontDistanceDown = (EditText) findViewById( R. id. myFrontDistanceDown);
  // 前距
  mFrontDistance = (EditText) findViewById( R. id. myFrontDistance);
  // 前后视距差
```

mD = (EditText) findViewById(R. id. myD);

// 累积差

mMD = (EditText) findViewById(R. id. myMD);

// 后黑

mBehindBlock = (EditText) findViewById(R. id. myBehindBlock);

// 后红

mBehindRed = (EditText) findViewById(R. id. myBehindRed);

// 前黑

mFrontBlock = (EditText) findViewById(R. id. myFrontBlock);

// 前红

mFrontRed = (EditText) findViewById(R. id. myFrontRed);

// 常数差1

mK1 = (EditText) findViewById(R. id. myK1);

// 常数差2

mK2 = (EditText) findViewById(R. id. myK2);

// 常数差之差

mCC = (EditText) findViewById(R. id. myCC);

// 高差1

mH1 = (EditText) findViewById(R. id. myH1);

// 高差2

mH2 = (EditText) findViewById(R. id. myH2);

// 点名

mName = (EditText) findViewById(R. id. myName);

// 提示

mHint = (TextView) findViewById(R. id. myHint);

// 输入法按钮响应

mFont = (Button) this. findViewById(R. id. myFont);

// 还原文本

mFileName. setText(text_FileName); // 文件名;

mStage. setText(text_Stage); // 测段;

mN. setText(text_N); // 测站;

mBehindDistanceUp. setText(text_BehindDistanceUp); // 后距上;

mBehindDistanceDown. setText(text_BehindDistanceDown); // 后距下;

mBehindDistance. setText(text_BehindDistance); // 后距;

mD. setText(text_D); // 视距差;

mFrontDistanceUp. setText(text_FrontDistanceUp); // 前距上;

mFrontDistanceDown. setText(text_FrontDistanceDown); // 前距下;

mFrontDistance. setText(text_FrontDistance); // 前距;

```java
mMD. setText( text_MD ) ; // 视距累积差；
mBehindBlock. setText( text_BehindBlock ) ; // 后黑；
mBehindRed. setText( text_BehindRed ) ; // 后红；
mK1. setText( text_K1 ) ; // 后尺常数差；
mFrontBlock. setText( text_FrontBlock ) ; // 前黑；
mFrontRed. setText( text_FrontRed ) ; // 前红；
mK2. setText( text_K2 ) ; // 前尺常数差；
mH1. setText( text_H1 ) ; // 高差1；
mH2. setText( text_H2 ) ; // 高差2；
mCC. setText( text_CC ) ; // 常数差之差；
mName. setText( text_Name ) ; // 点名；
// 还原是否只读状态标志
mBehindDistanceUp. setEnabled( state_BehindDistanceUp ) ; // 后距上；
mBehindDistanceDown. setEnabled( state_BehindDistanceDown ) ; // 后距下；
mBehindDistance. setEnabled( state_BehindDistance ) ; // 后距；
mFrontDistanceUp. setEnabled( state_FrontDistanceUp ) ; // 前距上；
mFrontDistanceDown. setEnabled( state_FrontDistanceDown ) ; // 前距下；
mFrontDistance. setEnabled( state_FrontDistance ) ; // 前距；
mBehindBlock. setEnabled( state_BehindBlock ) ; // 后黑；
mBehindRed. setEnabled( state_BehindRed ) ; // 后红；
mFrontBlock. setEnabled( state_FrontBlock ) ; // 前黑；
mFrontRed. setEnabled( state_FrontRed ) ; // 前红；
mName. setEnabled( state_Name ) ; // 点名；
// 还原当前焦点
if ( focus_BehindDistanceUp ) { // 后距上；
  mBehindDistanceUp. setFocusable( true ) ;
  mBehindDistanceUp. requestFocus( ) ;
}
if ( focus_BehindDistanceDown ) { // 后距下；
  mBehindDistanceDown. setFocusable( true ) ;
  mBehindDistanceDown. requestFocus( ) ;
}
if ( focus_BehindDistance ) { // 后距；
  mBehindDistance. setFocusable( true ) ;
  mBehindDistance. requestFocus( ) ;
}
if ( focus_FrontDistanceUp ) { // 前距上；
  mFrontDistanceUp. setFocusable( true ) ;
```

```
    mFrontDistanceUp. requestFocus( ) ;
  }
  if ( focus_FrontDistanceDown ) { // 前距下 ;
    mFrontDistanceDown. setFocusable( true ) ;
    mFrontDistanceDown. requestFocus( ) ;
  }
  if ( focus_FrontDistance ) { // 前距 ;
    mFrontDistance. setFocusable( true ) ;
    mFrontDistance. requestFocus( ) ;
  }
  if ( focus_BehindBlock ) { // 后黑 ;
    mBehindBlock. setFocusable( true ) ;
    mBehindBlock. requestFocus( ) ;
  }
  if ( focus_BehindRed ) { // 后红 ;
    mBehindRed. setFocusable( true ) ;
    mBehindRed. requestFocus( ) ;
  }
  if ( focus_FrontBlock ) { // 前黑 ;
    mFrontBlock. setFocusable( true ) ;
    mFrontBlock. requestFocus( ) ;
  }
  if ( focus_FrontRed ) { // 前红 ;
    mFrontRed. setFocusable( true ) ;
    mFrontRed. requestFocus( ) ;
  }
  if ( focus_Name ) {// 点名 ;
    mName. setFocusable( true ) ;
    mName. requestFocus( ) ;
  }
}
```

9.4　界面按钮功能实现

```
// 注意:刚打开软件时不能执行命令,打开文件或新建文件后才能继续工作,因此把代码
放在这里。
public void ReturnMainFaceOrder( ) {
  setContentView( R. layout. main ) ;
```

```
// 内存卡文件目录
fileDir = this. getFilesDir( ) ; //MessageBox( fileDir. toString( ) ) ; // = data/data/lastview;
fileDirPath = fileDir. getParent( ) + java. io. File. separator + fileDir. getName( ) ;
// SD 卡文件目录
sdcardDir = Environment. getExternalStorageDirectory( ) ;
// 判断 SD 卡是否存在
if ( Environment. getExternalStorageState( ). equals( Environment. MEDIA_REMOVED) ) {
    // SD 卡不存在
    SDCardExistFlag = false; //MessageBox1( "提示" ,"SD 卡不存在 " ) ;
}
sdcardDirPath = sdcardDir. getParent( ) + java. io. File. separator + sdcardDir. getName( ) ;
// 设置主界面
SetMainFace( ) ;
// 初始化数据库
ResetDataBase( ) ;
// 文件名称
mFileName = ( EditText) findViewById( R. id. myFileName) ;
//显示当前段号
mStage = ( EditText) findViewById( R. id. myStage) ;
//显示当前站数;
mN = ( EditText) findViewById( R. id. myN) ;
// 后距上
mBehindDistanceUp = ( EditText) findViewById( R. id. myBehindDistanceUp) ;
// 后距下
mBehindDistanceDown = ( EditText) findViewById( R. id. myBehindDistanceDown) ;
// 后距
mBehindDistance = ( EditText) findViewById( R. id. myBehindDistance) ;
// 前距上
mFrontDistanceUp = ( EditText) findViewById( R. id. myFrontDistanceUp) ;
// 前距下
mFrontDistanceDown = ( EditText) findViewById( R. id. myFrontDistanceDown) ;
// 前距
mFrontDistance = ( EditText) findViewById( R. id. myFrontDistance) ;
// 前后视距差
mD = ( EditText) findViewById( R. id. myD) ;
// 累积差
mMD = ( EditText) findViewById( R. id. myMD) ;
// 后黑
```

mBehindBlock ＝（EditText）findViewById（R. id. myBehindBlock）；

// 后红

mBehindRed ＝（EditText）findViewById（R. id. myBehindRed）；

// 前黑

mFrontBlock ＝（EditText）findViewById（R. id. myFrontBlock）；

// 前红

mFrontRed ＝（EditText）findViewById（R. id. myFrontRed）；

// 常数差 1

mK1 ＝（EditText）findViewById（R. id. myK1）；

// 常数差 2

mK2 ＝（EditText）findViewById（R. id. myK2）；

// 常数差之差

mCC ＝（EditText）findViewById（R. id. myCC）；

// 高差 1

mH1 ＝（EditText）findViewById（R. id. myH1）；

// 高差 2

mH2 ＝（EditText）findViewById（R. id. myH2）；

// 点名

mName ＝（EditText）findViewById（R. id. myName）；

// 提示

mHint ＝（TextView）findViewById（R. id. myHint）；

// 输入法按钮响应

mFont ＝ （Button）this. findViewById（R. id. myFont）；

9.4.1　回车换行按钮响应

mReturn ＝ （Button）this. findViewById（R. id. myReturn）；

mReturn. setOnClickListener（new Button. OnClickListener（ ）｛

　@ Override

　public void onClick（View v）｛

　　// 按顺序判断当前焦点在哪里。

　　if（btnRecordState. equals（"记录"））｛

　　　if（LevelGrade. equals（"二等"））｛

　　　　// 设置面板颜色

　　　　mBehindDistanceUp. setBackgroundColor（Color. WHITE）；// 白色

　　　　mBehindDistanceDown. setBackgroundColor（Color. WHITE）；// 白色

　　　　mBehindBlock. setBackgroundColor（Color. WHITE）；// 白色

　　　　mBehindRed. setBackgroundColor（Color. WHITE）；// 白色

　　　　mFrontDistanceUp. setBackgroundColor（Color. WHITE）；// 白色

```java
        mFrontDistanceDown. setBackgroundColor( Color. WHITE) ; // 白色
        mFrontBlock. setBackgroundColor( Color. WHITE) ; // 白色
        mFrontRed. setBackgroundColor( Color. WHITE) ; // 白色
if ( GoBack. equals( "往测" ) ) {
    // 首先判断当前站是否为奇数。
    int ii = ( Nstation) / 2;
    if ( ii * 2 ! = Nstation) {// 奇数站
        // 后前前后,往测奇数和返测偶数站
        if ( mBehindDistanceUp. isFocused( ) ) {
            mHint. setText( "后下" ) ;
            mBehindDistanceDown. setFocusable( true) ;
            mBehindDistanceDown. requestFocus( ) ;
            mBehindDistanceDown. setBackgroundColor( Color. CYAN) ;
            return ;
        }
        if ( mBehindDistanceDown. isFocused( ) ) {
            mHint. setText( "后黑" ) ;
            mBehindBlock. setFocusable( true) ;
            mBehindBlock. requestFocus( ) ;
            mBehindBlock. setBackgroundColor( Color. CYAN) ;
            return ;
        }
        if ( mBehindBlock. isFocused( ) ) {
            mHint. setText( "前黑" ) ;
            mFrontBlock. setFocusable( true) ;
            mFrontBlock. requestFocus( ) ;
            mFrontBlock. setBackgroundColor( Color. CYAN) ;
            return ;
        }
        if ( mFrontBlock. isFocused( ) ) {
            mHint. setText( "前上" ) ;
            mFrontDistanceUp. setFocusable( true) ;
            mFrontDistanceUp. requestFocus( ) ;
            mFrontDistanceUp. setBackgroundColor( Color. CYAN) ;
            return ;
        }
        if ( mFrontDistanceUp. isFocused( ) ) {
            mHint. setText( "前下" ) ;
```

```
        mFrontDistanceDown. setFocusable(true);
        mFrontDistanceDown. requestFocus();
        mFrontDistanceDown. setBackgroundColor(Color. CYAN);
        return;
    }
    if (mFrontDistanceDown. isFocused()) {
      mHint. setText("前红");
      mFrontRed. setFocusable(true);
      mFrontRed. requestFocus();
      mFrontRed. setBackgroundColor(Color. CYAN);
      return;
    }
    if (mFrontRed. isFocused()) {
      mHint. setText("后红");
      mBehindRed. setFocusable(true);
      mBehindRed. requestFocus();
      mBehindRed. setBackgroundColor(Color. CYAN);
      return;
    }
  }
}
else // 偶数站
{
    // 前后后前,往测偶数和返测奇数站
    if (mFrontDistanceUp. isFocused()) {
      mHint. setText("前下");
      mFrontDistanceDown. setFocusable(true);
      mFrontDistanceDown. requestFocus();
      mFrontDistanceDown. setBackgroundColor(Color. CYAN);
      return;
    }
    if (mFrontDistanceDown. isFocused()) {
      mHint. setText("前黑");
      mFrontBlock. setFocusable(true);
      mFrontBlock. requestFocus();
      mFrontBlock. setBackgroundColor(Color. CYAN);
      return;
    }
    if (mFrontBlock. isFocused()) {
```

```
                mHint. setText("后黑");
                mBehindBlock. setFocusable(true);
                mBehindBlock. requestFocus();
                mBehindBlock. setBackgroundColor(Color. CYAN);
                return;
            }
            if (mBehindBlock. isFocused()) {
                mHint. setText("后上");
                mBehindDistanceUp. setFocusable(true);
                mBehindDistanceUp. requestFocus();
                mBehindDistanceUp. setBackgroundColor(Color. CYAN);
                return;
            }
            if (mBehindDistanceUp. isFocused()) {
                mHint. setText("后下");
                mBehindDistanceDown. setFocusable(true);
                mBehindDistanceDown. requestFocus();
                mBehindDistanceDown. setBackgroundColor(Color. CYAN);
                return;
            }
            if (mBehindDistanceDown. isFocused()) {
                mHint. setText("后红");
                mBehindRed. setFocusable(true);
                mBehindRed. requestFocus();
                mBehindRed. setBackgroundColor(Color. CYAN);
                return;
            }
            if (mBehindRed. isFocused()) {
                mHint. setText("前红");
                mFrontRed. setFocusable(true);
                mFrontRed. requestFocus();
                mFrontRed. setBackgroundColor(Color. CYAN);
                return;
            }
        }
    }
    else // 返测,前后尺交换,常数不一样。
    {
```

```java
// 首先判断当前站是否为奇数。
int ii = (Nstation) / 2;
if (ii * 2 ! = Nstation) // 奇数站
{
    // 前后后前,往测偶数和返测奇数站
    if (mFrontDistanceUp. isFocused()) {
        mHint. setText("前下");
        mFrontDistanceDown. setFocusable(true);
        mFrontDistanceDown. requestFocus();
        mFrontDistanceDown. setBackgroundColor(Color. CYAN);
        return;
    }
    if (mFrontDistanceDown. isFocused()) {
        mHint. setText("前黑");
        mFrontBlock. setFocusable(true);
        mFrontBlock. requestFocus();
        mFrontBlock. setBackgroundColor(Color. CYAN);
        return;
    }
    if (mFrontBlock. isFocused()) {
        mHint. setText("后黑");
        mBehindBlock. setFocusable(true);
        mBehindBlock. requestFocus();
        mBehindBlock. setBackgroundColor(Color. CYAN);
        return;
    }
    if (mBehindBlock. isFocused()) {
        mHint. setText("后上");
        mBehindDistanceUp. setFocusable(true);
        mBehindDistanceUp. requestFocus();
        mBehindDistanceUp. setBackgroundColor(Color. CYAN);
        return;
    }
    if (mBehindDistanceUp. isFocused()) {
        mHint. setText("后下");
        mBehindDistanceDown. setFocusable(true);
        mBehindDistanceDown. requestFocus();
        mBehindDistanceDown. setBackgroundColor(Color. CYAN);
```

```
            return;
        }
        if (mBehindDistanceDown. isFocused( ) ) {
            mHint. setText("后红");
            mBehindRed. setFocusable(true);
            mBehindRed. requestFocus( );
            mBehindRed. setBackgroundColor(Color. CYAN);
            return;
        }
        if (mBehindRed. isFocused( ) ) {
            mHint. setText("前红");
            mFrontRed. setFocusable(true);
            mFrontRed. requestFocus( );
            mFrontRed. setBackgroundColor(Color. CYAN);
            return;
        }
    }
    else // 偶数站
    {
        // 后前前后,往测奇数和返测偶数站
        if (mBehindDistanceUp. isFocused( ) ) {
            mHint. setText("后下");
            mBehindDistanceDown. setFocusable(true);
            mBehindDistanceDown. requestFocus( );
            mBehindDistanceDown. setBackgroundColor(Color. CYAN);
            return;
        }
        if (mBehindDistanceDown. isFocused( ) ) {
            mHint. setText("后黑");
            mBehindBlock. setFocusable(true);
            mBehindBlock. requestFocus( );
            mBehindBlock. setBackgroundColor(Color. CYAN);
            return;
        }
        if (mBehindBlock. isFocused( ) ) {
            mHint. setText("前黑");
            mFrontBlock. setFocusable(true);
            mFrontBlock. requestFocus( );
```

```
                mFrontBlock. setBackgroundColor( Color. CYAN) ;
                return;
            }
            if ( mFrontBlock. isFocused( ) ) {
                mHint. setText( "前上" ) ;
                mFrontDistanceUp. setFocusable( true ) ;
                mFrontDistanceUp. requestFocus( ) ;
                mFrontDistanceUp. setBackgroundColor( Color. CYAN) ;
                return;
            }
            if ( mFrontDistanceUp. isFocused( ) ) {
                mHint. setText( "前下" ) ;
                mFrontDistanceDown. setFocusable( true ) ;
                mFrontDistanceDown. requestFocus( ) ;
                mFrontDistanceDown. setBackgroundColor( Color. CYAN) ;
                return;
            }
            if ( mFrontDistanceDown. isFocused( ) ) {
                mHint. setText( "前红" ) ;
                mFrontRed. setFocusable( true ) ;
                mFrontRed. requestFocus( ) ;
                mFrontRed. setBackgroundColor( Color. CYAN) ;
                return;
            }
            if ( mFrontRed. isFocused( ) ) {
                mHint. setText( "后红" ) ;
                mBehindRed. setFocusable( true ) ;
                mBehindRed. requestFocus( ) ;
                mBehindRed. setBackgroundColor( Color. CYAN) ;
                return;
            }
        }
    }
}
if ( LevelGrade. equals( "三等" ) )
{
    // 设置面板颜色
    mBehindDistanceUp. setBackgroundColor( Color. WHITE) ; // 白色
```

```
mBehindDistanceDown. setBackgroundColor(Color. WHITE) ;// 白色
mBehindBlock. setBackgroundColor(Color. WHITE) ; // 白色
mBehindRed. setBackgroundColor(Color. WHITE) ; // 白色
mFrontDistanceUp. setBackgroundColor(Color. WHITE) ; // 白色
mFrontDistanceDown. setBackgroundColor(Color. WHITE) ; // 白色
mFrontBlock. setBackgroundColor(Color. WHITE) ; // 白色
mFrontRed. setBackgroundColor(Color. WHITE) ; // 白色
// 后前前后
if ( mBehindDistanceUp. isFocused( ) ) {
    mHint. setText( "后下" ) ;
    mBehindDistanceDown. setFocusable( true ) ;
    mBehindDistanceDown. requestFocus( ) ;
    mBehindDistanceDown. setBackgroundColor(Color. CYAN) ;
    return ;
}
if ( mBehindDistanceDown. isFocused( ) ) {
    mHint. setText( "后黑" ) ;
    mBehindBlock. setFocusable( true ) ;
    mBehindBlock. requestFocus( ) ;
    mBehindBlock. setBackgroundColor(Color. CYAN) ;
    return ;
}
if ( mBehindBlock. isFocused( ) ) {
    mHint. setText( "前黑" ) ;
    mFrontBlock. setFocusable( true ) ;
    mFrontBlock. requestFocus( ) ;
    mFrontBlock. setBackgroundColor(Color. CYAN) ;
    return ;
}
if ( mFrontBlock. isFocused( ) ) {
    mHint. setText( "前上" ) ;
    mFrontDistanceUp. setFocusable( true ) ;
    mFrontDistanceUp. requestFocus( ) ;
    mFrontDistanceUp. setBackgroundColor(Color. CYAN) ;
    return ;
}
if ( mFrontDistanceUp. isFocused( ) ) {
    mHint. setText( "前下" ) ;
```

```
          mFrontDistanceDown. setFocusable( true) ;
          mFrontDistanceDown. requestFocus( ) ;
          mFrontDistanceDown. setBackgroundColor( Color. CYAN) ;
          return ;
      }
      if ( mFrontDistanceDown. isFocused( ) ) {
        mHint. setText( "前红") ;
        mFrontRed. setFocusable( true) ;
        mFrontRed. requestFocus( ) ;
        mFrontRed. setBackgroundColor( Color. CYAN) ;
        return ;
      }
      if ( mFrontRed. isFocused( ) ) {
        mHint. setText( "后红") ;
        mBehindRed. setFocusable( true) ;
        mBehindRed. requestFocus( ) ;
        mBehindRed. setBackgroundColor( Color. CYAN) ;
        return ;
      }
  }
  if ( ( LevelGrade. equals( "四等") ) || ( LevelGrade. equals( "等外") ) ) {
      // 设置面板颜色
      mBehindDistance. setBackgroundColor( Color. WHITE) ; // 白色
      mBehindBlock. setBackgroundColor( Color. WHITE) ; // 白色
      mBehindRed. setBackgroundColor( Color. WHITE) ; // 白色
      mFrontDistance. setBackgroundColor( Color. WHITE) ; // 白色
      mFrontBlock. setBackgroundColor( Color. WHITE) ; // 白色
      mFrontRed. setBackgroundColor( Color. WHITE) ; // 白色
      // 后后前前
      if ( mBehindDistance. isFocused( ) ) {
      mHint. setText( "后黑") ;
      mBehindBlock. setFocusable( true) ;
      mBehindBlock. requestFocus( ) ;
      mBehindBlock. setBackgroundColor( Color. CYAN) ;
      return ;
  }
  if ( mBehindBlock. isFocused( ) ) {
      mHint. setText( "后红") ;
```

```
            mBehindRed. setFocusable(true);
            mBehindRed. requestFocus();
            mBehindRed. setBackgroundColor(Color. CYAN);
            return;
        }
        if (mBehindRed. isFocused()) {
            mHint. setText("前距");
            mFrontDistance. setFocusable(true);
            mFrontDistance. requestFocus();
            mFrontDistance. setBackgroundColor(Color. CYAN);
            return;
        }
        if (mFrontDistance. isFocused()) {
            mHint. setText("前黑");
            mFrontBlock. setFocusable(true);
            mFrontBlock. requestFocus();
            mFrontBlock. setBackgroundColor(Color. CYAN);
            return;
        }
        if (mFrontBlock. isFocused()) {
            mHint. setText("前红");
            mFrontRed. setFocusable(true);
            mFrontRed. requestFocus();
            mFrontRed. setBackgroundColor(Color. CYAN);
            return;
        }
    }
}
// i角检查用对话框输入。
if ((btnRecordState. equals("i角检查1")) || (btnRecordState. equals("i角检查2"))) {
}
}
});
```

9.4.2　超限检查按钮响应

```
mCheck = (Button)this. findViewById(R. id. myCheck);
mCheck. setOnClickListener(new Button. OnClickListener() {
@ Override
```

```java
public void onClick(View v) {
    //btnCheckState = "超限检查"
    if (btnCheckState.equals("超限检查")) {
    // 超限检查前,请先删除点名框内字符串,以防止查询测站时点名显示在框内。
    mName.setText("");
    //btnRecordState = "记录";//查询,记录,i角检查;
    // 为了防止转换时出错,首先检查数据是否为空。
    if ((LevelGrade.equals("二等")) || (LevelGrade.equals("三等"))) {// 检查上下
丝读数
        if (mBehindDistanceUp.getText().equals("")) { MessageBox1("提示","缺少后
上丝读数!"); return; }
        if (mBehindDistanceDown.getText().equals("")) { MessageBox1("提示","缺少
后下丝读数!"); return; }
        if (mFrontDistanceUp.getText().equals("")) { MessageBox1("提示","缺少前上
丝读数!"); return; }
        if (mFrontDistanceDown.getText().equals("")) { MessageBox1("提示","缺少前
下丝读数!"); return; }
    }
    else //if ((LevelGrade.equals("四等")) || (LevelGrade.equals("等外"))) // 检查前
后视距读数
    {
        if (mBehindDistance.getText().equals("")) { MessageBox1("提示","缺少后距
读数!"); return; }
        if (mFrontDistance.getText().equals("")) { MessageBox1("提示","缺少前距读
数!"); return; }
    }
    // 检查黑红面读数
    if (mBehindBlock.getText().toString().equals("")) { MessageBox1("提示","缺少
后尺黑面读数!"); return; }
    if (mBehindRed.getText().toString().equals("")) { MessageBox1("提示","缺少后
尺红面读数!"); return; }
    if (mFrontBlock.getText().toString().equals("")) { MessageBox1("提示","缺少前
尺黑面读数!"); return; }
    if (mFrontRed.getText().toString().equals("")) { MessageBox1("提示","缺少前
尺红面读数!"); return; }
    double D = 0, D1 = 0, D2 = 0, MD = 0, dh1 = 0, dh2 = 0, dk1 = 0, dk2 = 0,
cc1 = 0, cc2 = 0, cc = 0;
    double B0 = 0, B1 = 0, B2 = 0, A0 = 0, A1 = 0, A2 = 0, H = 0, F = 0;
```

// 首先检查是否超限

if (! check_record) {

boolean ok = true; //tbName. ReadOnly = false; // 打开点名输入框,以便显示超限信息。

mName. setBackgroundColor(Color. WHITE) ; // 白色

mName. setEnabled(true) ;

dk1 = Double. parseDouble (mBehindBlock. getText ( ) . toString ( )) - Double. parseDouble(mBehindRed. getText( ) . toString( ));

dk2 = Double. parseDouble (mFrontBlock. getText ( ) . toString ( )) - Double. parseDouble(mFrontRed. getText( ) . toString( ));

// 计算高差,并显示在下面框内。

dh1 = Double. parseDouble (mBehindBlock. getText ( ) . toString ( )) - Double. parseDouble(mFrontBlock. getText( ) . toString( ));

dh2 = Double. parseDouble (mBehindRed. getText ( ) . toString ( )) - Double. parseDouble(mFrontRed. getText( ) . toString( ));

//Double. toString(1. 23456789) ;

mH1. setText(Format0(dh1)) ;// = Convert. ToString(dh1) ;

mH2. setText(Format0(dh2)) ;// = Convert. ToString(dh1) ;

// 检查二等三丝读数差是否符合要求

if (LevelGrade. equals("二等")) {

B1 = Double. parseDouble(mBehindDistanceUp. getText( ) . toString( ));

B2 = Double. parseDouble(mBehindDistanceDown. getText( ) . toString( ));

B0 = Double. parseDouble(mBehindBlock. getText( ) . toString( ));

A1 = Double. parseDouble(mFrontDistanceUp. getText( ) . toString( ));

A2 = Double. parseDouble(mFrontDistanceDown. getText( ) . toString( ));

A0 = Double. parseDouble(mFrontBlock. getText( ) . toString( ));

B0 = B0 / factor - (B1 + B2) / 2 / factor * 10; if (B0 < 0) B0 = -B0; // 统一化成毫米;上下丝读到1mm,中丝读到0. 1mm。

A0 = A0 / factor - (A1 + A2) / 2 / factor * 10; if (A0 < 0) A0 = -A0; // 统一化成毫米;上下丝读到1mm,中丝读到0. 1mm。

B0 = init(B0) ; A0 = init(A0) ; // 去掉尾数;

if (B0 > Double. parseDouble(_3cross)) {

ok = false;

MessageBox1("提示" ,"后尺三丝读数差[" + Double. toString(B0) + " >" + _3cross + "]超限!") ; return;

}

if (A0 > Double. parseDouble(_3cross)) {

ok = false;

MessageBox1("提示","前尺三丝读数差["＋Double.toString(A0)＋">"＋

_3cross＋"]超限!");return;

  }

 }

// 判断视线高是否合限

if(LevelGrade.equals("二等")){

 B1＝Double.parseDouble(mBehindDistanceUp.getText().toString());

 B2＝Double.parseDouble(mBehindDistanceDown.getText().toString());

 A1＝Double.parseDouble(mFrontDistanceUp.getText().toString());

 A2＝Double.parseDouble(mFrontDistanceDown.getText().toString());

 double ab＝B2／factor＊10＊0.001;double ac＝3.0-Double.parseDouble

(_downCross);

 if(B2／factor＊10＊0.001＜Double.parseDouble(_downCross)){

 // 最低视线高,化成米。

 ok＝false;

  MessageBox1("提示","后距下丝["＋Double.toString(ab)＋"＜"＋

_downCross＋"]太低!");return;

 }

 ab＝A2／factor＊10＊0.001;

if(A2／factor＊10＊0.001＜Double.parseDouble(_downCross)){

// 最低视线高

ok＝false;

MessageBox1("提示","前距下丝["＋Double.toString(ab)＋"＜"＋_downCross

＋"]太低!");return;

}

ab＝B1／factor＊10＊0.001;

if(B1／factor＊10＊0.001＞3.0-Double.parseDouble(_downCross)){

// 最高视线高,化成米。

ok＝false;

MessageBox1("提示","后距上丝["＋Double.toString(ab)＋"＞"＋Double.

toString(ac)＋"]太高!");return;

}

ab＝A1／factor＊10＊0.001;

if(A1／factor＊10＊0.001＞3.0-Double.parseDouble(_downCross)){

// 最高视线高 3m-最低;

ok＝false;

MessageBox1("提示","前距上丝["＋Double.toString(ab)＋"＞"＋Double.

toString(ac)＋"]太高!");return;

```java
        }
    }
    // 不管中丝法或测微法都要读上下丝。
    if (LevelGrade. equals("三等")) {
        // 下丝视线高
        if (Sight. equals("下丝视线高")) {
            B1 = Double. parseDouble(mBehindDistanceUp. getText( ). toString( ));
            B2 = Double. parseDouble(mBehindDistanceDown. getText( ). toString( ));
            A1 = Double. parseDouble(mFrontDistanceUp. getText( ). toString( ));
            A2 = Double. parseDouble(mFrontDistanceDown. getText( ). toString( ));
            double ab = B2 / factor * 10 * 0.001; double ac = 3.0 - Double. parseDouble
(_downCross);
            if (B2 / factor * 10 * 0.001 < Double. parseDouble(_downCross)) {
                // 最低视线高,化成米。
                ok = false;
                MessageBox1 ("提示","后距下丝[" + Double. toString (ab) + "<" +
_downCross + "]太低!"); return;
            }
            ab = A2 / factor * 10 * 0.001;
            // 最低视线高
            if (A2 / factor * 10 * 0.001 < Double. parseDouble(_downCross)) {
                ok = false;
                MessageBox1 ("提示","前距下丝[" + Double. toString (ab) + "<" +
_downCross + "]太低!"); return;
            }
            ab = B1 / factor * 10 * 0.001;
            if (B1 / factor * 10 * 0.001 > 3.0 - Double. parseDouble(_downCross)) {
                // 最高视线高,化成米。
                ok = false;
                MessageBox1("提示","后距上丝[" + Double. toString(ab) + ">" + Double.
toString(ac) + "]太高!"); return;
            }
            ab = A1 / factor * 10 * 0.001;
            if (A1 / factor * 10 * 0.001 > 3.0 - Double. parseDouble(_downCross)) {
                // 最高视线高 3m - 最低;
                ok = false;
                MessageBox1("提示","前距上丝[" + Double. toString(ab) + ">" + Double.
toString(ac) + "]太高!"); return;
```

```
            }
        }
    }
// 四等只读距离,需要计算上下丝读数。
if ( LevelGrade. equals( "四等") ) {
    // 根据距离和黑面读数,计算上下丝读数。
    D1 = Double. parseDouble( mBehindDistance. getText( ). toString( ) );
    D2 = Double. parseDouble( mFrontDistance. getText( ). toString( ) );
    H = Double. parseDouble( mBehindBlock. getText( ). toString( ) );
    F = Double. parseDouble( mFrontBlock. getText( ). toString( ) );
    B1 = H * 0. 001 + ( D1 / 2) * 0. 01; // 后距上丝,直接化成米为单位。
    B2 = H * 0. 001 - ( D1 / 2) * 0. 01; // 后距下丝,直接化成米为单位。
    A1 = F * 0. 001 + ( D2 / 2) * 0. 01; // 前距上丝,直接化成米为单位。
    A2 = F * 0. 001 - ( D2 / 2) * 0. 01; // 前距下丝,直接化成米为单位。
    // 下丝视线高
    if ( Sight. equals( "下丝视线高") ) {
        double ab = B2; double ac = 3. 0 - Double. parseDouble( _downCross);
        // 最低视线高,化成米。
        if ( B2 < Double. parseDouble( _downCross) ) {
            ok = false;
            MessageBox1 ( "提示", "后距下丝[" + Double. toString ( ab) + " < " +
_downCross + "]太低!"); return;
        }
        ab = A2;
        if ( A2 < Double. parseDouble( _downCross) ) { // 最低视线高
            ok = false;
            MessageBox1 ( "提示", "前距下丝[" + Double. toString ( ab) + " < " +
_downCross + "]太低!"); return;
        }
        ab = B1; // 最高视线高,化成米。
        if ( B1 > 3. 0 - Double. parseDouble( _downCross) ) {
            ok = false;
            MessageBox1( "提示", "后距上丝[" + Double. toString ( ab) + " > " + Double.
toString( ac) + "]太高!"); return;
        }
        ab = A1; // 最高视线高 3m - 最低;
        if ( A1 > 3. 0 - Double. parseDouble( _downCross) ) {
            ok = false;
```

```
        MessageBox1("提示","前距上丝[" + Double.toString(ab) + " > " + Double.
toString(ac) + " ]太高!"); return;
        }
    }
    // 三丝能读数
    if (Sight. equals("三丝能读数")) {
        double ab = B2; // 最低视线高,化成米。
        if (B2 < 0) {
            ok = false;
            MessageBox1("提示","后距下丝[" + Double.toString(ab) + " < 0" + " ]太
低!"); return;
        }
        ab = A2 ; // 最低视线高
        if (A2 < 0) {
            ok = false;
            MessageBox1("提示","前距下丝[" + Double.toString(ab) + " < 0" + " ]太
低!"); return;
        }
        ab = B1 ; {// 最高视线高,化成米。
        if (B1 > 3.0) {
            ok = false;
            MessageBox1("提示","后距上丝[" + Double.toString(ab) + " > 3" + " ]太
高!"); return;
        }
        ab = A1 ; // 最高视线高 3m - 最低;
        if (A1 > 3.0) {
            ok = false;
            MessageBox1("提示","前距上丝[" + Double.toString(ab) + " > 3" + " ]太
高!"); return;
        }
    }
}
// 检查视距差和累积差是否超限
if ((LevelGrade. equals("二等")) || (LevelGrade. equals("三等"))) {
    D1 = Double. parseDouble (mBehindDistanceUp. getText ( ). toString ( )) - Double.
parseDouble(mBehindDistanceDown. getText( ). toString( ));
    D2 = Double. parseDouble (mFrontDistanceUp. getText ( ). toString ( )) - Double.
parseDouble(mFrontDistanceDown. getText( ). toString( ));
```

· 322 ·

// 100 为视距常数。上下丝读到毫米,factor 以 0.1 mm 为单位。

D1 = D1 / factor * 0.001 * 100 * 10; D2 = D2 / factor * 0.001 * 100 * 10;

D1 = init(D1); D2 = init(D2);

mBehindDistance. setText(Double. toString(D1));

mFrontDistance. setText(Double. toString(D2));

mD. setText(Double. toString(D1 - D2));

// 判断上下丝是否颠倒

if ((D1 < 0) || (D1 < 0)) { MessageBox1("提示","后尺上下丝颠倒!"); return;
}

if ((D2 < 0) || (D2 < 0)) { MessageBox1("提示","前尺上下丝颠倒!"); return;
}

// 最大视距超限

if (D1 > Double. parseDouble(_D)) {

  ok = false;

  MessageBox1("提示","后尺最大视距[" + Double. toString(D1) + " >" + _D
+ "]超限!"); return;

  }

if (D2 > Double. parseDouble(_D)) {

  ok = false;

  MessageBox1("提示","前尺最大视距[" + Double. toString(D2) + " >" + _D
+ "]超限!"); return;

  }

// 前后视距差超限;

D = D1 - D2; if (D < 0) D = -D; D = init(D);

if (D > Double. parseDouble(_dD)) {

  ok = false;

  MessageBox1("提示","前后视距差[" + Double. toString(D) + " >" + _dD +
"]超限!"); return;

  }

// 视距累积差超限;

MD = D1 - D2 + TMD; if (MD < 0) MD = -MD; MD = init(MD);

if (MD > Double. parseDouble(_MD)) {

  ok = false;

  MessageBox1("提示","视距累积差[" + Double. toString(MD) + " >" + _MD
+ "]超限!"); return;

  }

  }

else

```
    {
        D1 = Double. parseDouble( mBehindDistance. getText( ). toString( ) ) ;
        D2 = Double. parseDouble( mFrontDistance. getText( ). toString( ) ) ;
    mD. setText( Format0( D1-D2) ) ; // 四等和等外直接输入距离。
        // 最大视距超限
        if ( D1 > Double. parseDouble( _D) ) {
            //tbBehindDistance. BackColor = Color. Orange;
            ok = false;
            MessageBox1( "提示","后尺最大视距[ " + Format0( D1) + " >" + _D + "]超
限!" ) ; return;
        }
        if ( D2 > Double. parseDouble( _D) ) {
            ok = false;
            MessageBox1( "提示","前尺最大视距[ " + Format0( D2) + " >" + _D + "]超
限!" ) ; return;
        }
        // 前后视距差超限;
        D = D1 - D2; if ( D < 0) D = -D; D = init( D) ;
        if ( D > Double. parseDouble( _dD) ) {
            ok = false;
            MessageBox1( "提示","前后视距差[ " + Format0( D) + " >" + _dD + "]超
限!" ) ; return;
        }
        // 视距累积差超限;
        MD = D1 - D2 + TMD; if ( MD < 0) MD = -MD; MD = init( MD) ;
        if ( MD > Double. parseDouble( _MD) ) {
            ok = false;
            MessageBox1( "提示","视距累积差[ " + Format0( MD) + " >" + _MD + "]超
限!" ) ; return;
        }
    }
    // 判断黑红面常数差是否超限
    if ( GoBack. equals( "往测") ) {
        // 首先判断当前站是否为奇数。
        int ii = ( Nstation) / 2;
        if ( ii * 2 ! = Nstation) {// 奇数站
            cc1 = dk1 + Double. parseDouble( _BC) ;
            cc2 = dk2 + Double. parseDouble( _FC) ;
```
· 324 ·

```
    }
  else // 偶数站
    {
      cc1 = dk1 + Double. parseDouble( _FC) ;
      cc2 = dk2 + Double. parseDouble( _BC) ;
    }
  }
else // 返测,前后尺交换,常数不一样。
  {
    // 首先判断当前站是否为奇数。
    int ii = ( Nstation) / 2 ;
    if ( ii * 2 ! = Nstation) {// 奇数站
      cc1 = dk1 + Double. parseDouble( _FC) ;
      cc2 = dk2 + Double. parseDouble( _BC) ;
    }
    else // 偶数站
      {
        cc1 = dk1 + Double. parseDouble( _BC) ;
        cc2 = dk2 + Double. parseDouble( _FC) ;
      }
  }
cc = cc1 - cc2 ;
mK1. setText( Format0( cc1) ) ;
mK2. setText( Format0( cc2) ) ;
mCC. setText( Format0( cc) ) ;
// 处理高差数据
cc1 = cc1 / factor; cc2 = cc2 / factor; cc = cc / factor; // 统一化成毫米;
if ( cc1 < 0) cc1 = -cc1; if ( cc2 < 0) cc2 = -cc2; if ( cc < 0) cc = -cc;
if ( cc1 > Double. parseDouble( _dh) ) {
  ok = false;
  MessageBox1( "提示","后尺黑红面常数差[ " + Format0( cc1) + " >" + _dh +
"]超限!") ; return;
  }
if ( cc2 > Double. parseDouble( _dh) ) {
  ok = false;
  MessageBox1( "提示","前尺黑红面常数差[ " + Format0( cc2) + " >" + _dh +
"]超限!") ; return;
  }
```

```
if ( cc > Double. parseDouble( _dhh) ) {
    //tbCC. BackColor = Color. Orange;
    ok = false;
    MessageBox1("提示","黑红面高差之差[" + Format0( cc) + ">" + _dhh + "]
超限!"); return;
}
// 所有数据均不超限时。
if ( ok) {
    mName. setBackgroundColor( Color. LTGRAY); // 淡灰色
    mName. setEnabled( false);
    check_record = true; // 各项限差均合限;
    // 数据符合要求后禁止再修改数据,打开点名记录;
    // 等外每站均可记录
    if ( LevelGrade. equals("等外")) {
        mName. setBackgroundColor( Color. CYAN); // 青色
        mName. setEnabled( true);
        // 获得焦点
        mName. setFocusable( true);
        mName. requestFocus();
        // 提示
        MessageBox("请输入前视点名。");
}
// 其余只有偶数站才可记录
else
{
    // 首先判断当前站是否为奇数,注:显示的多一站,要减掉。
    int i = ( Nstation) / 2;
    if ( i * 2 = = Nstation) {
        mName. setBackgroundColor( Color. CYAN); // 青色
        mName. setEnabled( true);
        // 获得焦点
        mName. setFocusable( true);
        mName. requestFocus();
        // 提示
        MessageBox("请输入前视点名。");
    }
}
// 数据符合要求后禁止再修改数据;
```

```
    // 设置视距上下丝无效
    mBehindDistanceDown. setBackgroundColor( Color. LTGRAY) ; //淡灰色
    mBehindDistanceDown. setEnabled( false) ;
    mBehindDistanceUp. setBackgroundColor( Color. LTGRAY) ; // 淡灰色
    mBehindDistanceUp. setEnabled( false) ;
    mFrontDistanceDown. setBackgroundColor( Color. LTGRAY) ; // 淡灰色
    mFrontDistanceDown. setEnabled( false) ;
    mFrontDistanceUp. setBackgroundColor( Color. LTGRAY) ; // 淡灰色
    mFrontDistanceUp. setEnabled( false) ;
    // 视距设置无效
    mBehindDistance. setBackgroundColor( Color. LTGRAY) ; // 淡灰色
    mBehindDistance. setEnabled( false) ;
    mFrontDistance. setBackgroundColor( Color. LTGRAY) ; // 淡灰色
    mFrontDistance. setEnabled( false) ;
    // 黑红面读数据无效;
    mBehindBlock. setBackgroundColor( Color. LTGRAY) ; // 淡灰色
    mBehindBlock. setEnabled( false) ;
    mBehindRed. setBackgroundColor( Color. LTGRAY) ; // 淡灰色
    mBehindRed. setEnabled( false) ;
    mFrontBlock. setBackgroundColor( Color. LTGRAY) ; // 淡灰色
    mFrontBlock. setEnabled( false) ;
    mFrontRed. setBackgroundColor( Color. LTGRAY) ; // 淡灰色
    mFrontRed. setEnabled( false) ;
    // 检查合格更改按钮名称和颜色
    mCheck. setText( "走 - - -OK !" ) ;
    mCheck. setBackgroundColor( Color. GREEN) ;
    mRecord. setBackgroundColor( Color. GREEN) ; // 绿色
    mRecord. setEnabled( true) ; // 有效
    mCheck. setEnabled( false) ; // 无效
}
return; // 返回;
}
}
else
if ( btnCheckState. equals( "中断退出" ) )
{
    btnCheckState = "超限检查";
    ReturnMainFaceOrder( ) ;
```

```
        // 恢复场景
    ResetScene( );
    }
  }
});
```

9.4.3 记录按钮响应

```
    mRecord = ( Button) this. findViewById( R. id. myRecord);
    mRecord. setEnabled( false); // 默认为无效
    mRecord. setOnClickListener( new Button. OnClickListener( ) {
    @ Override
    public void onClick( View v) {
    if( btnRecordState. equals( "记录")) { //标题为:查询,记录,i 角检查;
        double D = 0, D1 = 0, D2 = 0, MD = 0, dh1 = 0, dh2 = 0, dk1 = 0, dk2 = 0,
cc1 = 0, cc2 = 0, cc = 0;
        double B0 = 0, B1 = 0, B2 = 0, A0 = 0, A1 = 0, A2 = 0, H = 0, F = 0;
        // 记录观测数据
        okflag = true;
        ObserveTime = getcurrenttime( ); // 记录当前时间
        // 注意:各字段顺序不能乱,否则出错。
        String ID = Integer. toString( 10000 + Nid); ID = ID. substring( 1,1 + 4);
        // 连接测站数据
        Information = ""; String ch;
        ch = Integer. toString( Nstage) + "        ";Information + = ch. substring( 0, 0 + 2); // Stage
        ch = Integer. toString( Nstation) + "        ";Information + = ch. substring( 0, 0 + 4); // Stage
        if ( ( LevelGrade. equals( "二等")) || ( LevelGrade. equals( "三等"))) {
            // 为了防止数据中间出现空格,加以处理。
            int bdu =
Integer. parseInt( DeleteBehindNameSpace( mBehindDistanceUp. getText( ). toString( )));
            int bdd =
Integer. parseInt( DeleteBehindNameSpace( mBehindDistanceDown. getText( ). toString( )));
            int fdu =
Integer. parseInt( DeleteBehindNameSpace( mFrontDistanceUp. getText( ). toString( )));
            int fdd =
Integer. parseInt( DeleteBehindNameSpace( mFrontDistanceDown. getText( ). toString( )));
            ch = Integer. toString( bdu) + "    ";Information + = ch. substring( 0,0 + 5); // BehindUp
            ch = Integer. toString( bdd) + "    ";Information + = ch. substring( 0,0 + 5); //BehindDown
            ch = Integer. toString( fdu) + "    "; Information + = ch. substring( 0, 0 + 5); // FrontUp
```

ch = Integer. toString(fdd) + "   " ; Information + = ch. substring(0, 0 +5) ; // FrontDown

　　　　D1 = Double. parseDouble(mBehindDistanceUp. getText( ). toString( )) -
Double. parseDouble(mBehindDistanceDown. getText( ). toString( )) ;

　　　　D2 = Double. parseDouble(mFrontDistanceUp. getText( ). toString( )) -
Double. parseDouble(mFrontDistanceDown. getText( ). toString( )) ;

　　　　// 把 D1,D2 化成以米为单位。考虑尺常数为 60650,距离按一半计算。

　　　　// 100 为视距常数。上下丝读到毫米,factor 以 0. 1 mm 为单位。

　　　　D1 = D1/factor ＊ 0. 001 ＊ 100 ＊10 ; D2 = D2/factor ＊ 0. 001 ＊ 100 ＊10 ;

　　　　D1 = init(D1) ; D2 = init(D2) ;

　　}

　else

　{

　　　　int bd =
Integer. parseInt(DeleteBehindNameSpace(mBehindDistance. getText( ). toString( ))) ;

　　　　int fd = Integer. parseInt(DeleteBehindNameSpace(mFrontDistance. getText( ). toString( ))) ;

　　　　ch = Integer. toString(bd) + "   " ; Information + = ch. substring(0, 0 +5) ; // BehindUp

　　　　ch = "0   " ; Information + = ch. substring(0, 0 +5) ; // BehindDown

　　　　ch = Integer. toString(fd) + "   " ; Information + = ch. substring(0, 0 +5) ; // FrontUp

　　　　ch = "0   " ; Information + = ch. substring(0, 0 +5) ; // FrontDown

　　　　D1 = Double. parseDouble(mBehindDistance. getText( ). toString( )) ;

　　　　D2 = Double. parseDouble(mFrontDistance. getText( ). toString( )) ;

　　　　// D1,D2 直接读到米。

　}

　// 为了防止数据中间出现空格,加以处理。

　int bb = Integer. parseInt(DeleteBehindNameSpace(mBehindBlock. getText( ). toString( ))) ;

　int br = Integer. parseInt(DeleteBehindNameSpace(mBehindRed. getText( ). toString( ))) ;

　int fb = Integer. parseInt(DeleteBehindNameSpace(mFrontBlock. getText( ). toString( ))) ;

　int fr = Integer. parseInt(DeleteBehindNameSpace(mFrontRed. getText( ). toString( ))) ;

　ch = Integer. toString(bb) + "   " ; Information + = ch. substring(0, 0 +8) ; // BehindBlock

　ch = Integer. toString(br) + "   " ; Information + = ch. substring(0, 0 +8) ; // BehindRed

　ch = Integer. toString(fb) + "   " ; Information + = ch. substring(0, 0 +8) ; // FrontBlock

　ch = Integer. toString(fr) + "   " ; Information + = ch. substring(0, 0 +8) ; // FrontRed

　ch = ObserveTime + "   " ; Information + = ch. substring(0, 0 +6) ; //

　// 加密测站数据,倒着存储。

　Information = translateinformation(Information, 1) ;

　Information1 = Information. substring(48, 48 +16) ;

　Information2 = Information. substring(32, 32 +16) ;

　Information3 = Information. substring(16, 16 +16) ;

Information4 = Information. substring(0 , 0 + 16) ;

FrontName = mName. getText( ). toString( ) + "   "; // 点名不能为空。

// 限制点名长度,否则数据库出错。

if (FrontName. length( ) > 16) FrontName = FrontName. substring(0 , 0 + 16) ;

// 限制点名长度,否则数据库出错。

if (Remark. length( ) > 16) Remark = Remark. substring(0 , 0 + 16) ;

// 记录数据库

AddDatabase (ID , Information1 , Information2 , Information3 , Information4 , FrontName , Remark) ;

// 记录成功时显示下一站序号;

Nid += 1 ; Nstation += 1 ; CurrentID1 = Nid ; CurrentID2 = Nid ;

mN. setText(Integer. toString(Nstation)) ;

// 本站前后视距差

D = D1 - D2 ; //TotalDistance += D1 + D2 ; // 前后视距之和

// 视距差累积差

TMD = TMD + D ;

dk1 = Double. parseDouble(mBehindBlock. getText( ). toString( )) + Double. parseDouble(mBehindRed. getText( ). toString( )) ;

dk2 = Double. parseDouble(mFrontBlock. getText( ). toString( )) + Double. parseDouble(mFrontRed. getText( ). toString( )) ;

if (GoBack. equals("往测")) {

// 首先判断当前站是否为奇数。

int ii = (Nstation-1) / 2 ;

if (ii * 2 ! = Nstation-1) { // 奇数站

dk1 = dk1 - Double. parseDouble(_BC) ;

dk2 = dk2 - Double. parseDouble(_FC) ;

}

else // 偶数站

{

dk1 = dk1 - Double. parseDouble(_FC) ;

dk2 = dk2 - Double. parseDouble(_BC) ;

}

}

else // 返测,前后尺交换,常数不一样。

{

// 首先判断当前站是否为奇数。

int ii = (Nstation-1) / 2 ;

if (ii * 2 ! = Nstation-1) { // 奇数站

```
        dk1 = dk1 - Double. parseDouble( _FC) ;
        dk2 = dk2 - Double. parseDouble( _BC) ;
    }
    else // 偶数站
    {
        dk1 = dk1 - Double. parseDouble( _BC) ;
        dk2 = dk2 - Double. parseDouble( _FC) ;
    }
}
dk1 = dk1 / 2; dk2 = dk2 / 2; // 黑红面取中数使用。
if ( ( LevelGrade. equals( "三等" ) ) && ( Method. equals( "中丝法" ) ) ) {
    // 三等中丝法读到毫米,而不是 0.1mm。
    TotalDifferenceHeight + = ( dk1 - dk2) / factor * 0.001 * 10;
}
else
{
    TotalDifferenceHeight + = ( dk1 - dk2) / factor * 0.001;
}
TotalDifferenceHeight = init( TotalDifferenceHeight) ; // 去掉尾数。
// 更新视距累积差
mMD. setText ( Double. toString( TMD) ) ; // 视距累积差;
addflag = true; // 有新数据;
// 前尺点名赋予后尺点名,供下一段使用。
BehindName = mName. getText( ). toString( ) + "                " ; // 点名不能为空。
// 长度限定,否则数据库出错。
if ( BehindName. length( ) > 16) BehindName = BehindName. substring( 0, 0 + 16) ;
// 记录完后尺点名之后删除内容,免得继续记录。
Remark = "" ;
// 数据记录完毕,设置下一站焦点。
if ( LevelGrade. equals( "二等" ) )
{
    if ( GoBack. equals( "往测" ) )
    {
        // 首先判断当前站是否为奇数。
        int ii = ( Nstation) / 2;
        if ( ii * 2 ! = Nstation) { // 奇数站
            // 后前前后,往测奇数和返测偶数站
            mHint. setText( "后上" ) ;
```

```
            mBehindDistanceUp. setFocusable(true);
            mBehindDistanceUp. requestFocus();
        }
        else // 偶数站
        {
            // 前后后前,往测偶数和返测奇数站
            mHint. setText("前上");
            mFrontDistanceUp. setFocusable(true);
            mFrontDistanceUp. requestFocus();
        }
    }
    else // 返测,前后尺交换,常数不一样。
    {
        // 首先判断当前站是否为奇数。
        int ii = (Nstation) / 2;
        if (ii * 2 ! = Nstation) { // 奇数站
            // 前后后前,往测偶数和返测奇数站
            mHint. setText("前上");
            mFrontDistanceUp. setFocusable(true);
            mFrontDistanceUp. requestFocus();
        }
        else // 偶数站
        {
            // 后前前后,往测奇数和返测偶数站
            mHint. setText("后上");
            mBehindDistanceUp. setFocusable(true);
            mBehindDistanceUp. requestFocus();
        }
    }
}
if (LevelGrade. equals("三等")) {
    // 根据观测顺序确定焦点。
    mHint. setText("后上");
    mBehindDistanceUp. setFocusable(true);
    mBehindDistanceUp. requestFocus();
}
if ((LevelGrade. equals("四等")) || (LevelGrade. equals("等外"))) {
    // 根据观测顺序确定焦点。
```

· 332 ·

```
            //"后距"获得焦点
            mHint.setText("后距");
            mBehindDistance.setFocusable(true);
            mBehindDistance.requestFocus();
        }
        if (! okflag) return;
        check_record = false;// 返回超限检查状态;
        // 删除本站数据,记录下一站数据。
        mBehindDistanceUp.setText("");
        // 后距下
        mBehindDistanceDown.setText("");
        // 后距
        mBehindDistance.setText("");
        // 前距上
        mFrontDistanceUp.setText("");
        // 前距下
        mFrontDistanceDown.setText("");
        // 前距
        mFrontDistance.setText("");
        // 后黑
        mBehindBlock.setText("");
        // 后红
        mBehindRed.setText("");
        // 前黑
        mFrontBlock.setText("");
        // 前红
        mFrontRed.setText("");
        // 常数差1
        mK1.setText("");
        // 常数差2
        mK2.setText("");
        // 常数差之差
        mCC.setText("");
        // 高差1
        mH1.setText("");
        // 高差2
        mH2.setText("");
        // 前后视距差
```

```
mD. setText("");
// 数据记录完毕;
// 设置视距上下丝有效
if ((LevelGrade. equals("二等")) || (LevelGrade. equals("三等"))) {
    mBehindDistanceDown. setBackgroundColor(Color. WHITE); // 白色
    mBehindDistanceDown. setEnabled(true);
    mBehindDistanceUp. setBackgroundColor(Color. WHITE); // 白色
    mBehindDistanceUp. setEnabled(true);
    mFrontDistanceDown. setBackgroundColor(Color. WHITE); // 白色
    mFrontDistanceDown. setEnabled(true);
    mFrontDistanceUp. setBackgroundColor(Color. WHITE); // 白色
    mFrontDistanceUp. setEnabled(true);
}
else // 四等
{
    // 设置视距有效
    mBehindDistance. setBackgroundColor(Color. WHITE); // 白色
    mBehindDistance. setEnabled(true);
    mFrontDistance. setBackgroundColor(Color. WHITE); // 白色
    mFrontDistance. setEnabled(true);
}
// 黑红面读数
mBehindBlock. setBackgroundColor(Color. WHITE); // 白色
mBehindBlock. setEnabled(true);
mBehindRed. setBackgroundColor(Color. WHITE); // 白色
mBehindRed. setEnabled(true);
mFrontBlock. setBackgroundColor(Color. WHITE); // 白色
mFrontBlock. setEnabled(true);
mFrontRed. setBackgroundColor(Color. WHITE); // 白色
mFrontRed. setEnabled(true);
// 记录完毕,关闭点名输入框。
mName. setBackgroundColor(Color. LTGRAY); // 淡灰色
mName. setEnabled(false);
mName. setText("");
// 备份文件,以防灾难恢复。
CopyFile(WorkFileName, BakeFileName);
// 记录完毕,返回红色
mRecord. setBackgroundColor(Color. RED); // 红色
```

```java
        mRecord. setEnabled(false); // 默认为无效
        // 重新改变检查标题名称
        mCheck. setText("超限检查");
        mCheck. setBackgroundColor(Color. YELLOW);
        mCheck. setEnabled(true); // 有效
        // 如果用户设置自动保存
        if(AutoSaveFlag) {
            // 保存数据库文件
            CopyFile(WorkFileName, SaveFileName);
            MessageBox("自动保存!");
        }
    }
    else // i 角检查 1
    if(btnRecordState. equals("i 角检查 1")) {
        if (mBehindDistanceUp. getText(). toString(). length() == 0) { MessageBox1("提
示", "请输入后视第 1 次读数!"); return; }
        if (mBehindDistanceDown. getText(). toString(). length() == 0) { MessageBox1("提
示", "请输入后视第 2 次读数!"); return; }
        if (mBehindDistance. getText(). toString(). length() == 0) { MessageBox1("提示",
"请输入后视第 3 次读数!"); return; }
        if (mD. getText(). toString(). length() == 0) { MessageBox1("提示", "请输入后视
第 4 次读数!"); return; }
        if (mFrontDistanceUp. getText(). toString(). length() == 0) { MessageBox1("提示",
"请输入前视第 1 次读数!"); return; }
        if (mFrontDistanceDown. getText(). toString(). length() == 0) { MessageBox1("提
示", "请输入前视第 2 次读数!"); return; }
        if (mFrontDistance. getText(). toString(). length() == 0) { MessageBox1("提示",
"请输入前视第 3 次读数!"); return; }
        if (mMD. getText(). toString(). length() == 0) { MessageBox1("提示", "请输入前
视第 4 次读数!"); return; }
        Nicheck += 1; String vaule = "";
        //i 角检查次数判断;
        if (Nicheck == 1) {
            // 后黑
            mEditText = (EditText) findViewById(R. id. myBehindBlock);
            mEditText. setEnabled(false);
            mEditText. setBackgroundColor(Color. LTGRAY); // 淡灰色
            mEditText. setText("方法 1");
```

// 后红

mEditText = (EditText) findViewById(R. id. myBehindRed);

mEditText. setEnabled(false);

mEditText. setBackgroundColor(Color. LTGRAY); // 淡灰色

mEditText. setText("41. 2M");

// 前黑

mEditText = (EditText) findViewById(R. id. myFrontBlock);

mEditText. setEnabled(false);

mEditText. setBackgroundColor(Color. LTGRAY); // 淡灰色

mEditText. setText("J2 测站");

// 前红

mEditText = (EditText) findViewById(R. id. myFrontRed);

mEditText. setEnabled(false);

mEditText. setBackgroundColor(Color. LTGRAY); // 淡灰色

mEditText. setText("20. 6M");

// 常数差 1

mEditText = (EditText) findViewById(R. id. myK1);

mEditText. setText("A 尺");

// 常数差 2

mEditText = (EditText) findViewById(R. id. myK2);

mEditText. setText("B 尺");

// 位数提示

mEditText = (EditText) findViewById(R. id. myName);

if ((LevelGrade. equals("二等")) || ((LevelGrade. equals("三等")) && (Method. equals("测微法")))) mEditText. setText("读数 6 位数");//六位数

else mEditText. setText("读数 4 位数"); // 三等中丝法,四等,等外均为四位数。

// 按钮功能

mRecord. setText("计算");

vaule = mBehindDistanceUp. getText(). toString(); if (vaule. length() = = 0)vaule = "0"; B11 = Double. parseDouble(vaule);

vaule = mBehindDistanceDown. getText(). toString(); if (vaule. length() = = 0) vaule = "0"; B12 = Double. parseDouble(vaule);

vaule = mBehindDistance. getText(). toString(); if (vaule. length() = = 0) vaule = "0"; B13 = Double. parseDouble(vaule);

vaule = mD. getText(). toString(); if (vaule. length() = = 0) vaule = "0"; B14 = Double. parseDouble(vaule);

vaule = mFrontDistanceUp. getText(). toString(); if (vaule. length() = = 0) vaule = "0"; A11 = Double. parseDouble(vaule);

vaule = mFrontDistanceDown. getText( ). toString( ) ; if (vaule. length( ) = = 0) vaule = "0" ; A12 = Double. parseDouble(vaule) ;

vaule = mFrontDistance. getText( ). toString( ) ; if (vaule. length( ) = = 0) vaule = "0" ; A13 = Double. parseDouble(vaule) ;

vaule = mMD. getText( ). toString( ) ; if (vaule. length( ) = = 0) vaule = "0" ; A14 = Double. parseDouble(vaule) ;

mBehindDistanceUp. setText(" ") ;

mBehindDistanceDown. setText(" ") ;

mBehindDistance. setText(" ") ;

mD. setText(" ") ;

mFrontDistanceUp. setText(" ") ;

mFrontDistanceDown. setText(" ") ;

mFrontDistance. setText(" ") ;

mMD. setText(" ") ;

mBehindDistanceUp. setBackgroundColor(Color. CYAN) ;

mBehindDistanceDown. setBackgroundColor(Color. CYAN) ; // 青色

mBehindDistance. setBackgroundColor(Color. CYAN) ; // 青色

mFrontDistanceUp. setBackgroundColor(Color. CYAN) ; // 青色

mFrontDistanceDown. setBackgroundColor(Color. CYAN) ; // 青色

mFrontDistance. setBackgroundColor(Color. CYAN) ; // 青色

mD. setBackgroundColor(Color. CYAN) ; // 青色

mMD. setBackgroundColor(Color. CYAN) ; // 青色

}

// 开始计算 i 角。

if (Nicheck = = 2) {

vaule = mBehindDistanceUp. getText( ). toString( ) ; if (vaule. length( ) = = 0) vaule = "0" ; B21 = Double. parseDouble(vaule) ;

vaule = mBehindDistanceDown. getText ( ). toString ( ) ; if (vaule. length ( ) = = 0) vaule = "0" ; B22 = Double. parseDouble(vaule) ;

vaule = mBehindDistance. getText( ). toString( ) ; if (vaule. length( ) = = 0) vaule = "0" ; B23 = Double. parseDouble(vaule) ;

vaule = mD. getText( ). toString( ) ; if (vaule. length( ) = = 0) vaule = "0" ; B24 = Double. parseDouble(vaule) ;

vaule = mFrontDistanceUp. getText( ). toString( ) ; if (vaule. length( ) = = 0) vaule = "0" ; A21 = Double. parseDouble(vaule) ;

vaule = mFrontDistanceDown. getText( ). toString( ) ; if (vaule. length( ) = = 0) vaule = "0" ; A22 = Double. parseDouble(vaule) ;

vaule = mFrontDistance. getText( ). toString( ) ; if (vaule. length( ) = = 0) vaule =

"0"; A23 = Double. parseDouble(vaule);

vaule = mMD. getText( ). toString( ); if (vaule. length( ) = = 0) vaule = "0"; A24 = Double. parseDouble(vaule);

// 计算 i 角值

double h1 = 0, h2 = 0, dh = 0, i = 0, ii =0;

h1 = ((B11 - A11) + (B12 - A12) + (B13 - A13) + (B14 - A14)) / 4;

h2 = ((B21 - A21) + (B22 - A22) + (B23 - A23) + (B24 - A24)) / 4;

dh = h2 - h1; dh = dh / factor; dh = dh / 2;

// 判断读数位数,如果是 4 位数则不变,如果是 6 位数则除以 10,因为二等以 0.01 mm为单位。

if (mBehindDistanceDown. getText( ). length( ) > 5) dh = dh / 10;

i = dh * 10; mName. setText("i =" + Double. toString(i) + "″"); ii =i;if(ii <0)ii =-ii;

if (ii > Double. parseDouble(_i)) MessageBox1("提示", "i =" + Double. toString(i) + "″" + ", i 角超限!");

else // 保存数据

{

// 先处理 i 角数据长度。

String ivalue = "", b11 = "", b12 = "", b13 = "", b14 = "",a11 = "",a12 = "", a13 = "", a14 = "", b21 = "", b22 = "", b23 = "", b24 = "", a21 = "", a22 = "", a23 = "", a24 = "";

ivalue = "i1," + Double. toString(i) + "   "; ivalue = ivalue. substring(0, 0 +10); // 取左边 10 位。

//MessageBox1("提示", "i =" + Double. toString(i) + "″"); // 在框内显示结果。

b11 = Format0(B11) + "   "; b11 = b11. substring(0, 6); //取左边 6 位。最大值 60650 +60000

b12 = Format0(B12) + "   "; b12 = b12. substring(0, 6); //取左边 6 位。最大值 60650 +60000

b13 = Format0(B13) + "   "; b13 = b13. substring(0, 6); //取左边 6 位。最大值 60650 +60000

b14 = Format0(B14) + "   "; b14 = b14. substring(0, 6); //取左边 6 位。最大值 60650 +60000

a11 = Format0(A11) + "   "; a11 = a11. substring(0, 6); //取左边 6 位。最大值 60650 +60000

a12 = Format0(A12) + "   "; a12 = a12. substring(0, 6); //取左边 6 位。最大值 60650 +60000

a13 = Format0(A13) + "   "; a13 = a13. substring(0, 6); //取左边 6 位。最大值 60650 +60000

```
        a14 = Format0(A14) + "                        "; a14 = a14. substring(0, 6);
//取左边 6 位。最大值 60650 + 60000
        b21 = Format0(B21) + "                        "; b21 = b21. substring(0, 6);
//取左边 6 位。最大值 60650 + 60000
        b22 = Format0(B22) + "                        "; b22 = b22. substring(0, 6);
//取左边 6 位。最大值 60650 + 60000
        b23 = Format0(B23) + "                        "; b23 = b23. substring(0, 6);
//取左边 6 位。最大值 60650 + 60000
        b24 = Format0(B24) + "                        "; b24 = b24. substring(0, 6);
//取左边 6 位。最大值 60650 + 60000
        a21 = Format0(A21) + "                        "; a21 = a21. substring(0, 6);
//取左边 6 位。最大值 60650 + 60000
        a22 = Format0(A22) + "                        "; a22 = a22. substring(0, 6);
//取左边 6 位。最大值 60650 + 60000
        a23 = Format0(A23) + "                        "; a23 = a23. substring(0, 6);
//取左边 6 位。最大值 60650 + 60000
        a24 = Format0(A24) + "                        "; a24 = a24. substring(0, 6);
//取左边 6 位。最大值 60650 + 60000
        String buffs = ivalue + b11 + b12 + b13 + b14 + a11 + a12 + a13 + a14 + b21
+ b22 + b23 + b24 + a21 + a22 + a23 + a24;
        // 保存 i 角原始观测记录。
        java. io. BufferedWriter bw;
        try {
            bw = new java. io. BufferedWriter(new java. io. FileWriter(new java. io. File
(icheckfilename)));
            bw. write(buffs, 0, buffs. length());
            bw. newLine();
            bw. close();
            MessageBox1("提示", "已保存 i 角观测数据!");
        }
        catch (IOException e)
        {
            e. printStackTrace();
        }
        // 因显示顺序颠倒,所以在框内显示结果。
        MessageBox1("提示", "i = " + Double. toString(i) + """);
    }
    // 返回原始状态
```

```
        Nicheck = 0; btnRecordState = "记录"; mName.setText("");
        ReturnMainFaceOrder();
        // 恢复场景
        ResetScene();
      }
  }
else // i 角检查 2
if(btnRecordState.equals("i 角检查 2")) {
    if (mBehindDistanceUp.getText().toString().length() == 0) { MessageBox1("提
示", "请输入后视第 1 次读数!"); return; }
    if (mBehindDistanceDown.getText().toString().length() == 0) { MessageBox1("提
示", "请输入后视第 2 次读数!"); return; }
    if (mBehindDistance.getText().toString().length() == 0) { MessageBox1("提示",
"请输入后视第 3 次读数!"); return; }
    if (mD.getText().toString().length() == 0) { MessageBox1("提示", "请输入后视
第 4 次读数!"); return; }
    if (mFrontDistanceUp.getText().toString().length() == 0) { MessageBox1("提示",
"请输入前视第 1 次读数!"); return; }
    if (mFrontDistanceDown.getText().toString().length() == 0) { MessageBox1("提
示", "请输入前视第 2 次读数!"); return; }
    if (mFrontDistance.getText().toString().length() == 0) { MessageBox1("提示",
"请输入前视第 3 次读数!"); return; }
    if (mMD.getText().toString().length() == 0) { MessageBox1("提示", "请输入前
视第 4 次读数!"); return; }
    Nicheck += 1; String vaule = "";
    // i 角检查次数判断;
    if (Nicheck == 1) {
      // 后黑
      mEditText = (EditText) findViewById(R.id.myBehindBlock);
      mEditText.setEnabled(false);
      mEditText.setBackgroundColor(Color.LTGRAY); // 淡灰色
      mEditText.setText("方法 2");
      // 后红
      mEditText = (EditText) findViewById(R.id.myBehindRed);
      mEditText.setEnabled(false);
      mEditText.setBackgroundColor(Color.LTGRAY); // 淡灰色
      mEditText.setText(" 41.2M");
      // 前黑
```

```
mEditText = (EditText) findViewById(R. id. myFrontBlock);
mEditText. setEnabled(false);
mEditText. setBackgroundColor(Color. LTGRAY); // 淡灰色
mEditText. setText("J2 测站");
// 前红
mEditText = (EditText) findViewById(R. id. myFrontRed);
mEditText. setEnabled(false);
mEditText. setBackgroundColor(Color. LTGRAY); // 淡灰色
mEditText. setText("20. 6M");
// 常数差 1
mEditText = (EditText) findViewById(R. id. myK1);
mEditText. setText("A 尺");
// 常数差 2
mEditText = (EditText) findViewById(R. id. myK2);
mEditText. setText("B 尺");
// 输入位数提示
mEditText = (EditText) findViewById(R. id. myName);
if ((LevelGrade. equals("二等")) || ((LevelGrade. equals("三等")) && (Method.
equals("测微法")))) mEditText. setText("读数 6 位数");//六位数
else mEditText. setText("读数 4 位数"); // 三等中丝法,四等,等外均为四位数。
mRecord. setText("计算");
vaule = mBehindDistanceUp. getText(). toString(); if (vaule. length() = = 0) vaule
= "0"; B11 = Double. parseDouble(vaule);
vaule = mBehindDistanceDown. getText(). toString(); if (vaule. length() = = 0)
vaule = "0"; B12 = Double. parseDouble(vaule);
vaule = mBehindDistance. getText(). toString(); if (vaule. length() = = 0) vaule =
"0"; B13 = Double. parseDouble(vaule);
vaule = mD. getText(). toString(); if (vaule. length() = = 0) vaule = "0"; B14 =
Double. parseDouble(vaule);
vaule = mFrontDistanceUp. getText(). toString(); if (vaule. length() = = 0) vaule =
"0"; A11 = Double. parseDouble(vaule);
vaule = mFrontDistanceDown. getText(). toString(); if (vaule. length() = = 0) vaule =
"0"; A12 = Double. parseDouble(vaule);
vaule = mFrontDistance. getText(). toString(); if (vaule. length() = = 0) vaule =
"0"; A13 = Double. parseDouble(vaule);
vaule = mMD. getText(). toString(); if (vaule. length() = = 0) vaule = "0";
A14 = Double. parseDouble(vaule);
mBehindDistanceUp. setText("");
```

```
mBehindDistanceDown. setText("");
mBehindDistance. setText("");
mD. setText("");
mFrontDistanceUp. setText("");
mFrontDistanceDown. setText("");
mFrontDistance. setText("");
mMD. setText("");
mBehindDistanceUp. setBackgroundColor(Color. CYAN);
mBehindDistanceDown. setBackgroundColor(Color. CYAN); // 青色
mBehindDistance. setBackgroundColor(Color. CYAN); // 青色
mFrontDistanceUp. setBackgroundColor(Color. CYAN); // 青色
mFrontDistanceDown. setBackgroundColor(Color. CYAN); // 青色
mFrontDistance. setBackgroundColor(Color. CYAN); // 青色
mD. setBackgroundColor(Color. CYAN); // 青色
mMD. setBackgroundColor(Color. CYAN); // 青色
}
// 开始计算 i 角。
if (Nicheck == 2) {
  //记录第二站读数
  vaule = mBehindDistanceUp. getText(). toString(); if (vaule. length() == 0) vaule =
"0"; B21 = Double. parseDouble(vaule);
  vaule = mBehindDistanceDown. getText(). toString(); if (vaule. length() == 0)
vaule = "0"; B22 = Double. parseDouble(vaule);
  vaule = mBehindDistance. getText(). toString(); if (vaule. length() == 0) vaule =
"0"; B23 = Double. parseDouble(vaule);
  vaule = mD. getText(). toString(); if (vaule. length() == 0) vaule = "0"; B24 =
Double. parseDouble(vaule);
  vaule = mFrontDistanceUp. getText(). toString(); if (vaule. length() == 0) vaule =
"0"; A21 = Double. parseDouble(vaule);
  vaule = mFrontDistanceDown. getText(). toString(); if (vaule. length() == 0) vaule =
"0"; A22 = Double. parseDouble(vaule);
  vaule = mFrontDistance. getText(). toString(); if (vaule. length() == 0) vaule =
"0";A23 = Double. parseDouble(vaule);
  vaule = mMD. getText(). toString(); if (vaule. length() == 0) vaule = "0"; A24 =
Double. parseDouble(vaule);
  // 计算 i 角值
  double h1 = 0, h2 = 0, dh = 0, i = 0, ii =0;
  h1 = ((B11 - A11) + (B12 - A12) + (B13 - A13) + (B14 - A14)) / 4;
```

h2 = ((B21 - A21) + (B22 - A22) + (B23 - A23) + (B24 - A24)) / 4;

dh = h2 - h1; dh = dh / factor;

// 判断读数位数,如果是 4 位数则不变,如果是 6 位数则除以 10,因为二等以 0.01 mm 为单位。

if (mBehindDistanceDown. getText( ). length( ) > 5) dh = dh / 10;

i = dh * 10; mName. setText("i = " + Double. toString(i) + """); ii = i; if (ii < 0) ii = -ii;

if (ii > Double. parseDouble(_i)) MessageBox1("提示","i = " + Double. toString(i) + """ + ",i 角超限!");

else // 保存数据

{

String ivalue = "", b11 = "", b12 = "", b13 = "", b14 = "", a11 = "",a12 = "", a13 = "", a14 = "", b21 = "", b22 = "", b23 = "", b24 = "", a21 = "", a22 = "", a23 = "", a24 = "";

ivalue = "i2," + Double. toString(i) + "   "; ivalue = ivalue. substring(0, 0 +10); // 取左边 10 位。

b11 = Format0(B11) + "   "; b11 = b11. substring(0, 6);
//取左边 6 位。最大值 60650 +60000

b12 = Format0(B12) + "   "; b12 = b12. substring(0, 6);
//取左边 6 位。最大值 60650 +60000

b13 = Format0(B13) + "   "; b13 = b13. substring(0, 6);
//取左边 6 位。最大值 60650 +60000

b14 = Format0(B14) + "   "; b14 = b14. substring(0, 6);
//取左边 6 位。最大值 60650 +60000

a11 = Format0(A11) + "   "; a11 = a11. substring(0, 6);
//取左边 6 位。最大值 60650 +60000

a12 = Format0(A12) + "   "; a12 = a12. substring(0, 6);
//取左边 6 位。最大值 60650 +60000

a13 = Format0(A13) + "   "; a13 = a13. substring(0, 6);
//取左边 6 位。最大值 60650 +60000

a14 = Format0(A14) + "   "; a14 = a14. substring(0, 6);
//取左边 6 位。最大值 60650 +60000

b21 = Format0(B21) + "   "; b21 = b21. substring(0, 6);
//取左边 6 位。最大值 60650 +60000

b22 = Format0(B22) + "   "; b22 = b22. substring(0, 6);
//取左边 6 位。最大值 60650 +60000

b23 = Format0(B23) + "   "; b23 = b23. substring(0, 6);
//取左边 6 位。最大值 60650 +60000

b24 = Format0(B24) + "　　　　　　　　　"; b24 = b24.substring(0, 6);
//取左边 6 位。最大值 60650 + 60000

　　　a21 = Format0(A21) + "　　　　　　　　　"; a21 = a21.substring(0, 6);
//取左边 6 位。最大值 60650 + 60000

　　　a22 = Format0(A22) + "　　　　　　　　"; a22 = a22.substring(0, 6);
//取左边 6 位。最大值 60650 + 60000

　　　a23 = Format0(A23) + "　　　　　　　　　"; a23 = a23.substring(0, 6);
//取左边 6 位。最大值 60650 + 60000

　　　a24 = Format0(A24) + "　　　　　　　　"; a24 = a24.substring(0, 6);
//取左边 6 位。最大值 60650 + 60000

　　　String buffs = ivalue + b11 + b12 + b13 + b14 + a11 + a12 + a13 + a14 + b21 + b22 + b23 + b24 + a21 + a22 + a23 + a24;

　　　// 保存 i 角原始观测记录。

　　　java.io.BufferedWriter bw;

　　　try {

　　　　bw = new java.io.BufferedWriter(new java.io.FileWriter(new java.io.File(icheckfilename)));

　　　　bw.write(buffs, 0, buffs.length());

　　　　bw.newLine();

　　　　bw.close();

　　　　MessageBox1("提示", "已保存 i 角观测数据!");

　　　}

　　　catch (IOException e)

　　　{

　　　　e.printStackTrace();

　　　}

　　　// 因显示顺序颠倒,所以在框内显示结果。

　　　MessageBox1("提示", "i = " + Double.toString(i) + """");

　}

　// 返回原始状态

　Nicheck = 0; btnRecordState = "记录"; mName.setText("");

　ReturnMainFaceOrder();

　// 恢复场景

　ResetScene();

　　　}

　　}

}

});

9.4.4 查询按钮响应

```
mAsk = (Button)this. findViewById(R. id. myAsk);
mAsk. setOnClickListener(new Button. OnClickListener() {
@ Override
public void onClick(View v) {
    // 记录总数超过一站时才允许查询。
    if(Nid > 1) {
    // 注意,如果有监听功能存在,尽量不要使用该模块,所有命令可能并排执行,不分
先后。
        Builder builder = new AlertDialog. Builder(LevelActivity. this);
        builder. setTitle("查询测站[1 - " + Integer. toString(Nid-1) + "]");
        builder. setIcon(android. R. drawable. ic_dialog_info);
        LayoutInflater factory = LayoutInflater. from(LevelActivity. this);
        final View myfiledialog1 = factory. inflate(R. layout. myfiledialog1, null);
        builder. setView(myfiledialog1);
        builder. setPositiveButton("确定", new DialogInterface. OnClickListener() {
@ Override
public void onClick(DialogInterface dialog, int which) {
    // 输入数据
    mEditText = (EditText) myfiledialog1. findViewById(R. id. myValues);
    String buff = DeleteBehindNameSpace(mEditText. getText(). toString());
    // 输入测站数不为空时查询
    if(((! buff. equals ("")) && (Integer. parseInt (buff) > 0) && (Integer. parseInt
(buff) < Nid)) {
        String ID, Information = "",Stage = "1", Stage0 = "0", Station = "", BehindUp = "",
BehindDown = "", FrontUp = "", FrontDown = "", BehindBlock = "", BehindRed =
"", FrontBlock = "", FrontRed = "", FrontName = "", Remark = "", ObserveTime =
"";
        // 调入测站数据
        String
buff1 = AskDatabase (Integer. parseInt (DeleteBehindNameSpace (mEditText. getText().
toString())));
        Information = buff1. substring(0,0 + 64);
        // 分解数据
        Information = translateinformation(Information, 2);
        BehindUp = DeleteBehindNameSpace(Information. substring(6, 6 + 5));
        BehindDown = DeleteBehindNameSpace(Information. substring(11, 11 + 5));
```

```
FrontUp = DeleteBehindNameSpace(Information. substring(16, 16 + 5));
FrontDown = DeleteBehindNameSpace(Information. substring(21, 21 + 5));
BehindBlock = DeleteBehindNameSpace(Information. substring(26, 26 + 8));
BehindRed = DeleteBehindNameSpace(Information. substring(34, 34 + 8));
FrontBlock = DeleteBehindNameSpace(Information. substring(42, 42 + 8));
FrontRed = DeleteBehindNameSpace(Information. substring(50, 50 + 8));
FrontName = DeleteBehindNameSpace(buff1. substring(64, 64 + 16));
Remark = DeleteBehindNameSpace(buff1. substring(80, 80 + 16));
// 根据等级不同,确定是否显示上下丝读数或视距读数。
if ((LevelGrade. equals("二等")) || (LevelGrade. equals("三等"))) {
    // 后距上
    mBehindDistanceUp. setText(BehindUp);
    // 后距下
    mBehindDistanceDown. setText(BehindDown);
    // 前距上
    mFrontDistanceUp. setText(FrontUp);
    // 前距下
    mFrontDistanceDown. setText(FrontDown);
    // 后距
    mBehindDistance. setText("");
    // 前距
    mFrontDistance. setText("");
}
if ((LevelGrade. equals("四等")) || (LevelGrade. equals("等外"))) {
    // 后距上
    mBehindDistanceUp. setText("");
    // 后距下
    mBehindDistanceDown. setText("");
    // 前距上
    mFrontDistanceUp. setText("");
    // 前距下
    mFrontDistanceDown. setText("");
    // 后距
    mBehindDistance. setText(BehindUp);
    // 前距
    mFrontDistance. setText(FrontUp);
}
// 显示黑红面读数,不分等级。
```

```
    // 后黑
    mBehindBlock. setText( BehindBlock) ;
    // 后红
    mBehindRed. setText( BehindRed) ;
    // 前黑
    mFrontBlock. setText( FrontBlock) ;
    // 前红
    mFrontRed. setText( FrontRed) ;
    // 点名
    mName. setText( FrontName) ;
    }
  }
}) ;
builder. setNegativeButton( "取消", null) ;
builder. show( ) ;
  }
  }
});
```

9.4.5 保存按钮响应

```
mSave = (Button)this. findViewById( R. id. mySave) ;
mSave. setOnClickListener( new Button. OnClickListener( ) {
@ Override
public void onClick( View v) {
  // 先保存设置
  String filename1 = SaveFileName; // 文件名后缀为". cfg";在读入数据库时一并打
开。
  filename1 = filename1. substring( 0, 0 + filename1. length( ) - 3) + "cfg" ;
  // 保存文本文件
  SaveTextFile( filename1) ;
  // 保存数据库文件
  CopyFile( WorkFileName, SaveFileName) ;
  MessageBox( "保存完毕!") ; addflag = false ; //保存完毕
  }
});
```

9.4.6 输入法按钮响应

```
mFont = (Button)this. findViewById( R. id. myFont) ;
```

```java
mFont. setOnClickListener( new Button. OnClickListener( ) {
@ Override
public void onClick( View v) {
    InputMethodManager inputMethodManager = ( InputMethodManager) getSystemService
( Context. INPUT_METHOD_SERVICE) ;
    // 获取输入法状态
    InputMethodManager imm =
( InputMethodManager) getSystemService( Context. INPUT_METHOD_SERVICE) ;
    boolean OpenFlag = imm. isActive( ) ;
    mN = ( EditText) findViewById( R. id. myN) ;
    if( OpenFlag) {
        //MessageBox( "输入法已打开") ;
        // 关闭输入法
        imm. hideSoftInputFromWindow( mN. getWindowToken( ) , InputMethodManager. HIDE_
NOT_ALWAYS) ;
    }
    else
    {
        imm. showSoftInputFromInputMethod( mN. getWindowToken( ) , InputMethodManager.
SHOW_FORCED) ;
    }
}
}) ;
```

9.4.7　退出按钮响应

```java
mExit = ( Button) this. findViewById( R. id. myExit) ;
mExit. setOnClickListener( new Button. OnClickListener( ) {
@ Override
public void onClick( View v) {
    if ( addflag) {
        Builder builder = new AlertDialog. Builder( LevelActivity. this) ;
        builder. setTitle( "询问") ;
        builder. setIcon( android. R. drawable. ic_dialog_info) ;
        builder. setMessage( "测站数据已改变,是否保存?") ;
        builder. setPositiveButton( "确定" , new DialogInterface. OnClickListener( ) {
        @ Override
        public void onClick( DialogInterface dialog, int which) {
            // 保存设置文件
```

```
        String filename1 = SaveFileName;// 文件名后缀为".cfg";在读入数据库时一并打
开。
        filename1 = filename1.substring(0, 0 + filename1.length() - 3) + "cfg";
        // 保存文本文件
        SaveTextFile(filename1);
        // 保存当前数据库内容。
        CopyFile(WorkFileName, SaveFileName);
        MessageBox("已保存: " + SaveFileName);
        ExitDialog(); addflag = false;
    }
});
builder.setNegativeButton("取消", new DialogInterface.OnClickListener() {
@Override
public void onClick(DialogInterface dialog, int which) {
ExitDialog(); addflag = false;
}
});
builder.show();
}
else
{
    ExitDialog();
}
}
});
```

9.5　菜单功能实现

9.5.1　新建文件

```
if(NewFileOkFlag) {
    // 新建工程时,要删除原来数据库内容。
    delFile(WorkFileName,false);
    //MessageBox1("提示",SaveFileName);
    // 输入后尺点名
    Builder builder = new AlertDialog.Builder(LevelActivity.this);
    builder.setTitle("请输入后尺点名");
    builder.setIcon(android.R.drawable.ic_dialog_info);
```

```
LayoutInflater factory = LayoutInflater.from(LevelActivity.this);
final View myfiledialog1 = factory.inflate(R.layout.myfiledialog1, null);
builder.setView(myfiledialog1);
builder.setPositiveButton("确定", new DialogInterface.OnClickListener() {
@Override
public void onClick(DialogInterface dialog, int which) {
// 输入数据
mEditText = (EditText) myfiledialog1.findViewById(R.id.myValues);
String buff = mEditText.getText().toString();
// 名称不为空,有效。
if(!buff.equals("")) {
BehindName = buff + "        "; // 后尺点名不能为空;
// 长度限定,否则数据库出错。
if (BehindName.length() > 16) BehindName = BehindName.substring(0, 0 + 16);
Remark = BehindName; //新建测段时 Remark 记录后尺点名。
Nid = 1; CurrentID1 = Nid; CurrentID2 = Nid; // 每个数据库,所有段,总 ID 号,唯
一的;
Nstage = 1; // 当前段号;
Nstation = 1;// 每段测站总数;
TotalDifferenceHeight = 0; // 总高差
TotalDistance = 0; // 总距离
TMD = 0; // 总累积差
// 文件名称
String c = SaveFileName;
mEditText = (EditText) findViewById(R.id.myFileName);
mEditText.setText(DistallFileName(c)); // 设初值
//显示当前段号
mEditText = (EditText) findViewById(R.id.myStage);
mEditText.setText(Integer.toString(Nstage)); // 设初值
//显示当前站数;
mEditText = (EditText) findViewById(R.id.myN);
mEditText.setText(Integer.toString(Nstation)); // 设初值
addflag = false; // 没有新数据;
// 标签框控制
mMarkBlock = (TextView)findViewById(R.id.textView8);
mMarkRed = (TextView)findViewById(R.id.textView9);
// 清空各框内容,以免影响输入
// 注意:因输入对话框存在按钮监听,所以需要重新获取控件 ID 号.
```

```
// 后距上
mBehindDistanceUp = (EditText) findViewById(R. id. myBehindDistanceUp);
mBehindDistanceUp. setText("");
// 后距下
mBehindDistanceDown = (EditText) findViewById(R. id. myBehindDistanceDown);
mBehindDistanceDown. setText("");
// 后距
mBehindDistance = (EditText) findViewById(R. id. myBehindDistance);
mBehindDistance. setText("");
// 前距上
mFrontDistanceUp = (EditText) findViewById(R. id. myFrontDistanceUp);
mFrontDistanceUp. setText("");
// 前距下
mFrontDistanceDown = (EditText) findViewById(R. id. myFrontDistanceDown);
mFrontDistanceDown. setText("");
// 前距
mFrontDistance = (EditText) findViewById(R. id. myFrontDistance);
mFrontDistance. setText("");
// 前后视距差
mD = (EditText) findViewById(R. id. myD);
mD. setText("");
// 累积差
mMD = (EditText) findViewById(R. id. myMD);
mMD. setText("");
// 后黑
mBehindBlock = (EditText) findViewById(R. id. myBehindBlock);
mBehindBlock. setText("");
// 后红
mBehindRed = (EditText) findViewById(R. id. myBehindRed);
mBehindRed. setText("");
// 前黑
mFrontBlock = (EditText) findViewById(R. id. myFrontBlock);
mFrontBlock. setText("");
// 前红
mFrontRed = (EditText) findViewById(R. id. myFrontRed);
mFrontRed. setText("");
// 常数差1
mK1 = (EditText) findViewById(R. id. myK1);
```

```java
mK1. setText("");
// 常数差 2
mK2 = (EditText) findViewById(R. id. myK2);
mK2. setText("");
// 常数差之差
mCC = (EditText) findViewById(R. id. myCC);
mCC. setText("");
// 高差 1
mH1 = (EditText) findViewById(R. id. myH1);
mH1. setText("");
// 高差 2
mH2 = (EditText) findViewById(R. id. myH2);
mH2. setText("");
// 前尺点名
mName = (EditText) findViewById(R. id. myName);
mName. setBackgroundColor(Color. LTGRAY); // 淡灰色
mName. setEnabled(false);
mName. setText("");
// 提示
mHint = (TextView) findViewById(R. id. myHint);
// 根据水准等级确定是否显示某些内容
if (LevelGrade. equals("二等")) {
    // 设置视距上下丝有效
    mBehindDistanceDown. setBackgroundColor(Color. WHITE); // 白色
    mBehindDistanceDown. setEnabled(true);
    mBehindDistanceUp. setBackgroundColor(Color. WHITE); // 白色
    mBehindDistanceUp. setEnabled(true);
    mFrontDistanceDown. setBackgroundColor(Color. WHITE); // 白色
    mFrontDistanceDown. setEnabled(true);
    mFrontDistanceUp. setBackgroundColor(Color. WHITE); // 白色
    mFrontDistanceUp. setEnabled(true);
    // 设置视距无效
    mBehindDistance. setBackgroundColor(Color. LTGRAY); // 淡灰色
    mBehindDistance. setEnabled(false);
    mFrontDistance. setBackgroundColor(Color. LTGRAY); // 淡灰色
    mFrontDistance. setEnabled(false);
    // 设置黑红面标签
    mMarkBlock. setText("基本");
```

mMarkRed. setText(" 辅助") ;

factor = 10.000 ; if (Score. equals("0.5cm")) factor = 20.000 ; // 尺常数 =60650 ;

// 根据观测顺序确定焦点。

if (LevelGrade. equals(" 二等")) {

  if (GoBack. equals(" 往测")) {

    // 首先判断当前站是否为奇数。

    int ii = (Nstation) / 2 ;

    if (ii * 2 ! = Nstation) {// 奇数站

      // 后前前后, 往测奇数和返测偶数站

      // "后距上" 获得焦点

      mHint. setText(" 后上") ;

      mBehindDistanceUp. setFocusable(true) ;

      mBehindDistanceUp. requestFocus( ) ;

      // 设置面板颜色

      mBehindDistanceUp. setBackgroundColor(Color. CYAN) ; // 青色

      mBehindDistanceDown. setBackgroundColor(Color. WHITE) ; // 白色

      mBehindBlock. setBackgroundColor(Color. WHITE) ; // 白色

      mBehindRed. setBackgroundColor(Color. WHITE) ; // 白色

      mFrontDistanceUp. setBackgroundColor(Color. WHITE) ; // 白色

      mFrontDistanceDown. setBackgroundColor(Color. WHITE) ; // 白色

      mFrontBlock. setBackgroundColor(Color. WHITE) ; // 白色

      mFrontRed. setBackgroundColor(Color. WHITE) ; // 白色

    }

    else // 偶数站

    {

      // 前后后前, 往测偶数和返测奇数站

      // "前距上" 获得焦点

      mHint. setText(" 前上") ;

      mFrontDistanceUp. setFocusable(true) ;

      mFrontDistanceUp. requestFocus( ) ;

      // 设置面板颜色

      mBehindDistanceUp. setBackgroundColor(Color. WHITE) ; // 白色

      mBehindDistanceDown. setBackgroundColor(Color. WHITE) ; // 白色

      mBehindBlock. setBackgroundColor(Color. WHITE) ; // 白色

      mBehindRed. setBackgroundColor(Color. WHITE) ; // 白色

      mFrontDistanceUp. setBackgroundColor(Color. CYAN) ; // 青色

      mFrontDistanceDown. setBackgroundColor(Color. WHITE) ; // 白色

      mFrontBlock. setBackgroundColor(Color. WHITE) ; // 白色

```
        mFrontRed. setBackgroundColor( Color. WHITE) ; // 白色
    }
}
else // 返测,前后尺交换,常数不一样。
{
    // 首先判断当前站是否为奇数。
    int ii = ( Nstation ) / 2;
    if ( ii * 2 ! = Nstation ) {// 奇数站
        // 前后后前,往测偶数和返测奇数站
        // "前距上"获得焦点
        mHint. setText( "前上" ) ;
        mFrontDistanceUp. setFocusable( true ) ;
        mFrontDistanceUp. requestFocus( ) ;
        // 设置面板颜色
        mBehindDistanceUp. setBackgroundColor( Color. WHITE) ; // 白色
        mBehindDistanceDown. setBackgroundColor( Color. WHITE) ; // 白色
        mBehindBlock. setBackgroundColor( Color. WHITE) ; // 白色
        mBehindRed. setBackgroundColor( Color. WHITE) ; // 白色
        mFrontDistanceUp. setBackgroundColor( Color. CYAN) ; // 青色
        mFrontDistanceDown. setBackgroundColor( Color. WHITE) ; // 白色
        mFrontBlock. setBackgroundColor( Color. WHITE) ; // 白色
        mFrontRed. setBackgroundColor( Color. WHITE) ; // 白色
    }
    else // 偶数站
    {
        // 后前前后,往测奇数和返测偶数站
        // "后距上"获得焦点
        mHint. setText( "后上" ) ;
        mBehindDistanceUp. setFocusable( true ) ;
        mBehindDistanceUp. requestFocus( ) ;
        // 设置面板颜色
        mBehindDistanceUp. setBackgroundColor( Color. CYAN) ; // 青色
        mBehindDistanceDown. setBackgroundColor( Color. WHITE) ; // 白色
        mBehindBlock. setBackgroundColor( Color. WHITE) ; // 白色
        mBehindRed. setBackgroundColor( Color. WHITE) ; // 白色
        mFrontDistanceUp. setBackgroundColor( Color. WHITE) ; // 白色
        mFrontDistanceDown. setBackgroundColor( Color. WHITE) ; // 白色
        mFrontBlock. setBackgroundColor( Color. WHITE) ; // 白色
```

```
                mFrontRed. setBackgroundColor( Color. WHITE) ; // 白色
            }
        }
    }
}
if ( ( LevelGrade. equals( " 三等" ) ) && ( Method. equals( " 测微法" ) ) ) {
    // 设置视距上下丝有效
    mBehindDistanceDown. setBackgroundColor( Color. WHITE) ; // 白色
    mBehindDistanceDown. setEnabled( true) ;
    mBehindDistanceUp. setBackgroundColor( Color. WHITE) ; // 白色
    mBehindDistanceUp. setEnabled( true) ;
    mFrontDistanceDown. setBackgroundColor( Color. WHITE) ; // 白色
    mFrontDistanceDown. setEnabled( true) ;
    mFrontDistanceUp. setBackgroundColor( Color. WHITE) ; // 白色
    mFrontDistanceUp. setEnabled( true) ;
    // 设置视距无效
    mBehindDistance. setBackgroundColor( Color. LTGRAY) ; // 淡灰色
    mBehindDistance. setEnabled( false) ;
    mFrontDistance. setBackgroundColor( Color. LTGRAY) ; // 淡灰色
    mFrontDistance. setEnabled( false) ;
    // 设置黑红面标签
    mMarkBlock. setText( " 基本" ) ;
    mMarkRed. setText( " 辅助" ) ;
    factor = 10.000; //if ( Score. equals( "0.5 cm" ) factor = 20.000;//尺常数 = 60650,30155;
    // 根据观测顺序确定焦点。
    // " 后距上" 获得焦点
    mHint. setText( " 后上" ) ;
    mBehindDistanceUp. setFocusable( true) ;
    mBehindDistanceUp. requestFocus( ) ;
    // 设置面板颜色
    mBehindDistanceUp. setBackgroundColor( Color. CYAN) ; // 青色
    mBehindDistanceDown. setBackgroundColor( Color. WHITE) ; // 白色
    mBehindBlock. setBackgroundColor( Color. WHITE) ; // 白色
    mBehindRed. setBackgroundColor( Color. WHITE) ; // 白色
    mFrontDistanceUp. setBackgroundColor( Color. WHITE) ; // 白色
    mFrontDistanceDown. setBackgroundColor( Color. WHITE) ; // 白色
    mFrontBlock. setBackgroundColor( Color. WHITE) ; // 白色
    mFrontRed. setBackgroundColor( Color. WHITE) ; // 白色
```

```
    }
    if ( ( LevelGrade. equals( "三等" ) ) && ( Method. equals( "中丝法" ) ) ) {
        //设置视距上下丝有效
        mBehindDistanceDown. setBackgroundColor( Color. WHITE ) ; // 白色
        mBehindDistanceDown. setEnabled( true ) ;
        mBehindDistanceUp. setBackgroundColor( Color. WHITE ) ; // 白色
        mBehindDistanceUp. setEnabled( true ) ;
        mFrontDistanceDown. setBackgroundColor( Color. WHITE ) ; // 白色
        mFrontDistanceDown. setEnabled( true ) ;
        mFrontDistanceUp. setBackgroundColor( Color. WHITE ) ; // 白色
        mFrontDistanceUp. setEnabled( true ) ;
        // 设置视距无效
        mBehindDistance. setBackgroundColor( Color. LTGRAY ) ; // 淡灰色
        mBehindDistance. setEnabled( false ) ;
        mFrontDistance. setBackgroundColor( Color. LTGRAY ) ; // 淡灰色
        mFrontDistance. setEnabled( false ) ;
        // 设置黑红面标签
        mMarkBlock. setText( "黑面" ) ;
        mMarkRed. setText( "红面" ) ;
        factor = 10. 000 ; //三等中丝法,黑红面读到 1 mm,测微法黑红面读到 0. 1 mm。
        // 根据观测顺序确定焦点。
        // "后距上"获得焦点
        mHint. setText( "后上" ) ;
        mBehindDistanceUp. setFocusable( true ) ;
        mBehindDistanceUp. requestFocus( ) ;
        // 设置面板颜色
        mBehindDistanceUp. setBackgroundColor( Color. CYAN ) ; // 青色
        mBehindDistanceDown. setBackgroundColor( Color. WHITE ) ; // 白色
        mBehindBlock. setBackgroundColor( Color. WHITE ) ; // 白色
        mBehindRed. setBackgroundColor( Color. WHITE ) ; // 白色
        mFrontDistanceUp. setBackgroundColor( Color. WHITE ) ; // 白色
        mFrontDistanceDown. setBackgroundColor( Color. WHITE ) ; // 白色
        mFrontBlock. setBackgroundColor( Color. WHITE ) ; // 白色
        mFrontRed. setBackgroundColor( Color. WHITE ) ; // 白色
    }
    if ( ( LevelGrade. equals( "四等" ) ) || ( LevelGrade. equals( "等外" ) ) ) {
        //设置视距上下丝无效
        mBehindDistanceDown. setBackgroundColor( Color. LTGRAY ) ; // 淡灰色
```

```
    mBehindDistanceDown. setEnabled( false) ;
    mBehindDistanceUp. setBackgroundColor( Color. LTGRAY) ; // 淡灰色
    mBehindDistanceUp. setEnabled( false) ;
    mFrontDistanceDown. setBackgroundColor( Color. LTGRAY) ; // 淡灰色
    mFrontDistanceDown. setEnabled( false) ;
    mFrontDistanceUp. setBackgroundColor( Color. LTGRAY) ; // 淡灰色
    mFrontDistanceUp. setEnabled( false) ;
    // 设置视距有效
    mBehindDistance. setBackgroundColor( Color. WHITE) ; // 白色
    mBehindDistance. setEnabled( true) ;
    mFrontDistance. setBackgroundColor( Color. WHITE) ; // 白色
    mFrontDistance. setEnabled( true) ;
    // 设置黑红面标签
    mMarkBlock. setText( "黑面") ;
    mMarkRed. setText( "红面") ;
    factor = 1.000; //if ( Score. equals( "0.5 cm") factor = 20.000; // 尺常数 =60650;
    // 根据观测顺序确定焦点。
    // "后距"获得焦点
    mHint. setText( "后距") ;
    mBehindDistance. setFocusable( true) ;
    mBehindDistance. requestFocus( ) ;
    // 设置面板颜色
    mBehindDistance. setBackgroundColor( Color. CYAN) ; // 青色
    mBehindBlock. setBackgroundColor( Color. WHITE) ; // 白色
    mBehindRed. setBackgroundColor( Color. WHITE) ; // 白色
    mFrontDistance. setBackgroundColor( Color. WHITE) ; // 白色
    mFrontBlock. setBackgroundColor( Color. WHITE) ; // 白色
    mFrontRed. setBackgroundColor( Color. WHITE) ; // 白色
    }
  }
  }
} ) ;
builder. setNegativeButton( "取消", null) ;
builder. show( ) ;
}
```

9.5.2 打开文件

```
if( OpenFileOkFlag) {
```

```
// 打开时,要把原来数据库内容复制到当前数据库"_0000. mdb"。
CopyFile(SaveFileName, WorkFileName);
// 提取视距累积差、测段号、文件名称等。
String c = SaveFileName;
// 标签框控制
mMarkBlock = (TextView)findViewById(R. id. textView8);
mMarkRed = (TextView)findViewById(R. id. textView9);
// 清空各框内容,以免影响输入
// 后距上
mBehindDistanceUp. setText("");
// 后距下
mBehindDistanceDown. setText("");
// 后距
mBehindDistance. setText("");
// 前距上
mFrontDistanceUp. setText("");
// 前距下
mFrontDistanceDown. setText("");
// 前距
mFrontDistance. setText("");
// 前后视距差
mD. setText("");
// 累积差
mMD. setText("");
// 后黑
mBehindBlock. setText("");
// 后红
mBehindRed. setText("");
// 前黑
mFrontBlock. setText("");
// 前红
mFrontRed. setText("");
// 常数差 1
mK1. setText("");
// 常数差 2
mK2. setText("");
// 常数差之差
mCC. setText("");
```

```java
// 高差1
mH1. setText( "" ) ;
// 高差2
mH2. setText( "" ) ;
// 提示
//mHint = ( TextView) findViewById( R. id. myHint) ;
// 前尺点名
//mName = ( EditText) findViewById( R. id. myName) ;
mName. setBackgroundColor( Color. LTGRAY) ; // 淡灰色
mName. setEnabled( false) ;
mName. setText( "" ) ;
// 清空,以免影响输入
String filename1 = SaveFileName; // 文件名后缀为". cfg";在读入数据库时一并打开。
filename1 = filename1. substring( 0, 0 + filename1. length( ) - 3) + "cfg";
// 读入数据库设置文件
ReadTextFile( filename1) ;
// 因为要用到系数 factor,所以先设置 factor;
if ( LevelGrade. equals( "二等" ) ) {
    factor = 10. 000; if ( Score. equals( "0. 5cm" ) ) factor = 20. 000; // 尺常数 = 60650;
}
if ( ( LevelGrade. equals( "三等" ) ) && ( Method. equals( "测微法" ) ) ) {
    factor = 10. 000;//if ( Score. equals( "0. 5cm" ) factor = 20. 000;//尺常数 = 60650,30155;
}
if ( ( LevelGrade. equals( "三等" ) ) && ( Method. equals( "中丝法" ) ) ) {
    factor = 10. 000;
}
if ( ( LevelGrade. equals( "四等" ) ) || ( LevelGrade. equals( "等外" ) ) ) {
    factor = 1. 000; //if ( Score. equals( "0. 5cm" ) factor = 20. 000; // 尺常数 = 60650;
}
// 读入数据库数据,更新累积差和观测条件设置内容。
String ID, Information = "" , Stage = "1", Stage0 = "0", Station = "" , BehindUp =
"" , BehindDown = "" , FrontUp = "" , FrontDown = "" , BehindBlock = "" , BehindRed =
"" , FrontBlock = "" , FrontRed = "" , FrontName = "" , Remark = "" , ObserveTime = "" ;
Nstation = 0; double D = 0, D1 = 0, D2 = 0, MD = 0, dk1 = 0, dk2 = 0;
Nid = 1;// id 号必须从 1 开始。
int myID = 1; String buff1 = AskDatabase( myID) ;
do {
    Information = buff1. substring( 0,0 + 64) ;
```

FrontName = buff1. substring(64,64 + 16);

Remark = buff1. substring(80,80 + 16);

// 分解数据

Information = translateinformation(Information, 2);

Stage = DeleteBehindNameSpace(Information. substring(0, 0 + 2));

Station = Information. substring(2, 2 + 4);

BehindUp = Information. substring(6, 6 + 5);

BehindDown = Information. substring(11, 11 + 5);

FrontUp = Information. substring(16, 16 + 5);

FrontDown = Information. substring(21, 21 + 5);

BehindBlock = Information. substring(26, 26 + 8);

BehindRed = Information. substring(34, 34 + 8);

FrontBlock = Information. substring(42, 42 + 8);

FrontRed = Information. substring(50, 50 + 8);

ObserveTime = Information. substring(58, 58 + 6);

// 更换测段号时,测站从 0 开始重新计算,总高差和总距离清零。

if (! Stage. equals(Stage0)) { Stage0 = Stage; Nstation = 0; TotalDifferenceHeight = 0; TotalDistance = 0; }

// 本站前后视距差

D1 = Double. parseDouble(BehindUp) - Double. parseDouble(BehindDown);

D2 = Double. parseDouble(FrontUp) - Double. parseDouble(FrontDown);

// 把 D1,D2 化成以米为单位。考虑尺常数为 60650,距离按一半计算。

D1 = D1 / factor * 0.001 * 100 * 10; D2 = D2 / factor * 0.001 * 100 * 10;

// 100 为视距常数。上下丝读到毫米,factor 以 0.1 mm 为单位。

D1 = init(D1); D2 = init(D2);

D = D1-D2; TotalDistance + = (D1 + D2) / 1; // 前后尺距离之和,不应是一半。

// 视距差累积差

MD = MD + D;

dk1 = Double. parseDouble(BehindBlock) + Double. parseDouble(BehindRed);

dk2 = Double. parseDouble(FrontBlock) + Double. parseDouble(FrontRed);

// 还有尺常数据要减掉。

if (GoBack. equals("往测")) {

    // 首先判断当前站是否为奇数。

    int ii = (Nstation + 1) / 2;

    if (ii * 2 ! = Nstation + 1) { // 奇数站

        dk1 = dk1 - Double. parseDouble(_BC);

        dk2 = dk2 - Double. parseDouble(_FC);

    }

```java
            else  // 偶数站
            {
                dk1 = dk1 - Double. parseDouble( _FC);
                dk2 = dk2 - Double. parseDouble( _BC);
            }
        }
        else  // 返测,前后尺交换,常数不一样。
        {
            // 首先判断当前站是否为奇数。
            int ii = ( Nstation + 1) / 2;
            if ( ii * 2 ! = Nstation + 1) {// 奇数站
                dk1 = dk1 - Double. parseDouble( _FC);
                dk2 = dk2 - Double. parseDouble( _BC);
            }
            else  // 偶数站
            {
                dk1 = dk1 - Double. parseDouble( _BC);
                dk2 = dk2 - Double. parseDouble( _FC);
            }
        }
        dk1 = dk1 / 2; dk2 = dk2 / 2; // 黑红面取中数使用。
        if ( ( LevelGrade. equals( "三等")) && ( Method. equals( "中丝法"))) {
            TotalDifferenceHeight + = ( dk1 - dk2) / factor * 0.001 * 10; // 三等中丝法
读到毫米,而不是 0.1 mm。
        }
        else
        {
            TotalDifferenceHeight + = ( dk1 - dk2) / factor * 0.001;
        }
        TotalDifferenceHeight = init( TotalDifferenceHeight); // 去掉尾数。
        Nstation + +; Nid + = 1; CurrentID1 = Nid; CurrentID2 = Nid;
        myID + +; buff1 = AskDatabase( myID);
    }
    while ( ! buff1. equals( "")); // 不为空串
    mFileName. setText( DistallFileName( SaveFileName)); // 文件名;
    mMD. setText ( Double. toString( MD));
    mStage. setText( Stage); // 显示当前段号
    Nstage = Integer. parseInt( Stage); // 当前段号;
```

```
Nstation += 1;
mN. setText (Integer. toString(Nstation)); // 显示当前站数;
addflag = false; // 没有新数据;
TMD = MD; // 总累积差
addflag = false; // 没有新数据;
btnRecordState = "记录"; //btnSave. Text = "修改"; btnAsk. Text = "查询";
Nicheck = 0; mName. setText(""); // 取消状态返回标准状态。
// 根据水准等级确定是否显示某些内容
if (LevelGrade. equals("二等")) {
    //设置视距上下丝有效
    mBehindDistanceDown. setBackgroundColor(Color. WHITE); // 白色
    mBehindDistanceDown. setEnabled(true);
    mBehindDistanceUp. setBackgroundColor(Color. WHITE); // 白色
    mBehindDistanceUp. setEnabled(true);
    mFrontDistanceDown. setBackgroundColor(Color. WHITE); // 白色
    mFrontDistanceDown. setEnabled(true);
    mFrontDistanceUp. setBackgroundColor(Color. WHITE); // 白色
    mFrontDistanceUp. setEnabled(true);
    // 设置视距无效
    mBehindDistance. setBackgroundColor(Color. LTGRAY); // 淡灰色
    mBehindDistance. setEnabled(false);
    mFrontDistance. setBackgroundColor(Color. LTGRAY); // 淡灰色
    mFrontDistance. setEnabled(false);
    // 设置黑红面标签
    mMarkBlock. setText("基本");
    mMarkRed. setText("辅助");
    factor = 10.000; if (Score. equals("0.5cm")) factor = 20.000; // 尺常数 = 60650;
    // 根据观测顺序确定焦点。
    if (LevelGrade. equals("二等")) {
        if (GoBack. equals("往测")) {
            // 首先判断当前站是否为奇数。
            int ii = (Nstation) / 2;
            if (ii * 2 != Nstation) { // 奇数站
                // 后前前后,往测奇数和返测偶数站
                // "后上"获得焦点
                mHint. setText("后上");
                mBehindDistanceUp. setFocusable(true);
                mBehindDistanceUp. requestFocus();
```

· 362 ·

```
        // 设置面板颜色
        mBehindDistanceUp. setBackgroundColor( Color. CYAN) ; // 青色
        mBehindDistanceDown. setBackgroundColor( Color. WHITE) ; // 白色
        mBehindBlock. setBackgroundColor( Color. WHITE) ; // 白色
        mBehindRed. setBackgroundColor( Color. WHITE) ; // 白色
        mFrontDistanceUp. setBackgroundColor( Color. WHITE) ; // 白色
        mFrontDistanceDown. setBackgroundColor( Color. WHITE) ; // 白色
        mFrontBlock. setBackgroundColor( Color. WHITE) ; // 白色
        mFrontRed. setBackgroundColor( Color. WHITE) ; // 白色
    }
    else // 偶数站
    {
        // 前后后前,往测偶数和返测奇数站
        mHint. setText( "前上") ;
        mFrontDistanceUp. setFocusable( true) ;
        mFrontDistanceUp. requestFocus( ) ;
        // 设置面板颜色
        mBehindDistanceUp. setBackgroundColor( Color. CYAN) ; // 青色
        mBehindDistanceDown. setBackgroundColor( Color. WHITE) ; // 白色
        mBehindBlock. setBackgroundColor( Color. WHITE) ; // 白色
        mBehindRed. setBackgroundColor( Color. WHITE) ; // 白色
        mFrontDistanceUp. setBackgroundColor( Color. WHITE) ; // 白色
        mFrontDistanceDown. setBackgroundColor( Color. WHITE) ; // 白色
        mFrontBlock. setBackgroundColor( Color. WHITE) ; // 白色
        mFrontRed. setBackgroundColor( Color. WHITE) ; // 白色
    }
}
else // 返测,前后尺交换,常数不一样。
{
    // 首先判断当前站是否为奇数。
    int ii = ( Nstation) / 2;
    if ( ii * 2 ! = Nstation) {// 奇数站
        // 前后后前,往测偶数和返测奇数站
        mHint. setText( "前上") ;
        mFrontDistanceUp. setFocusable( true) ;
        mFrontDistanceUp. requestFocus( ) ;
        // 设置面板颜色
        mBehindDistanceUp. setBackgroundColor( Color. CYAN) ; // 青色
```

```java
            mBehindDistanceDown. setBackgroundColor( Color. WHITE) ; // 白色
            mBehindBlock. setBackgroundColor( Color. WHITE) ; // 白色
            mBehindRed. setBackgroundColor( Color. WHITE) ; // 白色
            mFrontDistanceUp. setBackgroundColor( Color. WHITE) ; // 白色
            mFrontDistanceDown. setBackgroundColor( Color. WHITE) ; // 白色
            mFrontBlock. setBackgroundColor( Color. WHITE) ; // 白色
            mFrontRed. setBackgroundColor( Color. WHITE) ; // 白色
        }
        else // 偶数站
        {
            // 后前前后,往测奇数和返测偶数站
            mHint. setText(" 后上") ;
            mBehindDistanceUp. setFocusable( true) ;
            mBehindDistanceUp. requestFocus( ) ;
            // 设置面板颜色
            mBehindDistanceUp. setBackgroundColor( Color. CYAN) ; // 青色
            mBehindDistanceDown. setBackgroundColor( Color. WHITE) ; // 白色
            mBehindBlock. setBackgroundColor( Color. WHITE) ; // 白色
            mBehindRed. setBackgroundColor( Color. WHITE) ; // 白色
            mFrontDistanceUp. setBackgroundColor( Color. WHITE) ; // 白色
            mFrontDistanceDown. setBackgroundColor( Color. WHITE) ; // 白色
            mFrontBlock. setBackgroundColor( Color. WHITE) ; // 白色
            mFrontRed. setBackgroundColor( Color. WHITE) ; // 白色
        }
    }
}
}
if ( ( LevelGrade. equals(" 三等") ) && ( Method. equals(" 测微法") ) ) {
    //设置视距上下丝有效
    mBehindDistanceDown. setBackgroundColor( Color. WHITE) ; // 白色
    mBehindDistanceDown. setEnabled( true) ;
    mBehindDistanceUp. setBackgroundColor( Color. WHITE) ; // 白色
    mBehindDistanceUp. setEnabled( true) ;
    mFrontDistanceDown. setBackgroundColor( Color. WHITE) ; // 白色
    mFrontDistanceDown. setEnabled( true) ;
    mFrontDistanceUp. setBackgroundColor( Color. WHITE) ; // 白色
    mFrontDistanceUp. setEnabled( true) ;
    // 设置视距无效
```

```
mBehindDistance. setBackgroundColor( Color. LTGRAY) ; // 淡灰色

mBehindDistance. setEnabled( false) ;

mFrontDistance. setBackgroundColor( Color. LTGRAY) ; // 淡灰色

mFrontDistance. setEnabled( false) ;

// 设置黑红面标签

mMarkBlock. setText( "基本") ;

mMarkRed. setText( "辅助") ;

factor = 10. 000;//if ( Score. equals( "0. 5cm") factor = 20. 000;//尺常数 = 60650, 30155;

// 根据观测顺序确定焦点。

mHint. setText( "后上") ;

mBehindDistanceUp. setFocusable( true) ;

mBehindDistanceUp. requestFocus( ) ;

// 设置面板颜色

mBehindDistanceUp. setBackgroundColor( Color. CYAN) ; // 青色

mBehindDistanceDown. setBackgroundColor( Color. WHITE) ; // 白色

mBehindBlock. setBackgroundColor( Color. WHITE) ; // 白色

mBehindRed. setBackgroundColor( Color. WHITE) ; // 白色

mFrontDistanceUp. setBackgroundColor( Color. WHITE) ; // 白色

mFrontDistanceDown. setBackgroundColor( Color. WHITE) ; // 白色

mFrontBlock. setBackgroundColor( Color. WHITE) ; // 白色

mFrontRed. setBackgroundColor( Color. WHITE) ; // 白色

}

if ( ( LevelGrade. equals( "三等") ) && ( Method. equals( "中丝法") ) ) {

//设置视距上下丝有效

mBehindDistanceDown. setBackgroundColor( Color. WHITE) ; // 白色

mBehindDistanceDown. setEnabled( true) ;

mBehindDistanceUp. setBackgroundColor( Color. WHITE) ; // 白色

mBehindDistanceUp. setEnabled( true) ;

mFrontDistanceDown. setBackgroundColor( Color. WHITE) ; // 白色

mFrontDistanceDown. setEnabled( true) ;

mFrontDistanceUp. setBackgroundColor( Color. WHITE) ; // 白色

mFrontDistanceUp. setEnabled( true) ;

// 设置视距无效

mBehindDistance. setBackgroundColor( Color. LTGRAY) ; // 淡灰色

mBehindDistance. setEnabled( false) ;

mFrontDistance. setBackgroundColor( Color. LTGRAY) ; // 淡灰色

mFrontDistance. setEnabled( false) ;

// 设置黑红面标签
```

```
        mMarkBlock. setText("黑面");
        mMarkRed. setText("红面");
        factor = 10.000;
        // 根据观测顺序确定焦点。
        mHint. setText("后上");
        mBehindDistanceUp. setFocusable(true);
        mBehindDistanceUp. requestFocus();// 设置面板颜色
        mBehindDistanceUp. setBackgroundColor(Color. CYAN); // 青色
        mBehindDistanceDown. setBackgroundColor(Color. WHITE); // 白色
        mBehindBlock. setBackgroundColor(Color. WHITE); // 白色
        mBehindRed. setBackgroundColor(Color. WHITE); // 白色
        mFrontDistanceUp. setBackgroundColor(Color. WHITE); // 白色
        mFrontDistanceDown. setBackgroundColor(Color. WHITE); // 白色
        mFrontBlock. setBackgroundColor(Color. WHITE); // 白色
        mFrontRed. setBackgroundColor(Color. WHITE); // 白色
    }
    if ((LevelGrade. equals("四等")) || (LevelGrade. equals("等外"))) {
        //设置视距上下丝无效
        mBehindDistanceDown. setBackgroundColor(Color. LTGRAY); // 淡灰色
        mBehindDistanceDown. setEnabled(false);
        mBehindDistanceUp. setBackgroundColor(Color. LTGRAY); // 淡灰色
        mBehindDistanceUp. setEnabled(false);
        mFrontDistanceDown. setBackgroundColor(Color. LTGRAY); // 淡灰色
        mFrontDistanceDown. setEnabled(false);
        mFrontDistanceUp. setBackgroundColor(Color. LTGRAY); // 淡灰色
        mFrontDistanceUp. setEnabled(false);
        // 设置视距有效
        mBehindDistance. setBackgroundColor(Color. WHITE); // 白色
        mBehindDistance. setEnabled(true);
        mFrontDistance. setBackgroundColor(Color. WHITE); // 白色
        mFrontDistance. setEnabled(true);
        // 设置黑红面标签
        mMarkBlock. setText("黑面");
        mMarkRed. setText("红面");
        factor = 1.000; //if (Score. equals("0.5cm") factor = 20.000; // 尺常数 =60650;
        // 根据观测顺序确定焦点。
        mHint. setText("后距");
        mBehindDistance. setFocusable(true);
```

mBehindDistance. requestFocus( ) ;

// 设置面板颜色

mBehindDistance. setBackgroundColor(Color. CYAN) ; // 青色

mBehindBlock. setBackgroundColor(Color. WHITE) ; // 白色

mBehindRed. setBackgroundColor(Color. WHITE) ; // 白色

mFrontDistance. setBackgroundColor(Color. WHITE) ; // 白色

mFrontBlock. setBackgroundColor(Color. WHITE) ; // 白色

mFrontRed. setBackgroundColor(Color. WHITE) ; // 白色

  }

}

9.5.3　删除文件

if(DeleteFileOkFlag) {

// 删除选中的数据库文件

delFile(SaveFileName, true) ;

// 再删除配置文件

String filename1 = SaveFileName; // 文件名后缀为". cfg";在读入数据库时一并打开。

filename1 = filename1. substring(0, 0 + filename1. length( ) - 3) + "cfg" ;

delFile(filename1, false) ;

// 再删除成果文件

String filename2 = SaveFileName; // 文件名后缀为". cfg";在读入数据库时一并打开。

filename2 = filename2. substring(0, 0 + filename2. length( ) - 3) + "adl" ;

delFile(filename2, false) ;

}

9.5.4　另存文件

if(SaveAsFileOkFlag) {

// 保存设置文件

String filename1 = SaveFileName; // 文件名后缀为". cfg";在读入数据库时一并打开。

filename1 = filename1. substring(0, 0 + filename1. length( ) - 3) + "cfg" ;

// 保存文本文件

SaveTextFile(filename1) ;

// 把当前数据库内容另存。

CopyFile(WorkFileName, SaveFileName) ;

MessageBox1("另存完毕!", SaveFileName) ;

ResetScene( ) ;

  }

}

9.6 对话框设计

9.6.1 获取文件名称(1)

```
private void FileDialog1(String title) {
    Builder builder = new AlertDialog. Builder( LevelActivity. this);
    builder. setTitle( title);
    builder. setIcon( android. R. drawable. ic_dialog_info);
    LayoutInflater factory = LayoutInflater. from( LevelActivity. this);
    final View myfiledialog1 = factory. inflate( R. layout. myfiledialog1, null);
    builder. setView( myfiledialog1);
    builder. setPositiveButton( "确定", new DialogInterface. OnClickListener() {
    @ Override
    public void onClick( DialogInterface dialog, int which) {
        mEditText = ( EditText) myfiledialog1. findViewById( R. id. myValues);
        PopularString = mEditText. getText(). toString();
        myBuff[ Nbuff] = PopularString;
    }
    });
    builder. setNegativeButton( "取消", null);
    builder. show();
}
```

9.6.2 获取文件名称(2)

```
private void FileDialog2() {
    Builder builder = new AlertDialog. Builder( LevelActivity. this);
    builder. setTitle( "请选择文件名称");
    builder. setIcon( android. R. drawable. ic_dialog_info);
    final CharSequence[] items = { "Red", "Green", "Blue"};
    builder. setSingleChoiceItems( items, -1, new DialogInterface. OnClickListener() {
    public void onClick( DialogInterface dialog, int item) {
        choiceitem = items[ item]. toString();
        }
    })
    . setPositiveButton( "确定", new DialogInterface. OnClickListener() {
        public void onClick( DialogInterface dialog, int which1) {
            // 显示消息
```

```
            Toast. makeText(LevelActivity. this, choiceitem,Toast. LENGTH_LONG). show();
        }
    })
    // 取消模式
    . setNegativeButton("取消", new DialogInterface. OnClickListener() {
        @ Override
        public void onClick(DialogInterface dialog, int which) {
            // 显示消息
            Toast. makeText(LevelActivity. this, "取消",Toast. LENGTH_LONG). show();
        }
    })
    . show();
}
```

9.6.3   获取文件名称(3)

```
private void FileDialog3() {
    Builder builder = new AlertDialog. Builder(LevelActivity. this);
    builder. setTitle("请选择删除文件");
    builder. setIcon(android. R. drawable. ic_dialog_info);
    final CharSequence[ ] items = {"Red", "Green", "Blue"};
    builder. setMultiChoiceItems(items, checkedItems, new
    DialogInterface. OnMultiChoiceClickListener() {
        public void onClick(DialogInterface dialog, int which, boolean isChecked) {
            checkedItems[which] = isChecked;
        }
    })
    . setPositiveButton("确定", new DialogInterface. OnClickListener() {
    @ Override
    public void onClick(DialogInterface dialog, int which) {
        // 显示消息
        for(int i = 0;i < 3;i + +) {
            if(checkedItems[i]) // 选中
            Toast. makeText(LevelActivity. this, items[i],Toast. LENGTH_LONG). show();
        }
    }
    })
    . setNegativeButton("取消", null);
    builder. show();
}
```

9.6.4 新建文件对话框

```
public void NewFileDialog( ) {
    // 布局文件
    setContentView( R. layout. myfiledialog3 );
    this. setTitle( "新建文件" ); this. setTitleColor( Color. WHITE );
    NewFileOkFlag = false;
    // 标题
    mTextView = ( TextView ) findViewById( R. id. textView1 );
    mTextView. setTextSize( 18 );//mTextView. setBackgroundColor( Color. WHITE );
    mTextView. setTextColor( Color. BLACK );
    // 名称
    mNewFileName = ( EditText ) findViewById( R. id. myNewFileName );
    mNewFileName. setText( _NewFileName ); // 设初值
    mNewFileName. setMaxLines( 1 ); // 最多一行。
    mNewFileName. setTextSize( 16 );
    // 复选框
    mMemory2 = ( CheckBox ) findViewById( R. id. myMemory2 );
    mMemory2. setChecked( mMemoryFlag );
    mSDCard2 = ( CheckBox ) findViewById( R. id. mySDCard2 );
    mSDCard2. setChecked( mSDCardFlag );
    // 如果 SD 卡不存在则变灰
    mSDCard2. setEnabled( SDCardExistFlag );
    // 记录复选框原始值,如果取消则复位。
    mMemoryFlag1 = mMemoryFlag;
    mSDCardFlag1 = mSDCardFlag;
    // 内存
    mMemory2. setOnClickListener( new CheckBox. OnClickListener( ) {
    @ Override
    public void onClick( View v ) {
        mMemoryFlag = !mMemoryFlag; // 默认存储在内存
        mMemory2. setChecked( mMemoryFlag );
        if( mMemoryFlag ) {
            mSDCardFlag = false; // 选中内存卡,SD 卡设置无效。
            mSDCard2. setChecked( mSDCardFlag );
        }
    }
    });
```

```java
// SD 卡
mSDCard2.setOnClickListener(new CheckBox.OnClickListener() {
@Override
public void onClick(View v) {
    mSDCardFlag = !mSDCardFlag;
    mSDCard2.setChecked(mSDCardFlag);
    if(mSDCardFlag) {
        mMemoryFlag = false; // 选中 SD 卡,内存卡设置无效。
        mMemory2.setChecked(mMemoryFlag);
    }
}
});
// 按确定返回按钮
Button b1 = (Button) findViewById(R.id.button_ok6);
b1.setText("新建");
b1.setOnClickListener(new Button.OnClickListener() {
public void onClick(View v) {
    // 存储位置
    if(mMemory2.isChecked()) mMemoryFlag = true; else mMemoryFlag = false;
    if(mSDCard2.isChecked()) mSDCardFlag = true; else mSDCardFlag = false;
    // 判断是否同时选中
    if((mMemoryFlag)&&(mSDCardFlag)) MessageBox1("提示","只能选其中一个!");
    else
    if((!mMemoryFlag)&&(!mSDCardFlag)) MessageBox1("提示","请选择存储卡!");
    else // 选择符合要求
    {
        // 新建文件名称
        _NewFileName = mNewFileName.getText().toString();
        if(_NewFileName.equals("")) MessageBox1("提示","文件名称不能为空!");
        else
        {
            // 创建新文件
            String filepath = fileDirPath; // 内存
            if(mSDCardFlag) filepath = sdcardDirPath; //SD 卡
            // 在选定位置创建新文件夹
            java.io.File dir = new java.io.File(filepath);
            if (!dir.exists()) dir.mkdir();
            // 在选定位置创建新文件
```

```java
String filename = filepath + java.io.File.separator + _NewFileName + ".sdf";
File file = new File(filename);
// 检查文件是否存在
if(!file.exists()) {
    try {
        // 只保存文件名,不创建文件,等执行保存命令时再保存。
        SaveFileName = filename; // 文件创建成功。
        NewFileOkFlag = true; // 默认取消
        NewOrOpenFileFlag = true;
    } catch (Exception e) {
        String error = e.toString(); MessageBox1("创建失败", error);
    }
}
else {
    Builder builder = new AlertDialog.Builder(LevelActivity.this);
    builder.setTitle("询问");
    builder.setIcon(android.R.drawable.ic_dialog_info);
    builder.setMessage("文件已存在,是否替换?");
    builder.setPositiveButton("确定", new DialogInterface.OnClickListener() {
        @Override
        public void onClick(DialogInterface dialog, int which) {
            String filepath1 = fileDirPath; // 内存
            if(mSDCardFlag) filepath1 = sdcardDirPath; //SD 卡
            String filename1 = filepath1 + java.io.File.separator + _NewFileName +
".sdf";
            File file1 = new File(filename1);
            file1.delete();
            SaveFileName = filename1; // 文件创建成功。
            NewFileOkFlag = true; // 默认取消
            NewOrOpenFileFlag = true;
            // 返回主界面
            ReturnMainFaceOrder();
            // 恢复场景
            ResetScene();
        }
    });
    builder.setNegativeButton("取消", new DialogInterface.OnClickListener() {
        @Override
```

```
            public void onClick(DialogInterface dialog, int which) {
                // 返回主界面
                ReturnMainFaceOrder();
                // 恢复场景
                ResetScene();
            }
        });
        builder.show();
        }
        // 返回主界面
        ReturnMainFaceOrder();
        // 恢复场景
        ResetScene();
        }
    }
});
// 按取消返回按钮
Button b2 = (Button) findViewById(R.id.button_cancel6);
b2.setOnClickListener(new Button.OnClickListener() {
    public void onClick(View v) {
        // 取消时复位
        mMemoryFlag = mMemoryFlag1;
        mSDCardFlag = mSDCardFlag1;
        // 返回主界面
        ReturnMainFaceOrder();
        // 恢复场景
        ResetScene();
    }
});
// 读取今天日期按钮
Button b3 = (Button) findViewById(R.id.myToday);
b3.setOnClickListener(new Button.OnClickListener() {
    public void onClick(View v) {
        mNewFileName = (EditText) findViewById(R.id.myNewFileName);
        //SimpleDateFormat sdf = new SimpleDateFormat("yyyy 年 MM 月 dd 日");
        SimpleDateFormat sdf = new SimpleDateFormat("MMdd");
        String ymd = sdf.format(new Date());
```

```
            mNewFileName. setText( ymd) ; // 设今天日期为文件名
            //MessageBox1( "date" , ymd) ;
        }
    } ) ;
}
```

9.6.5 打开文件对话框

```
public void OpenFileDialog( ) {
    // 布局文件
    setContentView( R. layout. myfiledialog2) ;
    this. setTitle( "打开文件" ) ; this. setTitleColor( Color. WHITE) ;
    OpenFileOkFlag = false ;
    // 打开对话框时,让用户重新选择。同时,原有设置作废。
    mMemoryFlag = false ;
    mSDCardFlag = false ;
    // 标题
    mTextView = (TextView)findViewById( R. id. textView1) ;
    mTextView. setTextSize ( 18) ;//mTextView. setBackgroundColor ( Color. WHITE) ;
mTextView. setTextColor( Color. BLACK) ;
    // 复选框
    mMemory1 = (CheckBox) findViewById( R. id. myMemory1) ;
    mMemory1. setChecked( mMemoryFlag) ;
    mSDCard1 = (CheckBox) findViewById( R. id. mySDCard1) ;
    mSDCard1. setChecked( mSDCardFlag) ;
    // 如果 SD 卡不存在则变灰
    mSDCard1. setEnabled( SDCardExistFlag) ;
    // 记录复选框原始值,如果取消则复位。
    mMemoryFlag1 = mMemoryFlag ;
    mSDCardFlag1 = mSDCardFlag ;
    // 复制原内容,以便动态修改内容。
    ArrayOpenfileNew = new ArrayList < String > ( ) ;
    for ( int i = 0; i < ArrayOpenfile. length; i + + ) {
        ArrayOpenfileNew. add( ArrayOpenfile[ i] ) ;
    }
    // 文件名称
    spinner_openfile_1 = (Spinner) findViewById( R. id. spinner_openfile_2) ;
    adapter_openfile _1 = new ArrayAdapter < String > ( LevelActivity. this, android. R.
layout. simple_spinner_item, ArrayOpenfileNew) ;
```

```java
spinner_openfile_1. setAdapter( adapter_openfile_1 );
spinner_openfile_1. setSelection( _OpenfileInt, true ); // 第 4 个为默认选项
spinner_openfile_1. setOnItemSelectedListener( new Spinner. OnItemSelectedListener( ) {
public void onItemSelected( AdapterView < ? > arg0, View arg1, int arg2, long arg3 ) {
    //设置显示当前选择的项
    _OpenfileInt1 = arg2; // 第 3 个为默认选项
    arg0. setVisibility( View. VISIBLE );
}
public void onNothingSelected( AdapterView < ? > arg0 ) {
    // TODO Auto – generated method stub
}
} );
// 内存
mMemory1. setOnClickListener( new CheckBox. OnClickListener( ) {
@ Override
public void onClick( View v ) {
    // 内存和 SD 卡互斥。
    mMemoryFlag = !mMemoryFlag; // 默认存储在内存
    mMemory1. setChecked( mMemoryFlag );
    if( mMemoryFlag ) {
        mSDCardFlag = false; // 选中内存卡,SD 卡设置无效。
        mSDCard1. setChecked( mSDCardFlag );
        // 删除所有内容
        adapter_openfile_1. clear( );
        // 搜索符合要求的所有文件
        String filepath = fileDirPath; // 内存
        String result = " ", filetitle;
        File[ ] files = new File( filepath ). listFiles( ); // 在此目录下查找。
        for( File f : files ) {
            if( f. getName( ). indexOf( ". sdf" ) > = 0 ) { // 文件中包括字符". sdf"。
            result + = f. getName( ) + " \n";
            // 提取文件名加入下拉框
            filetitle = f. getName( );
            filetitle = filetitle. substring( 0, 0 + filetitle. length( ) -4 );
            adapter_openfile_1. add( filetitle );
        }
        }
            if( result. equals( " " ) ) {
```

```java
            result = "没有找到任何文件";
        }
        // 显示结果
        if(spinner_openfile_1. getCount( ) > 0) spinner_openfile_1. setEnabled( true) ;
        else spinner_openfile_1. setEnabled( false) ;
        }
    }
}) ;
// SD 卡
mSDCard1. setOnClickListener( new CheckBox. OnClickListener( ) {
@ Override
public void onClick( View v) {
    // 内存和 SD 卡互斥。
    mSDCardFlag = ! mSDCardFlag;
    mSDCard1. setChecked( mSDCardFlag) ;
    if( mSDCardFlag) {
        mMemoryFlag = false; // 选中 SD 卡,内存卡设置无效。
        mMemory1. setChecked( mMemoryFlag) ;
        // 删除原有内容
        adapter_openfile_1. clear( ) ;
        // 搜索符合要求的所有文件
        String filepath = sdcardDirPath; // SD 卡
        String result = "" ,filetitle;
        File[ ] files = new File( filepath) . listFiles( ) ; // 在此目录下查找。
        for( File f : files ) {
            if( f. getName( ) . indexOf( ". sdf") > = 0) {// 文件中包括字符". sdf"。
                result + = f. getName( ) + "\n";
                // 提取文件名加入下拉框
                filetitle = f. getName( ) ;
                filetitle = filetitle. substring( 0, 0 + filetitle. length( ) -4) ;
                adapter_openfile_1. add( filetitle) ;
            }
        }
        if( result. equals( "" ) ) result = "没有找到任何文件";
        // 显示结果
        //MessageBox1( "查找结果" ,result) ;
        if( spinner_openfile_1. getCount( ) > 0) spinner_openfile_1. setEnabled( true) ;
        else spinner_openfile_1. setEnabled( false) ;
```

```java
                }
            }
    } );
    // 按确定返回按钮
    Button b1 = ( Button) findViewById( R. id. button_ok5) ;
    b1. setText("打开") ;
    b1. setOnClickListener( new Button. OnClickListener( ) {
    public void onClick( View v) {
        //判断是否有文件存在。
        if( spinner_openfile_1. getCount( ) > 0) {
            String filepath = fileDirPath; // 内存
            if( mSDCardFlag) filepath = sdcardDirPath; // SD 卡
            String filename = spinner_openfile_1. getSelectedItem( ). toString( ) + ". sdf";
            // 获取文件名称
            SaveFileName = filepath + java. io. File. separator + filename;
            //MessageBox1("文件名称" ,filename) ;
            // 用户正确选择时允许退出。
            if( ! spinner_openfile_1. getSelectedItem( ). toString( ). equals("请选择存储卡!")) {
                OpenFileOkFlag = true;
                NewOrOpenFileFlag = true;
                // 返回主界面
                ReturnMainFaceOrder( ) ;
            }
        }
    }
} );
// 按取消返回按钮
Button b2 = ( Button) findViewById( R. id. button_cancel5) ;
b2. setOnClickListener( new Button. OnClickListener( ) {
public void onClick( View v) {
    // 取消时复位
    mMemoryFlag = mMemoryFlag1 ;
    mSDCardFlag = mSDCardFlag1 ;
    // 返回主界面
    ReturnMainFaceOrder( ) ;
    // 恢复场景
    ResetScene( ) ;
}
```

```
        } );
    }
```

9.6.6　删除文件对话框

```
public void DeleteFileDialog( ) {
    // 布局文件
    setContentView( R. layout. myfiledialog2 ) ;
    this. setTitle( "删除文件" ) ; this. setTitleColor( Color. WHITE ) ;
    DeleteFileOkFlag = false ;
    // 打开对话框时,让用户重新选择。同时,原有设置作废。
    mMemoryFlag = false ;
    mSDCardFlag = false ;
    // 标题
    mTextView = ( TextView ) findViewById( R. id. textView1 ) ;
    mTextView. setTextSize( 18 ) ;//mTextView. setBackgroundColor( Color. WHITE ) ;
    mTextView. setTextColor( Color. BLACK ) ;
    // 复选框
    mMemory1 = ( CheckBox ) findViewById( R. id. myMemory1 ) ;
    mMemory1. setChecked( mMemoryFlag ) ;
    mSDCard1 = ( CheckBox ) findViewById( R. id. mySDCard1 ) ;
    mSDCard1. setChecked( mSDCardFlag ) ;
    // 如果 SD 卡不存在则变灰
    mSDCard1. setEnabled( SDCardExistFlag ) ;
    // 记录复选框原始值,如果取消则复位。
    mMemoryFlag1 = mMemoryFlag ;
    mSDCardFlag1 = mSDCardFlag ;
    // 复制原内容,以便动态修改内容。
    ArrayOpenfileNew = new ArrayList < String > ( ) ;
    for ( int i = 0 ; i < ArrayOpenfile. length ; i + + ) {
        ArrayOpenfileNew. add( ArrayOpenfile[ i ] ) ;
    }
    // 文件名称
    spinner_openfile_1 = ( Spinner ) findViewById( R. id. spinner_openfile_2 ) ;
    adapter_ openfile _ 1 = new ArrayAdapter < String > ( LevelActivity. this, android. R.
layout. simple_spinner_item, ArrayOpenfileNew ) ;
    spinner_openfile_1. setAdapter( adapter_openfile_1 ) ;
    spinner_openfile_1. setSelection( _OpenfileInt, true ) ; // 第 4 个为默认选项
    spinner_openfile_1. setOnItemSelectedListener( new Spinner. OnItemSelectedListener( ) {
```

```java
public void onItemSelected( AdapterView < ? > arg0, View arg1, int arg2, long arg3)
{
    //设置显示当前选择的项
    _OpenfileInt1 = arg2; // 第3个为默认选项
    arg0. setVisibility( View. VISIBLE) ;
}
public void onNothingSelected( AdapterView < ? > arg0) {
    // TODO Auto-generated method stub
}
});
// 内存
mMemory1. setOnClickListener( new CheckBox. OnClickListener( ) {
@ Override
public void onClick( View v) {
    // 内存和 SD 卡互斥。
    mMemoryFlag = ! mMemoryFlag; // 默认存储在内存
    mMemory1. setChecked( mMemoryFlag) ;
    if( mMemoryFlag) {
        mSDCardFlag = false; // 选中内存卡,SD 卡设置无效。
        mSDCard1. setChecked( mSDCardFlag) ;
        // 删除所有内容
        adapter_openfile_1. clear( ) ;
        // 搜索符合要求的所有文件
        String filepath = fileDirPath; // 内存
        String result = " " ,filetitle;
        File[ ] files = new File( filepath). listFiles( ) ; // 在此目录下查找。
        for( File f : files ) {
            if( f. getName( ). indexOf( ". sdf") > =0) { // 文件中包括字符". sdf"。
                result + = f. getName( ) + " \n";
                // 提取文件名加入下拉框
                filetitle = f. getName( ) ;
                filetitle = filetitle. substring( 0, 0 + filetitle. length( ) -4) ;
                adapter_openfile_1. add( filetitle) ;
            }
        }
        if( result. equals( " ") ) result = " 没有找到任何文件";
        // 显示结果
        if( spinner_openfile_1. getCount( ) >0) spinner_openfile_1. setEnabled( true) ;
```

```
    else spinner_openfile_1. setEnabled(false);
      }
    }
});
// SD 卡
mSDCard1. setOnClickListener(new CheckBox. OnClickListener() {
@ Override
public void onClick(View v) {
  // 内存和 SD 卡互斥。
  mSDCardFlag = ! mSDCardFlag;
  mSDCard1. setChecked(mSDCardFlag);
  if(mSDCardFlag) {
    mMemoryFlag = false; // 选中 SD 卡,内存卡设置无效。
    mMemory1. setChecked(mMemoryFlag);
    // 删除原有内容
    adapter_openfile_1. clear();
    // 搜索符合要求的所有文件
    String filepath = sdcardDirPath; // SD 卡
    String result = "" ,filetitle;
    File[] files = new File(filepath). listFiles(); // 在此目录下查找。
    for( File f : files ) {
      if(f. getName(). indexOf(". sdf") > =0) { // 文件中包括字符". sdf"。
      result + = f. getName() + "\n";
      // 提取文件名加入下拉框
      filetitle = f. getName();
      filetitle = filetitle. substring(0, 0 + filetitle. length()-4);
      adapter_openfile_1. add(filetitle);
      }
    }
    if(result. equals("")) result = "没有找到任何文件";
    // 显示结果
    //MessageBox1("查找结果",result);
    if(spinner_openfile_1. getCount() >0) spinner_openfile_1. setEnabled(true);
    else spinner_openfile_1. setEnabled(false);
      }
    }
});
// 按确定返回按钮
```

```
Button b1 = (Button) findViewById(R. id. button_ok5);
b1. setText("删除");
b1. setOnClickListener(new Button. OnClickListener() {
public void onClick(View v) {
    //判断是否有文件存在。
    if(spinner_openfile_1. getCount() > 0) {
        String filepath = fileDirPath; // 内存
        if(mSDCardFlag) filepath = sdcardDirPath; // SD 卡
        String filename = spinner_openfile_1. getSelectedItem(). toString() + ". sdf";
        // 获取文件名称
        SaveFileName = filepath + java. io. File. separator + filename;
        //MessageBox1("文件名称", filename);
        // 用户正确选择时允许退出。
        if(! spinner_openfile_1. getSelectedItem(). toString(). equals("请选择存储卡!")) {
            DeleteFileOkFlag = true;
            // 返回主界面
            ReturnMainFaceOrder();
            // 恢复场景
            ResetScene();
        }
    }
}
});
// 按取消返回按钮
Button b2 = (Button) findViewById(R. id. button_cancel5);
b2. setOnClickListener(new Button. OnClickListener() {
    public void onClick(View v) {
        // 取消时复位
        mMemoryFlag = mMemoryFlag1;
        mSDCardFlag = mSDCardFlag1;
        // 返回主界面
        ReturnMainFaceOrder();
        // 恢复场景
        ResetScene();
    }
});
}
```

9.6.7　另存文件对话框

```java
public void SaveAsFileDialog( ) {
    // 布局文件
    setContentView( R. layout. myfiledialog3 );
    this. setTitle( "另存文件" ); this. setTitleColor( Color. WHITE );
    NewFileOkFlag = false;
    // 标题
    mTextView = ( TextView) findViewById( R. id. textView1 );
    mTextView. setTextSize( 18 );//mTextView. setBackgroundColor( Color. WHITE );
    mTextView. setTextColor( Color. BLACK );
    // 名称
    mNewFileName = ( EditText) findViewById( R. id. myNewFileName );
    mNewFileName. setText( _NewFileName ); // 设初值
    mNewFileName. setMaxLines( 1 ); // 最多一行。
    mNewFileName. setTextSize( 16 );
    // 复选框
    mMemory2 = ( CheckBox) findViewById( R. id. myMemory2 );
    mMemory2. setChecked( mMemoryFlag );
    mSDCard2 = ( CheckBox) findViewById( R. id. mySDCard2 );
    mSDCard2. setChecked( mSDCardFlag );
    // 如果 SD 卡不存在则变灰
    mSDCard2. setEnabled( SDCardExistFlag );
    // 记录复选框原始值,如果取消则复位。
    mMemoryFlag1 = mMemoryFlag;
    mSDCardFlag1 = mSDCardFlag;
    // 内存
    mMemory2. setOnClickListener( new CheckBox. OnClickListener( ) {
        @ Override
        public void onClick( View v ) {
            mMemoryFlag = !mMemoryFlag; // 默认存储在内存
            mMemory2. setChecked( mMemoryFlag );
            if( mMemoryFlag ) {
                mSDCardFlag = false; // 选中内存卡,SD 卡设置无效。
                mSDCard2. setChecked( mSDCardFlag );
            }
        }
    });
```

```
// SD 卡
mSDCard2.setOnClickListener(new CheckBox.OnClickListener() {
@Override
public void onClick(View v) {
    mSDCardFlag = ! mSDCardFlag;
    mSDCard2.setChecked(mSDCardFlag);
    if(mSDCardFlag) {
        mMemoryFlag = false; // 选中 SD 卡,内存卡设置无效。
        mMemory2.setChecked(mMemoryFlag);
    }
  }
});
// 按确定返回按钮
Button b1 = (Button)findViewById(R.id.button_ok6);
b1.setText("另存为");
b1.setOnClickListener(new Button.OnClickListener() {
  public void onClick(View v) {
    // 存储位置
    if(mMemory2.isChecked()) mMemoryFlag = true; else mMemoryFlag = false;
    if(mSDCard2.isChecked()) mSDCardFlag = true; else mSDCardFlag = false;
    // 判断是否同时选中
    if((mMemoryFlag)&&(mSDCardFlag)) MessageBox1("提示","只能选其中一个!");
    else
    if((!mMemoryFlag)&&(!mSDCardFlag)) MessageBox1("提示","请选择存储卡!");
    else // 选择符合要求
    {
      // 新建文件名称
      _NewFileName = mNewFileName.getText().toString();
      //MessageBox(_NewFileName);
      if(_NewFileName.equals("")) MessageBox1("提示","文件名称不能为空!");
      else
      {
        // 创建新文件
        String filepath = fileDirPath; // 内存
        if(mSDCardFlag) filepath = sdcardDirPath; //SD 卡
        // 在选定位置创建新文件夹
        java.io.File dir = new java.io.File(filepath);
        if (!dir.exists()) dir.mkdir();
```

```
            //else MessageBox("文件夹已经存在!");
            // 在选定位置创建新文件
            String filename = filepath + java. io. File. separator + _NewFileName + ". sdf";
            //MessageBox1("文件名称", filename);
            File file = new File(filename);
            // 检查文件是否存在
            if(! file. exists()) {
                SaveFileName = filename; // 文件创建成功。
                SaveAsFileOkFlag = true; // 默认取消
                // 返回主界面
                ReturnMainFaceOrder();
                // 恢复场景
                ResetScene();
            }
            else
            {
                    MessageBox1("文件已经存在!", filename);
            }
        }
    }
}
});
// 按取消返回按钮
Button b2 = (Button) findViewById( R. id. button_cancel6);
b2. setOnClickListener( new Button. OnClickListener() {
   public void onClick(View v) {
      // 取消时复位
      mMemoryFlag = mMemoryFlag1;
      mSDCardFlag = mSDCardFlag1;
      // 返回主界面
      ReturnMainFaceOrder();
      // 恢复场景
      ResetScene();
   }
});
// 读取今天日期按钮
Button b3 = (Button) findViewById( R. id. myToday);
b3. setOnClickListener( new Button. OnClickListener() {
```

```java
public void onClick(View v) {
    mNewFileName = (EditText) findViewById(R.id.myNewFileName);
    //SimpleDateFormat sdf = new SimpleDateFormat("yyyy 年 MM 月 dd 日");
    SimpleDateFormat sdf = new SimpleDateFormat("MMdd");
    String ymd = sdf.format(new Date());
    mNewFileName.setText(ymd);  // 设今天日期为文件名
    //MessageBox1("date",ymd);
    }
  });
}
```

9.6.8 自定义消息对话框

```java
// 显示结果对话框
public void MessageBox(String MyMessage) {
    Toast.makeText(this, MyMessage, Toast.LENGTH_SHORT).show();
}
// 显示结果对话框
public void MessageBox1(String title, String MyMessage) {
    Builder builder = new AlertDialog.Builder(LevelActivity.this);
    builder.setTitle(title);
    builder.setIcon(android.R.drawable.ic_dialog_info);
    builder.setMessage(MyMessage);
    builder.setPositiveButton("确定", new DialogInterface.OnClickListener() {
    @Override
    public void onClick(DialogInterface dialog, int which) {
    }
    });
    builder.show();
}
```

9.7 系统主要功能设计

9.7.1 新建测段

```java
private void NewStage() {
    // 首先判断当前站是否为奇数;
    if (Nstation <= 1) return;
    // 判断是否为奇数站;
```

```java
int i = (Nstation - 1) / 2;
if (i * 2 ! = Nstation - 1) {
   MessageBox1("提示","奇数站不能结束,请继续观测!"); return;
}
Builder builder = new AlertDialog. Builder(LevelActivity. this);
builder. setTitle("提示");
builder. setIcon(android. R. drawable. ic_dialog_info);
builder. setMessage("确定结束当前段,新建测段吗?");
builder. setPositiveButton("确定", new DialogInterface. OnClickListener() {
@ Override
public void onClick(DialogInterface dialog, int which) {
// 输入后尺点名
Builder builder = new AlertDialog. Builder(LevelActivity. this);
builder. setTitle("请输入后尺点名");
builder. setIcon(android. R. drawable. ic_dialog_info);
LayoutInflater factory = LayoutInflater. from(LevelActivity. this);
final View myfiledialog1 = factory. inflate(R. layout. myfiledialog1, null);
builder. setView(myfiledialog1);
builder. setPositiveButton("确定", new DialogInterface. OnClickListener() {
@ Override
public void onClick(DialogInterface dialog, int which) {
// 输入数据
mEditText = (EditText) myfiledialog1. findViewById(R. id. myValues);
String buff = mEditText. getText(). toString();
if(! buff. equals("")) { // 名称不为空 ,有效。
   BehindName = buff + "       "; // 后尺点名不能为空。
   // 长度限定,否则数据库出错。
   if (BehindName. length() > 16) BehindName = BehindName. substring(0, 0 +
16);
   Remark = BehindName;
   // 新建测段时,段数加1,当前测站 =1,其余不变。
   Nstage + = 1; // 当前段数
   Nstation = 1; // 当前测站
   mStage. setText(Integer. toString(Nstage)); // 显示当前段号
   mN. setText(Integer. toString(Nstation)); // 显示当前站数
   // 视距差和累积差清空
   mD. setText("");
   mMD. setText("");
```

```
            TotalDifferenceHeight = 0; // 总高差
            TotalDistance = 0; // 总距离
            TMD = 0; // 总累积差
          }
        }
      });
    builder. setNegativeButton("取消", null);
    builder. show();
      }
    });
  builder. setNegativeButton("取消", null);
  builder. show();
  }
```

9.7.2 删除测段

```
private void DelStage() {
  Builder builder = new AlertDialog. Builder(LevelActivity. this);
  builder. setTitle("提示");
  builder. setIcon(android. R. drawable. ic_dialog_info);
  builder. setMessage("确定要删除当前测段?");
  builder. setPositiveButton("确定", new DialogInterface. OnClickListener() {
  @ Override
  public void onClick(DialogInterface dialog, int which) {
    int stag = Nstage; // 当前段号
    //MessageBox1("当前段号",Integer. toString(Nstage));
    // 删除测段
    if (deletestag(stag)) {
    // 重新打开本文件,更新累积差。
    try {
      String ID, Stage = "1", Stage0 = "0", Station, BehindUp, BehindDown = "",
FrontUp, FrontDown, BehindBlock, BehindRed, FrontBlock, FrontRed, FrontName,
Remark,ObserveTime;
      Nstation = 0; double D = 0, D1 = 0, D2 = 0, MD = 0, dk1 = 0, dk2 = 0;
Nid = 1; // id 号必须从 1 开始。
      TotalDifferenceHeight = 0; // 总高差
      TotalDistance = 0; // 总距离
      int myID = 1; String buff1 = AskDatabase(myID);
      // 如果数据全部删除完毕,则出错。至少有一站数据,才向下进行。
```

```
if( !buff1. equals( " " ) ) {
    do {
        Information = buff1. substring(0,0 +64);
        FrontName = buff1. substring(64,64 +16);
        Remark = buff1. substring(80,80 +16);
        // 分解数据
        Information = translateinformation( Information, 2);
        Stage = DeleteBehindNameSpace( Information. substring(0, 0 +2));
        Station = Information. substring(2, 2 +4);
        BehindUp = Information. substring(6, 6 +5);
        BehindDown = Information. substring(11, 11 +5);
        FrontUp = Information. substring(16, 16 +5);
        FrontDown = Information. substring(21, 21 +5);
        BehindBlock = Information. substring(26, 26 +8);
        BehindRed = Information. substring(34, 34 +8);
        FrontBlock = Information. substring(42, 42 +8);
        FrontRed = Information. substring(50, 50 +8);
        ObserveTime = Information. substring(58, 58 +6);
        // 更换段号时,测站从 0 开始重新计算,总高差和总距离清零。
        if ( !Stage. equals( Stage0 ) ) {
            Stage0 = Stage; Nstation =0; TotalDifferenceHeight =0; TotalDistance = 0;
        }
        // 本站前后视距差
        D1 = Double. parseDouble( BehindUp ) - Double. parseDouble( BehindDown );
        D2 = Double. parseDouble( FrontUp ) - Double. parseDouble( FrontDown );
        // 把 D1,D2 化成以米为单位。考虑尺常数为 60650,距离按一半计算。
        D1 = D1 / factor * 0.001 * 100 * 10; D2 = D2 / factor * 0.001 * 100
* 10; // 100 为视距常数。上下丝读到毫米,factor 以 0.1 mm 为单位。
        D1 = init( D1 ); D2 = init( D2 );
        // 前后尺距离之和,不应是一半。
        D = D1 - D2; TotalDistance + = ( D1 + D2 ) / 1;
        // 视距差累积差
        MD = MD + D;
        dk1 = Double. parseDouble( BehindBlock ) + Double. parseDouble( BehindRed );
        dk2 = Double. parseDouble( FrontBlock ) + Double. parseDouble( FrontRed );
        // 还有尺常数据要减掉。
        if ( GoBack. equals( "往测" ) ) {
            // 首先判断当前站是否为奇数。
```

```
        int ii = （Nstation + 1） / 2；
        if（ii * 2 ！= Nstation + 1）｛// 奇数站
          dk1 = dk1 - Double. parseDouble（_BC）；
          dk2 = dk2 - Double. parseDouble（_FC）；
        ｝
        else // 偶数站
        ｛
          dk1 = dk1 - Double. parseDouble（_FC）；
          dk2 = dk2 - Double. parseDouble（_BC）；
        ｝
      ｝
    else // 返测,前后尺交换,常数不一样。
    ｛
      // 首先判断当前站是否为奇数。
      int ii = （Nstation + 1） / 2；
      if（ii * 2 ！= Nstation + 1）｛// 奇数站
        dk1 = dk1 - Double. parseDouble（_FC）；
        dk2 = dk2 - Double. parseDouble（_BC）；
      ｝
      else // 偶数站
      ｛
        dk1 = dk1 - Double. parseDouble（_BC）；
        dk2 = dk2 - Double. parseDouble（_FC）；
      ｝
    ｝
    dk1 = dk1 / 2； dk2 = dk2 / 2； // 黑红面取中数使用。
    if（（LevelGrade. equals（"三等"））&&（Method. equals（"中丝法"）））｛
      // 三等中丝法读到毫米,而不是 0.1 mm。
      TotalDifferenceHeight += （dk1 - dk2）/ factor * 0.001 * 10；
    ｝
    else
    ｛
      TotalDifferenceHeight += （dk1 - dk2）/ factor * 0.001；
    ｝
    TotalDifferenceHeight = init（TotalDifferenceHeight）； // 去掉尾数。
    if（!Stage. equals（Stage0））｛ Stage0 = Stage； Nstation = 0； ｝ // 更换段号
时,测站从 0 开始重新计算。
    Nstation += 1； Nid += 1； CurrentID1 = Nid； CurrentID2 = Nid；
```

```
        myID + + ; buff1 = AskDatabase(myID);
      }
      while(! buff1. equals("")); // 不为空串
    }
    mMD. setText (Double. toString(MD));
    mD. setText("");
    mStage. setText(Stage); // 显示当前段号
    Nstation + = 1;
    mN. setText (Integer. toString(Nstation)); // 显示当前站数
    addflag = false; // 没有新数据
    TMD = MD; // 总累积差
    // 当前段删除完毕,段数减1。
    Nstage = Nstage - 1; if(Nstage < 1) Nstage = 1;
  }
  catch (Exception e)
  {
    e. printStackTrace(); MessageBox1("提示","重新计算累积差失败!");
  }
  }
  else MessageBox1("提示","删除当前测段失败!");
  }
});
builder. setNegativeButton("取消", null);
builder. show();
}
```

9.7.3 删除当前段

```
private boolean deletestag(int stag) {
  boolean ok = false;
  try {
    // 先开辟空间,存储符合当前段的 ID 号。
    String [] myid = new String [500]; int num = 0; String id, stage;
    // 先查出测段号,记录再删除。
    int myID = 1; String buff1 = AskDatabaseID(myID);
    do {
    // 提取 ID 号
    id = buff1. substring(0,0 + 4);
    Information = buff1. substring(4,4 + 64);
```

```java
    // 分解数据
    Information = translateinformation(Information, 2);
    stage = DeleteBehindNameSpace(Information.substring(0, 0 + 2));
    // 记录符合条件的 ID 号。
    if(Integer.parseInt(stage) == stag) {
        myid[num] = id; num + +;
    }
    myID + +;        buff1 = AskDatabaseID(myID);
}
while (! buff1.equals("")); // 不为空串
// 按 ID 号删除测站。
for(int i = 0; i < num; i + +)        deletedata(Integer.parseInt(myid[i]));
ok = true;
}
catch (Exception e)
{
    //e.printStackTrace();
    ok = false; //MessageBox1("提示","删除数据失败!");
}
return ok;
}
```

9.7.4 i 角检查(1)

```java
private void icheck1() {
    btnRecordState = "i 角检查 1"; btnCheckState = "中断退出"; Nicheck = 0;
    // 文件名称改为 i 角检查
    mEditText = (EditText) findViewById(R.id.myFileName);
    mEditText.setText("i 角检查");
    // 标题
    mTextView = (TextView) findViewById(R.id.textView4);
    mTextView.setText("读数 1");
    mTextView = (TextView) findViewById(R.id.textView5);
    mTextView.setText("读数 2");
    mTextView = (TextView) findViewById(R.id.textView6);
    mTextView.setText("读数 3");
    mTextView = (TextView) findViewById(R.id.textView7);
    mTextView.setText("读数 4");
    // 编辑框内容
```

```
// 后距上－－读数1
mEditText = (EditText) findViewById(R. id. myBehindDistanceUp);
mEditText. setBackgroundColor(Color. GREEN);
mEditText. setEnabled(true);
mEditText. setText("");
// 后距下－－读数2
mEditText = (EditText) findViewById(R. id. myBehindDistanceDown);
mEditText. setBackgroundColor(Color. GREEN); // 绿色
mEditText. setEnabled(true);
mEditText. setText("");
// 后距－－读数3
mEditText = (EditText) findViewById(R. id. myBehindDistance);
mEditText. setBackgroundColor(Color. GREEN); // 绿色
mEditText. setEnabled(true);
mEditText. setText("");
// 前后视距差－－读数4
mEditText = (EditText) findViewById(R. id. myD);
mEditText. setBackgroundColor(Color. GREEN); // 绿色
mEditText. setEnabled(true);
mEditText. setText("");
// 前距上－－读数1
mEditText = (EditText) findViewById(R. id. myFrontDistanceUp);
mEditText. setBackgroundColor(Color. GREEN); // 绿色
mEditText. setEnabled(true);
mEditText. setText("");
// 前距下－－读数2
mEditText = (EditText) findViewById(R. id. myFrontDistanceDown);
mEditText. setBackgroundColor(Color. GREEN); // 绿色
mEditText. setEnabled(true);
mEditText. setText("");
// 前距－－读数3
mEditText = (EditText) findViewById(R. id. myFrontDistance);
mEditText. setBackgroundColor(Color. GREEN); // 绿色
mEditText. setEnabled(true);
mEditText. setText("");
// 累积差－－读数4
mEditText = (EditText) findViewById(R. id. myMD);
mEditText. setBackgroundColor(Color. GREEN); // 绿色
```

```
mEditText. setEnabled( true) ;
mEditText. setText( " " ) ;
// 后黑
mEditText = ( EditText) findViewById( R. id. myBehindBlock) ;
mEditText. setEnabled( false) ;
mEditText. setBackgroundColor( Color. LTGRAY) ; // 淡灰色
mEditText. setText( "方法 1" ) ;
// 后红
mEditText = ( EditText) findViewById( R. id. myBehindRed) ;
mEditText. setEnabled( false) ;
mEditText. setBackgroundColor( Color. LTGRAY) ; // 淡灰色
mEditText. setText( "20. 6M" ) ;
// 前黑
mEditText = ( EditText) findViewById( R. id. myFrontBlock) ;
mEditText. setEnabled( false) ;
mEditText. setBackgroundColor( Color. LTGRAY) ; // 淡灰色
mEditText. setText( "J1 测站" ) ;
// 前红
mEditText = ( EditText) findViewById( R. id. myFrontRed) ;
mEditText. setEnabled( false) ;
mEditText. setBackgroundColor( Color. LTGRAY) ; // 淡灰色
mEditText. setText( "41. 2M" ) ;
// 常数差 1
mEditText = ( EditText) findViewById( R. id. myK1) ;
mEditText. setText( "A 尺" ) ;
// 常数差 2
mEditText = ( EditText) findViewById( R. id. myK2) ;
mEditText. setText( "B 尺" ) ;
// 位数提示
mEditText = ( EditText) findViewById( R. id. myName) ;
if ( ( LevelGrade. equals( "二等" ) ) || ( ( LevelGrade. equals( "三等" ) ) && ( Method.
equals( "测微法" ) ) ) ) ) mEditText. setText( "读数 6 位数" ) ;//六位数
else mEditText. setText( "读数 4 位数" ) ; // 三等中丝法,四等,等外均为四位数。
// 按钮内容
// 超限检查按钮响应
mCheck = ( Button) this. findViewById( R. id. myCheck) ;
mCheck. setBackgroundColor( Color. RED) ; // 原始颜色为红色
mCheck. setText( "中断退出" ) ;
```

```
        mCheck. setEnabled( true ) ;
        // 记录按钮响应
        mRecord  =  ( Button )this. findViewById( R. id. myRecord ) ;
        mRecord. setBackgroundColor( Color. YELLOW ) ; // 黄色
        mRecord. setText( "继续" ) ;
        mRecord. setEnabled( true ) ;
        // 回车换行按钮响应
        mReturn  =  ( Button )this. findViewById( R. id. myReturn ) ;
        mReturn. setEnabled( true ) ; // 默认为无效
        mReturn. setBackgroundColor( Color. YELLOW ) ; // 黄色
        // 保存按钮响应
        mSave  =  ( Button )this. findViewById( R. id. mySave ) ;
        mSave. setEnabled( false ) ;
        // 查询按钮响应
        mAsk  =  ( Button )this. findViewById( R. id. myAsk ) ;
        mAsk. setEnabled( false ) ;
    }
```

9.7.5 i 角检查(2)

```
    private void ICheck2( )  {
        btnRecordState = " i 角检查 2" ; btnCheckState = " 中断退出" ; Nicheck = 0 ;
        // 文件名改为 i 角检查
        mEditText  = ( EditText ) findViewById( R. id. myFileName ) ;
        mEditText. setText( " i 角检查" ) ;
        // 标题内容
        mTextView = ( TextView )findViewById( R. id. textView4 ) ;
        mTextView. setText( "读数 1" ) ;
        mTextView = ( TextView )findViewById( R. id. textView5 ) ;
        mTextView. setText( "读数 2" ) ;
        mTextView = ( TextView )findViewById( R. id. textView6 ) ;
        mTextView. setText( "读数 3" ) ;
        mTextView = ( TextView )findViewById( R. id. textView7 ) ;
        mTextView. setText( "读数 4" ) ;
        // 编辑框内容
        // 后距上 – – 读数 1
        mEditText  = ( EditText ) findViewById( R. id. myBehindDistanceUp ) ;
        mEditText. setBackgroundColor( Color. GREEN ) ;
        mEditText. setEnabled( true ) ;
```

```
mEditText. setText( " " ) ;
// 后距下 − − 读数 2
mEditText = ( EditText) findViewById( R. id. myBehindDistanceDown) ;
mEditText. setBackgroundColor( Color. GREEN) ; // 绿色
mEditText. setEnabled( true) ;
mEditText. setText( " " ) ;
// 后距 − − 读数 3
mEditText = ( EditText) findViewById( R. id. myBehindDistance) ;
mEditText. setBackgroundColor( Color. GREEN) ; // 绿色
mEditText. setEnabled( true) ;
mEditText. setText( " " ) ;
// 前后视距差 − − 读数 4
mEditText = ( EditText) findViewById( R. id. myD) ;
mEditText. setBackgroundColor( Color. GREEN) ; // 绿色
mEditText. setEnabled( true) ;
mEditText. setText( " " ) ;
// 前距上 − − 读数 1
mEditText = ( EditText) findViewById( R. id. myFrontDistanceUp) ;
mEditText. setBackgroundColor( Color. GREEN) ; // 绿色
mEditText. setEnabled( true) ;
mEditText. setText( " " ) ;
// 前距下 − − 读数 2
mEditText = ( EditText) findViewById( R. id. myFrontDistanceDown) ;
mEditText. setBackgroundColor( Color. GREEN) ; // 绿色
mEditText. setEnabled( true) ;
mEditText. setText( " " ) ;
// 前距 − − 读数 3
mEditText = ( EditText) findViewById( R. id. myFrontDistance) ;
mEditText. setBackgroundColor( Color. GREEN) ; // 绿色
mEditText. setEnabled( true) ;
mEditText. setText( " " ) ;
// 累积差 − − 读数 4
mEditText = ( EditText) findViewById( R. id. myMD) ;
mEditText. setBackgroundColor( Color. GREEN) ; // 绿色
mEditText. setEnabled( true) ;
mEditText. setText( " " ) ;
// 后黑
mEditText = ( EditText) findViewById( R. id. myBehindBlock) ;
```

```
mEditText. setEnabled( false) ;
mEditText. setBackgroundColor( Color. LTGRAY) ; // 淡灰色
mEditText. setText( "方法 2") ;
// 后红
mEditText = ( EditText) findViewById( R. id. myBehindRed) ;
mEditText. setEnabled( false) ;
mEditText. setBackgroundColor( Color. LTGRAY) ; // 淡灰色
mEditText. setText( "10. 3M") ;
// 前黑
mEditText = ( EditText) findViewById( R. id. myFrontBlock) ;
mEditText. setEnabled( false) ;
mEditText. setBackgroundColor( Color. LTGRAY) ; // 淡灰色
mEditText. setText( "J1 测站") ;
// 前红
mEditText = ( EditText) findViewById( R. id. myFrontRed) ;
mEditText. setEnabled( false) ;
mEditText. setBackgroundColor( Color. LTGRAY) ; // 淡灰色
mEditText. setText( "10. 3M") ;
// 常数差 1
mEditText = ( EditText) findViewById( R. id. myK1) ;
mEditText. setText( "A 尺") ;
// 常数差 2
mEditText = ( EditText) findViewById( R. id. myK2) ;
mEditText. setText( "B 尺") ;
// 位数提示
mEditText = ( EditText) findViewById( R. id. myName) ;
if ( ( LevelGrade. equals( "二等") ) || ( ( LevelGrade. equals( "三等") ) && ( Method.
equals( "测微法") ) ) ) ) mEditText. setText( "读数 6 位数") ;//六位数
else mEditText. setText( "读数 4 位数") ; // 三等中丝法,四等,等外均为四位数。
// 超限检查按钮响应
mCheck = ( Button) this. findViewById( R. id. myCheck) ;
mCheck. setBackgroundColor( Color. RED) ; // 原始颜色为红色
mCheck. setText( "中断退出") ;
mCheck. setEnabled( true) ;
// 记录按钮响应
mRecord = ( Button) this. findViewById( R. id. myRecord) ;
mRecord. setBackgroundColor( Color. YELLOW) ; // 黄色
mRecord. setText( "继续") ;
```

```
    mRecord. setEnabled( true) ;
    // 回车换行按钮响应
    mReturn  =  ( Button) this. findViewById( R. id. myReturn) ;
    mReturn. setEnabled( true) ; // 默认为无效
    mReturn. setBackgroundColor( Color. YELLOW) ; // 黄色
    // 保存按钮响应
    mSave  =  ( Button) this. findViewById( R. id. mySave) ;
    mSave. setEnabled( false) ;
    // 查询按钮响应
    mAsk  =  ( Button) this. findViewById( R. id. myAsk) ;
    mAsk. setEnabled( false) ;
}
```

9.7.6 退一站

```
private void Back_1_Dialog( ) {
    Builder builder  =  new AlertDialog. Builder( LevelActivity. this) ;
    builder. setTitle( "询问") ;
    builder. setIcon( android. R. drawable. ic_dialog_info) ;
    builder. setMessage( "确定要退 1 站吗?") ;
    builder. setPositiveButton( "确定", new DialogInterface. OnClickListener( ) {
        @ Override
        public void onClick( DialogInterface dialog, int which) {
            CurrentID1  =  Nid - 1; //MessageBox. Show( Convert. ToString( CurrentID) ) ;
            if ( deletedata( CurrentID1) ) {// 删除本站数据
            // 重新打开本文件,更新累积差。
            try {
                String ID, Stage  =  "1", Stage0  =  "0", Station, BehindUp, BehindDown  =
"", FrontUp, FrontDown, BehindBlock, BehindRed, FrontBlock, FrontRed, FrontName,
Remark, ObserveTime;
                Nstation  =  0; double D  =  0, D1  =  0, D2  =  0, MD  =  0, dk1  =  0, dk2  =  0;
Nid  =  1; // id 号必须从 1 开始。
                TotalDifferenceHeight  =  0; // 总高差
                TotalDistance  =  0; // 总距离
                int myID = 1; String buff1  =  AskDatabase( myID) ;
                do {
                    Information  =  buff1. substring( 0,0 +64) ;
                    FrontName  =  buff1. substring( 64,64 +16) ;
                    Remark  =  buff1. substring( 80,80 +16) ;
```

```
                // 分解数据
                Information = translateinformation(Information, 2);
                Stage = DeleteBehindNameSpace(Information.substring(0, 0 + 2));
                Station = Information.substring(2, 2 + 4);
                BehindUp = Information.substring(6, 6 + 5);
                BehindDown = Information.substring(11, 11 + 5);
                FrontUp = Information.substring(16, 16 + 5);
                FrontDown = Information.substring(21, 21 + 5);
                BehindBlock = Information.substring(26, 26 + 8);
                BehindRed = Information.substring(34, 34 + 8);
                FrontBlock = Information.substring(42, 42 + 8);
                FrontRed = Information.substring(50, 50 + 8);
                ObserveTime = Information.substring(58, 58 + 6);
                // 更换段号时,测站从 0 开始重新计算,总高差和总距离清零。
                if(!Stage.equals(Stage0)) { Stage0 = Stage; Nstation = 0; TotalDifferenceHeight =
0; TotalDistance = 0; }
                // 本站前后视距差
                D1 = Double.parseDouble(BehindUp) - Double.parseDouble(BehindDown);
                D2 = Double.parseDouble(FrontUp) - Double.parseDouble(FrontDown);
                // 把 D1,D2 化成以米为单位。考虑尺常数为 60650,距离按一半计算。
                D1 = D1 / factor * 0.001 * 100 * 10; D2 = D2 / factor * 0.001 *
100 * 10; // 100 为视距常数。上下丝读到毫米,factor 以 0.1 mm 为单位。
                D1 = init(D1); D2 = init(D2);
                // 前后尺距离之和,不应是一半。
                D = D1 - D2; TotalDistance += (D1 + D2) / 1;
                // 视距差累积差
                MD = MD + D;
                dk1 = Double.parseDouble(BehindBlock) + Double.parseDouble(BehindRed);
                dk2 = Double.parseDouble(FrontBlock) + Double.parseDouble(FrontRed);
                // 还有尺常数据要减掉。
                if(GoBack.equals("往测")) {
                    // 首先判断当前站是否为奇数。
                    int ii = (Nstation + 1) / 2;
                    if(ii * 2 ! = Nstation + 1) {// 奇数站
                        dk1 = dk1 - Double.parseDouble(_BC);
                        dk2 = dk2 - Double.parseDouble(_FC);
                    }
                    else // 偶数站
```

```java
                {
                    dk1 = dk1 - Double. parseDouble(_FC) ;
                    dk2 = dk2 - Double. parseDouble( _BC) ;
                }
            }
        else  // 返测,前后尺交换,常数不一样。
            {
                // 首先判断当前站是否为奇数。
                int ii = ( Nstation + 1) / 2;
                if ( ii * 2 ! = Nstation + 1) { // 奇数站
                    dk1 = dk1 - Double. parseDouble( _FC) ;
                    dk2 = dk2 - Double. parseDouble( _BC) ;
                }
                else  // 偶数站
                {
                    dk1 = dk1 - Double. parseDouble( _BC) ;
                    dk2 = dk2 - Double. parseDouble( _FC) ;
                }
            }
        dk1 = dk1 / 2; dk2 = dk2 / 2; // 黑红面取中数使用。
        if ( ( ( LevelGrade. equals( "三等") ) && ( Method. equals( "中丝法") ) ) ) {
            TotalDifferenceHeight + = ( dk1 - dk2) / factor * 0. 001 * 10; // 三等
中丝法读到毫米,而不是0. 1 mm。
        }
        else
        {
            TotalDifferenceHeight + = ( dk1 - dk2) / factor * 0. 001;
        }
        TotalDifferenceHeight = init( TotalDifferenceHeight) ; // 去掉尾数。
        if ( ! Stage. equals( Stage0) ) { Stage0 = Stage; Nstation = 0; } // 更换段号
时,测站从 0 开始重新计算。
        Nstation + = 1; Nid + = 1; CurrentID1 = Nid; CurrentID2 = Nid;
        myID + +;     buff1 = AskDatabase( myID) ;
    }
    while ( ! buff1. equals( "") ) ; // 不为空串
    mMD. setText ( Double. toString( MD) ) ;
    mD. setText( Double. toString( D) ) ;
    mStage. setText( Stage) ; // 显示当前段号
```

```
        Nstation += 1;
        mN. setText (Integer. toString(Nstation)); // 显示当前站数
        addflag = false; // 没有新数据
        TMD = MD; // 总累积差
        //addflag = false; // 没有新数据
        MessageBox1("提示","退一站成功!");
    }
    catch (Exception e)
    {
        e. printStackTrace(); MessageBox1("提示", "退一站失败!");
    }
}
else MessageBox1("提示", "删除测站数据失败!");
}
});
builder. setNegativeButton("取消", null);
builder. show();
}
```

9.7.7 退 N 站

```
private void Back_N_Dialog() {
    Builder builder = new AlertDialog. Builder(LevelActivity. this);
    builder. setTitle("询问");
    builder. setIcon(android. R. drawable. ic_dialog_info);
    builder. setMessage("确定要退 N 站吗?");
    builder. setPositiveButton("确定", new DialogInterface. OnClickListener() {
    @ Override
    public void onClick(DialogInterface dialog, int which) {
        //请输入退站点名
        Builder builder = new AlertDialog. Builder(LevelActivity. this);
        builder. setTitle("请输入退站点名");
        builder. setIcon(android. R. drawable. ic_dialog_info);
        LayoutInflater factory = LayoutInflater. from(LevelActivity. this);
        final View myfiledialog1 = factory. inflate(R. layout. myfiledialog1, null);
        builder. setView(myfiledialog1);
        builder. setPositiveButton("确定", new DialogInterface. OnClickListener() {
            @ Override
            public void onClick(DialogInterface dialog, int which) {
```

```
// 输入数据
mEditText = (EditText) myfiledialog1. findViewById( R. id. myValues) ;
String buff = mEditText. getText( ). toString( ) ;
// 名称不为空 ,有效。
if( ! buff. equals( " " ) ) {
    String BackName = buff; // 退站点名
    // 根据前视点名称查找 ID 号。
    String ID0 = DeleteBehindNameSpace( askname( BackName) ) ;
    // ID 号不为空。
    if ( ID0. length( ) > 0) {
    int k1 = Integer. parseInt( ID0) + 1; int k2 = Nid;
    // 删除各站数据
    for ( int k = k1; k < k2; k + +) {
        if ( ! deletedata( k) ) { MessageBox1( " 提示" , " 退 N 站过程中,删除数据
失败,请处理!" ) ; return; }
    }
    // 重新打开本文件,更新累积差。
    try {
    String ID, Stage = "1", Stage0 = "0", Station, BehindUp, BehindDown = "",
FrontUp, FrontDown, BehindBlock, BehindRed, FrontBlock, FrontRed, FrontName, Remark,
ObserveTime;
        Nstation = 0; double D = 0, D1 = 0, D2 = 0, MD = 0, dk1 = 0, dk2 = 0; Nid =
1; // id 号必须从 1 开始。
        TotalDifferenceHeight = 0; // 总高差
        TotalDistance = 0; // 总距离
    int myID = 1; String buff1 = AskDatabase( myID) ;
    do {
        Information = buff1. substring( 0,0 +64) ;
        FrontName = buff1. substring( 64,64 +16) ;
        Remark = buff1. substring( 80,80 +16) ;
        // 分解数据
        Information = translateinformation( Information, 2) ;
        Stage = DeleteBehindNameSpace( Information. substring( 0, 0 +2) ) ;
        Station = Information. substring( 2, 2 +4) ;
        BehindUp = Information. substring( 6, 6 +5) ;
        BehindDown = Information. substring( 11, 11 +5) ;
        FrontUp = Information. substring( 16, 16 +5) ;
        FrontDown = Information. substring( 21, 21 +5) ;
```

BehindBlock $=$ Information. substring$(26, 26+8)$;

BehindRed $=$ Information. substring$(34, 34+8)$;

FrontBlock $=$ Information. substring$(42, 42+8)$;

FrontRed $=$ Information. substring$(50, 50+8)$;

ObserveTime $=$ Information. substring$(58, 58+6)$;

// 更换段号时,测站从 0 开始重新计算,总高差和总距离清零。

if $($!Stage. equals$($ Stage0$))$ $\{$ Stage0 $=$ Stage; Nstation $= 0$;

TotalDifferenceHeight $= 0$; TotalDistance $= 0$; $\}$

// 本站前后视距差

D1 $=$ Double. parseDouble$($ BehindUp$)$ - Double. parseDouble$($ BehindDown$)$;

D2 $=$ Double. parseDouble$($ FrontUp$)$ - Double. parseDouble$($ FrontDown$)$;

// 把 D1,D2 化成以米为单位。考虑尺常数为 60650,距离按一半计算。

D1 $=$ D1 / factor $* 0.001 * 100 * 10$; D2 $=$ D2 / factor $* 0.001 *$

$100 * 10$; // 100 为视距常数。上下丝读到毫米,factor 以 0.1mm 为单位。

D1 $=$ init$($ D1$)$; D2 $=$ init$($ D2$)$;

// 前后尺距离之和,不应是一半。

D $=$ D1 - D2; TotalDistance $+=$ $($ D1 $+$ D2$)$ / 1;

// 视距差累积差

MD $=$ MD $+$ D;

dk1 $=$ Double. parseDouble$($ BehindBlock$)$ $+$ Double. parseDouble$($ BehindRed$)$;

dk2 $=$ Double. parseDouble$($ FrontBlock$)$ $+$ Double. parseDouble$($ FrontRed$)$;

// 还有尺常数据要减掉。

if $($ GoBack. equals$($ "往测"$))$ $\{$

// 首先判断当前站是否为奇数。

int ii $=$ $($ Nstation $+1)$ / 2;

if $($ ii $* 2$! $=$ Nstation $+1)$ $\{$// 奇数站

dk1 $=$ dk1 - Double. parseDouble$($ _BC$)$;

dk2 $=$ dk2 - Double. parseDouble$($ _FC$)$;

$\}$

else // 偶数站

$\{$

dk1 $=$ dk1 - Double. parseDouble$($ _FC$)$;

dk2 $=$ dk2 - Double. parseDouble$($ _BC$)$;

$\}$

$\}$

else // 返测,前后尺交换,常数不一样。

$\{$

// 首先判断当前站是否为奇数。

```
            int ii = (Nstation + 1) / 2;
            if (ii * 2 ! = Nstation + 1) {// 奇数站
              dk1 = dk1 - Double. parseDouble(_FC);
              dk2 = dk2 - Double. parseDouble(_BC);
            }
            else // 偶数站
            {
              dk1 = dk1 - Double. parseDouble(_BC);
              dk2 = dk2 - Double. parseDouble(_FC);
            }
          }
          dk1 = dk1 / 2; dk2 = dk2 / 2; // 黑红面取中数使用。
          if ((LevelGrade. equals("三等")) && (Method. equals("中丝法"))) {
          TotalDifferenceHeight + = (dk1 - dk2) / factor * 0.001 * 10; // 三
等中丝法读到毫米,而不是0.1mm。
          }
          else
          {
            TotalDifferenceHeight + = (dk1 - dk2) / factor * 0.001;
          }
          TotalDifferenceHeight = init(TotalDifferenceHeight); // 去掉尾数。
          if (!Stage. equals(Stage0)) { Stage0 = Stage; Nstation = 0; } // 更换段
号时,测站从0开始重新计算。
          Nstation + = 1; Nid + = 1; CurrentID1 = Nid; CurrentID2 = Nid;
          myID + + ;       buff1 = AskDatabase(myID);
        }
        while (!buff1. equals("")) ; // 不为空串
        mMD. setText (Double. toString(MD));
        mD. setText( Double. toString(D));
        mStage. setText(Stage); // 显示当前段号
        Nstation + = 1;
        mN. setText (Integer. toString(Nstation)); // 显示当前站数
        addflag = false; // 没有新数据
        TMD = MD; // 总累积差
        //addflag = false; // 没有新数据
        MessageBox1("提示","退 N 站成功!");
      }
    catch (Exception e)
```

```
                    {
                        e. printStackTrace( ) ; MessageBox1( "提示" , "退 N 站失败!" ) ;
                    }
                }
                else
                {
                    MessageBox1( "提示" , "查无此点,请重新输入!" ) ;
                }
            }
        }
    } ) ;
    builder. setNegativeButton( "取消" , null ) ;
    builder. show( ) ;
  }
} ) ;
builder. setNegativeButton( "取消" , null ) ;
builder. show( ) ;
}
```

9.7.8   修改前尺点名

```
private void ChangeName( ) {
    //请输入退站点名
    Builder builder  =  new AlertDialog. Builder( LevelActivity. this ) ;
    builder. setTitle( "请输入错误点名" ) ;
    builder. setIcon( android. R. drawable. ic_dialog_info ) ;
    LayoutInflater factory  =  LayoutInflater. from( LevelActivity. this ) ;
    final View myfiledialog1  =  factory. inflate( R. layout. myfiledialog1 , null ) ;
    builder. setView( myfiledialog1 ) ;
    builder. setPositiveButton( "确定" , new DialogInterface. OnClickListener( ) {
    @ Override
    public void onClick( DialogInterface dialog, int which ) {
        // 输入数据
        mEditText = ( EditText ) myfiledialog1. findViewById( R. id. myValues ) ;
        ErrorName = DeleteBehindNameSpace( mEditText. getText( ). toString( ) ) ;
        // 名称不为空,有效。
        if( ! ErrorName. equals( "" ) ) {
            //请输入退站点名
            Builder builder  =  new AlertDialog. Builder( LevelActivity. this ) ;
```

```java
builder. setTitle("请输入正确点名");
builder. setIcon(android. R. drawable. ic_dialog_info);
LayoutInflater factory = LayoutInflater. from(LevelActivity. this);
final View myfiledialog1 = factory. inflate(R. layout. myfiledialog1, null);
builder. setView(myfiledialog1);
builder. setPositiveButton("确定", new DialogInterface. OnClickListener() {
    @Override
    public void onClick(DialogInterface dialog, int which) {
        // 输入数据
        mEditText = (EditText) myfiledialog1. findViewById(R. id. myValues);
        RightName = DeleteBehindNameSpace(mEditText. getText(). toString());
        // 首先把点名标准化
        ErrorName = ErrorName + "        "; // 点名不能为空。
        // 限制点名长度,否则数据库出错。
        if (ErrorName. length() > 16) ErrorName = ErrorName. substring(0, 0 + 16);
        RightName = RightName + "        "; // 点名不能为空。
        // 限制点名长度,否则数据库出错。
        if (RightName. length() > 16) RightName = RightName. substring(0, 0 + 16);
        int nn = 0;
        // 首先查找后尺点名
        nn += ChangeName("Remark", ErrorName, RightName);
        // 再查找前尺点名
        nn += ChangeName("FrontName", ErrorName, RightName);
        if(nn > 0) MessageBox1("提示", "点名修改完毕!");
        else MessageBox1("提示", "查无[ " + DeleteBehindNameSpace(ErrorName)
+ " ]此点!");
    }
});
builder. setNegativeButton("取消", null);
builder. show();
}
else
{
    MessageBox1("提示", "查无此点,请重新输入!");
}
}
});
builder. setNegativeButton("取消", null);
```

```
        builder. show( ) ;
    }
```

9.7.9 输出数据

```
    private void TranslateData( ) {
        // 布局文件
        setContentView( R. layout. myfiledialog2 ) ;
        this. setTitle( "数据转换" ) ;   this. setTitleColor( Color. WHITE ) ;
        OpenFileOkFlag = false ;
        // 打开对话框时,让用户重新选择。同时,原有设置作废。
        mMemoryFlag = false ;
        mSDCardFlag = false ;
        // 标题
        mTextView = ( TextView ) findViewById( R. id. textView1 ) ;
        mTextView. setTextSize( 18 ) ;
        // 复选框
        mMemory1  =  ( CheckBox )  findViewById( R. id. myMemory1 ) ;
        mMemory1. setChecked( mMemoryFlag ) ;
        mSDCard1  =  ( CheckBox )  findViewById( R. id. mySDCard1 ) ;
        mSDCard1. setChecked( mSDCardFlag ) ;
        // 如果 SD 卡不存在则变灰
        mSDCard1. setEnabled( SDCardExistFlag ) ;
        // 记录复选框原始值,如果取消则复位。
        mMemoryFlag1 = mMemoryFlag ;
        mSDCardFlag1 = mSDCardFlag ;
        // 复制原内容,以便动态修改内容。
        ArrayOpenfileNew  =  new  ArrayList < String > ( ) ;
        for ( int i = 0 ; i < ArrayOpenfile. length ; i + + ) {
            ArrayOpenfileNew. add( ArrayOpenfile[ i ] ) ;
        }
        // 文件名称
        spinner_openfile_1 = ( Spinner ) findViewById( R. id. spinner_openfile_2 ) ;
        adapter_openfile_1 = new ArrayAdapter < String > ( LevelActivity. this, android. R.
layout. simple_spinner_item, ArrayOpenfileNew ) ;
        spinner_openfile_1. setAdapter( adapter_openfile_1 ) ;
        spinner_openfile_1. setSelection( _OpenfileInt, true ) ; // 第 4 个为默认选项
        spinner_openfile_1. setOnItemSelectedListener( new Spinner. OnItemSelectedListener( ) {
            public void onItemSelected( AdapterView < ? > arg0, View arg1, int arg2, long arg3) {
```

```java
            //设置显示当前选择的项
            _OpenfileInt1 = arg2;  // 第 3 个为默认选项
            arg0. setVisibility( View. VISIBLE) ;
        }
        public void onNothingSelected( AdapterView < ? > arg0) {
            // TODO Auto - generated method stub
        }
});
// 内存
mMemory1. setOnClickListener( new CheckBox. OnClickListener( ) {
    @ Override
    public void onClick( View v) {
        // 内存和 SD 卡互斥。
        mMemoryFlag = ! mMemoryFlag;  // 默认存储在内存
        mMemory1. setChecked( mMemoryFlag) ;
        if( mMemoryFlag) {
            mSDCardFlag = false;  // 选中内存卡,SD 卡设置无效。
            mSDCard1. setChecked( mSDCardFlag) ;
            // 删除所有内容
            adapter_openfile_1. clear( ) ;
            // 搜索符合要求的文件
            String filepath = fileDirPath;  // 内存
            String result = "",filetitle;
            File[ ] files = new File( filepath). listFiles( ) ;  // 在此目录下查找。
            for( File f : files ) {
                if( f. getName( ). indexOf( ". sdf") > =0) {// 文件中包括字符". sdf"。
                    result + = f. getName( ) + "\n";
                    // 提取文件名加入下拉框
                    filetitle = f. getName( ) ;
                    filetitle = filetitle. substring( 0, 0 + filetitle. length( )-4) ;
                    adapter_openfile_1. add( filetitle) ;
                }
            }
            if( result. equals( "")) {
                result = "没有找到任何文件";
            }
            // 显示结果
            if( spinner_openfile_1. getCount( ) >0) spinner_openfile_1. setEnabled( true) ;
```

```
        else  spinner_openfile_1. setEnabled(false);
        }
    }
});
// SD 卡
mSDCard1. setOnClickListener( new  CheckBox. OnClickListener( ) {
    @ Override
    public  void  onClick( View  v) {
        // 内存和 SD 卡互斥。
        mSDCardFlag = !  mSDCardFlag;
        mSDCard1. setChecked( mSDCardFlag);
        if( mSDCardFlag) {
            mMemoryFlag = false;  // 选中 SD 卡,内存卡设置无效。
            mMemory1. setChecked( mMemoryFlag);
            // 删除原有内容
            adapter_openfile_1. clear( );
            // 搜索符合要求的所有文件
            String  filepath = sdcardDirPath;  // SD 卡
            String  result = "" ,filetitle;
            File[ ]  files = new  File(filepath). listFiles( );  // 在此目录下查找。
            for(  File  f  :  files  ) {
                if(f. getName( ). indexOf(". sdf") > = 0) {  // 文件中包括字符". sdf"。
                    result +  = f. getName( ) + " \n";
                    // 提取文件名加入下拉框
                    filetitle = f. getName( );
                    filetitle = filetitle. substring(0, 0 + filetitle. length( )-4);
                    adapter_openfile_1. add( filetitle);
                }
            }
            if( result. equals( "" )) result = "没有找到任何文件";
            // 显示结果
            //MessageBox1( "查找结果" ,result);
            if( spinner_openfile_1. getCount( ) >0) spinner_openfile_1. setEnabled( true);
            else  spinner_openfile_1. setEnabled(false);
        }
    }
});
// 按确定返回按钮
```

```java
Button b1 = (Button) findViewById(R.id.button_ok5);
b1.setText("转换");
b1.setOnClickListener(new Button.OnClickListener() {
  public void onClick(View v) {
  //MessageBox1("文件名称","filename");
  //判断是否有文件存在。
  if(spinner_openfile_1.getCount() > 0) {
  String filepath = fileDirPath;  // 内存
    if(mSDCardFlag) filepath = sdcardDirPath;  // SD 卡
    String filename = spinner_openfile_1.getSelectedItem().toString() + ".sdf";
    // 获取文件名称
    filename = filepath + java.io.File.separator + filename;
    // 用户正确选择时允许退出。
    if(!spinner_openfile_1.getSelectedItem().toString().equals("请选择存储卡!")) {
      // 注意:因为只能打开一个数据库,所以必须先打开再转换,否则出错。
      // 在内存中建立临时文件,等转换完毕,再复制过来。
      String tempfile = fileDirPath + java.io.File.separator + "123.sdf";
      CopyFile(WorkFileName, tempfile);
      // 打开时,要把原来数据库内容复制到当前数据库"_0000.mdb"。
      CopyFile(filename, WorkFileName);
      // 初始化数据库
      ResetDataBase();
      String filename1 = filename, filename2, filename3;
      filename2 = filename1.substring(0, filename1.length() - 3) + "cfg";
      filename3 = filename1.substring(0, filename1.length() - 3) + "adl";
      String information ="",information1 = "", information2 = "", information3 =
"", information4 = "", information5 = "";
      // 获得日期和时间。
      String date = getcurrentdate();  // 观测日期8位数 20050501;
      String time = getcurrenttime();  // 当前时间6位数 092318;
      String[] title = new String[32]; int k = 0; //string ch ="",space = "  ";
// 用于补齐各项内容,共50个。
      // 读入各项设置
      java.io.BufferedReader bw1;
      try {
        bw1 = new java.io.BufferedReader(new java.io.FileReader(new java.io.File
(filename2)));
        String buff = bw1.readLine();  //bw1.read();
```

```
                bw1. close( );
                // 读入数据设置文件
        title[ k + + ] = DeleteBehindNameSpace( buff. substring( 0 ,0 + 30 ) ) ; //" 河
南省地质测绘总院" ; // 单位名称
        title[ k + + ]  = DeleteBehindNameSpace ( buff. substring ( 30 ,30 + 30 ) ) ;
//" 矿业权实地核查" ; // 项目名称
        title[ k + + ]  = DeleteBehindNameSpace ( buff. substring ( 60 ,60 + 20 ) ) ;
//" 2009 年10 月10 日" ; // 观测日期
        title[ k + + ]  = DeleteBehindNameSpace ( buff. substring ( 80 ,80 + 10 ) ) ;
//" 四等" ; // 水准等级
        title[ k + + ]  = DeleteBehindNameSpace ( buff. substring ( 90 ,90 + 10 ) ) ;
//" 中丝法" ; // 观测方法
        title[ k + + ]  = DeleteBehindNameSpace ( buff. substring ( 100 ,100 + 10 ) ) ;
//" 三丝能读数" ; // 视线高
        title[ k + + ]  = DeleteBehindNameSpace ( buff. substring ( 110 ,110 + 10 ) ) ;
//" 不用选" ; // 标尺刻划
        title[ k + + ]  = DeleteBehindNameSpace ( buff. substring ( 120 ,120 + 10 ) ) ;
//" NA28" ; // 仪器名称
        title[ k + + ]  = DeleteBehindNameSpace ( buff. substring ( 130 ,130 + 10 ) ) ;
//" 692564" ; // 仪器编号
        title[ k + + ]  = DeleteBehindNameSpace ( buff. substring ( 140 ,140 + 20 ) ) ;
//" 7515 ,7516" ; // 标尺编号
        title[ k + + ]  = DeleteBehindNameSpace ( buff. substring ( 160 ,160 + 10 ) ) ;
//" 往测" ; // 观测方向
        title[ k + + ]  = DeleteBehindNameSpace ( buff. substring ( 170 ,170 + 10 ) ) ;
//" 4687" ; // 尺后常数
        title[ k + + ]  = DeleteBehindNameSpace ( buff. substring ( 180 ,180 + 10 ) ) ;
//" 4787" ; // 前尺常数
        title[ k + + ]  = DeleteBehindNameSpace ( buff. substring ( 190 ,190 + 10 ) ) ;
//" 武安状" ; // 观测者
        title[ k + + ]  = DeleteBehindNameSpace ( buff. substring ( 200 ,200 + 10 ) ) ;
//" 米川" ; // 记录者
        title[ k + + ]  = DeleteBehindNameSpace ( buff. substring ( 210 ,210 + 10 ) ) ;
// 三丝读数差
        title[ k + + ]  = DeleteBehindNameSpace ( buff. substring ( 220 ,220 + 10 ) ) ;
// 下丝最低读数
        title[ k + + ]  = DeleteBehindNameSpace ( buff. substring ( 230 ,230 + 10 ) ) ;
//" 80" ; // 最大视距长度
```

```java
        title[k + +] = DeleteBehindNameSpace(buff.substring(240, 240 + 10));
// "5"; // 前后视距差限差
        title[k + +] = DeleteBehindNameSpace(buff.substring(250, 250 + 10));
// "50"; // 视距累积差限差
        title[k + +] = DeleteBehindNameSpace(buff.substring(260, 260 + 10));
// "3"; // 黑红面读数差
        title[k + +] = DeleteBehindNameSpace(buff.substring(270, 270 + 10));
// "5"; // 高差之差限差
        title[k + +] = DeleteBehindNameSpace(buff.substring(280, 280 + 10));
// "5"; // 间隙点高差之差
        title[k + +] = DeleteBehindNameSpace(buff.substring(290, 290 + 10));
// "20"; // i 角限差
        title[k + +] = DeleteBehindNameSpace(buff.substring(300, 300 + 10));
// "25"; // 温度
        title[k + +] = DeleteBehindNameSpace(buff.substring(310, 310 + 10));
// "晴"; // 天气
        title[k + +] = DeleteBehindNameSpace(buff.substring(320, 320 + 20));
// "清晰"; // 成像
        title[k + +] = DeleteBehindNameSpace(buff.substring(340, 340 + 10));
// "一级"; // 云量
        title[k + +] = DeleteBehindNameSpace(buff.substring(350, 350 + 10));
// "一级"; // 风速
        title[k + +] = DeleteBehindNameSpace(buff.substring(360, 360 + 10));
// "一级"; // 风力
        title[k + +] = DeleteBehindNameSpace(buff.substring(370, 370 + 10));
// "水泥"; // 道路
        title[k + +] = DeleteBehindNameSpace(buff.substring(380, 380 + 10));
// "水泥"; // 土质
    }
    catch (IOException e1)
    {
      e1.printStackTrace();
    }

    // 获得水准等级
    String grade = title[3].substring(0, 0 + 2); // 汉字也算一个字节。
    if (grade.equals("二等")) grade = "2";
    else if (grade.equals("三等")) grade = "3";
    else if (grade.equals("四等")) grade = "4";
```

```java
        else if (grade.equals("等外")) grade = "5";
        else if (grade.equals("变形")) grade = "6";
        information1 += title[0] + "/" + title[1] + "/" + title[2] + "/" +
title[3] + "/" + title[4] + "/";
        information1 += title[5] + "/" + title[6] + "/" + title[7] + "/" +
title[8] + "/" + title[9] + "/" + title[10] + "/" + title[11] + "/" + title
[12] + "/";
        information1 += title[13] + "/" + title[14] + "/" + title[24] + "/" +
title[25] + "/" + title[26] + "/" + title[27] + "/";
        information1 += title[28] + "/" + title[29] + "/" + title[30] + "/" +
title[31] + "/";
        File file = new File(icheckfilename);
        // 检查文件是否存在
        if(file.exists()) {
        java.io.BufferedReader bw2;
        try {
            bw2 = new java.io.BufferedReader(new java.io.FileReader(new java.io.
File(icheckfilename)));
            String buff = bw2.readLine(); //bw.read();
            bw2.close();
            // 读入 i 数据文件
            information2 = buff.substring(0,0+10); // 取左边 10 位,禁止删除后面
空格,否则出错。
            information3 = buff.substring(10,10+96); // 原始记录,禁止删除后面
空格,否则出错。
        }
        catch (IOException e)
        {
            e.printStackTrace();
        }
        }
        else // 文件不存在,尚未进行 i 角检查。
        {
        String buff = ""; information2 = formatchar(buff, 10); information3 +=
formatchar(buff, 96); //sw.WriteLine(formatchar(buff, 120)); // 保存 5 个空行。
        }
        // 获得 i 角观测信息:i 角观测方法(2 位),i 角计算结果(6 位)。
        String ii = "00";
```

```
String ch1 = information2. substring(0, 0 + 2);
if (ch1.equals("i1")) ii = "10"; // 方法 1 观测
else if (ch1.equals("i2")) ii = "01"; // 方法 2 观测
else if (ch1.equals("")) ii = "00"; // 没有观测
// 记录 i 角观测结果。
ii = ii + information2. substring(3, 3 + 6); //MessageBox. Show("i 角观测信息
*" + ii + "*");
// 加密 i 角观测记录,只进行简单加密:0 - > A,1 - > B。
String ival = "";
// 开始对每行数据进行替换
for (int i = 0; i < information3. length(); i + +) {
 ival += translateword(information3. substring(i,i + 1),0,1); // 0 - > A,1 - > B;
}
information3 = ival; //MessageBox. Show("*" + information3 + "*"); // 加密后数据。
// 读入数据库内容
information = "";
// 获得总测站数
String MM = ""; //int[] station = new int[100]; // 一维
// 先开辟 500 个空间,读完之后再计算总测站数。
int M = 500; //MessageBox. Show(N. ToString(),"记录总数");
int N = 14; // 字段总数
// 开辟空间,以对各测站按 ID 号排序。
String[][] array = new String[M][N];// 二维
int Mstation = 0;
int myID = 1; String buff1 = AskDatabaseID(myID);
do {
 // 提取 ID 号
 Information = buff1. substring(4,4 + 64);
 // 分解数据
 Information = translateinformation(Information, 2);
 array[Mstation][0] = buff1. substring(0,0 + 4);
 array[Mstation][1] = Information. substring(0, 0 + 2);
 array[Mstation][2] = Information. substring(2, 2 + 4);
 array[Mstation][3] = Information. substring(6, 6 + 5);
 array[Mstation][4] = Information. substring(11, 11 + 5);
 array[Mstation][5] = Information. substring(16, 16 + 5);
 array[Mstation][6] = Information. substring(21, 21 + 5);
 array[Mstation][7] = Information. substring(26, 26 + 8);
```

```
          array[Mstation][8]  =  Information. substring(34, 34 +8);
          array[Mstation][9]  =  Information. substring(42, 42 +8);
          array[Mstation][10]  =  Information. substring(50, 50 +8);
          array[Mstation][11]  =  Information. substring(58, 58 +6);
          array[Mstation][12]  =  buff1. substring(68,68 +16);
          array[Mstation][13]  =  buff1. substring(84,84 +16);
          Mstation  +=  1; //Nid  +=  1; CurrentID1  =  Nid; CurrentID2  =  Nid;
          myID + +;         buff1 = AskDatabaseID(myID);
        }
```
```
      while (! buff1. equals("")) ; // 不为空串
```
// 实际记录数
```
      M  =  Mstation;
```
// 获得总测站数
```
      MM  =  Integer. toString(M)  +  "    "; MM  =  MM. substring(0, 0 +4);
```
// 按 ID 号记录各测站数据或者按 ID 号排序后再生成测站数据。
```
      for (int i  =  1; i  <  M + 1; i + +) {
        for (int j  =  0; j  <  M; j + +) {
          if (Integer. parseInt(array[j][0])  = =  i) {
```
// 测站数据:ID 号,段号,测站号,8 个数据,观测时间。共 68 位。
```
            information4  + =  DeleteBehindNameSpace (array [j][12])  +  "/"  +
DeleteBehindNameSpace(array[j][13])  +  "/";
```
```
            information5  + =  array[j][0]  +  array[j][1]  +  array[j][2]  +  array
[j][3]  +  array[j][4]  +  array[j][5]  +  array[j][6]  +  array[j][7]  +  array[j]
[8]  +  array[j][9]  +  array[j][10]  +  array[j][11];
```
```
            break;
          }
        }
      }
```
// 用 DLL 文件加密字符串
```
      String dllcode  =  date  +  time  +  grade  +  MM;
```
// 加密测站数据
```
      information5  =  FormedData(information5, dllcode);
```
// 加密测站记录:首先按观测日期和时间及机器 ID 号对测站数据进行加密,再把
数字变成 ABCD 等输出。
```
      information  =  date  +  time  +  grade  +  MM  +  ii  +  "/"; // 由于 C#在中汉字
```
是一个字节,在 VC 中为两个字节,不好判断,所以加"/"符号,以区别。
```
      information  + =  information1  +  information4  +  information3  +  information5;
```
// 保存文件 - - 文件格式:UTF - 8。VC 只能识别 ANSI 格式。

```java
java. io. BufferedWriter bw3;
try {
    bw3 = new java.io.BufferedWriter(new java.io.FileWriter(new java.io.File(filename3)));
    bw3. write(information, 0, information. length());
    //bw3. newLine();
    bw3. close();
    MessageBox1("提示", "已生成: " + filename3);
}
catch (IOException e3)
{
    e3. printStackTrace();
}
// 转换完毕,还原当前文件。
CopyFile(tempfile, WorkFileName);
// 初始化数据库
ResetDataBase();
// 返回主界面
ReturnMainFaceOrder();
// 恢复场景
ResetScene();
    }
    }
    }
});
// 按取消返回按钮
Button b2 = (Button) findViewById(R. id. button_cancel5);
b2. setOnClickListener(new Button. OnClickListener() {
  public void onClick(View v) {
    // 取消时复位
    mMemoryFlag = mMemoryFlag1;
    mSDCardFlag = mSDCardFlag1;
    // 返回主界面
    ReturnMainFaceOrder();
    // 恢复场景
    ResetScene();
    }
});
}
```

9.7.10 数据恢复

```java
private void BackupData() {
    // 首先判断文件是否存在
    File myFile = new File(BakeFileName);
    if(myFile.exists()) {
        // 布局文件
        setContentView(R.layout.myfiledialog3);
        this.setTitle("另存文件"); this.setTitleColor(Color.WHITE);
        // 标题
        mTextView = (TextView)findViewById(R.id.textView1);
        mTextView.setTextSize(18);
        // 名称
        mNewFileName = (EditText) findViewById(R.id.myNewFileName);
        mNewFileName.setText(_NewFileName); // 设初值
        mNewFileName.setMaxLines(1); // 最多一行。
        mNewFileName.setTextSize(16);
        // 复选框
        mMemory2 = (CheckBox) findViewById(R.id.myMemory2);
        mMemory2.setChecked(mMemoryFlag);
        mSDCard2 = (CheckBox) findViewById(R.id.mySDCard2);
        mSDCard2.setChecked(mSDCardFlag);
        // 如果 SD 卡不存在则变灰
        mSDCard2.setEnabled(SDCardExistFlag);
        // 记录复选框原始值,如果取消则复位。
        mMemoryFlag1 = mMemoryFlag;
        mSDCardFlag1 = mSDCardFlag;
        // 内存
        mMemory2.setOnClickListener(new CheckBox.OnClickListener() {
            @Override
            public void onClick(View v) {
                mMemoryFlag = ! mMemoryFlag; // 默认存储在内存
                mMemory2.setChecked(mMemoryFlag);
                if(mMemoryFlag) {
                    mSDCardFlag = false; // 选中内存卡,SD 卡设置无效。
                    mSDCard2.setChecked(mSDCardFlag);
                }
            }
```

```
    });
    // SD 卡
    mSDCard2. setOnClickListener( new CheckBox. OnClickListener( ) {
      @ Override
      public void onClick( View v) {
        mSDCardFlag = ! mSDCardFlag;
        mSDCard2. setChecked( mSDCardFlag);
        if( mSDCardFlag) {
          mMemoryFlag = false; // 选中 SD 卡,内存卡设置无效。
          mMemory2. setChecked( mMemoryFlag);
        }
      }
    });
    // 按确定返回按钮
    Button b1 = ( Button) findViewById( R. id. button_ok6);
    b1. setText("另存为");
    b1. setOnClickListener( new Button. OnClickListener( ) {
      public void onClick( View v) {
        // 存储位置
        if( mMemory2. isChecked( )) mMemoryFlag = true; else mMemoryFlag = false;
        if( mSDCard2. isChecked( )) mSDCardFlag = true; else mSDCardFlag = false;
        // 判断是否同时选中
        if(( mMemoryFlag)&&( mSDCardFlag)) MessageBox1("提示","只能选其中一个!");
        else
        if(( ! mMemoryFlag)&&( ! mSDCardFlag)) MessageBox1("提示","请选择存储卡!");
        else // 符合要求
        {
          // 新建文件名称
          _NewFileName = mNewFileName. getText( ). toString( );
          if(_NewFileName. equals("")) MessageBox1("提示","文件名称不能为空!");
          else
          {
            // 创建新文件
            String filepath = fileDirPath; // 内存
            if( mSDCardFlag) filepath = sdcardDirPath; //SD 卡
            // 在选定位置创建新文件夹
            java. io. File dir = new java. io. File( filepath);
            if ( ! dir. exists( )) dir. mkdir( );
```

```
        //else MessageBox("文件夹已经存在!");
        // 在选定位置创建新文件
        String filename = filepath + java.io.File.separator + _NewFileName + ".sdf";
        File file = new File(filename);
        if(!file.exists()) {// 检查文件是否存在
            String filename1 = filename;
            String filename2 = filename1.substring(0,filename1.length()-3) + "cfg";
            // 复制数据库文件
            CopyFile(BakeFileName, filename1);
            // 复制配置文件
            SaveTextFile(filename2);
            MessageBox1("提示", "数据已恢复!");
            // 返回主界面
            ReturnMainFaceOrder();
        }
        else
        {
            MessageBox1("文件已经存在!",filename);
        }
        }
    }
    }
});
// 按取消返回按钮
Button b2 = (Button) findViewById(R.id.button_cancel6);
b2.setOnClickListener(new Button.OnClickListener() {
    public void onClick(View v) {
        // 取消时复位
        mMemoryFlag = mMemoryFlag1;
        mSDCardFlag = mSDCardFlag1;
        // 返回主界面
        ReturnMainFaceOrder();
    }
});
// 读取今天日期按钮
Button b3 = (Button) findViewById(R.id.myToday);
b3.setOnClickListener(new Button.OnClickListener() {
    public void onClick(View v) {
```

```
                mNewFileName = (EditText) findViewById(R. id. myNewFileName);
                SimpleDateFormat sdf = new SimpleDateFormat("MMdd");
                String ymd = sdf. format(new Date());
                mNewFileName. setText(ymd); // 设今天日期为文件名
                //MessageBox1("date",ymd);
            }
        });
    }
    else MessageBox1("提示","原始文件已破坏,无法恢复!");
}
```

9.7.11　删除文件

```
private void delFile(String strFileName,boolean flag) {
    File myFile = new File(strFileName);
    if(myFile. exists()) {
        myFile. delete(); //MessageBox("删除成功: " + strFileName);
        if(flag) MessageBox1("删除成功",strFileName);
    }
}
```

9.8　系统设置

9.8.1　设置测区名称

```
public void SetWorkNameDialog() {
    // 布局文件
    setContentView(R. layout. setworkname);
    this. setTitle("设置测区名称");  this. setTitleColor(Color. WHITE);
    // 设置字体大小
    mTextView = (TextView)findViewById(R. id. textView1);
    mTextView. setTextSize(18);
    mTextView = (TextView)findViewById(R. id. textView2);
    mTextView. setTextSize(18);
    mTextView = (TextView)findViewById(R. id. textView3);
    mTextView. setTextSize(18);
    // 单位名称
    mUnitName = (EditText) findViewById(R. id. myUnitName);
    mUnitName. setText(UnitName); // 设初值
```

```
mUnitName. setMaxLines(1); // 最多一行。
mUnitName. setTextSize(16);
// 项目名称
mItemName = (EditText) findViewById(R. id. myItemName);
mItemName. setText(TeamName); // 设初值
mItemName. setMaxLines(1); // 最多一行。
mItemName. setTextSize(16);
// 观测日期
mObserveDate = (EditText) findViewById(R. id. myObserveDate);
mObserveDate. setText(ObserveDate); // 设初值
mObserveDate. setMaxLines(1); // 最多一行。
mObserveDate. setTextSize(16);
// 按确定返回按钮
Button b1 = (Button) findViewById(R. id. button_ok1);
b1. setTextSize(16);
b1. setOnClickListener(new Button. OnClickListener() {
    public void onClick(View v) {
        // 修改单位名称
        UnitName = mUnitName. getText( ). toString( );
        // 修改项目名称
        TeamName = mItemName. getText( ). toString( );
        // 修改观测日期
        ObserveDate = mObserveDate. getText( ). toString( );
        // 返回主界面
        ReturnMainFaceOrder( );
        // 恢复场景
        ResetScene( );
    }
});
// 按取消返回按钮
Button b2 = (Button) findViewById(R. id. button_cancel1);
b2. setOnClickListener(new Button. OnClickListener() {
    public void onClick(View v) {
        // 返回主界面
        ReturnMainFaceOrder( );
        // 恢复场景
        ResetScene( );
    }
```

```
    });
    // 读取今天日期按钮
    Button b3 = (Button) findViewById(R.id.myToday1);
    b3.setOnClickListener(new Button.OnClickListener() {
        public void onClick(View v) {
            mObserveDate = (EditText) findViewById(R.id.myObserveDate);
            SimpleDateFormat sdf = new SimpleDateFormat("yyyy 年 MM 月 dd 日");
            String ymd = sdf.format(new Date());
            mObserveDate.setText(ymd); // 设今天日期为文件名
        }
    });
}
```

9.8.2 设置测段信息

```
public void SetInformationDialog() {
    // 布局文件
    setContentView(R.layout.setinformation);
    this.setTitle("设置测段信息");  this.setTitleColor(Color.WHITE);
    // 标题
    mTextView = (TextView) findViewById(R.id.textView1);
    mTextView.setTextSize(18);
    mTextView = (TextView) findViewById(R.id.textView2);
    mTextView.setTextSize(18);
    mTextView = (TextView) findViewById(R.id.textView3);
    mTextView.setTextSize(18);
    mTextView = (TextView) findViewById(R.id.textView4);
    mTextView.setTextSize(18);
    mTextView = (TextView) findViewById(R.id.textView5);
    mTextView.setTextSize(18);
    mTextView = (TextView) findViewById(R.id.textView6);
    mTextView.setTextSize(18);
    mTextView = (TextView) findViewById(R.id.textView7);
    mTextView.setTextSize(18);
    mTextView = (TextView) findViewById(R.id.textView8);
    mTextView.setTextSize(18);
    mTextView = (TextView) findViewById(R.id.textView9);
    mTextView.setTextSize(18);
    mTextView = (TextView) findViewById(R.id.textView10);
```

```
mTextView. setTextSize(18);
mTextView = (TextView)findViewById(R. id. textView11);
mTextView. setTextSize(18);
mTextView = (TextView)findViewById(R. id. textView12);
mTextView. setTextSize(18);
// 仪器名称
mInstrumentName  = (EditText)  findViewById(R. id. myInstrumentName);
mInstrumentName. setText(InstructionName);  // 设初值
mInstrumentName. setMaxLines(1);  // 最多一行。
mInstrumentName. setTextSize(16);
// 标尺编号
mRulerNumber  = (EditText)  findViewById(R. id. myRulerNumber);
mRulerNumber. setText(RulerNumber);  // 设初值
mRulerNumber. setMaxLines(1);  // 最多一行。
mRulerNumber. setTextSize(16);
// 后尺常数
mBehindConstant  = (EditText)  findViewById(R. id. myBehindConstant);
mBehindConstant. setText(_BC);  // 设初值
mBehindConstant. setMaxLines(1);  // 最多一行。
mBehindConstant. setTextSize(16);
// 观测者
mObserver  = (EditText)  findViewById(R. id. myObserver);
mObserver. setText(Observer);  // 设初值
mObserver. setMaxLines(1);  // 最多一行。
mObserver. setTextSize(16);
// 仪器编号
mInstrumentNumber  = (EditText)  findViewById(R. id. myInstrumentNumber);
mInstrumentNumber. setText(InstructionNumber);  // 设初值
mInstrumentNumber. setMaxLines(1);  // 最多一行。
mInstrumentNumber. setTextSize(16);
// 前尺常数
mFrontConstant  = (EditText)  findViewById(R. id. myFrontConstant);
mFrontConstant. setText(_FC);  // 设初值
mFrontConstant. setMaxLines(1);  // 最多一行。
mFrontConstant. setTextSize(16);
// 记录者
mRecorder  = (EditText)  findViewById(R. id. myRecorder);
mRecorder. setText(Recorder);  // 设初值
```

mRecorder. setMaxLines(1); // 最多一行。

mRecorder. setTextSize(16);

// 水准等级

spinner_levelgrade_1 = (Spinner) findViewById(R. id. spinner_levelgrade_2);

adapter_levelgrade_1 = new ArrayAdapter < String > (LevelActivity. this, android. R.

layout. simple_spinner_item, ArrayLevelGrade);

spinner_levelgrade_1. setAdapter(adapter_levelgrade_1);

spinner_levelgrade_1. setSelection(_LevelGradeInt, true); // 第 4 个为默认选项

spinner_levelgrade_1. setOnItemSelectedListener(new Spinner. OnItemSelectedListener() {

public void onItemSelected(AdapterView < ? > arg0, View arg1, int arg2, long arg3) {

//设置显示当前选择的项

_LevelGradeInt1 = arg2; // 第 3 个为默认选项

arg0. setVisibility(View. VISIBLE);

// 水准等级变化时,相应选项应跟着变化。

String levelgrade = ArrayLevelGrade[_LevelGradeInt1];

if (levelgrade. equals("二等")) {

spinner_method_1. setEnabled(false); spinner_method_1. setSelection(1); // 改

变默认项

spinner_sight_1. setEnabled(false); spinner_sight_1. setSelection(1); // 改变

默认项

spinner_score_1. setEnabled(true); spinner_score_1. setSelection(1); // 改变

默认项

}

if (levelgrade. equals("三等")) {

spinner_method_1. setEnabled(true); spinner_method_1. setSelection(0); // 改

变默认项

spinner_sight_1. setEnabled(true); spinner_sight_1. setSelection(0); // 改变默

认项

spinner_score_1. setEnabled(false); spinner_score_1. setSelection(2); // 改变

默认项

}

if (levelgrade. equals("四等")) {

spinner_method_1. setEnabled(false); spinner_method_1. setSelection(2); // 改

变默认项

spinner_sight_1. setEnabled(true); spinner_sight_1. setSelection(0); // 改变

默认项

spinner_score_1. setEnabled(false); spinner_score_1. setSelection(2); // 改变

默认项

```java
        }
        if（levelgrade. equals（"等外"））｛
            spinner_method_1. setEnabled（false）；spinner_method_1. setSelection（2）；
// 改变默认项
            spinner_sight_1. setEnabled（false）；spinner_sight_1. setSelection（2）；// 改变
默认项
            spinner_score_1. setEnabled（false）；spinner_score_1. setSelection（2）；// 改
变默认项
        ｝
    ｝
    public void onNothingSelected（AdapterView＜？＞ arg0）｛
        // TODO Auto－generated method stub
    ｝
｝）；
// 观测方向
spinner_goback_1 ＝（Spinner）findViewById（R. id. spinner_goback_2）；
adapter_goback_1 ＝ new ArrayAdapter ＜String＞（LevelActivity. this，android. R.
layout. simple_spinner_item，ArrayGoBack）；
spinner_goback_1. setAdapter（adapter_goback_1）；
spinner_goback_1. setSelection（_GoBackInt，true）；// 第 4 个为默认选项
spinner_goback_1. setOnItemSelectedListener（new Spinner. OnItemSelectedListener（）｛
    public void onItemSelected（AdapterView＜？＞ arg0，View arg1，int arg2，long arg3）｛
        //设置显示当前选择的项
        _GoBackInt1 ＝arg2；// 第 3 个为默认选项
        arg0. setVisibility（View. VISIBLE）；
    ｝
    public void onNothingSelected（AdapterView ＜？＞ arg0）｛
        // TODO Auto－generated method stub
    ｝
｝）；
// 观测方法
spinner_method_1 ＝（Spinner）findViewById（R. id. spinner_method_2）；
adapter_method_1 ＝ new ArrayAdapter ＜String＞（LevelActivity. this，android. R.
layout. simple_spinner_item，ArrayMethod）；
spinner_method_1. setAdapter（adapter_method_1）；
spinner_method_1. setSelection（_MethodInt，true）；// 第 4 个为默认选项
spinner_method_1. setOnItemSelectedListener（new Spinner. OnItemSelectedListener（）｛
    public void onItemSelected（AdapterView＜？＞ arg0，View arg1，int arg2，long arg3）｛
```

```java
        //设置显示当前选择的项
        _MethodInt1 = arg2; // 第 3 个为默认选项
        arg0. setVisibility( View. VISIBLE);
    }
    public void onNothingSelected( AdapterView < ? > arg0) {
        // TODO Auto - generated method stub
    }
});
// 视线高度
spinner_sight_1 = ( Spinner) findViewById( R. id. spinner_sight_2);
adapter_ sight _1 = new ArrayAdapter < String > ( LevelActivity. this, android. R.
layout. simple_spinner_item, ArraySight);
spinner_sight_1. setAdapter( adapter_sight_1);
spinner_sight_1. setSelection( _SightInt, true); // 第 4 个为默认选项
spinner_sight_1. setOnItemSelectedListener( new Spinner. OnItemSelectedListener( ) {
public void onItemSelected( AdapterView < ? > arg0, View arg1, int arg2, long arg3) {
    //设置显示当前选择的项
    _SightInt1 = arg2; // 第 3 个为默认选项
    arg0. setVisibility( View. VISIBLE);
}
public void onNothingSelected( AdapterView < ? > arg0) {
    // TODO Auto - generated method stub
}
});
// 标尺刻划
spinner_score_1 = ( Spinner) findViewById( R. id. spinner_score_2);
adapter_ score _1 = new ArrayAdapter < String > ( LevelActivity. this, android. R.
layout. simple_spinner_item, ArrayScore);
spinner_score_1. setAdapter( adapter_score_1);
spinner_score_1. setSelection( _ScoreInt, true); // 第 4 个为默认选项
spinner_score_1. setOnItemSelectedListener( new Spinner. OnItemSelectedListener( ) {
    public void onItemSelected( AdapterView < ? > arg0, View arg1, int arg2, long arg3) {
        //设置显示当前选择的项
        _ScoreInt1 = arg2; // 第 3 个为默认选项
        arg0. setVisibility( View. VISIBLE);
    }
public void onNothingSelected( AdapterView < ? > arg0) {
    // TODO Auto - generated method stub
```

```
            }
    });
// 根据水准等级确定显示内容,设置有效或无效。不能放到前面,因没有创建。
    if (LevelGrade. equals("二等")) {
        spinner_method_1. setEnabled(false);
        spinner_sight_1. setEnabled(false);
        spinner_score_1. setEnabled(true);
    }
    if (LevelGrade. equals("三等")) {
        spinner_method_1. setEnabled(true);
        spinner_sight_1. setEnabled(true);
        spinner_score_1. setEnabled(false);
    }
    if (LevelGrade. equals("四等")) {
        spinner_method_1. setEnabled(false);
        spinner_sight_1. setEnabled(true);
        spinner_score_1. setEnabled(false);
    }
    if (LevelGrade. equals("等外")) {
        spinner_method_1. setEnabled(false);
        spinner_sight_1. setEnabled(false);
        spinner_score_1. setEnabled(false);
    }
    // 按确定返回按钮
    Button b1 = (Button) findViewById(R. id. button_ok2);
    b1. setOnClickListener(new Button. OnClickListener() {
        public void onClick(View v) {
        // 修改仪器名称
        InstructionName = mInstrumentName. getText(). toString();
        // 修改标尺编号
        RulerNumber = mRulerNumber. getText(). toString();
        // 修改后尺常数
        _BC = mBehindConstant. getText(). toString();
        // 修改观测者
        Observer = mObserver. getText(). toString();
        // 修改仪器编号
        InstructionNumber = mInstrumentNumber. getText(). toString();
        // 修改前尺常数
```

```
_FC = mFrontConstant. getText( ). toString( ) ;
    // 修改记录者
    Recorder = mRecorder. getText( ). toString( ) ;
    // 修改水准等级
    _LevelGradeInt = _LevelGradeInt1 ;
    LevelGrade = ArrayLevelGrade[ _LevelGradeInt ] ;
    // 修改观测方向
    _GoBackInt = _GoBackInt1 ;
    GoBack = ArrayGoBack[ _GoBackInt ] ; //MessageBox( GoBack ) ;
// 修改观测方法
_MethodInt = _MethodInt1 ;
Method = ArrayMethod[ _MethodInt ] ; //MessageBox( Method ) ;
// 修改视线高度
_SightInt = _SightInt1 ;
Sight = ArraySight[ _SightInt ] ; //MessageBox( Sight ) ;
// 修改标尺刻划
_ScoreInt = _ScoreInt1 ;
Score = ArrayScore[ _ScoreInt ] ; //MessageBox( Score ) ;
// 如果水准等级改变,则相应限差也应更新。
if ( LevelGrade. equals( "二等" ) ) {
    _3cross  = "1.5" ; // 三丝读数差 0.5 cm 分划
    if ( Score. equals( "1cm" ) ) _3cross  = "3.0" ; // 三丝读数差 1 cm 分划
    if ( Sight. equals( "下丝视线高" ) ) _downCross = "0.3" ; // 下丝最低读数
    _D  = "50" ;//最大视距长度
    _dD  = "1.0" ;//前后视距差限差
    _MD  = "3.0" ;//视距累积差限差
    _dh  = "0.4" ;//黑红面读数差
    _dhh  = "0.6" ;//高差之差限差
    _dhR  = "1.0" ;//间隙点高差之差
    _i  = "15" ;// i 角限差
    factor  = 10.000; if ( Score. equals( "0.5cm" ) ) factor  = 20.000; // 尺常数 =60650;
}
if ( LevelGrade. equals( "三等" ) ) {
    _3cross  = "不用选" ; // 三丝读数差
    if ( Sight. equals( "下丝视线高" ) ) _downCross  = "0.3" ; // 下丝最低读数
    if ( Sight. equals( "三丝能读数" ) ) _downCross  = "不用选" ; // 下丝最低读数
    _D  = "75" ;//最大视距长度
    _dD  = "2" ;//前后视距差限差
```

```
        _MD = "5";//视距累积差限差
        if（Method.equals("测微法"））_dh = "1.0";//黑红面读数差
        if（Method.equals("中丝法"））_dh = "2.0";//黑红面读数差
        if（Method.equals("测微法"））_dhh = "1.5";//高差之差限差
        if（Method.equals("中丝法"））_dhh = "3.0";//高差之差限差
        _dhR = "3";//间隙点高差之差
        _i = "20";// i 角限差
        factor = 10.000; //if（Score.equals("0.5cm"）factor = 20.000; // 尺常数 =60650;
    }
    if（LevelGrade.equals("四等"））{
        _3cross = "不用选"; // 三丝读数差
        if（Sight.equals("下丝视线高"））_downCross = "0.2"; // 下丝最低读数
        if（Sight.equals("三丝能读数"））_downCross = "不用选"; // 下丝最低读数
        _D = "100";//最大视距长度
        _dD = "3";//前后视距差限差
        _MD = "10";//视距累积差限差
        _dh = "3.0";//黑红面读数差
        _dhh = "5.0";//高差之差限差
        _dhR = "5.0";//间隙点高差之差
        _i = "20";// i 角限差
        factor = 1.000; //if（Score.equals("0.5cm"）factor = 20.000; // 尺常数 =60650;
    }
    if（LevelGrade.equals("等外"））{
        _3cross = "不用选"; // 三丝读数差
        _downCross = "不用选"; // 下丝最低读数
        _D = "100";//最大视距长度
        _dD = "10";//前后视距差限差
        _MD = "50";//视距累积差限差
        _dh = "4";//黑红面读数差
        _dhh = "6";//高差之差限差
        _dhR = "6";//间隙点高差之差
        _i = "20";// i 角限差
        factor = 1.000; //if（Score.equals("0.5cm"）factor = 20.000; // 尺常数 =60650;
    }
    ReturnMainFaceOrder();
    // 恢复场景
    ResetScene();
}
```

```
        } );
        // 按取消返回按钮
        Button b2 = ( Button ) findViewById( R. id. button_cancel2 );
        b2. setOnClickListener( new Button. OnClickListener( ) {
            public void onClick( View v ) {
                ReturnMainFaceOrder( );
                // 恢复场景
                ResetScene( );
            }
        } );
    }
```

9.8.3　设置限差

```
    public void SetPermitDialog( ) {
        // 布局文件
        setContentView( R. layout. setpermit );
        this. setTitle( "设置限差" );    this. setTitleColor( Color. WHITE );
        // 设置字体大小
        // 标题
        mTextView = ( TextView ) findViewById( R. id. textView1 );
        mTextView. setTextSize( 18 );
        mTextView = ( TextView ) findViewById( R. id. textView2 );
        mTextView. setTextSize( 18 );
        mTextView = ( TextView ) findViewById( R. id. textView3 );
        mTextView. setTextSize( 18 );
        mTextView = ( TextView ) findViewById( R. id. textView4 );
        mTextView. setTextSize( 18 );
        mTextView = ( TextView ) findViewById( R. id. textView5 );
        mTextView. setTextSize( 18 );
        mTextView = ( TextView ) findViewById( R. id. textView6 );
        mTextView. setTextSize( 18 );
        mTextView = ( TextView ) findViewById( R. id. textView7 );
        mTextView. setTextSize( 18 );
        mTextView = ( TextView ) findViewById( R. id. textView8 );
        mTextView. setTextSize( 18 );
        mTextView = ( TextView ) findViewById( R. id. textView9 );
        mTextView. setTextSize( 18 );
        mTextView = ( TextView ) findViewById( R. id. textView10 );
```

```
mTextView.setTextSize(18);
mTextView = (TextView)findViewById(R.id.textView11);
mTextView.setTextSize(18);
mTextView = (TextView)findViewById(R.id.textView12);
mTextView.setTextSize(18);
mTextView = (TextView)findViewById(R.id.textView13);
mTextView.setTextSize(18);
mTextView = (TextView)findViewById(R.id.textView14);
mTextView.setTextSize(18);
mTextView = (TextView)findViewById(R.id.textView15);
mTextView.setTextSize(18);
mTextView = (TextView)findViewById(R.id.textView16);
mTextView.setTextSize(18);
mTextView = (TextView)findViewById(R.id.textView17);
mTextView.setTextSize(18);          // 最大视距差
mMaxDistance = (EditText) findViewById(R.id.myMaxDistance);
mMaxDistance.setText(_D); // 设初值
mMaxDistance.setMaxLines(1); // 最多一行。
mMaxDistance.setTextSize(16);
// 前后视距差
mDistanceDifference = (EditText) findViewById(R.id.myDistanceDifference);
mDistanceDifference.setText(_dD); // 设初值
mDistanceDifference.setMaxLines(1); // 最多一行。
mDistanceDifference.setTextSize(16);
// 视距累积差
mTotalDistanceDifference = (EditText)findViewById(R.id.myTotalDistanceDifference);
mTotalDistanceDifference.setText(_MD); // 设初值
mTotalDistanceDifference.setMaxLines(1); // 最多一行。
mTotalDistanceDifference.setTextSize(16);
// 下丝读数
mDownCrossRead = (EditText) findViewById(R.id.myDownCrossRead);
mDownCrossRead.setText(_downCross); // 设初值
mDownCrossRead.setMaxLines(1); // 最多一行。
mDownCrossRead.setTextSize(16);
// 三丝读数差
mThreeCrossRead = (EditText) findViewById(R.id.myThreeCrossRead);
mThreeCrossRead.setText(_3cross); // 设初值
mThreeCrossRead.setMaxLines(1); // 最多一行。
```

```java
mThreeCrossRead. setTextSize(16);
// i 角限差
mIangle  = (EditText) findViewById(R. id. myIangle);
mIangle. setText(_i); // 设初值
mIangle. setMaxLines(1); // 最多一行。
mIangle. setTextSize(16);
// 常数差
mBlockRedDifference  = (EditText) findViewById(R. id. myBlockRedDifference);
mBlockRedDifference. setText(_dh); // 设初值
mBlockRedDifference. setMaxLines(1); // 最多一行。
mBlockRedDifference. setTextSize(16);
// 高差之差
mDifferenceHeight  = (EditText) findViewById(R. id. myDifferenceHeight);
mDifferenceHeight. setText(_dhh); // 设初值
mDifferenceHeight. setMaxLines(1); // 最多一行。
mDifferenceHeight. setTextSize(16);
// 间隙高差
mRestDifference  = (EditText) findViewById(R. id. myRestDifference);
mRestDifference. setText(_dhR); // 设初值
mRestDifference. setMaxLines(1); // 最多一行。
mRestDifference. setTextSize(16);
// 根据水准等级确定显示内容,设置有效或无效。不能放到前面,因没有创建。
if (LevelGrade. equals("二等")) {
    // 下丝读数
    mDownCrossRead. setEnabled(true);
    // 三丝读数差
    mThreeCrossRead. setEnabled(true);
}
if (LevelGrade. equals("三等")) {
    // 下丝读数
    if (Sight. equals("下丝视线高")) mDownCrossRead. setEnabled(true); // 下丝最低读数
    if (Sight. equals("三丝能读数")) mDownCrossRead. setEnabled(false); // 下丝最低读数
    // 三丝读数差
    mThreeCrossRead. setEnabled(false);
}
if (LevelGrade. equals("四等")) {
    // 下丝读数
    mDownCrossRead. setEnabled(false);
```

```
            // 三丝读数差
            mThreeCrossRead. setEnabled(false);
        }
    if (LevelGrade. equals("等外")) {
            // 下丝读数
            mDownCrossRead. setEnabled(false);
            // 三丝读数差
            mThreeCrossRead. setEnabled(false);
        }
    // 按确定返回按钮
    Button b1 = (Button) findViewById(R. id. button_ok3);
    b1. setOnClickListener(new Button. OnClickListener() {
        public void onClick(View v) {
            // 最大视距差
            _D = mMaxDistance. getText(). toString();
            // 前后视距差
            _dD = mDistanceDifference. getText(). toString();
            // 视距累积差
            _MD = mTotalDistanceDifference. getText(). toString();
            // 下丝读数
            _downCross = mDownCrossRead. getText(). toString();
            // 三丝读数差
            _3cross = mThreeCrossRead. getText(). toString();
            // i 角限差
            _i = mIangle. getText(). toString();  //MessageBox(_i);
            // 常数差
            _dh = mBlockRedDifference. getText(). toString();
            // 高差之差
            _dhh = mDifferenceHeight. getText(). toString();
            // 间隙高差
            _dhR = mRestDifference. getText(). toString();
            // 返回主界面
            ReturnMainFaceOrder();
            // 恢复场景
            ResetScene();
        }
    });
    // 按取消返回按钮
```

```
        Button  b2  =  (Button)  findViewById(R. id. button_cancel3);
        b2. setOnClickListener(new  Button. OnClickListener( )  {
          public  void  onClick(View  v)  {
            // 返回主界面
            ReturnMainFaceOrder( );
            // 恢复场景
            ResetScene( );
          }
        });
      }
```

9.8.4 设置观测条件

```
    public  void  SetconditionDialog( )  {
      // 布局文件
      setContentView(R. layout. setcondition);
      this. setTitle("设置观测条件");   this. setTitleColor(Color. WHITE);
      // 标题
      mTextView = (TextView)findViewById(R. id. textView1);
      mTextView. setTextSize(18);
      mTextView = (TextView)findViewById(R. id. textView2);
      mTextView. setTextSize(18);
      mTextView = (TextView)findViewById(R. id. textView3);
      mTextView. setTextSize(18);
      mTextView = (TextView)findViewById(R. id. textView4);
      mTextView. setTextSize(18);
      mTextView = (TextView)findViewById(R. id. textView5);
      mTextView. setTextSize(18);
      mTextView = (TextView)findViewById(R. id. textView6);
      mTextView. setTextSize(18);
      mTextView = (TextView)findViewById(R. id. textView7);
      mTextView. setTextSize(18);
      mTextView = (TextView)findViewById(R. id. textView8);
      mTextView. setTextSize(18);
      mTextView = (TextView)findViewById(R. id. textView9);
      mTextView. setTextSize(18);          // 温度
      mTemperature  = (EditText)  findViewById(R. id. myTemperature);
      mTemperature. setText(Tempature); // 设初值
      mTemperature. setMaxLines(1); // 最多一行。
```

```java
mTemperature. setTextSize( 16) ;
// 天气
spinner_weather_1 = ( Spinner) findViewById( R. id. spinner_weather_2) ;
adapter_weather_1 = new ArrayAdapter < String > ( LevelActivity. this, android. R.
layout. simple_spinner_item, ArrayWeather) ;
spinner_weather_1. setAdapter( adapter_weather_1) ;
spinner_weather_1. setSelection( _WeatherInt, true) ; // 第 4 个为默认选项
spinner_weather_1. setOnItemSelectedListener( new Spinner. OnItemSelectedListener( ) {
    public void onItemSelected(AdapterView <? > arg0, View arg1, int arg2, long arg3) {
        //设置显示当前选择的项
        _WeatherInt1 = arg2; // 第 3 个为默认选项
        arg0. setVisibility( View. VISIBLE) ;
    }
    public void onNothingSelected( AdapterView <? > arg0) {
        // TODO Auto - generated method stub
    }
}) ;
// 成像
spinner_imagine_1 = ( Spinner) findViewById( R. id. spinner_imagine_2) ;
adapter_imagine_1 = new ArrayAdapter < String > ( LevelActivity. this, android. R.
layout. simple_spinner_item, ArrayImagine) ;
spinner_imagine_1. setAdapter( adapter_imagine_1) ;
spinner_imagine_1. setSelection( _ImagineInt, true) ; // 第 4 个为默认选项
spinner_imagine_1. setOnItemSelectedListener( new Spinner. OnItemSelectedListener( ) {
    public void onItemSelected(AdapterView <? >arg0,View arg1, int arg2, long arg3) {
        //设置显示当前选择的项
        _ImagineInt1 = arg2; // 第 3 个为默认选项
        arg0. setVisibility( View. VISIBLE) ;
    }
    public void onNothingSelected( AdapterView <? > arg0) {
        // TODO Auto - generated method stub
    }
}) ;
// 云量
spinner_cloud_1 = ( Spinner) findViewById( R. id. spinner_cloud_2) ;
adapter_cloud_1 = new ArrayAdapter < String > ( LevelActivity. this, android. R.
layout. simple_spinner_item, ArrayCloud) ;
spinner_cloud_1. setAdapter( adapter_cloud_1) ;
```

```
    spinner_cloud_1. setSelection(_CloudInt, true); // 第 4 个为默认选项
    spinner_cloud_1. setOnItemSelectedListener(new Spinner. OnItemSelectedListener() {
        public void onItemSelected(AdapterView <? > arg0, View arg1, int arg2, long arg3) {
            //设置显示当前选择的项
            _CloudInt1 = arg2; // 第 3 个为默认选项
            arg0. setVisibility(View. VISIBLE);
        }
        public void onNothingSelected(AdapterView <? > arg0) {
            // TODO Auto - generated method stub
        }
    });
    // 风速
    spinner_windvelocity_1 = (Spinner) findViewById(R. id. spinner_windvelocity_2);
    adapter_windvelocity_1 = new ArrayAdapter < String > (LevelActivity. this, android.
R. layout. simple_spinner_item, ArrayWindVelocity);
    spinner_windvelocity_1. setAdapter(adapter_windvelocity_1);
    spinner_windvelocity_1. setSelection(_WindVelocityInt, true); // 第 4 个为默认选项
    spinner_windvelocity_1. setOnItemSelectedListener(new Spinner. OnItemSelectedListener() {
        public void onItemSelected(AdapterView <? > arg0, View arg1, int arg2, long arg3) {
            //设置显示当前选择的项
            _WindVelocityInt1 = arg2; // 第 3 个为默认选项
            arg0. setVisibility(View. VISIBLE);
        }
        public void onNothingSelected(AdapterView <? > arg0) {
            // TODO Auto - generated method stub
        }
    });
    // 风力
    spinner_windforce_1 = (Spinner) findViewById(R. id. spinner_windforce_2);
    adapter_windforce_1 = new ArrayAdapter < String > (LevelActivity. this, android. R.
layout. simple_spinner_item, ArrayWindForce);
    spinner_windforce_1. setAdapter(adapter_windforce_1);
    spinner_windforce_1. setSelection(_WindForceInt, true); // 第 4 个为默认选项
    spinner_windforce_1. setOnItemSelectedListener(new Spinner. OnItemSelectedListener() {
        public void onItemSelected(AdapterView <? > arg0, View arg1, int arg2, long arg3) {
            //设置显示当前选择的项
            _WindForceInt1 = arg2; // 第 3 个为默认选项
            arg0. setVisibility(View. VISIBLE);
```

```java
        }
        public void onNothingSelected(AdapterView < ? > arg0) {
            // TODO Auto - generated method stub
        }
    });
    // 道路
    spinner_road_1 = (Spinner) findViewById(R. id. spinner_road_2);
    adapter_road_1 = new ArrayAdapter < String > (LevelActivity. this, android. R.
layout. simple_spinner_item, ArrayRoad);
    spinner_road_1. setAdapter(adapter_road_1);
    spinner_road_1. setSelection(_RoadInt, true); // 第 4 个为默认选项
    spinner_road_1. setOnItemSelectedListener(new Spinner. OnItemSelectedListener() {
        public void onItemSelected(AdapterView < ? > arg0, View arg1, int arg2, long arg3) {
            //设置显示当前选择的项
            _RoadInt1 = arg2; // 第 3 个为默认选项
            arg0. setVisibility(View. VISIBLE);
        }
        public void onNothingSelected(AdapterView < ? > arg0) {
            // TODO Auto - generated method stub
        }
    });
    // 土质
    spinner_land_1 = (Spinner) findViewById(R. id. spinner_land_2);
    adapter_land_1 = new ArrayAdapter < String > (LevelActivity. this, android. R.
layout. simple_spinner_item, ArrayLand);
    spinner_land_1. setAdapter(adapter_land_1);
    spinner_land_1. setSelection(_LandInt, true); // 第 4 个为默认选项
    spinner_land_1. setOnItemSelectedListener(new Spinner. OnItemSelectedListener() {
        public void onItemSelected(AdapterView < ? > arg0, View arg1, int arg2, long arg3) {
            //设置显示当前选择的项
            _LandInt1 = arg2; // 第 3 个为默认选项
            arg0. setVisibility(View. VISIBLE);
        }
        public void onNothingSelected(AdapterView < ? > arg0) {
            // TODO Auto - generated method stub
        }
    });
    // 按确定返回按钮
```

```
Button b1 = (Button) findViewById(R. id. button_ok4);
b1. setOnClickListener(new Button. OnClickListener() {
  public void onClick(View v) {
    // 温度
    Tempature = mTemperature. getText(). toString();
    // 天气
    _WeatherInt = _WeatherInt1;
    Weather = ArrayWeather[_WeatherInt];
    // 成像
    _ImagineInt = _ImagineInt1;
    Imange = ArrayImagine[_ImagineInt];
    // 云量
    _CloudInt = _CloudInt1;
    Cloud = ArrayCloud[_CloudInt]; //MessageBox(Cloud);
    // 风速
    _WindVelocityInt = _WindVelocityInt1;
    WindVelocity = ArrayWindVelocity[_WindVelocityInt];
      // 风力
    _WindForceInt = _WindForceInt1;
    WindFore = ArrayWindForce[_WindForceInt];
    // 道路
    _RoadInt = _RoadInt1;
    Road = ArrayRoad[_RoadInt]; //MessageBox(Road);
    // 土质
    _LandInt = _LandInt1;
    Land = ArrayLand[_LandInt]; //MessageBox(Land);
    //
    ReturnMainFaceOrder();
    // 恢复场景
    ResetScene();
  }
});
// 按取消返回按钮
Button b2 = (Button) findViewById(R. id. button_cancel4);
b2. setOnClickListener(new Button. OnClickListener() {
  public void onClick(View v) {
    ReturnMainFaceOrder();
    // 恢复场景
```

```
      ResetScene( );
    }
  } );
}
```

9.8.5　设置保存模式

```
private void SetSaveModelDialog( ) {
  AutoSaveFlag1 = AutoSaveFlag;
  String hint = "［手动］"; if( AutoSaveFlag) hint = "［自动］";
  Builder builder = new AlertDialog. Builder( LevelActivity. this);
  builder. setTitle( "请选择" + hint + "保存模式");
  builder. setIcon( android. R. drawable. ic_dialog_info);
  final CharSequence[ ] items = {"手动保存", "自动保存"};
  builder. setSingleChoiceItems( items, -1, new DialogInterface. OnClickListener( ) {
    public void onClick( DialogInterface dialog, int item) {
      choiceitem = items[ item]. toString( );
    }
  } )
  . setPositiveButton( "确定", new DialogInterface. OnClickListener( ) {
    public void onClick( DialogInterface dialog, int which1) {
      if( choiceitem. equals( "自动保存")) AutoSaveFlag = true;
      if( choiceitem. equals( "手动保存")) AutoSaveFlag = false;
      // 显示消息
      Toast. makeText( LevelActivity. this, "已启动 " + choiceitem + " 模式", Toast.
LENGTH_LONG). show( );
      // 显示保存状态
      mTextView = (TextView)findViewById( R. id. textView17);  // 存
      if( AutoSaveFlag) {
        mTextView. setTextColor( Color. RED);     //mTextView. setText( "自");
      }
      else
      {
        mTextView. setTextColor( Color. WHITE); //mTextView. setText( "存");
      }
    }
  } )
  . setNegativeButton( "取消", new DialogInterface. OnClickListener( ) { // 取消模式
    @ Override
```

```java
    public void onClick(DialogInterface dialog, int which) {
        // 显示消息
        //Toast.makeText(LevelActivity.this, "取消",Toast.LENGTH_LONG).show();
        AutoSaveFlag = AutoSaveFlag1;
    }
}
)
.show();
}
```

9.8.6　保存用户设置

```java
public void SaveTextFile(String Filename) {
    if(! Filename.equals("")) {
        // 读入设置数据文件
        String space = "                              "; // = ReadTextFile(filename1);
        String buff = "" ,buffs = "";
        //"河南省地质测绘总院"; // 单位名称
        buff = UnitName + space;
        UnitName = buff.substring(0,30); buffs + = UnitName;
        //"矿业权实地核查"; // 项目名称
        buff = TeamName + space;
        TeamName = buff.substring(0,30);     buffs + = TeamName;
        //"2009 年 10 月 10 日"; // 观测日期
        buff = ObserveDate + space;
        ObserveDate = buff.substring(0,20);     buffs + = ObserveDate;
        //"四等"; // 水准等级
        buff = LevelGrade + space;
        LevelGrade = buff.substring(0,10);     buffs + = LevelGrade;
        //"中丝法"; // 观测方法
        buff = Method + space;
        Method = buff.substring(0,10);     buffs + = Method;
        //"三丝能读数"; // 视线高
        buff = Sight + space;
        Sight = buff.substring(0,10);         buffs + = Sight;
        //"不用选"; // 标尺刻划
        buff = Score + space;
        Score = buff.substring(0,10);     buffs + = Score;
        //"NA28"; // 仪器名称
        buff = InstructionName + space;
```

```
InstructionName = buff.substring(0,10);    buffs + = InstructionName;
//"692564"; // 仪器编号
buff = InstructionNumber + space;
InstructionNumber = buff.substring(0,10);    buffs + = InstructionNumber;
//"7515,7516"; // 标尺编号
buff = RulerNumber + space;
RulerNumber = buff.substring(0,20);    buffs + = RulerNumber;
//"往测"; // 观测方向
buff = GoBack + space;
GoBack = buff.substring(0,10);    buffs + = GoBack;
//"4687"; // 尺后常数
buff = _BC + space;
_BC = buff.substring(0,10);    buffs + = _BC;
//"4787"; // 前尺常数
buff = _FC + space;
_FC = buff.substring(0,10);    buffs + = _FC;
//"武安状"; // 观测者
buff = Observer + space;
Observer = buff.substring(0,10);    buffs + = Observer;
//"米川"; // 记录者
buff = Recorder + space;
Recorder = buff.substring(0,10);    buffs + = Recorder;
// 三丝读数差
buff = _3cross + space;
_3cross = buff.substring(0,10);    buffs + = _3cross;
// 下丝最低读数
buff = _downCross + space;
_downCross = buff.substring(0,10);  buffs + = _downCross;
//"80"; // 最大视距长度
buff = _D + space;
_D = buff.substring(0,10);    buffs + = _D;
//"5"; // 前后视距差限差
buff = _dD + space;
_dD = buff.substring(0,10);    buffs + = _dD;
//"50"; // 视距累积差限差
buff = _MD + space;
_MD = buff.substring(0,10);    buffs + = _MD;
//"3"; // 黑红面读数差
```

```
buff = _dh + space;
_dh = buff. substring(0,10);        buffs + = _dh;
//"5"; // 高差之差限差
buff = _dhh + space;
_dhh = buff. substring(0,10);       buffs + = _dhh;
//"5"; // 间隙点高差之差
buff = _dhR + space;
_dhR = buff. substring(0,10);       buffs + = _dhR;
//"20"; // i 角限差
buff = _i + space;
_i = buff. substring(0,10);         buffs + = _i;
//"25"; // 温度
buff = Tempature + space;
Tempature = buff. substring(0,10);  buffs + = Tempature;
//"晴"; // 天气
buff = Weather + space;
Weather = buff. substring(0,10);    buffs + = Weather;
//"清晰"; // 成像
buff = Imange + space;
Imange = buff. substring(0,20);     buffs + = Imange;
//"一级"; // 云量
buff = Cloud + space;
Cloud = buff. substring(0,10);      buffs + = Cloud;
//"一级"; // 风速
buff = WindVelocity + space;
WindVelocity = buff. substring(0,10);   buffs + = WindVelocity;
//"一级"; // 风力
buff = WindFore + space;
WindFore = buff. substring(0,10);   buffs + = WindFore;
//"水泥"; // 道路
buff = Road + space;
Road = buff. substring(0,10);       buffs + = Road;
//"水泥"; // 土质
buff = Land + space;
Land = buff. substring(0,10);       buffs + = Land;
//
java. io. BufferedWriter bw;
try {
```

```java
            bw = new java.io.BufferedWriter(new java.io.FileWriter(new java.io.File(Filename)));
            bw.write(buffs, 0, buffs.length());
            bw.newLine();
            bw.close();
            //MessageBox1("保存成功",Filename);
        }
        catch (IOException e)
        {
            e.printStackTrace();
        }
    }
    else
    {
        MessageBox1("保存失败","文件名为空,无法保存!");
    }
}
```

9.8.7 恢复用户设置

```java
public void ReadTextFile(String Filename) {
    String buff = "";
    if( !Filename.equals("")) {
        java.io.BufferedReader bw;
        try {
            bw = new java.io.BufferedReader(new java.io.FileReader(new java.io.File
(Filename)));
            buff = bw.readLine(); //bw.read();
            bw.close();
            //MessageBox1("读入数据 = ",buff);
            // 读入数据设置文件
            UnitName = DeleteBehindNameSpace(buff.substring(0,0 + 30)); //"河南省
地质测绘总院"; // 单位名称
            TeamName = DeleteBehindNameSpace(buff.substring(30,30 + 30)); //"矿业
权实地核查"; // 项目名称
            ObserveDate = DeleteBehindNameSpace (buff.substring (60, 60 + 20));
//"2009年10月10日"; // 观测日期
            LevelGrade = DeleteBehindNameSpace(buff.substring(80,80 + 10)); //" 四
等"; // 水准等级
            Method = DeleteBehindNameSpace (buff.substring(90,90 + 10)); //" 中丝
```

法";// 观测方法

        Sight = DeleteBehindNameSpace(buff. substring(100,100 + 10));//" 三丝能
读数";// 视线高

        Score = DeleteBehindNameSpace(buff. substring(110,110 + 10));//" 不用
选";// 标尺刻划

        InstructionName = DeleteBehindNameSpace(buff. substring(120,120 + 10));
//"NA28";// 仪器名称

        InstructionNumber = DeleteBehindNameSpace(buff. substring(130,130 + 10));
//"692564";// 仪器编号

        RulerNumber = DeleteBehindNameSpace(buff. substring(140,140 + 20));
//"7515,7516";// 标尺编号

        GoBack = DeleteBehindNameSpace(buff. substring(160,160 + 10));//" 往
测";// 观测方向

        _BC = DeleteBehindNameSpace(buff. substring(170,170 + 10));//"4687";
// 尺后常数

        _FC = DeleteBehindNameSpace(buff. substring(180,180 + 10));//"4787";
// 前尺常数

        Observer = DeleteBehindNameSpace(buff. substring(190,190 + 10));//" 武
安状";// 观测者

        Recorder = DeleteBehindNameSpace(buff. substring(200,200 + 10));//" 米
川";// 记录者

        _3cross = DeleteBehindNameSpace(buff. substring(210,210 + 10));// 三丝
读数差

        _downCross = DeleteBehindNameSpace(buff. substring(220,220 + 10));
// 下丝最低读数

        _D = DeleteBehindNameSpace(buff. substring(230,230 + 10));//"80";
// 最大视距长度

        _dD = DeleteBehindNameSpace(buff. substring(240,240 + 10));//"5";
// 前后视距差限差

        _MD = DeleteBehindNameSpace(buff. substring(250,250 + 10));//"50";
// 视距累积差限差

        _dh = DeleteBehindNameSpace(buff. substring(260,260 + 10));//"3";
// 黑红面读数差

        _dhh = DeleteBehindNameSpace(buff. substring(270,270 + 10));//"5";
// 高差之差限差

        _dhR = DeleteBehindNameSpace(buff. substring(280,280 + 10));//"5";
// 间隙点高差之差

        _i = DeleteBehindNameSpace(buff. substring(290,290 + 10));//"20";// i

角限差　　　　　　　Tempature ＝ DeleteBehindNameSpace（buff. substring（300，300 ＋ 10））；//"25"；// 温度
　　　　　　　　　Weather ＝ DeleteBehindNameSpace（buff. substring（310，310 ＋ 10））；//"晴"；// 天气
　　　　　　　　　Imange ＝ DeleteBehindNameSpace（buff. substring（320，320 ＋ 20））；//"清晰"；// 成像
　　　　　　　　　Cloud ＝ DeleteBehindNameSpace（buff. substring（340，340 ＋ 10））；//"一级"；// 云量
　　　　　　　　　WindVelocity ＝ DeleteBehindNameSpace（buff. substring（350，350 ＋ 10））；//"一级"；// 风速
　　　　　　　　　WindFore ＝ DeleteBehindNameSpace（buff. substring（360，360 ＋ 10））；//"一级"；// 风力
　　　　　　　　　Road ＝ DeleteBehindNameSpace（buff. substring（370，370 ＋ 10））；//"水泥"；// 道路
　　　　　　　　　Land ＝ DeleteBehindNameSpace（buff. substring（380，380 ＋ 10））；//"水泥"；// 土质
　　　　　　　}
　　　　　catch （IOException e）
　　　　　{
　　　　　　　e. printStackTrace（）；
　　　　　}
　　　}
　　else
　　{
　　　MessageBox1（"失败"，"文件名为空，读入失败!"）；
　　}
}

9.9　自定义函数

9.9.1　获得当前日期

private String getcurrentdate（）{
　　SimpleDateFormat sdf ＝ new SimpleDateFormat（"yyyyMMdd"）；// 当前时间六位数20090501；
　　return sdf. format（new Date（））；
}

9.9.2 获得当前时间

```
private String getcurrenttime() {
    // 格式化输出,均为两位数。
    SimpleDateFormat sdf = new SimpleDateFormat("HHmmss");// 当前时间六位数,
如 092318;
    return sdf.format(new Date());
}
```

9.9.3 格式化输出

```
public String Format(double num) {
    NumberFormat formatter = new DecimalFormat("###"); // 取整
    String s = formatter.format(num);
    return s;
}
```

9.9.4 实数取整

```
private double init(double buff) {
    // 去掉尾数,保留一位小数,四舍五入。
    int sign = 1; if (buff < 0) { sign = 3; buff = -buff; } // 正负号。
    buff = buff * 1000000; long value = (long)(buff + 0.05); buff = (double)
(value) / 1000000;
    //Long:代表有符号的 64 位整数,范围从 – 9223372036854775808 ~
9223372036854775808 ,19 位数字。
    return (2 - sign) * buff;
}
```

9.9.5 格式化字符串

```
public String Format0(double num) {
    NumberFormat formatter = new DecimalFormat("###"); // 取整
    String s = formatter.format(num);
    return s;
}
```

9.9.6 保留一位小数

```
public String Format1(double num) {
    NumberFormat formatter = new DecimalFormat("0.0");
    String s = formatter.format(num);
```

```
    return s;
  }
```

9.9.7　保留二位小数

```
public String Format2(double num) {
  NumberFormat formatter = new DecimalFormat("0.00");
  String s = formatter.format(num);
  return s;
}
```

9.9.8　提取文件名称

```
private String DistallFileName(String buff) {
  String c = buff,f = ""; int k1 = c.length()-1,k2 = k1;
  while(!c.substring(k1,k1 + 1).equals(java.io.File.separator)) k1 - -; // = "/"
或"\"
  while(!c.substring(k2,k2 + 1).equals(".")) k2 - -;
  f = c.substring(k1 + 1,k2);
  return f;
}
```

9.9.9　删除名称后面的空格

```
private String DeleteBehindNameSpace(String buff) {
  // 为了防止程序出错,先在左边加两个字符,最后再删除。
  String c = "@@" + buff,f = "",a; int k = c.length();
  do { k = k-1; a = c.substring(k,k + 1); }
  while(a.equals(" "));
  f = c.substring(2,k + 1);
  return f;
}
```

9.10　其他功能

9.10.1　SD 卡容量计算

```
private String[] fileSize(long size) {
  String str = "";
  if (size > = 1024) {
    str = "KB";
```

```
      size / = 1024;
      if ( size > = 1024) {
        str = "MB";
        size / = 1024;
      }
    }
    DecimalFormat formatter = new DecimalFormat( );
    formatter. setGroupingSize(3);
    String result[ ] = new String[2];
    result[0] = formatter. format( size);
    result[1] = str;
    return result;
  }
```

9.10.2 显示 SD 卡容量

```
  private void CheckMemory( ) {
    if ( Environment. getExternalStorageState( ). equals( Environment. MEDIA_MOUNTED)) {
      File path = Environment. getExternalStorageDirectory( );
      StatFs statFs = new StatFs( path. getPath( ));
      long blockSize = statFs. getBlockSize( );
      long totalBlocks = statFs. getBlockCount( );
      long availableBlocks = statFs. getAvailableBlocks( );
      String[ ] total = fileSize( totalBlocks * blockSize);
      String[ ] available = fileSize( availableBlocks * blockSize);
      String text = "总共=" + total[0] + total[1] + ",";
      text + = "剩余=" + available[0] + available[1];
      //MessageBox1("SD 卡", text);
      int m = Integer. parseInt( total[0]), a = Integer. parseInt( available[0]), y = m-a;
      String bat = "";
      for( int i =0; i < y * 15 / m; i + +) {
        bat = bat + "■"; //String bat = "■■■■■□□□□□□";
      }
      while( bat. length( ) <15) bat = bat + "□";
      MessageBox1("SD 卡", text + "\n\n 使用% " + bat);
    }
    else
    if ( Environment. getExternalStorageState( ). equals( Environment. MEDIA_REMOVED)) {
      String text = "SD 卡不存在!";
```

```
      MessageBox1("提示",text);
   }
}
```

9.10.3　检查电池电量

```
private void CheckBattery() {
   // 注册
   registerReceiver(mBatInfoReceiver,new
   IntentFilter(Intent. ACTION_BATTERY_CHANGED));
   //反注册
   unregisterReceiver(mBatInfoReceiver);
}
```

9.10.4　显示剩余电量

```
private int intLevel;
private int intScale;
private BroadcastReceiver mBatInfoReceiver = new BroadcastReceiver() {
   public void onReceive(Context context, Intent intent) {
      String action = intent. getAction();
      if (Intent. ACTION_BATTERY_CHANGED. equals(action)) {
         intLevel = intent. getIntExtra("level", 0);
         intScale = intent. getIntExtra("scale", 100);
         onBatteryInfoReceiver(intLevel,intScale);
      }
   }
};
public void onBatteryInfoReceiver(int intLevel, int intScale) {
   String bat = "";
   for(int i = 0;i < intLevel * 20 / intScale;i + +) {
      bat = bat + "■"; //String bat = "■■■■■□□□□□□□";
   }
   while(bat. length() < 20) bat = bat + "□";
   MessageBox1("剩余电量","" + bat);
}
```

9.10.5　获取屏幕分辨率

```
private void GetScreenWidthHeight() {
   DisplayMetrics dm = new DisplayMetrics();
```

· 448 ·

```
getWindowManager( ). getDefaultDisplay( ). getMetrics( dm) ;
String strOpt = "屏幕分辨率 = " + dm. widthPixels + " × " + dm. heightPixels;
MessageBox1( "提示" , strOpt) ;
}
```

9.10.6　退出系统

```
private void ExitDialog( ) {
    Builder builder = new AlertDialog. Builder( LevelActivity. this) ;
    builder. setTitle( "询问" ) ;
    builder. setIcon( android. R. drawable. ic_dialog_info) ;
    builder. setMessage( "确定退出系统吗?" ) ;
    builder. setPositiveButton( "确定" , new DialogInterface. OnClickListener( ) {
        @ Override
        public void onClick( DialogInterface dialog, int which) {
            finish( ) ;
        }
    }) ;
    builder. setNegativeButton( "取消" , null) ;
    builder. show( ) ;
}
```

9.10.7　关于系统

```
private void About( ) {
```

String instruction = " 1. 本系统采用 JAVA 和 SQLite 内嵌式数据库开发, 适用于 Android2. 2 以上操作系统的所有手机和平板电脑。\n2. 后处理请使用空间数据处理系统 3. 3 版直接生成电子表格手簿和科傻及清华平差文件。\n3. 在使用前, 请关闭重力感应功能, 以防失去焦点, 造成不必要的麻烦。\n4. 联系电话: 15038083078, 武安状, 邮箱: wuanzhuang@ 126. com。" ;

```
    MessageBox1( "关于系统" , instruction) ;
}
```

9.11　源文件结束

```
// 至此, 主程序结束。
}
```

9.12 其他文件源码

9.12.1 Layout 布局文件清单

1. main. xml 文件

```xml
<?xml version = "1.0" encoding = "utf-8"?>
<AbsoluteLayout
    android:id = "@ +id/widget0"
    android:layout_width = "fill_parent"
    android:layout_height = "fill_parent"
    xmlns:android = "http://schemas.android.com/apk/res/android"
>
<TextView android:text = "后" android:id = "@ +id/textView11" android:layout_x = "0dp"
android:layout_y = "85dp" android:layout_width = "wrap_content"
android:layout_height = "wrap_content" > </TextView>
<TextView android:text = "前" android:id = "@ +id/textView13" android:layout_x = "0dp"
android:layout_y = "130dp" android:layout_height = "wrap_content"
android:layout_width = "wrap_content" > </TextView>
<TextView android:text = "后" android:id = "@ +id/textView14" android:layout_x = "0dp"
android:layout_y = "205dp" android:layout_height = "wrap_content"
android:layout_width = "wrap_content" > </TextView>
<TextView android:text = "前" android:id = "@ +id/textView15" android:layout_width = "19dp"
android:layout_x = "0dp" android:layout_y = "250dp"
android:layout_height = "wrap_content" > </TextView>
<EditText android:layout_height = "wrap_content" android:id = "@ +id/myFileName"
android:layout_y = "5dp" android:layout_width = "81dp" android:layout_x = "40dp" > </EditText>
<TextView android:id = "@ +id/textView5" android:text = "下丝"
android:layout_width = "wrap_content" android:layout_height = "wrap_content"
android:layout_x = "110dp" android:layout_y = "50dp" > </TextView>
<TextView android:id = "@ +id/textView6" android:text = "视距"
android:layout_width = "wrap_content" android:layout_height = "wrap_content"
android:layout_x = "189dp" android:layout_y = "50dp" > </TextView>
<TextView android:id = "@ +id/textView7" android:text = "视距差"
android:layout_width = "wrap_content" android:layout_height = "wrap_content"
android:layout_x = "256dp" android:layout_y = "50dp" > </TextView>
<EditText android:layout_width = "69dp" android:layout_height = "wrap_content"
android:id = "@ +id/myBehindDistanceDown" android:layout_x = "95dp"
```

· 450 ·

android:layout_y = "79dp" > </EditText >
< EditText android:layout_width = "80dp" android:layout_height = "wrap_content"
android:id = "@ +id/myBehindDistance" android:layout_x = "166dp" android:layout_y = "79dp" >
</EditText >
< EditText android:layout_width = "72dp" android:layout_height = "wrap_content"
android:id = "@ +id/myD" android:layout_x = "247dp" android:layout_y = "79dp" > </EditText >
< TextView android:id = "@ +id/textView4" android:text = "上丝"
android:layout_width = "wrap_content" android:layout_height = "wrap_content"
android:layout_x = "42dp" android:layout_y = "50dp" > </TextView >
< EditText android:layout_width = "69dp" android:layout_height = "wrap_content"
android:id = "@ +id/myBehindDistanceUp" android:layout_x = "25dp" android:layout_y = "79dp" >
    < requestFocus > </requestFocus >
</EditText >
< EditText android:layout_width = "69dp" android:layout_height = "wrap_content"
android:id = "@ +id/myFrontDistanceUp" android:layout_x = "25dp"
android:layout_y = "122dp" > </EditText >
< EditText android:layout_width = "69dp" android:layout_height = "wrap_content"
android:id = "@ +id/myFrontDistanceDown" android:layout_x = "95dp"
android:layout_y = "122dp" > </EditText >
< EditText android:layout_width = "80dp" android:layout_height = "wrap_content"
android:id = "@ +id/myFrontDistance" android:layout_x = "166dp"
android:layout_y = "122dp" > </EditText >
< EditText android:layout_width = "72dp" android:layout_height = "wrap_content"
android:id = "@ +id/myMD" android:layout_x = "247dp" android:layout_y = "122dp" > </EditText >
< TextView android:id = "@ +id/textView8" android:text = "黑面"
android:layout_width = "wrap_content" android:layout_height = "wrap_content"
android:layout_x = "45dp" android:layout_y = "168dp" > </TextView >
< TextView android:id = "@ +id/textView9" android:text = "红面"
android:layout_width = "wrap_content" android:layout_height = "wrap_content"
android:layout_x = "130dp" android:layout_y = "168dp" > </TextView >
< TextView android:id = "@ +id/textView10" android:text = "常数差"
android:layout_width = "wrap_content" android:layout_height = "wrap_content"
android:layout_x = "192dp" android:layout_y = "168dp" > </TextView >
< EditText android:layout_width = "78dp" android:layout_height = "wrap_content"
android:id = "@ +id/myBehindBlock" android:layout_x = "23dp"
android:layout_y = "200dp" > </EditText >
< EditText android:layout_width = "78dp" android:layout_height = "wrap_content"
android:id = "@ +id/myFrontBlock" android:layout_x = "23dp"

android:layout_y = "243dp" > </EditText >

< TextView android:id = "@ + id/textView16" android:text = "差"
android:layout_width = "wrap_content" android:layout_height = "wrap_content"
android:layout_x = "0dp" android:layout_y = "295dp" > </TextView >

< Button android:text = "回车换行" android:id = "@ + id/myReturn" android:layout_y = "200dp"
android:layout_x = "245dp" android:layout_width = "wrap_content"
android:layout_height = "wrap_content" > </Button >

< Button android:text = "记录" android:layout_height = "wrap_content" android:layout_x = "270dp"
android:layout_y = "334dp" android:id = "@ + id/myRecord"
android:layout_width = "wrap_content" > </Button >

< EditText android:layout_height = "wrap_content" android:id = "@ + id/myN"
android:layout_y = "5dp" android:layout_width = "60dp" android:layout_x = "260dp" > </EditText >

< EditText android:layout_height = "wrap_content" android:id = "@ + id/myStage"
android:layout_y = "5dp" android:layout_width = "53dp" android:layout_x = "165dp" > </EditText >

< TextView android:id = "@ + id/textView2" android:text = "测段" android:layout_x = "125dp"
android:layout_y = "12dp" android:layout_width = "wrap_content"
android:layout_height = "wrap_content" > </TextView >

< TextView android:id = "@ + id/textView1" android:text = "文件" android:layout_x = "0dp"
android:layout_y = "12dp" android:layout_width = "wrap_content"
android:layout_height = "wrap_content" > </TextView >

< TextView android:id = "@ + id/textView3" android:text = "测站"
android:layout_width = "wrap_content" android:layout_x = "221dp" android:layout_y = "12dp"
android:layout_height = "wrap_content" > </TextView >

< EditText android:layout_width = "88dp" android:layout_height = "wrap_content"
android:id = "@ + id/myBehindRed" android:layout_x = "103dp"
android:layout_y = "200dp" > </EditText >

< EditText android:layout_width = "88dp" android:layout_height = "wrap_content"
android:id = "@ + id/myFrontRed" android:layout_x = "103dp"
android:layout_y = "243dp" > </EditText >

< EditText android:layout_width = "78dp" android:layout_height = "wrap_content"
android:id = "@ + id/myH1" android:layout_x = "23dp" android:layout_y = "286dp" > </EditText >

< EditText android:layout_width = "88dp" android:layout_height = "wrap_content"
android:id = "@ + id/myH2" android:layout_x = "103dp" android:layout_y = "286dp" > </EditText >

< EditText android:layout_width = "50dp" android:layout_height = "wrap_content"
android:id = "@ + id/myK1" android:layout_x = "193dp" android:layout_y = "200dp" > </EditText >

< EditText android:layout_width = "50dp" android:layout_height = "wrap_content"
android:id = "@ + id/myK2" android:layout_x = "193dp" android:layout_y = "243dp" > </EditText >

< EditText android:layout_width = "50dp" android:layout_height = "wrap_content"

```
android:id ="@ +id/myCC" android:layout_x ="193dp" android:layout_y ="286dp" > </EditText >
 < EditText android:layout_height = " wrap_content" android:id = "@ + id/myName"
android:layout_y ="333dp" android:layout_width ="104dp"
android:layout_x ="164dp" > </EditText >
<TextView android:id="@ +id/textView12" android:text ="前尺点名" android:layout_x ="127dp"
android:layout_y ="333dp" android:layout_width ="36dp"
android:layout_height ="40dp" > </TextView >
 < Button android:text =" 退出" android:layout_height ="wrap_content" android:layout_y ="334dp"
android:id = "@ + id/myExit" android:layout_width = " wrap_content"
android:layout_x ="75dp" > </Button >
 <TextView android:layout_x ="0dp" android:text =" 存" android:id = "@ + id/textView17"
android:layout_y ="339dp" android:layout_width =" wrap_content"
android:layout_height =" wrap_content" > </TextView >
 < Button android:layout_height =" wrap_content" android:text =" 超限检查"
android:id ="@ +id/myCheck" android:layout_width =" wrap_content" android:layout_x ="245dp"
android:layout_y ="245dp" > </Button >
 < Button android:layout_height =" wrap_content" android:text =" 查询测站"
android:layout_width =" wrap_content" android:layout_x ="245dp" android:layout_y ="289dp"
android:id = "@ + id/myAsk" > </Button >
 < Button android:layout_width =" wrap_content" android:layout_x ="23dp" android:text =" 保存"
android:layout_height =" wrap_content" android:layout_y ="334dp"
android:id = "@ + id/mySave" > </Button >
 < TextView android:text =" 提示" android:layout_width =" wrap_content"
android:layout_height =" wrap_content" android:layout_x ="250dp" android:layout_y ="168dp"
android:id = "@ + id/myHint" > </TextView >
 < Button android:text = "" android:layout_height ="28dp" android:id = "@ + id/myFont"
android:layout_width ="30dp" android:layout_x ="290dp" android:layout_y ="167dp" > </Button >
</AbsoluteLayout >
```

2. myfiledialog1.xml 文件

```
<?xml version = "1.0" encoding = "utf -8"? >
< AbsoluteLayout
    android:id = "@ + id/widget0"
    android:layout_width = " fill_parent"
    android:layout_height = " fill_parent"
    xmlns:android = "http://schemas. android. com/apk/res/android"
>
< EditText android:layout_x ="2dp" android:layout_y ="0dp"
android:layout_width = " match_parent" android:layout_height = " wrap_content"
```

android:id = "@ + id/myValues" > </EditText >

</AbsoluteLayout >

3. myfiledialog2. xml 文件

```
< ?xml version = "1. 0" encoding = "utf - 8"? >
< AbsoluteLayout
    android:id = "@ + id/widget0"
    android:layout_width = "fill_parent"
    android:layout_height = "fill_parent"
    xmlns:android = "http://schemas. android. com/apk/res/android"
>
    < Button android:layout_width = "100dp" android:id = "@ + id/button_ok5"
android:layout_height = "wrap_content" android:text = "确定" android:layout_x = "120dp"
android:layout_y = "125dp" > </Button >
    < Button android:layout_width = "100dp" android:id = "@ + id/button_cancel5"
android:layout_height = "wrap_content" android:text = "取消" android:layout_x = "220dp"
android:layout_y = "125dp" > </Button >
    < Spinner android:layout_height = "wrap_content" android:id = "@ + id/spinner_openfile_2"
android:layout_width = "match_parent" android:layout_x = "0dp"
android:layout_y = "66dp" > </Spinner >
    < TextView android:layout_width = "wrap_content" android:layout_height = "wrap_content"
android:text = "请选择存储卡" android:id = "@ + id/textView1" android:layout_x = "0dp"
android:layout_y = "22dp" > </TextView >
    < CheckBox android:layout_width = "wrap_content" android:layout_height = "wrap_content"
android:id = "@ + id/myMemory1" android:text = "内存" android:layout_x = "130dp"
android:layout_y = "12dp" > </CheckBox >
    < CheckBox android:layout_width = "wrap_content" android:layout_height = "wrap_content"
android:id = "@ + id/mySDCard1" android:text = "SD 卡" android:layout_x = "220dp"
android:layout_y = "12dp" > </CheckBox >

</AbsoluteLayout >
```

4. myfiledialog3. xml 文件

```
< ?xml version = "1. 0" encoding = "utf - 8"? >
< AbsoluteLayout
    android:id = "@ + id/widget0"
    android:layout_width = "fill_parent"
    android:layout_height = "fill_parent"
    xmlns:android = "http://schemas. android. com/apk/res/android"
>
    < Button android:layout_width = "100dp" android:layout_height = "wrap_content"
```

```xml
android:text="确定" android:layout_x="120dp" android:layout_y="125dp"
android:id="@+id/button_ok6"></Button>
    <Button android:layout_width="100dp" android:layout_height="wrap_content"
android:text="取消" android:layout_x="220dp" android:layout_y="125dp"
android:id="@+id/button_cancel6"></Button>
    <CheckBox android:layout_width="wrap_content" android:layout_height="wrap_content"
android:id="@+id/myMemory2" android:text="内存" android:layout_x="130dp"
android:layout_y="12dp"></CheckBox>
    <CheckBox android:layout_width="wrap_content" android:layout_height="wrap_content"
android:id="@+id/mySDCard2" android:text="SD 卡" android:layout_x="220dp"
android:layout_y="12dp"></CheckBox>
    <EditText android:id="@+id/myNewFileName" android:layout_height="wrap_content"
android:layout_x="0dp" android:layout_y="64dp" android:layout_width="269dp">
        <requestFocus></requestFocus>
    </EditText>
    <TextView android:layout_width="wrap_content" android:layout_height="wrap_content"
android:text="请选择存储卡" android:id="@+id/textView1" android:layout_x="0dp"
android:layout_y="22dp"></TextView>
    <Button android:id="@+id/myToday" android:layout_width="wrap_content"
android:text=
"今天" android:layout_height="wrap_content" android:layout_x="268dp"
android:layout_y="64dp"></Button>
    </AbsoluteLayout>
```

5. setcondition. xml 文件

```xml
<?xml version="1.0" encoding="utf-8"?>
<AbsoluteLayout
    android:id="@+id/widget0"
    android:layout_width="fill_parent"
    android:layout_height="fill_parent"
    xmlns:android="http://schemas.android.com/apk/res/android"
>
    <Spinner android:layout_height="wrap_content" android:id="@+id/spinner_road_2"
android:layout_x="36dp" android:layout_y="158dp" android:layout_width="120dp"></Spinner>
    <Spinner android:layout_height="wrap_content" android:id="@+id/spinner_windvelocity_2"
android:layout_width="120dp" android:layout_x="36dp" android:layout_y="107dp"></Spinner>
    <EditText android:id="@+id/myTemperature" android:layout_height="wrap_content"
android:layout_x="36dp" android:layout_y="8dp" android:layout_width="100dp"></EditText>
    <Spinner android:layout_height="wrap_content" android:id="@+id/spinner_land_2"
```

android:layout_y = "158dp" android:layout_x = "200dp" android:layout_width = "120dp" > </Spinner >

    < Spinner android:layout_height = "wrap_content" android:id = "@ + id/spinner_windforce_2"
android:layout_y = "107dp" android:layout_x = "200dp" android:layout_width = "120dp" > </Spinner >

    < Spinner android:layout_height = "wrap_content" android:id = "@ + id/spinner_weather_2"
android:layout_y = "8dp" android:layout_width = "120dp" android:layout_x = "200dp" > </
Spinner >

    < TextView android:text = "天气" android:id = "@ + id/textView5" android:layout_x = "165dp"
android:layout_y = "20dp" android:layout_width = "wrap_content"
android:layout_height = "wrap_content" > </TextView >

    < TextView android:text = "温度" android:id = "@ + id/textView1" android:layout_x = "0dp"
android:layout_y = "20dp" android:layout_width = "wrap_content"
android:layout_height = "wrap_content" > </TextView >

    < TextView android:text = "风力" android:id = "@ + id/textView7" android:layout_x = "165dp"
android:layout_y = "117dp" android:layout_width = "wrap_content"
android:layout_height = "wrap_content" > </TextView >

    < Spinner android:layout_height = "wrap_content" android:id = "@ + id/spinner_cloud_2"
android:layout_y = "58dp" android:layout_x = "200dp" android:layout_width = "120dp" > </Spinner >

    < Spinner android:layout_height = "wrap_content" android:id = "@ + id/spinner_imagine_2"
android:layout_x = "36dp" android:layout_y = "58dp" android:layout_width = "120dp" > </Spinner >

    < TextView android:text = "云量" android:id = "@ + id/textView6" android:layout_x = "165dp"
android:layout_y = "70dp" android:layout_width = "wrap_content"
android:layout_height = "wrap_content" > </TextView >

    < Button android:text = "取消" android:layout_width = "100dp"
android:id = "@ + id/button_cancel4" android:layout_height = "wrap_content"
android:layout_x = "220dp" android:layout_y = "222dp" > </Button >

    < Button android:text = "确定" android:layout_width = "100dp" android:id = "@ +id/button_ok4"
android:layout_height = "wrap_content" android:layout_x = "120dp"
android:layout_y = "222dp" > </Button >

    < TextView android:text = "成像" android:id = "@ + id/textView2" android:layout_x = "0dp"
android:layout_y = "70dp" android:layout_width = "wrap_content"
android:layout_height = "wrap_content" > </TextView >

    < TextView android:text = "风速" android:id = "@ + id/textView3" android:layout_x = "0dp"
android:layout_y = "117dp" android:layout_width = "wrap_content"
android:layout_height = "wrap_content" > </TextView >

    < TextView android:text = "道路" android:layout_width = "wrap_content"
android:id = "@ + id/textView4" android:layout_height = "wrap_content" android:layout_x = "0dp"
android:layout_y = "166dp" > </TextView >

    < TextView android:text = "土质" android:id = "@ + id/textView8" android:layout_x = "165dp"

```
android:layout_y = "166dp" android:layout_width = "wrap_content"
android:layout_height = "wrap_content" > </TextView >
    < TextView android:text = "°" android:layout_width = "wrap_content"
android:id = "@ + id/textView9" android:layout_height = "wrap_content" android:layout_x = "136dp"
android:layout_y = "19dp" > </TextView >
</AbsoluteLayout >
```

6. setinformation. xml 文件

```
< ?xml version = "1. 0" encoding = "utf - 8"? >
< AbsoluteLayout
    android:id = "@ + id/widget0"
    android:layout_width = "fill_parent"
    android:layout_height = "fill_parent"
    xmlns:android = "http://schemas. android. com/apk/res/android"
>
    < Spinner android:id = "@ + id/spinner_levelgrade_2" android:layout_x = "71dp"
android:layout_y = "11dp" android:layout_height = "wrap_content"
android:layout_width = "wrap_content" > </Spinner >
    < Spinner android:layout_width = "wrap_content" android:id = "@ + id/spinner_method_2"
android:layout_x = "228dp" android:layout_y = "11dp"
android:layout_height = "wrap_content" > </Spinner >
    < Spinner android:layout_height = "wrap_content" android:id = "@ + id/spinner_goback_2"
android:layout_x = "71dp" android:layout_y = "55dp"
android:layout_width = "wrap_content" > </Spinner >
    < EditText android:id = "@ + id/myBehindConstant" android:layout_height = "wrap_content"
android:layout_width = "92dp" android:layout_x = "71dp" android:layout_y = "189dp" >
        < requestFocus > </requestFocus >
</EditText >
    < EditText android:id = "@ + id/myInstrumentName" android:layout_height = "wrap_content"
android:layout_x = "71dp" android:layout_y = "99dp"android:layout_width = "92dp" > </EditText >
    < EditText android:id = "@ + id/myRulerNumber" android:layout_height = "wrap_content"
android:layout_width = "92dp" android:layout_x = "71dp" android:layout_y = "143dp" > </EditText >
    < EditText android:id = "@ + id/myObserver" android:layout_height = "wrap_content"
android:layout_x = "71dp" android:layout_y = "235dp"android:layout_width = "92dp" > </EditText >
    < EditText android:id = "@ + id/myRecorder" android:layout_height = "wrap_content"
android:layout_width = "92dp" android:layout_x = "228dp"android:layout_y = "235dp" > </EditText >
    < TextView android:text = "后尺常数" android:id = "@ + id/textView8"
android:layout_width = "wrap_content" android:layout_x = "0dp" android:layout_y = "199dp"
android:layout_height = "wrap_content" > </TextView >
```

<TextView android:text ="标尺编号" android:id="@ +id/textView7" android:layout_x ="0dp"
android:layout_y = "154dp" android:layout_height = "wrap_content"
android:layout_width = "wrap_content" > </TextView >
 <TextView android:text = "仪器名称" android:id = "@ +id/textView6"
android:layout_width = "wrap_content" android:layout_x ="0dp" android:layout_y = "109dp"
android:layout_height = "wrap_content" > </TextView >
 <TextView android:text = "观测方向" android:id = "@ +id/textView2"
android:layout_width = "wrap_content" android:layout_x = "0dp" android:layout_y = "67dp"
android:layout_height = "wrap_content" > </TextView >
 <TextView android:text = "水准等级" android:id = "@ +id/textView1"
android:layout_width = "wrap_content" android:layout_x = "0dp" android:layout_y = "22dp"
android:layout_height = "wrap_content" > </TextView >
 <TextView android:text = "记录者" android:id = "@ +id/textView12"
android:layout_width = "wrap_content" android:layout_x = "176dp" android:layout_y = "245dp"
android:layout_height = "wrap_content" > </TextView >
 <TextView android:text = "观测者" android:id = "@ +id/textView9"
android:layout_width = "wrap_content" android:layout_x = "15dp" android:layout_y = "245dp"
android:layout_height = "wrap_content" > </TextView >
 <TextView android:text = "标尺刻划" android:id = "@ +id/textView5"
android:layout_x = "162dp" android:layout_y = "154dp" android:layout_height = "wrap_content"
android:layout_width = "wrap_content" > </TextView >
 <TextView android:text = "仪器编号" android:id = "@ +id/textView10"
android:layout_width = "wrap_content" android:layout_x = "162dp" android:layout_y = "109dp"
android:layout_height = "wrap_content" > </TextView >
 <TextView android:text = "视线高度" android:id = "@ +id/textView4"
android:layout_x = "162dp" android:layout_y = "67dp" android:layout_height = "wrap_content"
android:layout_width = "wrap_content" > </TextView >
 <TextView android:text = "观测方法" android:id = "@ +id/textView3"
android:layout_width = "wrap_content" android:layout_x = "162dp" android:layout_y = "22dp"
android:layout_height = "wrap_content" > </TextView >
 <Spinner android:layout_height = "wrap_content" android:id = "@ +id/spinner_sight_2"
android:layout_x = "228dp" android:layout_y = "55dp"
android:layout_width = "wrap_content" > </Spinner >
 <EditText android:id ="@ +id/myInstrumentNumber" android:layout_height = "wrap_content"
android:layout_x = "228dp" android:layout_y = "99dp" android:layout_width = "92dp" > </
EditText >
 <Spinner android:layout_height = "wrap_content" android:id = "@ +id/spinner_score_2"
android:layout_x = "228dp" android:layout_y = "143dp"

```xml
android:layout_width = "wrap_content" > </Spinner>
    <TextView android:text = "前尺常数" android:id = "@ + id/textView11"
android:layout_width = "wrap_content" android:layout_x = "162dp" android:layout_y = "199dp"
android:layout_height = "wrap_content" > </TextView>
    <EditText android:id = "@ + id/myFrontConstant" android:layout_height = "wrap_content"
android:layout_width = "92dp"  android:layout_x = "228dp" android:layout_y = "189dp" >
</EditText>
    <Button android:layout_width = "100dp" android:id = "@ + id/button_cancel2" android:text =
"取消" android:layout_height = "wrap_content"  android:layout_x = "220dp"
android:layout_y = "283dp" > </Button>
    <Button android:layout_width = "100dp" android:id = "@ + id/button_ok2" android:text = "确定"
android:layout_height = "wrap_content"  android:layout_x = "120dp"
android:layout_y = "283dp" > </Button>
</AbsoluteLayout>
```

7. setpermit. xml 文件

```xml
<?xml version = "1.0" encoding = "utf - 8"?  >
<AbsoluteLayout
    android:id = "@ + id/widget0"
    android:layout_width = "fill_parent"
    android:layout_height = "fill_parent"
    xmlns:android = "http://schemas. android. com/apk/res/android"
>
    <TextView android:text = "最大视距长" android:layout_x = "0dp"
android:id = "@ + id/textView1" android:layout_y = "24dp" android:layout_width = "wrap_content"
android:layout_height = "wrap_content" > </TextView>
    <EditText android:layout_x = "93dp" android:layout_y = "14dp"
android:layout_width = "50dp" android:id = "@ + id/myMaxDistance"
android:layout_height = "wrap_content" >
        <requestFocus > </requestFocus>
</EditText>
    <EditText android:id = "@ + id/myDistanceDifference" android:layout_height = "wrap_content"
android:layout_width = "50dp" android:layout_x = "93dp" android:layout_y = "62dp" > </EditText>
    <EditText android:id = "@ + id/myTotalDistanceDifference"
android:layout_height = "wrap_content" android:layout_width = "50dp" android:layout_x = "93dp"
android:layout_y = "110dp" > </EditText>
    <EditText android:id = "@ + id/myDownCrossRead" android:layout_height = "wrap_content"
android:layout_width = "50dp" android:layout_x = "93dp" android:layout_y = "158dp" > </EditText>
    <EditText android:id = "@ + id/myThreeCrossRead" android:layout_height = "wrap_content"
```

android:layout_x = "93dp" android:layout_y = "207dp" android:layout_width = "50dp" > </EditText >

     < EditText android:id = "@ + id/myRestDifference" android:layout_height = " wrap_content"
android:layout_width = "50dp" android:layout_x = "240dp" android:layout_y = "158dp" > </EditText >

     < EditText android:id = "@ + id/myDifferenceHeight" android:layout_height = "wrap_content"
android:layout_width = "50dp" android:layout_x = "240dp" android:layout_y = "110dp" > </EditText >

     < EditText android:id = "@ + id/myBlockRedDifference"
android:layout_height = "wrap_content" android:layout_x = "240dp" android:layout_y = "62dp"
android:layout_width = "50dp" > </EditText >

     < EditText android:id = "@ + id/myIangle" android:layout_height = "wrap_content"
android:layout_width = "50dp" android:layout_x = "240dp" android:layout_y = "14dp" > </EditText >

     < TextView android:text = "前后视距差" android:layout_width = "wrap_content"
android:id = "@ + id/textView2" android:layout_height = "wrap_content" android:layout_x = "0dp"
android:layout_y = "72dp" > </TextView >

     < TextView android:text = "视距累积差" android:layout_width = "wrap_content"
android:id = "@ + id/textView3" android:layout_height = "wrap_content" android:layout_x = "0dp"
android:layout_y = "122dp" > </TextView >

     < TextView android:text = "下丝读数≥" android:layout_width = "wrap_content"
android:id = "@ + id/textView4" android:layout_height = "wrap_content" android:layout_x = "0dp"
android:layout_y = "170dp" > </TextView >

     < TextView android:text = "三丝读数差" android:layout_width = "wrap_content"
android:id = "@ + id/textView5" android:layout_height = "wrap_content" android:layout_x = "0dp"
android:layout_y = "216dp" > </TextView >

     < TextView android:text = "i 角限差" android:layout_width = "wrap_content"
android:id = "@ + id/textView6" android:layout_height = "wrap_content" android:layout_x = "180dp"
android:layout_y = "24dp" > </TextView >

     < TextView android:text = "常数差" android:layout_width = "wrap_content"
android:id = "@ + id/textView7" android:layout_height = "wrap_content" android:layout_x = "184dp"
android:layout_y = "72dp" > </TextView >

     < TextView android:text = "高差之差" android:layout_width = "wrap_content"
android:id = "@ + id/textView8" android:layout_height = "wrap_content" android:layout_x = "170dp"
android:layout_y = "122dp" > </TextView >

     < TextView android:text = "间隙高差" android:layout_width = "wrap_content"
android:id = "@ + id/textView9" android:layout_height = "wrap_content" android:layout_x = "170dp"
android:layout_y = "170dp" > </TextView >

     < Button android:text = "取消" android:layout_width = "100dp"
android:id = "@ + id/button_cancel3" android:layout_height = "wrap_content"
android:layout_x = "220dp" android:layout_y = "270dp" > </Button >

     < Button android:text = "确定" android:layout_width = "100dp" android:id = "@ + id/button_ok3"

android:layout_height = "wrap_content" android:layout_x = "120dp"

android:layout_y = "270dp" > </Button >

　　< TextView android:text = " " " android:layout_width = " wrap_content"

android:id = "@ + id/textView18" android:layout_height = " wrap_content" android:layout_x =

"287dp"

android:layout_y = "24dp" > </TextView >

　　< TextView android:text = "米" android:layout_width = "wrap_content"

android:id = "@ + id/textView11" android:layout_height = " wrap_content" android:layout_x =

"143dp"

android:layout_y = "72dp" > </TextView >

　　< TextView android:text = "米" android:layout_width = "wrap_content"

android:id = "@ + id/textView12" android:layout_height = "wrap_content" android:layout_x =

"143dp"

android:layout_y = "122dp" > </TextView >

　　< TextView android:text = "米" android:layout_width = "wrap_content"

android:id = "@ + id/textView13" android:layout_height = "wrap_content" android:layout_x =

"143dp"

android:layout_y = "170dp" > </TextView >

　　< TextView android:text = "毫米" android:layout_width = "wrap_content"

android:id = "@ + id/textView14" android:layout_height = "wrap_content" android:layout_x =

"287dp"

android:layout_y = "72dp" > </TextView >

　　< TextView android:text = "毫米" android:layout_width = "wrap_content"

android:id = "@ + id/textView15" android:layout_height = "wrap_content" android:layout_x =

"287dp"

android:layout_y = "122dp" > </TextView >

　　< TextView android:text = "毫米" android:layout_width = "wrap_content"

android:id = "@ + id/textView16" android:layout_height = "wrap_content" android:layout_x =

"287dp"

android:layout_y = "170dp" > </TextView >

　　< TextView android:text = "毫米" android:layout_width = "wrap_content"

android:id = "@ + id/textView17" android:layout_height = "wrap_content" android:layout_x =

"143dp"

android:layout_y = "216dp" > </TextView >

　　< TextView android:text = "米" android:layout_width = "wrap_content"

android:id = "@ + id/textView10" android:layout_height = "wrap_content" android:layout_x =

"143dp"

android:layout_y = "24dp" > </TextView >

```
</AbsoluteLayout >
```

8. setworkname. xml 文件

```
<?xml version = "1.0" encoding = "utf-8"? >
<AbsoluteLayout
    android:id = "@ + id/widget0"
    android:layout_width = "fill_parent"
    android:layout_height = "fill_parent"
    xmlns:android = "http://schemas.android.com/apk/res/android"
>
    <Button android:id = "@ + id/button_ok1" android:layout_height = "wrap_content"
android:text = "确定" android:layout_y = "180dp" android:layout_width = "100dp"
android:layout_x = "120dp" > </Button >
    <Button android:id = "@ + id/button_cancel1" android:layout_height = "wrap_content"
android:text = "取消" android:layout_y = "180dp" android:layout_width = "100dp"
android:layout_x = "220dp" > </Button >
    <EditText android:id = "@ + id/myUnitName" android:layout_height = "wrap_content"
android:layout_y = "17dp" android:layout_width = "222dp" android:layout_x = "85dp" >
        <requestFocus > </requestFocus >
    </EditText >
    <EditText android:id = "@ + id/myItemName" android:layout_height = "wrap_content"
android:layout_width = "222dp" android:layout_x = "85dp" android:layout_y = "70dp" > </EditText >
    <EditText android:id = "@ + id/myObserveDate" android:layout_height = "wrap_
content"
android:layout_x = "85dp" android:layout_y = "122dp" android:layout_width = "170dp" >
    </EditText >
    <TextView android:text = "观测日期" android:id = "@ + id/textView3"
android:layout_height = "wrap_content" android:layout_width = "wrap_content"
android:layout_x = "0dp" android:layout_y = "130dp" > </TextView >
    <TextView android:text = "单位名称" android:id = "@ + id/textView1"
android:layout_height = "36dp" android:layout_width = "81dp" android:layout_x = "0dp"
android:layout_y = "26dp" > </TextView >
    <TextView android:layout_width = "wrap_content" android:text = "项目名称"
android:layout_height = "wrap_content" android:id = "@ + id/textView2" android:layout_x =
"1dp"
android:layout_y = "80dp" > </TextView >
    <Button android:layout_height = "wrap_content" android:layout_width = "wrap_content"
android:text = "今天" android:layout_x = "256dp" android:layout_y = "122dp"
android:id = "@ + id/myToday1" > </Button >
```

```
< /AbsoluteLayout >
```

9.12.2 MySQLiteOpenHelper. java 文件

```java
package Level. test;
import android. content. ContentValues;
import android. content. Context;
import android. database. Cursor;
import android. database. sqlite. SQLiteDatabase;
import android. database. sqlite. SQLiteOpenHelper;
import android. database. sqlite. SQLiteDatabase. CursorFactory;
public class MySQLiteOpenHelper extends SQLiteOpenHelper {
    public String TableNames[ ];
    public String FieldNames[ ][ ];
    public String FieldTypes[ ][ ];
    public static String NO_CREATE_TABLES = "no tables";
    private String message = "";
    public MySQLiteOpenHelper(Context context, String dbname, CursorFactory factory, int
version, String tableNames[ ], String fieldNames[ ][ ], String fieldTypes[ ][ ]) {
        super(context, dbname, factory, version);
        TableNames = tableNames;
        FieldNames = fieldNames;
        FieldTypes = fieldTypes;
    }
    @ Override
    public void onCreate(SQLiteDatabase db) {
        if (TableNames = = null) {
            message = NO_CREATE_TABLES;
            return;
        }
        for (int i = 0; i < TableNames. length; i + + ) {
            String sql = "CREATE TABLE " + TableNames[i] + " (";
            for (int j = 0; j < FieldNames[i]. length; j + + ) {
                sql + = FieldNames[i][j] + " " + FieldTypes[i][j] + ",";
            }
            sql = sql. substring(0, sql. length( ) - 1);
            sql + = ")";
            db. execSQL(sql);
        }
```

```java
        }
    @ Override
    public void onUpgrade( SQLiteDatabase db, int arg1, int arg2) {
        for ( int i = 0; i < TableNames[i]. length( ); i + +) {
            String sql = "DROP TABLE IF EXISTS " + TableNames[i];
            db. execSQL( sql) ;
        }
        onCreate( db) ;
    }
    public void execSQL( String sql) throws java. sql. SQLException {
        SQLiteDatabase db = this. getWritableDatabase( ) ;
        db. execSQL( sql) ;
    }

    public Cursor select ( String table, String [ ] columns, String selection, String [ ]
selectionArgs, String groupBy, String having, String orderBy) {
        SQLiteDatabase db = this. getReadableDatabase( ) ;
        Cursor cursor = db. query ( table, columns, selection, selectionArgs, groupBy,
having, orderBy) ;
        return cursor;
    }
    public long insert( String table, String fields[ ], String values[ ]) {
        SQLiteDatabase db = this. getWritableDatabase( ) ;
        ContentValues cv = new ContentValues( ) ;
        for ( int i = 0; i < fields. length; i + +) {
            cv. put( fields[i], values[i]) ;
        }
        return db. insert( table, null, cv) ;
    }
    public int delete( String table, String where, String[ ] whereValue) {
        SQLiteDatabase db = this. getWritableDatabase( ) ;
        return db. delete( table, where, whereValue) ;
    }
    public int update ( String table, String updateFields[ ], String updateValues [ ], String
where, String[ ] whereValue) {
        SQLiteDatabase db = this. getWritableDatabase( ) ;
        ContentValues cv = new ContentValues( ) ;
        for ( int i = 0; i < updateFields. length; i + +) {
            cv. put( updateFields[i], updateValues[i]) ;
```

```
            }
            return db. update( table, cv, where, whereValue) ;
        }
        public String getMessage( ) {
            return message;
        }
        @ Override
        public synchronized void close( ) {
            // TODO Auto - generated method stub
            super. close( ) ;
        }
    }
```

9.12.3 AndroidManifest. xml 文件

```
< ?xml version = "1. 0"  encoding = "utf - 8" ?  >
< manifest xmlns:android = "http://schemas. android. com/apk/res/android"
      package = "Level. test"
      android:versionCode = "1"
      android:versionName = "1. 0" >
    < uses - sdk  android:minSdkVersion = "8"  / >
    < application  android:icon = "@ drawable/level"  android:label = "@ string/app_name" >
        < activity  android:name = ". LevelActivity"
                    android:label = "@ string/app_name" >
            < intent - filter >
                < action  android:name = "android. intent. action. MAIN"  / >
                < category  android:name = "android. intent. category. LAUNCHER"  / >
            < /intent - filter >
        < /activity >
    < /application >
    < uses - permission
android:name = "android. permission. MOUNT_UNMOUNT_FILESYSTEMS"  / >
    < uses - permission android:name = "android. permission. WRITE_EXTERNAL_STORAGE"/ >
< /manifest >
```

第 10 章　Android 开发经验与技巧汇编

10.1　API 参考文档的使用方法

在开发 Android 应用程序时,可以参考 SDK 中提供的参考文档。Android 的参考文档中的类是 Android 系统 API 的主要组成部分。其内容包含在 Reference 标签中。参考文档分成两种索引方式:Package Index(包索引),Class Index(类索引)。

包索引根据字母顺序列出 Android 的各个包,每个包中包含若干个类、接口等内容。类索引按照字母顺序列出了所有的类(也包括接口等内容)。在查找一个类的帮助信息时,如果不知道其属于哪个包,则可以先根据类索引进行查找,打开类的帮助后,可以反向得知它属于哪个包。

(1)根据包索引,每一个包中包含的主要内容大致如下所示:

Interfaces(接口类);

Classes(类);

Enums(枚举值);

Exceptions(异常)。

每个包中包含的内容基本上是 Java 语言中标准的内容。

(2)根据类索引,每一个类中包含的主要内容大致如下所示:

扩展和实现的内容;

按包名的继承(扩展)关系(可用于反向查找这个类所在的包);

Overview(概览);

XML Attributes(XML 属性);

Constants(常量);

Constructors(构造方法);

Methods(方法)。

在这些帮助内容中,大部分是 Java 语言的基本语法内容,只有 XML Attributes(XML 属性)一项是 Android 专用的。某些重要的类还包含对于类的详细介绍的图表。

10.2　Android 开发使用类库介绍

Android 是由谷歌公司推出的一款基于 Linux 平台的开源手机操作系统平台。在这一新推出的 Android 操作系统中,有很多比较新的知识值得编程人员去深入研究,比如 Android 类库的使用技巧等。在 Android 类库中,各种包写成 android. * 的方式,重要包的描述如下所示:

android.app：提供高层的程序模型，提供基本的运行环境；

android.content：包含各种对设备上的数据进行访问和发布的类；

android.database：通过内容提供者浏览和操作数据库；

android.graphics：底层的图形库，包含画布、颜色过滤、点、矩形，可以将它们直接绘制到屏幕上；

android.location：提供定位和相关服务的类；

android.media：提供一些类管理多种音频、视频的媒体接口；

android.net：提供帮助网络访问的类，超过通常的java.net.＊接口；

android.os：提供系统服务、消息传输、IPC机制；

android.opengl：提供OpenGL的工具，3D加速；

android.provider：提供类访问Android的内容提供者；

android.telephony：提供与拨打电话相关的API交互；

android.view：提供基础的用户界面接口框架；

android.util：涉及工具性的方法，例如时间、日期的操作；

android.webkit：默认浏览器操作接口；

android.widget：包含各种UI元素（大部分是可见的）在应用程序的屏幕中使用。

10.3　AndroidManifest.xml 文件结构

每一个Android项目都包含一个清单文件——AndroidManifest.xml，它存储在项目层次中的最底层。清单可以定义应用程序及其组件的结构和元数据。

它包含了组成应用程序的每一个组件（活动、服务、内容提供器和广播接收器）的节点，并使用Intent过滤器和权限来确定这些组件之间，以及这些组件和其他应用程序是如何交互的。

它还提供了各种属性来详细地说明应用程序的元数据（如它的图标或者主题）以及额外的可用来进行安全设置和单元测试的顶级节点，如下所述：

清单由一个根manifest标签构成，该标签带有一个设置项目包的package属性。它通常包含一个xmlns:android属性来提供文件内使用的某些系统属性。下面的XML代码展示了一个典型的声明节点：

＜manifest xmlns:android＝http://schemas.android.com/apk/res/android

package＝"com.my_domain.my_app"＞［...manifest nodes...］

＜/manifest＞

manifest标签包含了一些节点（node），它们定义了应用程序组件、安全设置和组成应用程序的测试类。下面列出了一些常用的manifest节点标签，并说明了它们是如何使用的。

application：一个清单只能包含一个application节点。它使用各种属性来指定应用程序的各种元数据（包括标题、图标和主题）。它还可以作为一个包含了活动、服务、内容提供器和广播接收器标签的容器，用来指定应用程序组件。

activity：应用程序显示的每一个 Activity 都要求有一个 activity 标签，并使用 android：name 属性来指定类的名称。应用程序必须包含核心的 Activity 和其他所有可以显示的屏幕或者对话框。启动任何一个没有在清单中定义的 Activity 时都会抛出一个运行时异常。每一个 activity 节点都允许使用 intent－filter 子标签来指定哪个 intent 启动该活动。

service：和 activity 标签一样，应用程序中使用的每一个 Service 类都要创建一个新的 service 标签。service 标签也支持使用 intent－filter 子标签来允许后面的运行时绑定。

provider：用来说明应用程序中的每一个内容提供器。内容提供器是用来管理数据库访问以及程序内和程序间共享的。

receiver：通过添加 receiver 标签，可以注册一个广播接收器，而不用事先启动应用程序。广播接收器就像全局事件监听器一样，一旦注册了之后，无论何时，只要与它相匹配的 intent 被应用程序广播出来，它就会立即执行。通过在声明中注册一个广播接收器，可以使这个进程实现完全自动化。如果一个匹配的 intent 被广播了，则应用程序就会自动启动，并且注册的广播接收器也会开始运行。

uses－permission：作为安全模型的一部分，uses－permission 标签声明了那些由你定义的权限，而这些权限是应用程序正常执行所必需的。在安装程序的时候，你设定的所有权限将会告诉给用户，由他们来决定同意与否。对很多本地 Android 服务来说，权限都是必需的，特别是那些需要付费或者有安全问题的服务（例如：拨号、接收 SMS 或者使用基于位置的服务）。第三方应用程序，包括你自己的应用程序，也可以在提供对共享的程序组件进行访问之前指定权限。

permission：在可以限制访问某个应用程序组件之前，需要在清单中定义一个 permission。可以使用 permission 标签来创建这些权限定义。然后，应用程序组件就可以通过添加 android：permission 属性来要求这些权限。而后，其他的应用程序就需要在它们的清单中包含 uses－permission 标签（并且通过授权），之后才能使用这些受保护的组件。

在 permission 标签内，可以详细指定允许的访问权限的级别（normal、dangerous、signature、signatureOrSystem）、一个 label 属性和一个外部资源，这个外部资源应该包含了对授予这种权限的风险的描述。

10.4　Android 事件机制与事件监听

在 Android 平台上，捕获用户在界面上的触发事件有很多种方法，View 类就提供了这些方法。当你使用各种 View 视图来布局界面时，会发现有几个公用的回调方法来捕捉有用的 UI 触发事件，当事件在某个 View 对象上被触发时，这些方法会被系统框架通过这个对象所调用。例如，当一个 View（如一个 Button）被点击时，onTouchEvent（）方法会在该对象上被调用。所以，为了捕获和处理事件，必须去继承某个类，并重载这些方法，以便自己定义具体的处理代码。显然，更容易明白，为什么在你使用 View 类时会嵌套带有这些回调方法的接口类，这些接口称为 event listeners，它是你获取 UI 交互事件的工具。可以继承 View 类，以便建立一个自定义组。也许你想继承 Button，你会使用事件监听来捕捉用户的互动，在这种情况下，你可以使用类的 event handlers 来预定义事件的处理方法。如下所示：

（1）event listeners：View 类里的 event listener 是一个带有回调方法的接口，当 UI 里的组件是被用户触发时，这些方法会被系统框架所调用。

（2）onClick（）：来自 View. OnClickListener，当点击这个 Item（在触摸模式），或者当光标聚集在这个 Item 上时按下"确认"键、导航键，或者轨迹球，它会被调用。

（3）onLongClick（）：来自 View. OnLongClickListener，当长按这个 Item（在触摸模式），或者当光标聚集在这个 Item 上时长按"确认"键、导航键，或者轨迹球，它会被调用。

（4）onFocusChange（）：来自 View. OnFocusChangeListener，当光标移到或离开这个 Item 时，它会被调用。

（5）onKey（）：来自 View. OnKeyListener，当光标移到这个 Item，按下和释放一个按键的时候，它会被调用。

（6）onTouch（）：来自 View. OnTouchListener，在这个 Item 的范围内点触时，它会被调用。

（7）onCreateContextMenu（）：来自 View. OnCreateContextMenuListener，当上下文菜单被建立时，它会被调用。

这些方法和嵌套接口类都是一一对应的，如果确定其中一种方法处理你的互动事件，你需要在 Activity 中实现带有这个方法的接口，并把它作为匿名类，然后通过 View. set... Listener（）方法来设置监听器（例如：调用 setOnClickListener（），来设置 OnClickListener 作为监听器）。

换言之，Android 应用软件是用 Java 语言来开发的，Java 中没有指针的概念，通过接口和内部类的方式实现回调。Android 事件监听器是视图 View 类的接口，包含一个单独的回调方法。这些方法将在视图中注册的监听器被用户操作触发时，由 Android 框架调用。回调方法被包含在 Android 事件监听器接口中。例如：Android 的 View 对象都含有一个名为 OnClickListener 的接口成员变量，用户的点击操作都会交给 OnClickListener 的 OnClick（）方法进行处理。开发者若需要对点击事件做处理，可以定义一个 OnClickListener 接口对象，赋给需要被点击的 View 的接口成员变量 OnClickListener，一般是用 View 的 setOnClickListener（）函数来完成这一操作。当发生用户点击事件时，系统就会回调被点击 View 的 OnClickListener 接口成员的 OnClick（）方法。

10.5　Android 开发权限详细介绍

开发 Android 程序的时候常常会涉及各种权限，执行程序必须在 androidmanifest. xml 中声明相关权限请求，否则可能出错。各种权限说明如下：

android. permission. ACCESS_CHECKIN_PROPERTIES

允许读写访问"properties"表，在 checkin 数据库中，该值可以修改上传（Allows read/write access to the "properties" table in the checkin database, to change values that get uploaded）。

android. permission. ACCESS_COARSE_LOCATION

允许一个程序访问 CellID 或 WiFi 热点,来获取粗略的位置(Allows an application to access coarse (e.g., CellID, WiFi) location)。

android. permission. ACCESS_FINE_LOCATION

允许一个程序访问精确的位置(如 GPS)(Allows an application to access fine (e.g., GPS) location)。

android. permission. ACCESS_LOCATION_EXTRA_COMMANDS

允许一个程序访问额外的位置提供命令(Allows an application to access extra location provider commands)。

android. permission. ACCESS_MOCK_LOCATION

允许一个程序创建模拟位置,提供用于测试(Allows an application to create mock location providers for testing)。

android. permission. ACCESS_NETWORK_STATE

允许程序访问有关网络信息(Allows applications to access information about networks)。

android. permission. ACCESS_SURFACE_FLINGER

允许一个程序使用SurfaceFlinger 底层特性(Allows an application to use SurfaceFlinger's low level features)。

android. permission. ACCESS_WIFI_STATE

允许程序访问 WiFi 网络信息(Allows applications to access information about WiFi networks)。

android. permission. ADD_SYSTEM_SERVICE

允许程序发布系统级服务(Allows an application to publish system – level services)。

android. permission. BATTERY_STATS

允许程序更新收集电池统计信息(Allows an application to update the collected battery statistics)。

android. permission. BLUETOOTH

允许程序连接到已配对的蓝牙设备(Allows applications to connect to paired bluetooth devices)。

android. permission. BLUETOOTH_ADMIN

允许程序发现和配对蓝牙设备(Allows applications to discover and pair bluetooth devices)。

android. permission. BRICK

请求能够禁用设备(Required to be able to disable the device)。

android. permission. BROADCAST_PACKAGE_REMOVED

允许一个程序广播一个提示消息,在一个应用程序包已经移除后(Allows an application to broadcast anotification that an application package has been removed)。

android. permission. BROADCAST_STICKY

允许一个程序广播(Allows an application to broadcast sticky intents)。

android. permission. CALL_PHONE

允许一个程序初始化一个电话拨号,不需用户通过界面确认(Allows an application to initiate a phone call without going through the Dialer user interface for the user to confirm the call being placed)。

android. permission. CALL_PRIVILEGED

允许一个程序拨打任何号码,包含紧急号码,不需要用户确认(Allows an application to call any phone number, including emergency numbers, without going through the Dialer user interface for the user to confirm the call being placed)。

android. permission. CAMERA

请求访问使用照相设备(Required to be able to access the camera device)。

android. permission. CHANGE_COMPONENT_ENABLED_STATE

允许一个程序改变一个组件或其他的启用或禁用(Allows an application to change whether an application component (other than its own) is enabled or not)。

android. permission. CHANGE_CONFIGURATION

允许一个程序修改当前设置,如本地化(Allows an application to modify the current configuration, such as locale)。

android. permission. CHANGE_NETWORK_STATE

允许程序改变网络连接状态(Allows applications to change network connectivity state)。

android. permission. CHANGE_WIFI_STATE

允许程序改变 WiFi 连接状态(Allows applications to change WiFi connectivity state)。

android. permission. CLEAR_APP_CACHE

允许一个程序清除缓存,从所有在设备安装的程序中(Allows an application to clear the caches of all installed applications on the device)。

android. permission. CLEAR_APP_USER_DATA

允许一个程序清除用户数据(Allows an application to clear user data)。

android. permission. CONTROL_LOCATION_UPDATES

允许启用或禁止位置更新提示,从无线模块(Allows enabling/disabling location update notifications from the radio)。

android. permission. DELETE_CACHE_FILES

允许程序删除缓存文件(Allows an application to delete cache files)。

android. permission. DELETE_PACKAGES

允许一个程序删除包(Allows an application to delete packages)。

android. permission. DEVICE_POWER

允许底层访问电源管理(Allows low – level access to power management)。

android. permission. DIAGNOSTIC

允许程序 RW 诊断资源(Allows applications to RW to diagnostic resources)。

android. permission. DISABLE_KEYGUARD

允许程序禁用键盘锁(Allows applications to disable the keyguard)。

android. permission. DUMP

允许一个程序返回状态抓取信息，从系统服务（Allows an application to retrieve state dump information from system services）。

android. permission. EXPAND_STATUS_BAR

允许一个程序扩展或收缩状态栏（Allows an application to expand or collapse the status bar）。

android. permission. FACTORY_TEST

作为一个工厂测试程序，运行在 root 用户（Run as a manufacturer test application, running as the root user）。

android. permission. FLASHLIGHT

访问闪光灯（Allows access to the flashlight）。

android. permission. FORCE_BACK

允许程序强制执行一个后退操作，无论是否在顶层 activity（Allows an application to force a back operation on whatever is the top activity）。

android. permission. FOTA_UPDATE

预留权限，未知用途。

android. permission. GET_ACCOUNTS

允许访问一个在 Accounts Service 中的账户列表（Allows access to the list of accounts in the Accounts Service）。

android. permission. GET_PACKAGE_SIZE

允许一个程序获取任何 package 占用的空间（Allows an application to find out the space used by any package）。

android. permission. GET_TASKS

允许一个程序获取有关当前或最近运行任务的信息（Allows an application to get information about the currently or recently running tasks: athumbnail representation of the tasks, what activities are running in it, etc.）。

android. permission. HARDWARE_TEST

允许访问硬件设备（Allows access to hardware peripherals）。

android. permission. INJECT_EVENTS

允许一个程序截获用户事件（如按键、触摸、轨迹球）到一个事件流，并将其交给任何窗口（Allows an application to inject user events（keys, touch, trackball）into the event stream and deliver them to any window）。

android. permission. INSTALL_PACKAGES

允许一个程序安装 packages（Allows an application to install packages）。

android. permission. INTERNAL_SYSTEM_WINDOW

允许一个程序打开窗口使用系统用户界面（Allows an application to open windows that are for use by parts of the system user interface）。

android. permission. INTERNET

允许程序打开网络套接字（Allows applications to open network sockets）。

android. permission. MANAGE_APP_TOKENS

允许一个程序管理(创建、销毁、Z 命令)在窗口管理器中的程序指令(Allows an application to manage (create, destroy, Z - order) application tokens in the window manager)。

android. permission. MASTER_CLEAR

预留权限,未知用途。

android. permission. MODIFY_AUDIO_SETTINGS

允许一个程序修改全局音频设置(Allows an application to modify global audio settings)。

android. permission. MODIFY_PHONE_STATE

允许修改话机状态,如电源、人机接口等(Allows modification of the telephony state – power on, mmi, etc.)。

android. permission. MOUNT_UNMOUNT_FILESYSTEMS

允许挂载和反挂载文件系统,为清除存储空间(Allows mounting and unmounting file systems for removable storage)。

android. permission. PERSISTENT_ACTIVITY

允许一个程序设置它的 activities 显示(Allow an application to make its activities persistent)。

android. permission. PROCESS_OUTGOING_CALLS

允许一个程序监视、修改或取消有关拨出电话(Allows an application to monitor, modify, or abort outgoing calls)。

android. permission. READ_CALENDAR

允许一个程序读取用户日历数据(Allows an application to read the user's calendar data)。

android. permission. READ_CONTACTS

允许一个程序读取用户联系人数据(Allows an application to read the user's contacts data)。

android. permission. READ_FRAME_BUFFER

允许一个程序获得帧缓冲数据(Allows an application to take screen shotsand more generally get access to the frame buffer data)。

android. permission. READ_INPUT_STATE

允许一个程序返回当前按键状态(Allows an application to retrieve the current state of keys and switches)。

android. permission. READ_LOGS

允许一个程序读取底层系统日志文件(Allows an application to read the low - level system log files)。

android. permission. READ_OWNER_DATA

允许一个程序读取所有者数据(Allows an application to read the owner's data)。

android. permission. READ_SMS

允许程序读取短信息(Allows an application to read SMS messages)。

android. permission. READ_SYNC_SETTINGS

允许程序读取同步设置(Allows applications to read the sync settings)。

android. permission. READ_SYNC_STATS

允许程序读取同步状态(Allows applications to read the sync stats)。

android. permission. REBOOT

请求能够重新启动设备(Required to be able to reboot the device)。

android. permission. RECEIVE_BOOT_COMPLETED

允许一个程序在系统完成启动后接收广播(Allows an application to receive the ACTION_BOOT_COMPLETED that is broadcast after the system finishes booting)。

android. permission. RECEIVE_MMS

允许一个程序监控收到的 MMS 信息,记录或处理(Allows an application to monitor incoming MMS messages, to record or perform processing on them)。

android. permission. RECEIVE_SMS

允许一个程序监控收到的 SMS 信息,记录或处理(Allows an application to monitor incoming SMS messages, to record or perform processing on them)。

android. permission. RECEIVE_WAP_PUSH

允许一个程序监控收到的 WAP 的 push 信息(Allows an application to monitor incoming WAP push messages)。

android. permission. RECORD_AUDIO

允许一个程序录制音频(Allows an application to record audio)。

android. permission. REORDER_TASKS

允许一个程序改变 Z 轴排列任务(Allows an application to change the Z – order of tasks)。

android. permission. RESTART_PACKAGES

允许一个程序重新启动其他程序(Allows an application to restart other applications)。

android. permission. SEND_SMS

允许一个程序发送 SMS 短信(Allows an application to send SMS messages)。

android. permission. SET_ACTIVITY_WATCHER

允许一个程序监视或控制已经开始运行的 activities(Allows an application to watch and control how activities are started globally in the system)。

android. permission. SET_ALWAYS_FINISH

允许一个程序控制在后台结束运行的 activities(Allows an application to control whether activities are immediately finished when put in the background)。

android. permission. SET_ANIMATION_SCALE

修改全局信息比例(Modify the global animation scaling factor)。

android. permission. SET_DEBUG_APP

配置一个程序用于调试(Configure an application for debugging)。

android. permission. SET_ORIENTATION

允许低级别访问设置屏幕方向(Allows low-level access to setting the orientation (actually rotation) of the screen)。

android. permission. SET_PREFERRED_APPLICATIONS

允许一个程序修改列表参数 PackageManager. addPackageToPreferred( )和 PackageManager. removePackageFromPreferred( )方法(Allows an application to modify the list of preferred applications with the PackageManager. addPackageToPreferred ( ) and PackageManager. removePackageFromPreferred( ) methods)。

android. permission. SET_PROCESS_FOREGROUND

允许当前运行程序强行到前台(Allows an application to force any currently running process to be in the foreground)。

android. permission. SET_PROCESS_LIMIT

允许设置的最大运行进程数量(Allows an application to set the maximum number of (not needed) application processes that can be running)。

android. permission. SET_TIME_ZONE

允许程序设置时间区域(Allows applications to set the system time zone)。

android. permission. SET_WALLPAPER

允许程序设置壁纸(Allows applications to set the wallpaper)。

android. permission. SET_WALLPAPER_HINTS

允许程序设置壁纸 hints(Allows applications to set the wallpaper hints)。

android. permission. SIGNAL_PERSISTENT_PROCESSES

允许一个程序请求发送信号到所有显示的进程中(Allow an application to request that a signalbe sent to all persistent processes)。

android. permission. STATUS_BAR

允许一个程序打开、关闭或禁用状态栏及图标(Allows an application to open, close, or disablethe status bar and its icons)。

android. permission. SUBSCRIBED_FEEDS_READ

允许一个程序访问 RSS 供应商(Allows an application to allow access the subscribed feeds ContentProvider)。

android. permission. SUBSCRIBED_FEEDS_WRITE

预留权限,未知用途。

android. permission. SYSTEM_ALERT_WINDOW

允许一个程序打开窗口使用 TYPE_SYSTEM_ALERT,显示在其他所有程序的顶层(Allows an application to open windows using the type TYPE_SYSTEM_ALERT, shown on top of all other applications)。

android. permission. VIBRATE

允许访问振动设备(Allows access to the vibrator)。

android. permission. WAKE_LOCK

允许使用 PowerManager 的 WakeLocks 保持进程在休眠时从屏幕消失（Allows using PowerManager WakeLocks to keep processor from sleeping or screen from dimming）。

android. permission. WRITE_APN_SETTINGS

允许程序写入 API 设置（Allows applications to write the api settings）。

android. permission. WRITE_CALENDAR

允许一个程序写入，但不读取用户日历数据（Allows an application to write（but not read）the user's calendar data）。

android. permission. WRITE_CONTACTS

允许程序写入，但不读取用户联系人数据（Allows an application to write（but not read）the user's contacts data）。

android. permission. WRITE_GSERVICES

允许一个程序修改 Google 服务地图（Allows an application to modify the Google service map）。

android. permission. WRITE_OWNER_DATA

允许一个程序写入，但不读取所有者数据（Allows an application to write（but not read）the owner's data）。

android. permission. WRITE_SETTINGS

允许一个程序读取或写入系统设置（Allows an application to read or write the system settings）。

android. permission. WRITE_SMS

允许一个程序写 SMS 短信（Allows an application to write SMS messages）。

android. permission. WRITE_SYNC_SETTINGS

允许程序写入同步设置（Allows applications to write the sync settings）。

10.6　Java 常见异常及处理方法

异常处理是程序设计中一个非常重要的方面，也是程序设计的一大难点。由于 Android 软件是基于 Java 语言开发的，因此 Android 异常与 Java 异常一脉相承，具有众多相同的地方。Java 语言在设计之初就考虑到这些问题，提出异常处理的框架方案，所有的异常都可以用一个类型来表示，不同类型的异常对应有不同的子类异常，定义异常处理的规范。在 Java 1.4 版本以后增加了异常链机制，从而便于跟踪异常，这是 Java 语言设计者的高明之处，也是 Java 语言中的一个难点，下面简单介绍一下 Java 异常。

10.6.1　Java 异常的基础知识

异常是程序中的一些错误，但并不是所有的错误都是异常。错误有时候是可以避免的。比如说，你的代码少了一个分号，那么运行结果将提示错误"java. lang. Error"。如果你用 System. out. println（1/0），那么就会因为用 0 做除数而导致会抛出"java. lang.

ArithmeticException"的异常。有些异常需要处理,有些则不需要处理。在编程过程中,首先应当尽可能避免错误和异常发生。对于不可避免、不可预测的情况,则要考虑异常发生时如何处理。

Java 中的异常用对象来表示。Java 对异常的处理是按异常分类处理的,不同异常有不同的分类,每种异常都对应一个类型(class),每个异常都对应一个异常(类的)对象。

异常类有两个来源:一是 Java 语言本身定义的一些基本异常类型;二是用户通过继承 Exception 类或者其子类自己定义的异常。Exception 类及其子类是 Throwable 的一种形式,它指出了合理的应用程序想要捕获的条件。

异常的对象有两个来源:一是 Java 运行时环境自动抛出系统生成的异常,而不管你是否愿意捕获和处理,它总要被抛出,比如除数为 0 的异常;二是程序员自己抛出的异常,这个异常可以是程序员自己定义的,也可以是 Java 语言中定义的,用 throw 关键字抛出异常,这种异常用来向调用者汇报异常的一些信息。

异常是针对方法来说的,抛出、声明抛出、捕获和处理异常都是在方法中进行的。Java 异常处理通过五个关键字 try、catch、throw、throws、finally 进行管理。基本过程是用 try 语句块包含要监视的语句。如果在 try 语句块内出现异常,则异常会被抛出。你的代码在 catch 语句块中可以捕获到这个异常并做处理。还有一部分系统生成的异常在 Java 运行时自动抛出。你也可以通过 throws 关键字在方法上声明该方法要抛出异常,然后在方法内部通过 throw 抛出异常对象。finally 语句块会在方法执行 return 之前执行,一般结构如下:

try〔程序代码〕

catch(异常类型 1 异常的变量名 1)〔程序代码〕

catch(异常类型 2 异常的变量名 2)〔程序代码〕

finally〔程序代码〕

catch 语句可以有多个,用来匹配多个异常,匹配上任意一个后,执行 catch 语句块时仅执行匹配上的异常。catch 的类型是 Java 语言中定义的或者程序员自己定义的,表示代码抛出异常的类型,异常的变量名表示抛出异常的对象的引用。如果 catch 捕获并匹配上了该异常,那么就可以直接用这个异常变量名,此时该异常变量名指向所匹配的异常,并且在 catch 代码块中可以直接引用。

Java 异常处理的目的是提高程序的健壮性,你可以在 catch 和 finally 代码块中给程序一个修正机会,使得程序不因异常而终止或者流程发生意外的改变。同时,通过获取 Java 异常信息,也为程序的开发维护提供了方便,一般通过异常信息很快就能找到出现异常的问题所在。

Java 异常处理是 Java 语言的一大特色,也是个难点,掌握异常处理可以让写的代码更健壮和易于维护。

10.6.2 Java 异常处理机制

对于可能出现异常的代码,常用两种办法处理:

(1)在方法中用 try...catch 语句捕获并处理异常。catch 语句可以有多个,用来匹配多个异常。例如：

```
public void p( int x ) {
    try{ ... }
    catch( Exception e ) { ... }
    finally{ ... }
}
```

（2）对于处理不了的异常或者要转型的异常，在方法的声明处通过 throws 语句抛出异常。例如：

```
public void test1( ) throws MyException {
    ...
    if( .... ) throw new MyException( );
}
```

如果每个方法都是简单地抛出异常，那么在方法调用方法的多层嵌套调用中，Java 虚拟机会从出现异常的方法代码块中往回找，直到找到处理该异常的代码块为止，然后将异常交给相应的 catch 语句处理。如果 Java 虚拟机追溯到方法调用栈最底部 main( ) 方法时，仍然没有找到处理异常的代码块，将按照下面的步骤处理：

第一步：调用异常的对象的 printStackTrace( ) 方法，打印方法调用栈的异常信息。

第二步：如果出现异常的线程为主线程，则整个程序运行终止；如果非主线程，则终止该线程，其他线程继续运行。

通过分析思考可以看出，越早处理异常消耗的资源和时间越小，产生影响的范围也越小。因此，不要把自己能处理的异常抛给调用者。

10.6.3　Java 异常处理的语法规则

（1）try 语句不能单独存在，可以和 catch、finally 组成 try... catch... finally、try... catch、try... finally 三种结构。catch 语句可以有一个或多个，finally 语句最多一个，try、catch、finally 这三个关键字均不能单独使用。

（2）try、catch、finally 三个代码块中变量的作用域分别独立而不能相互访问。如果要在三个块中都可以访问，则需要将变量定义到这些块的外面。

（3）有多个 catch 块的时候，Java 虚拟机会匹配其中一个异常类或其子类，执行这个 catch 块，而不会再执行别的 catch 块。

（4）throw 语句后不允许紧跟其他语句，因为这些语句没有机会执行。

（5）如果一个方法调用了另外一个声明抛出异常的方法，那么这个方法要么处理异常，要么声明抛出。

10.6.4　Java 异常处理原则和技巧

（1）避免过大的 try 块，不要把不会出现异常的代码放到 try 块里面，尽量保持一个 try 块对应一个或多个异常。

（2）细化异常的类型，不要不管什么类型的异常都写成 Exception。

（3）catch 块尽量保持一个块捕获一类异常，不要忽略捕获的异常，捕获到后要么处理，要么转移，要么重新抛出新类型的异常。

（4）不要把自己能处理的异常抛给别人。

（5）不要用 try...catch 参与控制程序流程，异常控制的根本目的是处理程序的非正常情况。

10.6.5　如何定义和使用异常类

（1）使用已有的异常类，假设为 IOException、SQLException。

try｛程序代码｝

catch(IOException ioe)｛程序代码｝

catch(SQLException sqle)｛程序代码｝

finally｛程序代码｝

（2）自定义异常类。

创建 Exception 或者 RuntimeException 的子类，即可得到一个自定义的异常类。例如：

```
public class MyException extends Exception {
    public MyException() { }
    public MyException(String smg) {
        super(smg);
    }
}
```

（3）使用自定义的异常。

用 throws 声明方法可能抛出自定义的异常，并用 throw 语句在适当的地方抛出自定义的异常。例如，在某种条件抛出异常。

```
public void test1() throws MyException {
    ...
    if(...) {
        throw new MyException();
    }
}
```

将异常转型，使得异常更易读和易于理解，如：

```
public void test2() throws MyException {
    ...
    try {...}
    catch(SQLException e)
    {
        ...
        throw new MyException();
    }
```

}

10.7　Android 常见开发问题与处理方法

10.7.1　Android 常见开发问题

　　(1)如果项目的 R 文件不见的话,可以改版本号再保存。R 文件不见了,其原因一般都是布局文本出错。布局文件不可以有大写字母出现。

　　(2)如果抛出错误"WARNING:Application does not specify an API level requirement!",是由于没有指定 users sdk,修改 AndroidManifest.xml 文件,加入如下信息一般就可解除: < uses – sdkandroid:minSdkVersion = "8" > < /uses – sdk >。

　　(3)当 apk 文件大于机器的内存时,模拟器抛出"Installation error:INSTALL_FAILED _INSUFFICIENT_STORAGE Please check logcat output for more details. Launch canceled!",而导致无法继续调试,解决方法有两种:

　　第一种(仅限 apk 文件小于机器的内存,并且已安装上当前 apk,只是无法再次 debug 的情况),启动模拟器,然后进入菜单 settings→applications→mange→applications→select the application→select"unistall",这样就能彻底删除了,然后重新安装这个 apk 文件就没问题了。

　　第二种(通用), – partition – size 128,打开 Eclipse 软件在项目 Target 的 Options 中添加。

　　(4)启动 Android 模拟器时,如果提示"Failed to install on device 'emulator – 5554': timeout",这可能是因为卡的原因导致启动超时,解决办法:eclipse→window→Preferences →Android→DDMS→ADB connection time out(ms),把这个时间设置得长一些,默认是 5 s 即 5000 ms,改成 10 s 就行了,这样就不用每次重启模拟器了,具体时间根据实际环境需要设置。

　　(5)如果在运行 Eclipse 时出现了以下错误:"No Launcher activity found! The launch will only sync the application package on the device!",解决办法:在 AndroidManifest.xml 中添加 < category android:name = "android.intent.category.LAUNCHER" / >。

　　(6)如果出现如下错误:"java.io.FileNotFoundException:/mnt/sdcard/update.zip (Permission denied)",表示没有写入 SD 卡权限,解决办法:在资源文件 AndroidManifest.xml 中写入权限 < uses – permissionandroid:name = "android.permission.WRITE _EXTERNAL_STORAGE" / >。

　　(7)如果在调试过程中,由于修改代码造成应用程序出现"has stopped"等问题,而且确认代码没有任何问题,建议更换一个模拟器再调试,调试成功后再换成当前的模拟器继续调试,如图 10-1 所示。

10.7.2　Android 内存泄漏问题

　　在程序开发中,出现内存泄漏是可以预见和避免的。要养成一个良好的习惯,比如在

<figure>图 10-1 Android 调试失败</figure>

申请开辟一个数组空间时,先不写相关功能代码,而是先写释放内存代码,然后再去完善执行代码。依作者的编程经验,对内存泄漏问题谈几点看法,总结一下有可能出现内存泄漏的地方。

1. 引用没释放造成的内存泄漏

这种 Android 的内存泄漏比纯 Java 的内存泄漏还要严重,因为其他一些 Android 程序可能引用我们的 Android 程序的对象(比如注册机制)。即使我们的 Android 程序已经结束了,但是别的引用程序仍然有对我们的 Android 程序的某个对象的引用,泄漏的内存依然不能被回收。

虽然有些系统程序,它本身好像是可以自动取消注册的,但是我们还是应该在我们的程序中明确地取消注册,程序结束时应该把所有的注册都取消掉。

2. 集合中对象没清理造成的内存泄漏

通常把一些对象的引用加入到了集合中,当我们不需要该对象时,并没有把它的引用从集合中清理掉,这样这个集合就会越来越大。如果这个集合是 static 的话,那情况就更严重了。

3. 没关闭资源对象造成的内存泄漏

资源性对象(比如 Cursor、File 等)往往都用了一些缓冲,在不使用的时候,应该及时关闭它们,以便它们的缓冲及时回收,也防止文件被破坏。它们的缓冲不仅存在于 Java 虚拟机内,还存在于 Java 虚拟机外。如果我们仅仅是把它的引用设置为 null,而不关闭它们,往往会造成内存泄漏。因为对有些资源性对象,程序中经常会进行查询数据库的操作,但是经常会有使用完毕 Cursor 后没有关闭的情况。比如 SQLiteCursor,如果我们没有关闭它,系统在回收它时也会关闭它,但是这样的效率太低了。因此,对于资源性对象,在不使用的时候,应该调用它的 close() 函数,将其关闭掉,然后才置为 null。在程序退出时一定要确保我们的资源性对象已经关闭。

4．不良代码造成内存压力

有些代码并不造成内存泄漏,但是它们对没使用的内存没进行有效及时的释放,或是没有有效地利用已有的对象,而是频繁地申请新内存,对内存的回收和分配造成很大影响,容易迫使虚拟机不得不给该应用进程分配更多的内存,造成不必要的内存开支。

(1)Bitmap 没调用 recycle( )。

在不使用 Bitmap 对象时,我们应该先调用 recycle( )释放内存,然后才将它设置为 null。虽然从 recycle( )源码上看,调用它应该能立即释放 Bitmap 的主要内存,但是测试结果显示,它并没能立即释放内存,要及时释放才对。

(2)构造 Adapter 时,没有使用缓存的 convertView。

以构造 ListView 的 BaseAdapter 为例,在 BaseAdapter 中提供了方法:public View getView(int position, View convertView, ViewGroup parent),向 ListView 提供每一个 Item 所需要的 View 对象。初始时 ListView 会从 BaseAdapter 中根据当前的屏幕布局实例化一定数量的 View 对象,同时 ListView 会将这些 View 对象缓存起来。当向上滚动 ListView 时,原先位于最上面的 List Item 的 View 对象会被回收,然后用来构造新出现的最下面的 List Item。这个构造过程就是由 getView( )方法完成的,getView( )的第二个形参 View convertView 就是被缓存起来的 List Item 的 View 对象。由此可以看出,如果我们不使用 convertView,而是每次都在 getView( )中重新实例化一个 View 对象的话,既浪费时间,也造成内存垃圾,给内存回收增加压力。如果内存回收来不及的话,虚拟机将不得不给该应用进程分配更多的内存,造成不必要的内存开支。

10.7.3　Android 自动升级失败及解决办法

如果客户端在检测更新、下载更新文件时都没有出现问题,但却提示安装失败,可能存在以下三种原因:

(1)客户端已经安装的版本签名和更新文件 apk 签名不一致。例如之前发布的 apk 使用的是 a. keystore 签名打包的,后来更新文件又使用了 b. keystore 签名打包更新,在更新的时候系统检测到版本签名不一致,所以更新失败。

解决方法:统一所有 apk 的签名方式为 a. keystore 签名打包,如果没有 keystore 文件,建议你每次都用 debug. keystore 签名打包(不过这种方式不太安全)。

(2)手机在连接 USB 调试状态下,直接从 Eclipse 中运行并且进行更新。这种情况和上一种一样,更新失败也是由于签名不一致。直接从 Eclipse 中运行,系统会默认由 debug. keystore 文件来签名打包,而你的更新文件如果不是以 debug. keystore 来打包的,自然更新失败。

解决方法:删除手机上原有的 apk,直接从 SD 卡上安装上一个版本,然后测试更新。

(3)缺少安装应用程序的权限。

解决方法:在你的应用程序的 AndroidManifest. xml 文件中加入安装应用程序权限就可以了:

　　< uses – permission android:name = " android. permission. INSTALL_PACKAGES" / >

10.7.4 模拟器无法启动的解决办法

（1）如果 Android 启动模拟器时出现"Failed to allocate memory：8"错误，表示模拟器无法启动，如图 10-2 所示。

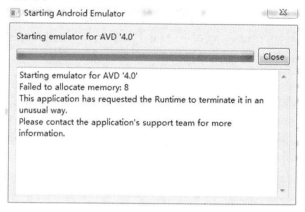

图 10-2　模拟器无法启动

可能原因：设置了不正确的 AVD 显示屏模式，4.0 版默认的模式为 WVGA800，改成 WXGA720 后就会导致不支持。

解决办法：编辑这个 AVD，将 Skin→Build in 的参数改回默认参数。

（2）如果出现"emulator：ERROR：unknown virtual device name"错误，表示 Android 模拟器出错，如图 10-3 所示。

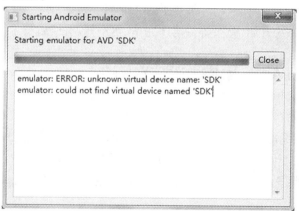

图 10-3　未知虚拟设备提示

可能原因：我的文档的默认位置已改变，由于创建的文件路径引用错误造成。

解决办法：

方法 1：把"F：\Users＼＜username＞\. android"下的文件复制到"C：\Users＼＜username＞\. android"下面，即可解决这个问题，不过这样的解决方案有一个明显的缺点，那就是如果重新建立 AVD，又得重新复制。

方法 2：单击我的电脑→属性→高级→环境变量→系统变量，可见"新建"变量名为

"ANDROID_SDK_HOME"（注意，这个变量名不能改变），然后把变量值改为你想把 AVD 所在的".android"文件夹放置的位置，比如："F:\AndroidEmulator"，如把它放在 Android SDK 包中，属性值为："D:\Program Files\Android\android - sdk - windows"。

10.7.5　使用 INSTALL_PACKAGES 权限时提示错误及解决办法

如果在添加 android.permission.INSTALL_PACKAGES 权限时总是提示"Permission is only granted to system apps"错误，如何解决？

解决办法：打开工程，找到 Project→Clean 菜单，点击出现如图 10-4 所示的对话框。

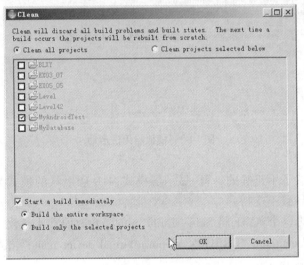

图 10-4　工程清理

点击"OK"键，系统开始清理，等待清理完毕，再进行调试，就行了。

10.8　Android 软件加密与破解方法

软件加密与破解是一个普遍的问题，总是一对矛盾。无论多么复杂的加密，总有被破解的机会和风险，只是时间问题。任何一款软件都没有一劳永逸的加密方案，加密只是相对的，只是破解难度不同而已。对于 Android 开发的软件来说，目前有效的加密方式就是使用 Android 代码混淆方法来达到加密的目的，破解的方法多采用反编译方法。

10.8.1　APK 文件的格式

对于用 Android 开发的应用程序，Android application package 文件都要被编译打包成一个单独的文件，后缀名为".apk"，其中包含了应用的二进制代码、资源、配置文件等。apk 文件实际是一个 zip 压缩包，可以通过解压缩工具解开。可以用 zip 解开 *.apk 文件，下面是安卓水准记录程序 Level.apk 文件解压缩示例。

从图 10-5 中可以看出，apk 文件由以下几部分构成：

（1）META - INF 目录：META - INF 目录下存放的是签名信息，用来保证 apk 包的完

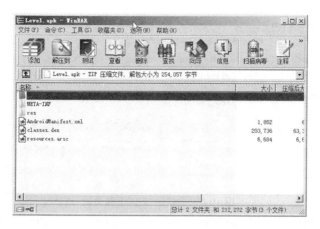

图 10-5 apk 文件格式

整性和系统安全性。在 Eclipse 编译生成一个 apk 包时,会对所有要打包的文件做一次校验,并把计算结果放在 META – INF 目录下。而在 OPhone 平台上安装 apk 包时,应用管理器会按照同样的算法对包里的文件做校验,如果校验结果与 META – INF 下的内容不一致,系统就不会安装这个 apk 包。这就保证了 apk 包里的文件不能被随意替换。比如拿到一个 apk 包后,如果想要替换里面的一幅图片、一段代码,或一段版权信息,想直接解压缩、替换再重新打包,基本是不可能的。如此一来就给病毒感染和恶意修改增加了难度,有助于保护系统的安全。

(2)res 文件夹:res 文件夹下为所有包含的资源文件。

(3)AndroidManifest. xml 文件:AndroidManifest. xml 是每个应用都必须定义和包含的,它描述了应用的名字、版本、权限、引用的库文件等信息,如要把 apk 上传到 Google Market 上,也要对这个 xml 文件做一些配置。注意:在 apk 中的 xml 文件是经过压缩的,不可以直接打开。

(4)classes. dex:是 Java 源码编译后生成的 Java 字节码文件。但由于 Android 使用的 dalvik 虚拟机与标准的 Java 虚拟机是不兼容的,dex 文件与 class 文件相比,不论是文件结构还是 opcode 都不一样。

(5)resources. arsc 文件:为编译后的二进制资源文件,许多汉化软件都是通过修改该文件内的资源来实现软件的汉化的。

10.8.2 APK 文件反编译

(1)下载两个反编译工具:dex2jar 和 JD – GUI。dex2jar 是将 apk 中的 classes. dex 转化成 jar 文件,而 JD – GUI 是一个用 C + + 开发的 Java 反编译工具,由 Pavel Kouznetsov 开发,支持 Windows、Linux 和苹果 Mac Os 三个平台,而且提供了 Eclipse 平台下的插件 JD – Eclipse。

①dex2jar 下载地址为:http://code. google. com/p/dex2jar/downloads/detail? name = dex2jar – 0. 0. 9. 15. zip&can = 2&q = ,下载页图如图 10-6 所示。

下载方法:用鼠标左键或右键点击"dex2jar – 0. 0. 9. 15. zip",选择"目标另存为",选择下载的目录位置,即可下载。

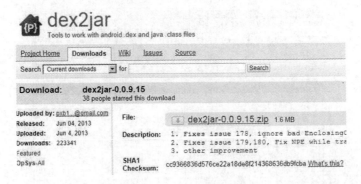

图10-6 dex2jar 文件下载页面

②JD‐GUI 下载地址:http://www.duote.com/soft/7793.html,下载页面如图10-7所示。

图10-7 JD‐GUI 文件下载页面

下载方法:用鼠标左键点击"立即下载",选择"另存为",选择下载的目录位置,即可下载。

(2)操作步骤。

首先,将 apk 文件的后缀改为 zip,解压缩,得到其中的 classes.dex 文件,它就是 java 文件编译后再通过 dx 工具打包而成的。

然后,解压刚下载的 dex2jar,得到一个文件夹,将 classes.dex 复制到 dex2jar.bat 所在的目录下,为了便于操作,将此文件夹改名(如:dex2jar),然后再复制到 C 盘根目录下。

打开计算机中的运行程序,如在 Win7 版中选择所有程序→附件→运行,如图10-8所示。

在运行程序窗口内输入 cmd 命令,点击"确定",显示如图10-9所示的界面。

输入 cd\,按回车,回到根目录下,再输入 cd dex2jar,按回车,进入 C:\dex2jar 目录下,再输入 dex2jar classes.dex,按回车,自动生成 classes_dex2jar.jar 文件,如图10-10所示。

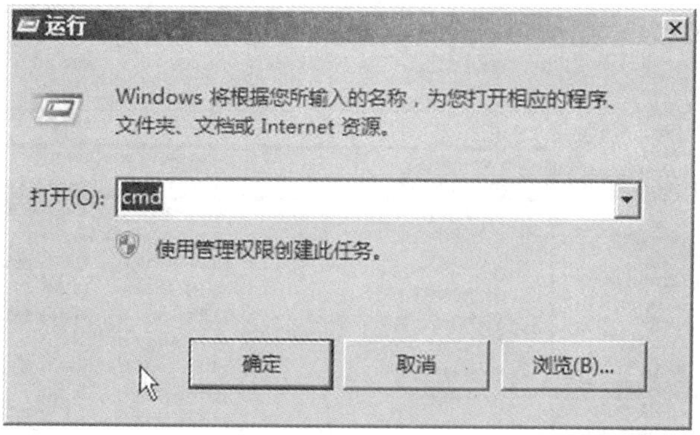

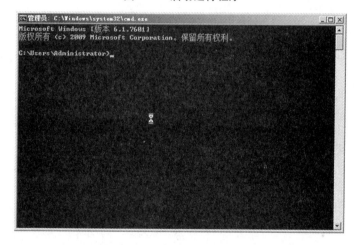

图 10-8　启动运行程序

图 10-9　回到 C 盘根目录

图 10-10　进入 dex2jar 文件目录

生成 jar 文件后的屏幕截图如图 10-11 所示。

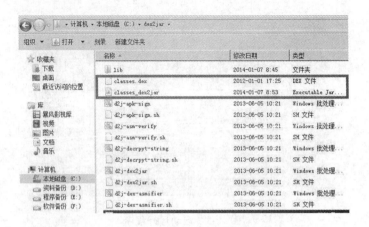

图 10-11　生成 jar 文件结果

接下来,运行 JD – GUI(jd – gui. exe),点击 File 菜单,打开刚生成的 classes_dex2jar. jar 文件(jar 包),即可看到源代码,如图 10-12 所示。

图 10-12　apk 文件反编译结果

10.8.3　Android 代码混淆方法

从 Android 2.3 版的 SDK 开始,将 ProGuard 代码混淆的功能加入了进来,我们可以从 Android SDK 的 tools 目录下看到有一个 proguard 目录,说明该系统已经具有了代码混淆的功能,如图 10-13 所示。

进行代码混淆的步骤如下:

(1)在用 Eclipse 生成的 Android 工程中都有一个 project. properties 文件,我们需要在该文件中增加下面一行代码:proguard. config = proguard. cfg,如图 10-14 所示。操作方法:双击左边框内的 project. properties 文件,在右边框内输入"proguard. config = proguard. cfg"字符即可。

(2)写混淆脚本 proguard. cfg。用写字板(注意,不要用记事本打开)打开本工程目录

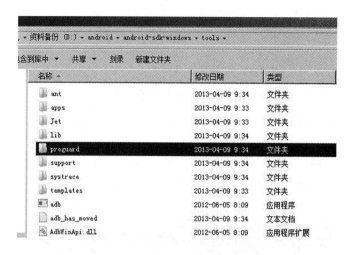

图 10-13   具备代码混淆功能

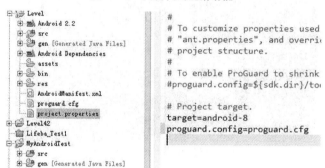

图 10-14   代码混淆方法

下的 proguard. cfg 文件,添加代码即可。或者说直接双击左边的 proguard. cfg 文件,如
图 10-15所示。

图 10-15   编辑 proguard. cfg 文件

本例测试用的混淆脚本非常简单,只增加了优化功能,同时删除以上所有的代码,如
图 10-16 所示。

我们可以看到 Android 混淆代码非常容易,但是需要注意的是:在 Eclipse 下通过 Run
程序来生成的 bin 目录下的 apk 文件并没有被混淆,只有通过加入证书发布的 apk 才会被

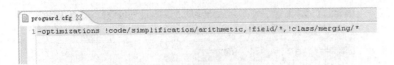

```
proguard.cfg 23
1-optimizations !code/simplification/arithmetic,!field/*,!class/merging/*
```

图 10-16　添加混淆代码

混淆。下面,我们来看看如何打包签名 apk 文件。

(1)生成 keystore 文件。

在生成签名 apk 文件前,我们需要生成 keystore 文件,这个 keystore 文件可以用 C:\ProgramFiles\Java\jdk1.6.0_10\bin\下的 keytool 工具生成。方法是选择:开始→所有程序→附件→运行程序,输入 cmd 命令。出现如图 10-17 所示的界面。

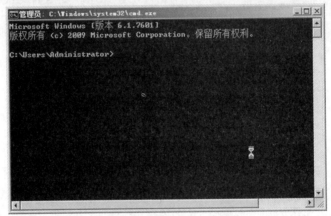

图 10-17　运行 cmd 命令

输入 cd\,按回车,回到 C 盘根目录,然后输入 cd Program Files,按回车,再输入 cd java,按回车,再输入 cd jdk1.6.0_10,按回车,再输入 cd bin,按回车,最后输入 keytool − genkey − alias android. keystore − keyalg RSA − validity 20000 − keystore android. keystore,按回车,如图 10-18 所示。

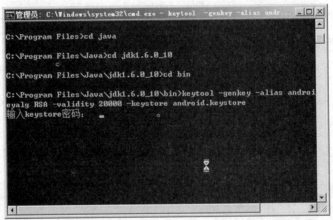

图 10-18　执行 keytool 命令

按照命令提示,依次输入相应的信息内容,如图 10-19 所示。

图 10-19　输入相关信息

其中,－alias android. keystore 是生成的 keystore 别名;－keyalg RSA 是加密和数字签名的算法;－validity 20000 是有效天数,最后,会在 jdk 的 bin 目录下生成 android. keystore 文件。(这是因为 keytool 命令在 jdk 的 bin 目录下,当然,这可以通过环境变量来设置)。显示结果如图 10-20 所示。

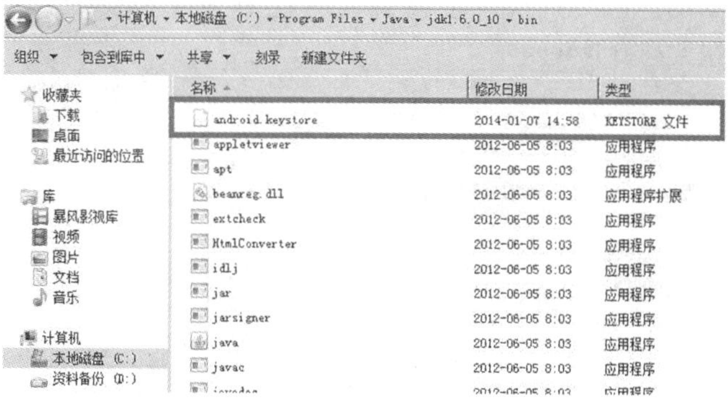

图 10-20　生成 keystore 文件

(2)用 keystore 生成签名 apk 文件。

我们有了 keystore 就可以生成签名 apk 文件。在 Eclipse 中,用鼠标右键点击左边框内需要签名的工程→Android tools→export signed application package...,这时会出现如图 10-21 所示的对话框。

点击"Next",出现如图 10-22 所示的对话框。

单击右边的"Browse"键找到刚生成的 android. keystore 文件,再在下面框内键入你的密码,继续点击"Next",如图 10-23 所示。

选择 Alias 框,点击右边下拉小三角符号,选择 android. keystore 文件,再次输入你的密码,点击"Next",出现如图 10-24 所示的对话框。

选择目标文件目录,输入要生成的加密后的 apk 文件名称,点击"Finish"即可。这时

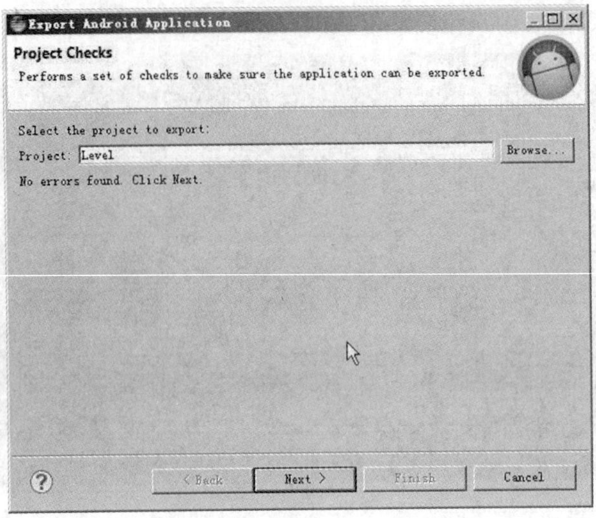

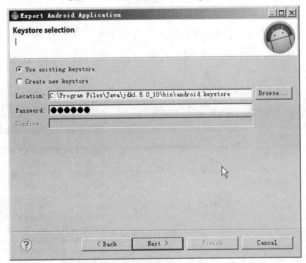

图 10-21　生成数字签名 apk 文件

图 10-22　输入用户密码

会在 jdk 的 bin 目录下生成签名 apk 文件。

10.8.4　Android 反破解办法

关于 APK 反破解方法,众说纷纭。加密与破解本身就是一对矛盾,两方一直在进行较量,换来的是不断的技术进步。关于安卓软件加密与破解方面的详细资料,请参见网上的"看雪学院→Android 软件安全→APK 反破解技术小结"。网址如下:http://bbs.pediy.com/showthread.php?t=142261,页面如图 10-25 所示。

对于不同的对抗破解方法,不同的程序员有不同的看法和使用经验,不过要防别人破解的话,目前最有效的方法是使用 NDK。用 C、C++写代码,用 NDK 编成 SO 库,用 JNI 进行调用。SO 库文件包含符号,调试也比 Java 代码方便,所以某种意义上说,逆向 SO 里

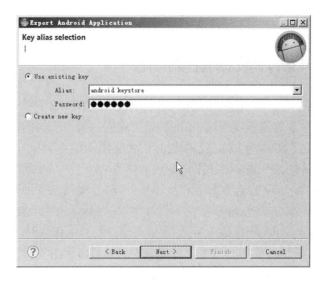

图 10-23　重复输入用户密码

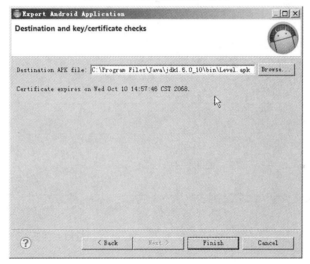

图 10-24　选择目标文件

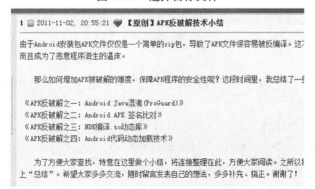

图 10-25　APK 反破解技术小结

面的 native code 比逆向 Java 还容易。

10.9　Android 软件数据精度问题

众所周知,任何一种计算机语言都有其适用范围和使用对象,解决不同的问题,可以使用不同的方法。对于数据精度问题,不同的语言或同一种语言,计算精度是不同的。作者曾用 C++编写过大地坐标正反算程序,发现用 VC++6.0 计算的结果与用 ObjectARX 2008 计算的结果就不尽相同,差别虽然不大,但从结果可以看出编程语言及方法的优劣。同理,Android 也存在数学精度不够的问题,应引起软件开发人员的重视,在设计程序时就要首先考虑精度,能不能达到设计要求,以免带来不必要的麻烦。

开发过 VC++与 ARX 程序的专业人员都知道,VC++和 ARX 双精度实型数据精度其实不一样,略有区别。其中,VC++精度较高,而 ARX 精度较低,这可能是 CAD 软件存在的缺陷。在以前使用中这一问题不会很突出,现在就不同了,几乎所有的测绘数据都要最终进入 ARCGIS 数据库,从表面上看同一个共用点,实际坐标尾数不同,导致入库后出现一系列问题。

下面通过一个实例进行说明,如图 10-26、图 10-27 所示。

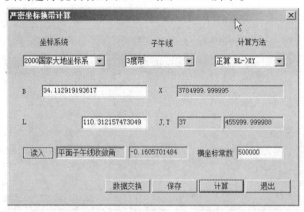

图 10-26　C++坐标换算结果

用 VC++和 ARX 与 Android 分别进行计算大地坐标正反算精度,看精度如何。

假设某点高斯平面坐标为:X = 3785000,Y = 456000,2000 国家坐标大地系,3 度带,带号为 37。

(1)用两种不同的平台分别进行计算,源代码完全相同,计算结果如下:

VC++:B = 34.112919193617,L = 110.312157473049

ARX:B = 34.112919193268,L = 110.312157474518

Android:B = 34.1129191933,L = 110.3121574745

(2)用经纬度再反算高斯平面坐标,结果如下:

VC++:X = 3784999.999995,Y = 455999.999988

ARX:X = 3784999.999901,Y = 456000.000371

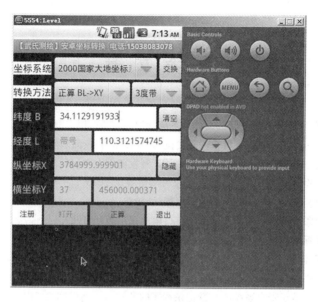

图 10-27 安卓坐标换算结果

Android：X = 3784999.999901，Y = 456000.000371

（3）最终结果与原始坐标比较，计算误差如下：

VC + + ：ΔX = − 0.005 mm，ΔY = − 0.012 mm

ARX：ΔX = − 0.089 mm，ΔY = + 0.371 mm

Android：ΔX = − 0.089 mm，ΔY = + 0.371 mm

通过以上计算结果可以看出，VC + + 精度较高，ARX 与 Android 精度较低，且 ARX 与 Android 的计算结果完全一致，可得出结论：在用 Android 进行软件开发时一定要首先考虑精度能否满足要求。

参 考 文 献

[1] 武安状,黄现明,李芳芳,等.空间数据处理系统理论与方法[M].郑州:黄河水利出版社,2012.

[2] 武安状.实用 ObjectARX2008 测量软件开发技术[M].郑州:黄河水利出版社,2013.

[3] 佘志龙,陈昱勋,郑名杰,等.Google Android SDK 开发范例大全[M].北京:人民邮电出版社,2011.

[4] 张敬伟.建筑工程测量[M].2 版.北京:北京大学出版社,2013.

[5] 熊介.椭球大地测量学[M].北京:解放军出版社,1988.

[6] 杨启和.地图投影变换原理与方法[M].北京:解放军出版社,1989.

[7] 朱华统.大地坐标系的建立[M].北京:测绘出版社,1986.

[8] 於宗俦,鲁林成.测量平差基础[M].北京:测绘出版社,1983.

[9] 陶本藻.自由网平差与变形分析[M].北京:测绘出版社,1984.

[10] 武安状,冀书叶.基于安卓系统的水准记录程序的开发[J].地矿测绘,2012(2).

[11] 武安状,吴芳.基于 Android 的测量坐标转换系统的设计与开发[J].测绘与空间地理信息,2012
(9).

[12] 何耀帮,赵永兰,武安状.基于安卓系统的测量软件开发技术[J].北京测绘,2013(3).

[13] GB/T 12897—2006 国家一、二等水准测量规范[S].

[14] GB/T 12898—2009 国家三、四等水准测量规范[S].

[15] GB/T 18341—2001 地质矿产勘查测量规范[S].

[16] GB/T 18314—2009 全球定位系统(GPS)测量规范[S].